U0903899

中国科学院科学与社会系列报告

2010科学发展报告

2010 Science Development Report

● 中国科学院

科学出版社
北京

内 容 简 介

本书是中国科学院发布的年度系列报告《科学发展报告》的第十三本，旨在综述2009年度世界科技进展与发展趋势，评述科学前沿与重大科学问题，报道我国科学家所取得的突破性成果，介绍科学在我国实施“科教兴国”与“可持续发展”两大战略中所起的作用，并向国家提出有关中国科学发展战略和政策的建议，特别是向全国人大和全国政协会议提供科学发展的背景材料，为高层科学决策提供参考。

本书可供各级管理人员、科技人员、高校师生阅读和参考。

图书在版编目（CIP）数据

2010科学发展报告/中国科学院编. —北京：科学出版社，2010. 3
(中国科学院科学与社会系列报告)
ISBN 978-7-03-026826-6

Ⅰ.①2… Ⅱ.①中… Ⅲ.①科学技术—发展战略—研究报告—中国—2010 Ⅳ.①N12②G322

中国版本图书馆CIP数据核字（2010）第029111号

责任编辑：侯俊琳 郭勇斌 胡升华 / 责任校对：李奕萱
责任印制：赵德静 / 封面设计：无极书装

编辑部电话：010-64035853

E-mail：houjunlin@mail.sciencep.com

科学出版社 出版
北京东黄城根北街16号
邮政编码:100717
http://www.sciencep.com

中国科学院印刷厂 印刷

科学出版社发行 各地新华书店经销

*

2010年3月第 一 版 开本：787×1092 1/16
2010年3月第一次印刷 印张：23 1/2
印数：1—8 000 字数：485 000

定价：**85.00**元

（如有印装质量问题，我社负责调换）

专家委员会

（按姓氏笔画排序）

丁仲礼　杨国桢　杨福愉　陆　埮
陈凯先　姚建年　郭　雷　曹效业

总 体 策 划

曹效业　潘教峰

课 题 组

组　长　叶小梁
副组长　张利华　汪凌勇
成　员　黄　矛　黄　群　刘峰松　刘勇卫
申倚敏　任　真　帅凌鹰　王艳霞
瞿欢欢　裴珊珊

审 稿 专 家

（按姓氏笔画排序）

丁仲礼　于在林　于典科　习　复　王　毅
朴世龙　吕厚远　刘国诠　孙连峰　孙姝娜
孙晓兴　李喜先　吴岳良　沈电洪　武向平
杨国桢　杨惠民　杨福愉　杨德庄　周光飏
陈创天　陈建生　张树庸　张婉宁　赵永恒
赵保京　胡亚东　姚建年　郭　雷　曹效业
陶宗宝　谭　铮　潘教峰

应对危机，把握机遇，科学前瞻，创新发展
（代　序）

路甬祥

在当前应对国际金融危机，谋划“十二五”发展的时刻，我们要认清形势，把握机遇，科学前瞻，创新发展，夯实支撑国家可持续发展的基础，以科技进步和创新引领中国经济社会实现科学发展、和谐发展和可持续发展。

一、认知形势和未来

世界正处在大变革、大调整时期，和平、发展、合作仍然是主流，既存在重要发展机遇，也面临新的严峻挑战。一方面，世界多极化继续演进，经济全球化深入发展，科技创新加速推进，全球和区域合作日益加强，各国相互依存的深度和广度不断增加。另一方面，国际金融危机给世界经济运行和各国经济社会发展带来严重冲击，世界经济增长明显减速，局部冲突和热点问题此起彼伏，传统与非传统安全威胁相互交织，金融安全、能源与资源安全、网络安全、粮食与食品安全、生态环境和全球气候变化等备受关注，成为日益突出的全球性问题和发达国家牵制新兴国家崛起的政治热点话题。

2008 年 9 月以来，由美国次贷危机引发的金融危机在全球蔓延，世界经济遭受了自 20 世纪大萧条以来最为严峻的挑战，主要经济体相继陷入严重衰退，股市下跌，原材料价格大幅下滑，国际贸易萎缩，银行破产，公司倒闭，就业形势严峻。这场金融危机对中国经济也产生了很大影响，2008 年 GDP 告别两位数增长，增速明显下降；工业生产增长放缓，外贸大幅下滑，企业利润、财政减收，一些出口企业经营困难，部分农民工下岗返乡，高校毕业生就业困难；股市、楼市、车市明显波动；原材料价格明显下行，煤、电、油等能源需求回落；等等。2009 年第 2 季度，我国应对危机措施初见成效，经济已经企稳向上，但基础仍不稳固。

这场全球金融危机的本质是马克思在《资本论》中已经揭示的资本私人占有与生产社会化之间的矛盾，是在全球化、市场化、信息化时代，金融市场监管缺失、投机过度，全球资本流动性过剩、生产能力结构性过剩和市场供求结构性、区域性失衡的反映，是全球性积累与消费、财富分配、技术创新能力、资源供给及利用能力、投资和实际需求持续发展的结构性失衡的反映。

经济危机是资本主义市场经济的必然产物。在经济危机中，传统的技术和产业受到削弱，从而催生新兴技术和产业并为其发展提供了机遇与空间。1857 年西方经济危机后，新兴的电气、化工技术及其产业得到迅速发展，并引发欧美第二次产业革命。1929 ~ 1933 年经济危机及第二次世界大战后，电子、航空、核能技术及其产业得到迅猛发展，并引发第三次产业革命。第二次世界大战结束后，美国为了抢占政治、经济和军事制高点，保持经济的持续繁荣和霸权地位，几乎每隔 10 年左右，便出台大型科技计划。例如，20 世纪 50 年代以发展核能为核心的战后核能计划，60 ~ 70 年代以推动电子、航天、精密制造为核心的“阿波罗”计划，80 年代以推动航空、航天、激光为核心的“星球大战”计划，90 年代以推动信息网络为核心的“信息高速公路”计划等。这些大型科技计划促进了科技创新，推动了产业升级，支持了美国经济新的繁荣与持续发展。

国际金融危机发生以来，世界主要经济体纷纷采取措施，在挽救银行和大企业、刺激消费的同时，加大科技和教育投入，应对国际金融危机，布局未来发展，培育新的竞争优势。2009 年 2 月，英国宣布将继续增加对科技的全面投资，力图借重科技的力量解决面临的重大问题和挑战。同月，日本提出“ICT 新政”，旨在 3 年内创造 100 万亿日元规模的市场新需求，推动相关领域的产业结构改革，提升国际竞争力。3 月，欧盟宣布将在 2013 年前投入 1050 亿欧元，用于保持欧洲在绿色技术领域的领导地位。4月，奥巴马在美国国家科学院年会上宣布，美国计划将GDP的3%以上用于研究和开发，投入强度将超越20世纪60年代“太空竞赛”时的水平，并通过一系列配套政策，促进清洁能源、医学和保健体系、环境科学、科学教育、国际合作等领域的创新和发展，力图保持领先优势和在全球经济的领导地位。

中国政府果断决策，积极应对，实施积极的财政政策和适度宽松的货币政策，加强和改善宏观调控，抓住时机推出有利于实现保增长、扩内需、抓改革、促创新、调结构、惠民生的投资财税政策和各项改革措施，出台两年4万亿一揽子投资计划，投资能源、交通、水利等基础设施，推出十大产业振兴规划，扩大和提升公共服务覆盖面和保障水平；加大科技投入，促进自主创新，增强发展后劲。我国经济运行中的积极因素正在不断增多，经济形势明显企稳向好。但是我们也要清醒地看到，当前我国经济回升的基础还不稳固，国内外经济形势依然复杂严峻，不稳定、不确定因素仍然很多，外部需求仍不容乐观，我国传统出口优势减弱，国际竞争更加激烈，投资和贸易保护主义抬头，人口、资源、环境约束进一步增强，应对和迎接未来产业革命挑战等压力上升。我国经济增长主要依赖投资与出口拉动，依赖资金、自然资源和简单劳动投入带动，高投入、高污染、低产出、低效益，战略资源不足，自主创新能力较弱，产业结构调整滞后，城乡间、区域间、经济与社会间发展不平衡等一些制约因素凸现，经济发展面临诸多困难和挑战。

事实表明，科技创新能力已成为当代国际竞争力的关键要素，成为支撑和引领经济发展和社会进步的主要动力，成为经济社会可持续发展的科学基础与技术支撑，成为当代国家与公共安全能力的基础，科技创新和人才已成为当今世界上最重要的也是永不枯竭、可持续发展的第一资源。国际金融危机将促进和加快全球产业结构调整和经济格局变革，催生和加速新一轮以科技创新和革命为先导的产业升级，危机之后的世界将呈现新的格局、新的发展态势和发展方式，这将为中华民族的伟大复兴提供充满挑战的新的发展战略机遇。

因此，在应对危机中，我们既要考虑应对当前，保经济增长，促民生改善，促科学发展，同时要把握机遇、科学前瞻，加速提升自主创新能力，建设创新型国家，依靠科技创新和体制创新，支撑引领中国经济社会的科学发展、和谐发展和持续发展。

二、科学前瞻，创新发展

进入21世纪以来，世界科技发展呈现出一系列新的特点，人类正在走向可持续能源与资源时代，信息技术将继续深刻影响和改变人类社会的生产、生活、思维和发展方式，空天技术已成为科技和国家安全的战略制高点，海洋成为各国竞相争夺的公共资源，人口健康、生态环境、绿色、低碳、智能技术备受关注。基础研究和高技术前沿探索的界限日趋模糊，学科交叉、汇聚和融合日趋明显，不断孕育新的科技创新领域与方向，科学与技术交互推进，转移转化、工程化、产业化形式多样，速度加快。科技创新不断创造新的产业领域，推进产业结构调整，促进社会生产力水平提高，激发社会组织结构和管理模式的创新变革，推动人类文明多样化和可持续发展。

展望未来，数十亿人口追求现代化生活的愿望和行动为全球经济发展注入新的需求与活力，也为地球自然资源供给能力和生态环境承载能力带来了尖锐矛盾，这一动力与矛盾强烈呼唤着科学和技术的革命性突破，呼唤着科技造福大多数人。从科技自身发展规律看，科技具有内在永无止境的探索性、创造性和革命性，奠定现代科技基础的重大科学发现多发生在20世纪上半叶，“科学的沉寂”至今已达60余年，科技知识体系积累的内在矛盾已经凸现，在物质能量的调控与转换、量子调控与信息传输、生命基因的遗传变异进化与人工合成、脑与认知、地球系统的演化等科学领域，在能源、资源、信息、先进材料与制造、现代生态农业、人口健康、网络安全等关系现代化进程的战略领域，一些重要的科学问题和关键技术发生革命性突破的先兆已经显现。

我们有充分的理由相信，当今世界科技正处在革命性变革的前夜，在今后的10～20年，很有可能发生一场以绿色、智能和可持续为特征的新的科技革命和产业革命，科技创新与突破将创造新的需求与市场，将改变生产方式、生活方式与经济社会的发展方式，将改变全球产业结构和人类文明的进程。这次国际金融危机，将加快科技创新和新科技革命的到来。

近现代历史上每一次科技革命都深刻影响和改变着民族的兴衰、国家的命运和世界的格局。那些抓住科技革命机遇的国家，则率先进入了现代化行列。近代中国因无缘以往的历次科技革命，沦为积贫积弱的国家。面对可能发生的新科技革命，我国再也不能满足于传统发展模式而错失新的历史机遇，必须为此做好充分的准备。

新中国成立60年来、特别是改革开放30年来，随着经济社会的快速发展，中国科技事业也取得了长足的进步，虽然科技水平整体上与发达国家仍存在相当差距，但已位居发展中国家前列，部分领域在国际科技舞台上已经占有重要位置和进入了先进行列。党和政府提出了科教兴国和人才强国战略，提出了提升自主创新能力、建设创新型国家的战略目标，确立了“自主创新，重点跨越，支撑发展，引领未来”的指导方针，实施了国家中长期科技发展规划，大幅增加教育与科技投入，深化科技体制改革，建设中国特色国家创新体系，推进企业成为技术创新主体，促进产学研结合，完善一系列鼓励促进科技成果转化为现实生产力的法律法规与政策制度，实施知识产权战略等，为支持经济社会发展和迎接新科技革命挑战奠定了坚实的基础。

但是，我国整体科技水平、创新能力和体制机制还远不能适应全面建设社会主义小康社会、实现现代化和应对新科技革命挑战的需要。突出表现在：原始科学创新能力仍然不足，关键核心技术受制于人；基础前沿研究和先导性、战略性高技术领域部署投入仍较薄弱，转移转化的渠道和机制尚不够顺畅高效，影响和制约我国未来产业结构升级、新兴产业发展、国家和公共安全；中国特色国家创新体系尚需加快推进，体制机制和法律政策制度上仍存在某些制约科学发展的因素，素质教育、创新教育、终身学习，培养千百万创新创业人才仍任重而道远。

面对新形势、新挑战、新机遇，我国科技界必须面向中国现代化建设进程，前瞻思考世界科技发展大势，前瞻思考人类文明进步的新走向，前瞻思考现代化建设对科学技术的新要求，统筹谋划我国科技发展战略，为国家科技战略决策提供科学依据。2007 年夏季以来，中国科学院组织了 300 多位高水平专家，在 18 个关系我国现代化建设的重要领域，开展了科技发展路线图研究，基本理清了中国现代化建设对重要科技领域的战略需求，提出了若干核心科学问题和关键技术问题，并从国情出发设计了相应的科技发展路线图，提出了构建以科技创新为支撑的八大经济社会基础和战略体系的整体构想，并分阶段刻画了八大体系建设的特征和目标，归纳出 22 个影响我国现代化进程的战略性科技问题。研究成果以中英文版向社会公开发布。

专家们研究认为，在实现现代化的历史进程中，我们面临着能源资源、信息技术、绿色与智能制造、生态环境、人口健康、空天海洋、传统与非传统安全等诸多方面的严峻挑战，这些挑战事关我国现代化建设的全局，能否有效应对将决定和影响我国现代化建设的进程。

我国是人均自然资源（矿产资源、水资源、土地资源、种质资源等）最紧缺的国家之一，现代化建设对能源与资源的需求总体呈持续快速上升趋势，必须依靠科技创新、制度与管理创新，大幅提高能源与资源利用效率，大力发展战略资源的大陆架和地球深部勘查与开发，大力发展新能源、可再生能源与新型清洁可替代资源，优化能源结构，发展循环经济，构建我国**可持续能源与资源体系。**

——在能源科技领域，要重点瞄准煤的洁净和高（效）质化利用技术，新型核电和核废料处理技术，智能电网安全、稳定、高效技术，节能非化石能源交通技术，生物质燃料和材料技术，高效低成本可再生能源技术及应用，深层地热工程化技术，氢能技术，天然气水合物勘探和开采技术，具有潜在发展前景的能源技术（包括海洋能、新型太阳能和核聚变能）等 10 个重要技术方向，着力突破关键技术，推进相关技术集成、试验示范及其产业化。

——在矿产资源和油气资源领域，要重点解决巨量成矿物质聚集过程、矿床的时空分布规律、成矿模型与找矿模型的关系等科学问题，重点突破深部矿产资源探测、矿产资源高效清洁利用、重要紧缺矿产替代资源、矿产资源循环利用等重要技术方向，加强相关技术集成、工程示范和应用。

——在水资源科技领域，要以提高水资源利用效率和改善水质为重点，解决流域水体复合污染机制问题，突破水资源高效与循环利用、水体富营养化的综合防治等技术问题，建立水量水质监测与评估、水灾害预警、需水管理与信息系统等综合集成平台；重点突破河流环境流量与调控、突发性重大水灾害综合防治等关键技术，形成我国建立水需求科学管理体系的科学基础；发展水的分子科学基础研究，解决全球变化下的水循环演化规律科学问题，解决地下水污染治理与生态恢复，实现水的清洁循环和突破海水高效淡化技术。

材料和制造是人类物质文明的基础，制造业是我国国民经济的支柱产业。我国已成为世界制造业大国，但还不是制造强国。要成为制造和创造强国，必须依靠科技创新，加速材料与制造技术绿色化、智能化、可再生循环的进程，促进我国制造业产业结构升级和就业结构调整，有效保障我国现代化进程材料与装备的有效供给与高效、清洁、可再生循环利用，构建**先进材料与智能绿色制造体系。**

——在先进材料科技领域，要重点突破传统材料升级和新型材料研制应用、材料绿色制备加工、材料结构和使役行为的精确设计与控制、材料高效循环利用、材料结构功能一体化、材料分析检测与表征等方面的重要科技问题，形成综合考虑资源能源环境因素的材料全寿命低成本设计与应用体系。

——在智能绿色制造科技领域，要重点解决物质高效转化和工程放大、海量制造信息处理模式和与智能制造方法等核心科学问题，突破资源高效清洁循环利用，绿色、智能、个性化产品设计，重大装备设计与制造，智能控制等方面的关键技术，推动相关技术的工程化、商业化应用。

信息网络的无处不在、惠及大众以及低功耗、低成本、易使用、高可信、自治管理和个性化，将成为未来几十年发展信息技术的主旋律。我们必须抓住21世纪上半叶信息科学变革性突破和信息技术跃变的机遇，加快和提升我国信息化进程和水平，发展“智能中国”基础设施，消除数字鸿沟，走出一条普惠、可靠、低成本的信息化道路，加快构建我国**普惠泛在的智慧信息网络体系。**

——在信息科技领域，要重点围绕无处不在的传感、网络信息技术应用，ICT基础设施升级换代和网络计算及其应用，信息器件与软件的变革性突破，新信息科学与前沿交叉科学等4个层次进行战略部署。

未来50年，中国农业发展面临着巨大的机遇和挑战。因此，必须依靠科技创新，促进我国农业结构的升级与战略性调整，发展高产、优质、高效、生态农业，保证粮食与农产品安全，促进生物产业的发展，构建我国**生态高值农业和生物产业体系。**

——在生态高值农业和生物产业科技领域，要重点围绕植物种质资源与现代育种，动物种质资源与现代育种，资源节约型农业，农业生产、生态与食品安全，智能化农业，生物质资源高值利用等6个方面，解决重要与关键科技问题，并实现工程试验示范应用。

让中国人民生活得更健康是贯穿我国现代化进程的始终追求。我们必须依靠科技创新，推动医学模式由疾病治疗为主向预测、预防为主转变，将当代生命科学前沿与我国传统医学优势相结合，在健康科学方面走到世界前列，构建满足我国十几亿人口需要的**普惠健康保障体系**。

——在卫生健康科技领域，要构建基于转化型研究、系统生物医学研究和汇聚医学基础之上、中西医结合的新型生物医学体系，发展新型科技手段，自主发展高端和低成本医疗仪器，实现人口控制与健康，解决中国人群重大慢性病遗传与环境相互作用和早期诊断与治疗，解决重大传染病传播与感染机制等科技问题，解决构建生物安全和食品安全体系所面临的科技问题，提高药物研发与生物产业的创新能力。

生态与环境问题已成为制约我国现代化进程的重大瓶颈之一。突出表现在：环境污染呈加剧蔓延趋势，生态系统健康水平下降，脆弱生态系统退化严重，土地荒漠化加速发展。因此，必须更加依靠科技创新，系统认知环境演变规律，提升我国生态环境监测、保护、修复能力和应对全球气候变化的能力，提升对自然灾害的预测、预报和防灾、减灾能力，不断发展相关方法和手段，提供系统解决方案，支持发展绿色和低碳经济，构建支撑我国**人与自然和谐相处的生态与环境保育发展体系。**

——在生态环境科技领域，要重点围绕不同时间和空间尺度认知环境质量演变规律、发展生态系统修复与环境污染控制技术、建立生态系统与环境质量演变的立体监测网络、系统布局典型实验示范保育区等 4 个方面，解决核心科学问题，突破关键技术问题，进行系统集成，并实现示范推广。

空天海洋包含人类初步认识和还未开发利用的巨大资源，现代化进程要求人类不断向空天海洋拓展，未来的中国作为人口最多的现代化国家，必须具备空天海洋强大的优势。因此，必须更加依靠科技创新，大幅提高我国海洋探测和应用研究能力，海洋资源开发利用能力，空间科学与技术探测能力，对地观测和综合信息应用能力，构建我国**空天海洋能力创新拓展体系。**

——在空间科技领域，在科学方面，要针对黑洞、暗物质、暗能量和引力波的直接探测，太阳系的起源和演化，太阳活动对地球环境的影响及其预报和地外生命探索四大科学问题，实施空间科学卫星和探测计划；在对地观测与综合信息应用方面，构建数字地球科学平台与地球系统网络模拟平台；在空间技术方面，围绕超高分辨能力、超高精度时空基准、临近空间飞行、深空超高速与自主航行、空间高速通信、人类空间生存和活动能力等 6 个重要技术方向，突破关键和瓶颈技术。

——在海洋科技领域，在物理海洋、海洋地质、海洋生物、海洋生态等 4 个重要科学方向上，要围绕海洋监测技术、海洋生物技术、海洋资源开发利用技术等重要技术，解决一批重要科学问题，突破一批关键技术。

在现代化进程中，全球化和科技的迅猛发展，极大拓展了公共与国家安全的内涵，传统安全面临新的重大变化，非传统安全变得日益突出，各种安全问题相互交织，将对我国的持续健康发展带来威胁。因此，必须依靠科技创新，发展传统与非传统安全防范技术，提高监测、预警和应急反应能力，构建我国的**国家安全与公共安全体系。**

——在空间安全科技领域，核心是发展自由快速进入太空的能力，精确导航定位的能力，高效信息获取、传输与应用能力，空间飞行器预警与规避能力。

——在海洋安全科技领域，核心是发展健全的海洋环境及水下信息获取与传输能力，海洋灾害性气候预警与突发事件监测能力，先进的海洋平台系统与安全运载能力，保障我国领海、海洋经济专属区的防卫能力和海洋战略运输通道的安全进出能力。

——在生物安全科技领域，重点是要研发重要烈性病原检测技术，建立新发传染病的烈性病原监测体系，建立外来生物物种、新型生物制剂和生物新技术应用的安全评估体系，发展各类传染病和生物恐怖制剂的预防和控制方法。

——在信息安全科技领域，要加快建设基于网络信息的社会态势预警、分析、监控和应急体系，提升网络安全管理能力，并在此基础上，建立全国全球范围相关经济社会态势预警监测与决策支持体系。

三、走中国特色自主创新道路

胡锦涛总书记在2008年6月两院院士大会上指出："要坚持走中国特色自主创新道路。"当前，中国特色国家创新体系建设已取得重要进展，我国的科技能力和水平有了很大的提升，但很多科技工作仍以跟踪模仿为主，走出一条符合规律和中国特色的自主创新道路仍任重而道远。

纵观一些后发国家科技发展的历史，一般都经历从模仿到创新的转变，但这种转变并不是自然发生的。那些成功实现转变的国家，都是从本国国情和发展阶段出发，主动探索实现转变的途径和方式，有目的地调整国家科技创新的战略重点和方向，进行系统前瞻的科技布局，并相应地调整科技体制机制。

走中国特色的科技创新道路，科技界应着力做好以下工作。

一是要坚持对外开放，走以我为主、有效利用全球创新资源的道路。

必须坚持对外开放，以开放的心态对待人类创造的一切知识，把有效利用全球创新资源作为创新跨越的起点，作为自主创新的重要基础，切实防止把自主创新异化为自我封闭，搞大而全小而全。必须坚持独立自主、合作共赢，加强国际科技创新合作，共创共享全球知识资源。必须不断前瞻，提升我国科技的战略眼光和全球视野，不断明晰重点科技领域的战略和发展路线图。明确事关国家发展全局和安全的核心科学问题和关键技术问题，做出国家层面的战略安排，集中力量解决一些重大的战略性科技问题，掌握关键技术，部署先导技术，提升自主集成创新能力和在引进消化吸收基础上的再创新能力，大幅降低技术对外依存度，逐步取得在全球合作竞争中科技创新的战略主动权。必须加速完善推进国家知识产权战略，积极参与国际知识产权规则的制定和修改，完善知识产权保护，实现从知识产权大国向知识产权强国的历史跨越。必须集中力量支持我国企业提升国际市场竞争力，加快从低端市场走向中高端市场，打造一批具有强大自主创新能力、全球品牌和国际竞争力的跨国公司。

二是要坚持以人为本，走立足创新实践凝聚与造就创新创业人才的道路。

围绕重要科技领域的战略研究和重大科技创新活动的组织实施，抓住海外高层次人才回国创新创业势头已成的机遇，立足创新实践，培养造就和吸引凝聚德才兼备的科技领军人才和尖子人才。结合产学研合作，加强企业工程技术人才的培养。要从科技创新人才成长的规律出发，对不同年龄段科技人才做出不同的政策与制度安排，充分发挥其各自的优势和作用，尤其要重视为青年人才创造成才机会、拓展发展空间。加快教育改革与发展，扎实推进素质教育和创新教育，优化教育结构，建设人力资源强国。构建人才施展才干、竞争合作的良好环境。

三是要坚持立足国情，走政府主导与市场基础配置有机结合的道路。

政府应进一步加大科技投入，并逐步将国家对R&D投入的比例提高到占GDP的2.5%以上，政府投入的重点应集中到基础前沿研究、事关国家全局的战略科技领域和事关民生的公益性科技领域。地方政府科技投入的重点应集中在培植其核心产业竞争力和区域科技竞争力，富集各类创新要素，构建区域创新高地。发挥市场在科技资源配置中的基础作用。

四是要坚持深化改革，走国家创新体系各单元分工合作、协同发展的道路。

切实加强企业在技术创新体系中的主体作用，促进产学研结合。健全知识产权保护和鼓励知识产权转移转化制度，营造公平、有序的市场竞争环境。加快构建科学研究与高等教育有机结合的知识创新体系，发挥国家科研机构的骨干和引领作用，发挥大学的基础和生力军作用。引导和支持国家科研机构从国家战略出发，着力开展定向基础研究、战略高技术创新与系统集成以及重大公益性创新，结合科技创新实践培养高层次创新创业人才；引导和支持大学在做好教育这一中心工作的同时，开展自由的科学前沿探索和广泛的社会服务。实现各单元功能互补、联合互动、相互促进、共同发展。

五是要坚持统筹协调，走以管理创新促进科技创新的道路。

建立科学、高效的科技宏观管理系统。进一步明晰和调整各环节功能主体的职能定位。政府工作重点要集中到制定战略规划、优化政策供给、建设制度环境上，成为战略谋划和政策制定两个环节的执行主体；国家科研机构、研究型大学、部门与行业研究机构和企业应成为组织实施环节的执行主体。统筹协调不同性质科技创新工作，加快建立分类管理的制度体系，对基础研究、战略高技术研究、社会公益性研究、技术开发与应用等要采取不同的规划管理、资源配置、人力资源管理、绩效评价模式和政策导向。加强绩效管理，坚持正确的评价导向，提高科研活动的效率和效益。按照“职责明确、评价科学、开放有序、管理规范”的原则，加强现代科研院所制度建设。营造诚信、宽松、和谐的学术环境，提倡敢于创新、敢为人先、敢冒风险的创新精神，营造激励创新创业的制度与文化环境。

前言

科学技术的迅猛发展及其对社会与经济发展的巨大推动作用，已成为当今社会的主要时代特征之一。科学作为技术的源泉和先导，作为现代文明的基石，它的发展已成为全社会关注的焦点之一。中国科学院作为我国科学技术方面的最高学术机构和自然科学与高技术的综合研究机构，有责任也有义务向社会和决策层报告世界和中国科学的发展情况，这将有助于我们把握科学技术的整体发展脉络，对未来进行前瞻性的思考，提高决策过程的科学水平。同时，也有助于提高全民族的科学素质。

1997 年 9 月，中国科学院决定发表名为《科学发展报告》的年度系列报告，不断综述世界科学进展与发展趋势，评述科学前沿与重大科学问题，报道我国科学家所取得的突破性成果，介绍科学在我国实施“科教兴国”与“可持续发展”两大战略中所起的作用，并向国家提出有关中国科学发展战略和政策的建议，特别是向全国人大和全国政协会议提供科学发展的背景材料，供高层科学决策参考。我们采取的是每年《报告》的框架大体固定，但内容与重点有所不同的方式，每一年所表达的科学内容，并不一定能体现科学发展的全部，而是从当年最热门的科学前沿领域中，从当年中外科学家所取得的重大成果中，择要进行介绍与评述，进而逐步反映世界科学发展的整体趋势，以及我国科学发展水平在其中的位置。

《2010 科学发展报告》是该系列报告的第十三本，主要包括以下九部分内容：

一、科学展望；二、科学前沿；三、2009 年诺贝尔科学奖评述；四、2009 年中国科学家具有代表性的部分工作；五、公众关注的科学热点；六、科技战略与政策；七、中国科学发展概况；八、中国科学院辉煌 60 年；九、科学家建议。

本报告的撰写与出版是在中国科学院路甬祥院长的关心和指导下完成的，由中国科学院规划战略局、中国科学院院士工作局支持。中国科学院国家科学图书馆、中国科学院自然科学史研究所承担本报告的组织、研究与撰写工作。丁仲礼、杨国桢、杨福愉、陆埮、陈凯先、姚建年、郭雷、曹效业、潘教峰、高庆狮、陈建生、胡亚东、李喜先、王毅、杨德庄、沈电洪、习复、刘国诠、武向平、于在林、周光飚、张树庸等专家参与了本报告的咨询与审稿工作，本报告的部分作者也参与了审稿工作，中国科学院规划战略局陶宗宝、毛军、刘剑同志对本报告的工作予以了帮助。在此一并感谢。

中国科学院“科学发展报告”课题组

目　录

CONTENTS

第一章

An Outlook on Science

1.1 iPS细胞研究进展及展望

李 晴 周 琪

（中国科学院动物研究所）

诱导多能干细胞（induced pluripotent stem cells，iPS细胞）的研究成为干细胞研究领域，乃至生命科学领域的新热点，继2008年荣登《科学》杂志年度十大科技进展榜首后，在已经结束的2009年，iPS研究领域的成果先后入选了《时代周刊》2009年度十大医学突破（Top 10 Medical Breakthrough of Year 2009）以及《自然》2009年度方法突破（Methods of the Year 2009）。

2006年，日本京都大学山中伸弥(Shinya Yamanaka) 研究团队通过将4个特定基因转入小鼠成纤维细胞，诱导后获得了具有与胚胎干细胞相似的具有自我更新与分化能力的多能性细胞，即iPS细胞[1]。该技术成为iPS技术，它成功地通过细胞重编程，将处于分化终端的体细胞“回拨”为具有与胚胎干细胞相似的分化潜能的多能性细胞，目前已经成为研究细胞重编程机制的重要模型与工具。同时，由于iPS细胞来源摆脱了对卵子或胚胎的依赖，并且能够产生与供体细胞具有相同免疫配型的细胞，因此在器官修复、再生、移植及疾病治疗等医学领域具有重要的应用价值。

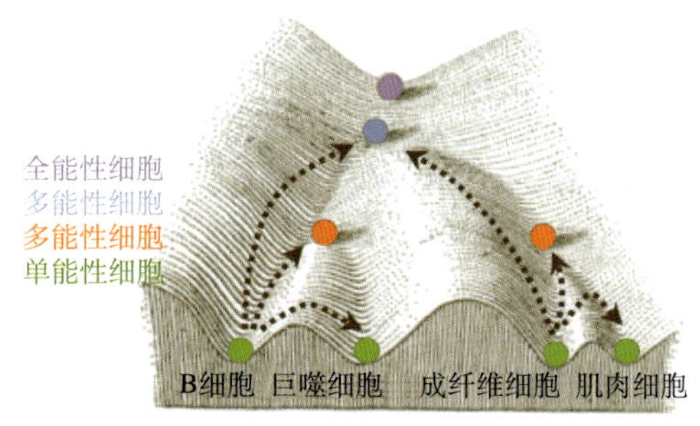

图1 不同发育状态下细胞的发育潜能[2]

全能性细胞（Totipotent）：合子；多能性细胞（Pluripotent）：内细胞团/胚胎干细胞、生殖细胞、癌细胞、多能性生殖干细胞、诱导性多潜能干细胞；多能性细胞（Multipotent）：成人干细胞（部分重编程细胞）；单能性细胞（Unipotent）：分化的细胞模型

自iPS技术发明至今，其研究重点主要集中在获得不同来源的iPS细胞、改进诱导方法、提高技术效率和研究发育潜能方面。几年来先后获得了小鼠、人类正常体细胞来源及遗传疾病患者来源的iPS细胞，初步探索了大鼠、猪、猴等其他物种的iPS

建系；并改善了诱导方法，从而提高了诱导效率，增强了安全性。在对iPS细胞应用的探索中，已成功诱导分化得到了多种具有组织特异性的终末分化细胞，有望在细胞替代治疗和再生医学领域取得突破。

一、2009年iPS细胞研究进展

2009年，iPS研究在对细胞发育潜能及诱导方法的改进方面取得了重要进展，不仅为研究体细胞重编程的机制提供了模型，更为iPS细胞应用的安全性评价提供了标准，极大地推动了iPS研究在再生医学领域的应用。

1. iPS细胞全能性的证明

在最初的研究中，iPS细胞只具有部分的分化能力，而随着技术的发展与完善，2007年获得了具有种系嵌合能力的iPS细胞，但这些细胞在进行四倍体补偿实验时始终无法获得到期存活的小鼠[2]。四倍体补偿实验是检验多能性细胞全能性的最权威的标准，因此，iPS细胞是否具有与胚胎干细胞（ES细胞）同样的全能性，成为了困扰研究人员的重大问题。

2009年7月23日，中国的研究小组在线发表于《自然》和《细胞·干细胞》的研究成果表明，iPS细胞具有通过四倍体补偿实验发育成个体的能力。中国科学院和上海交通大学的科学家利用山中伸弥建立的4因子诱导体系，通过改善培养方法，共获得了37株iPS细胞系，利用其中6枚进行四倍体补偿实验，得到了27只到期存活、健康并具有繁殖能力的黑鼠[3]。这是世界上第一批完全来源于iPS细胞的成活小鼠，其中获得的第一只iPS小鼠被命名为“小小”（Tiny）（图2）。“小小”的诞生，充分说明了iPS细胞具有与胚胎干细胞相同的发育全能性，从而为今后iPS技术在治疗性克隆及再生医学领域的应用奠定了基础。紧随“小小”，另外两个研究组也先后报道获得了成活的iPS小鼠，但其是否具有繁殖能力仍需进一步证实。

2. iPS诱导效率的提高

iPS技术在实际应用时遇到的一个问题是诱导效率很低，仅在0.01%～0.5%之间，这意味着有绝大部分的供体细胞没有被完全重编程；并且，长时间的诱导过程容易积累遗传或表观遗传突变。因此，进一步提高iPS诱导效率，以期在短时间内获得更多细胞成为研究的热点问题之一。

2009年，小分子化合物促进iPS细胞形成的研究取得重大进展，先后发现小分子化合物能够抑制促进小鼠胚胎干细胞分化的信号通路，从而促进克隆的形成。研究发现，通过抑制TGF-β与Erk信号通路，同时激活Wnt信号通路可以提高重编程效率；通

图2 第一只iPS小鼠“小小”

过结合抑制因子，同时激活Lif信号通路，也可以获得与小鼠胚胎干细胞类似的大鼠和人的iPS细胞。最新的研究表明，通过抑制p53/p21或是过度表达Lin28，能够加速细胞分裂速度，达到促进iPS转化的目的；过度表达Nanog可加快细胞重编程的速度，进而加速iPS的生成效率。通过对体内干细胞微环境的研究发现，干细胞更多地存在于低氧环境中，在低氧环境中诱导iPS效率更高；在培养基中添加抗氧化剂维生素C能够促进体细胞重编程，从而将iPS诱导效率提高到近10%[4]。

3. iPS诱导方法的改进

早期诱导iPS细胞的方法是利用病毒转染4因子，随着研究的进展，利用单因子Oct4即可诱导小鼠及人的神经干细胞成为iPS细胞，并且在基因表达谱、表观遗传学特征及全能性方面都符合干细胞的标准，这种方法被称为“一步法诱导iPS”。

利用病毒转染会在基因组引入外源基因，导致DNA序列的改变，给iPS的研究和实际应用造成重大安全隐患。因此，改进这种病毒转染体系对于iPS技术的临床转化至关重要。2009年，研究人员先后利用piggyBac转座系统建立了小鼠iPS细胞系、利用Cre-loxP系统建立了帕金森病病人来源的iPS细胞系、利用非整合的附着体载体也成功诱导出不含外源序列的人iPS细胞系。虽然利用这些方法可以产生无外源基因插入的iPS细胞系，保证了iPS细胞的安全性，但是由于需要进行大量严格的筛选才能获得无基因组整合细胞系，效率较低，进一步提高转化效率是面临的主要瓶颈问题。

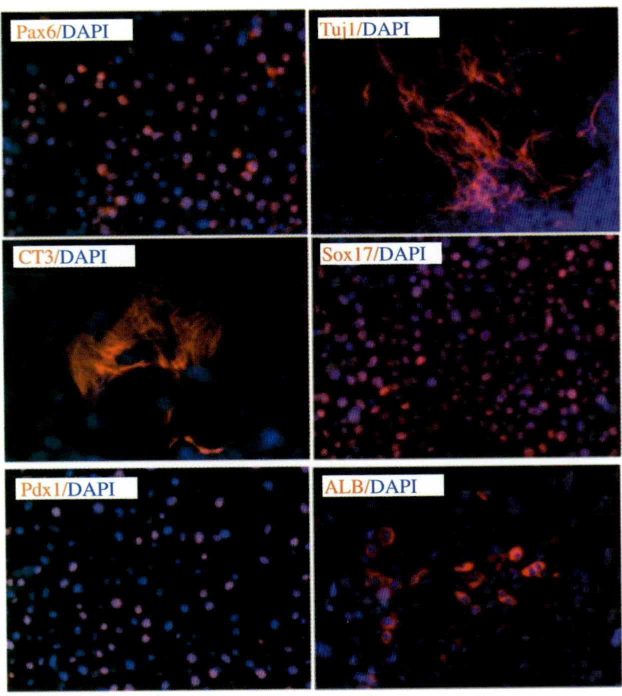

图3　重组蛋白诱导获得的iPS细胞体外分化三个胚层细胞的免疫荧光染色[5]

外胚层标志蛋白：Pax6, Tuj1；中胚层标志蛋白：CT3，Sox17；内胚层标志蛋白：Pdx1，ALB；DAPI是细胞核的一种染色剂

直接利用体细胞重编程相关蛋白诱导重编程可以更好地解决细胞安全性的问题。HIV的tat蛋白可以实现跨细胞膜转运，利用这一机制，使4个转录因子Oct4、Sox2、c-Myc和Klf4与跨膜序列融合并在原核细胞中表达纯化、体外折叠成有活性的蛋白质，再与小分子化合物VPA一起进行4次连续转导后，可成功诱导出小鼠iPS细胞系[5]。随后利用这一蛋白跨膜技术构建了人源的转录因子表达载体，并在293T细胞内表达；将蛋白抽提物连续处理人体细胞后，也能成功诱导出人iPS细胞系。该方法完全依靠蛋白质诱导，避免了外源基因对基因组的改变，因而安全性更高。

4. iPS技术在其他物种中的尝试

随着现代生物技术的丰富和发展，借助胚胎细胞和体细胞克隆、胚胎工程、分子和细胞生物学研究的最新成果和技术，开展其他物种iPS系相关研究，深入探讨iPS种系嵌合能力以及发育潜力，将为转基因动物生产、基因功能研究、扩繁种用家畜、地方遗传种质资源保护以及动物模型的建立等做出创新性贡献，为人类再生医学、组织工程、疾病发病机制、药物筛选、毒理学等方面的研究提供理论和实践依据。

目前，iPS工作大多集中于小鼠和人，其他物种如大鼠、猪及猴的iPS细胞虽已成功获得[6,7]，但研究相对较少，主要原因在于其他物种在胚胎干细胞培养方面的研究不够深入，现有的培养体系不能很好地维持胚胎干细胞的多能性。在大鼠和猴iPS细胞的研究中，虽然细胞系可以稳定传代，但尚不具备种系嵌合能力；而目前家畜干细胞的研究大多停留在分离培养阶段，且获得的大多为类胚胎干细胞，不能长期继代培养，功能鉴定和分析方面还仅停留在形态学分析、碱性磷酸酶染色等方面，细胞的多能性、分化能力和发育潜能尚需要进一步实验的证实。

二、iPS研究和技术展望

1. 科学及技术突破

（1）iPS细胞有效性和安全性的研究

随着iPS技术的不断改进，其多能性和发育潜能正在不断改善。从仅具有种系嵌合能力，至2009年获得可育的四倍体补偿小鼠，证明了iPS细胞具有与胚胎干细胞相同的多能性。然而，研究表明iPS细胞可能在基因表达及甲基化状态方面与胚胎干细胞存在明显的区别。为进一步确认iPS细胞与胚胎干细胞是否完全一致，还需将二者在基因表达谱、蛋白质表达谱及表观遗传状态等方面进行细致的比较。

致瘤性一直是困扰着iPS研究和应用的重要问题。iPS细胞与正常胚胎嵌合后，肿瘤发生比例显著升高。将iPS细胞分化为神经前体细胞之后再移植到免疫缺陷的裸鼠体内之后发现，iPS细胞分化为神经细胞的能力及成瘤能力与其多能性相关：具有与胚胎干细胞相似多能性的iPS细胞在分化完成后，只有极少数的未分化细胞，注射到小鼠体内的成瘤比例较低，而多能性较低的iPS细胞有较大比例的细胞不能分化，分化后的细胞在小鼠体内成瘤比例很高，这说明多能性高低是影响iPS安全性的一个重要因素。外源基因的基础表达水平影响iPS细胞自身的基因表达，也会影响iPS安全性，因此，进一步改良iPS细胞诱导技术，探索不依赖病毒载体的基因转染技术、利用重组蛋白质、小分子诱导等其他方式进行诱导，成为iPS研究的发展方向。

（2）iPS技术由转染性向非转染性转化

以病毒为载体，向体细胞中导入Oct4/Sox2/Klf4/c-Myc或Oct4/Sox2/Nanog/Lin28等外源基因的方法，由于效率低、会改变细胞的遗传修饰而具有一定的危险性，需要改善。减少诱导因子个数能够相对降低产生危险的风险，在向小鼠胚胎成纤维细胞中仅导入Oct4及Klf4的情况下，添加了小分子化合物BIX-01294和BayK8644后，能够成功获得iPS细胞，并且诱导效率明显提高。在研究与重编程相关的信号通路时发现，小分子化合物，如PD0325901和CHIR99021能够通过抑制MAPK信号通路和GSK3信号通路而提高重编程效率。上述研究表明，更加深入地探索与理解体细胞重编程机制，即可利用小分子化合物达到诱导iPS细胞的目的，从而生产出安全的iPS细胞以应用于临床治疗。

（3）iPS相关技术在细胞跨胚层转分化中发挥重要作用

iPS技术的成功强有力地证明，终末分化的体细胞在适当的外源基因调控下，能分化为胚胎干细胞样的多能性细胞，进而分化为另一种类型的细胞。这一结果也表明，利用iPS技术也可能不经过体细胞分化及分化过程，直接将细胞转分化为目的细胞类型，最终应用于细胞治疗。

通过探索和寻找目的细胞的发育及分化的分子调控网络及关键基因，结合细胞生物学的手段，调控这些基因在不同分化类型的细胞中表达，利用其对细胞信号通路进行调控，实现不同类型的终末分化细胞同胚层乃至跨胚层的转分化，将会是iPS技术和再生医学研究和应用的重要方向。

2. 产业及应用前景

（1）在疾病模型中的应用

iPS技术能够直接将病人带有疾病基因型的细胞重编程为胚胎干细胞样的多能性细胞，获得不同人群和个体的具有遗传多样性的细胞系。由于iPS细胞具有无限传代的能力，以及强大的分化潜能，研究人员能够借助建立病人特异性的iPS细胞系，获得相应疾病的细胞研究模型，进行疾病机制、病原生物学研究，以及治疗方法和相关药物的开发。

到目前为止，研究人员已经建立了多个人类疾病特异性iPS细胞系，包括帕金森病、1型糖尿病、Duchenne/Becker肌营养不良、Lesch-Nyhan综合征、唐氏综合征、亨廷顿病、家族性自主神经异常以及范可尼贫血症等。

家族性肌萎缩性脊髓侧索硬化症（ALS）是一种由于在脊髓及运动皮质缺失运动神经元，而最终会导致瘫痪或死亡的神经退行性疾病。由于大多数发病情况是遗传与环境因素共同作用的结果，因此，对其发病机制的研究和治疗性药物的筛选由于难以获得合适的细胞模型，而进展缓慢。研究人员利用一位82岁高龄的ALS患者的成纤维细胞，建立了iPS细胞系；经检测，此细胞系表达与人胚胎干细胞相似的各种标志物，并且能够在体外被诱导分化成为ALS病人受损的运动神经元。这为体外研究ALS疾病发生机制、药物筛选提供了模型，从而有望使患者的疾病治疗状况得以改观。

同样，患者来源的iPS细胞系的建立为脊髓型肌肉萎缩症（SMA）的研究提供了便利。SMA是一种常染色体隐性遗传的神经退行性疾病，由丁运动神经元生存基因1（SMN1）突变，造成患者缺少运动神经元，而导致肌肉无力、瘫痪甚至死亡。人类除SMN1基因外，还存在特有的SMN2基因，而在啮齿动物、果蝇等常用模式动物基因组中不存在SMN2基因，因此导致SMA的研究模型建立十分复杂。现在已经利用SMA患儿的皮肤成纤维细胞诱导得到了带有SMA病变基因的iPS细胞系[8]，并使其体外分化为运动神经元，从而为后续研究提供了疾病细胞模型。

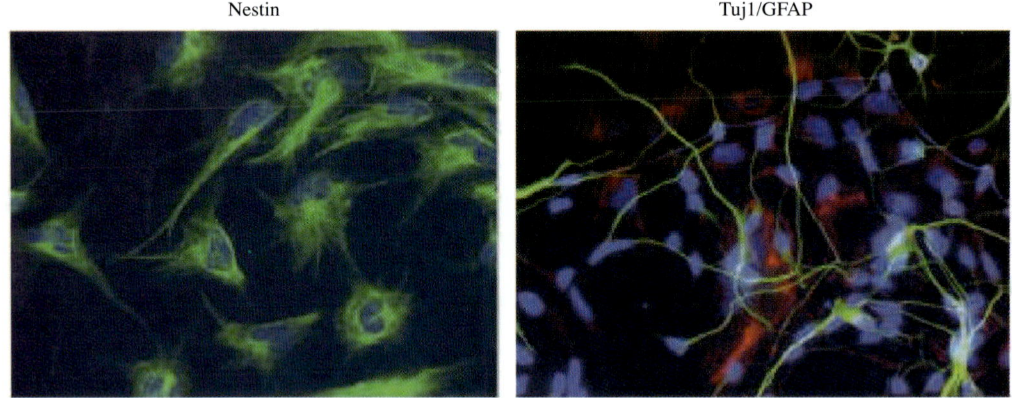

图4 来源于SMA患者体细胞的iPS细胞体外分化为神经元[8]

神经元标志蛋白：Nestin，Tuj1/GFAP

在药物筛选的细胞模型领域，iPS 细胞也显示出了其应用潜力。心动过速是多种药物的主要副作用，也是评定药物安全性的重要参考因素。然而，迄今为止尚无人类来源的心肌细胞模型，能够在体外对药物安全性进行评价。由iPS 细胞诱导生成的心肌细胞，具有和正常人类心肌细胞类似的标志物表达和收缩功能，而且对一系列影响心率的药物有着显著的反应。也许在不久的将来，iPS 细胞诱导的心肌细胞能够作为一种有效的模型，在药物心肌毒性评定的领域发挥作用。

（2）在再生医学领域的应用

当人体受到机械创伤或疾病损伤时，利用移植或组织器官修复来重建受损器官的功能是一种重要的治疗手段。但是，传统方法的器官移植，其来源多为人体捐献，不仅易产生机体免疫排斥，而且可利用的资源十分有限。因此，寻找进行替代性治疗的组织器官是临床医学界的迫切需求，而以干细胞分化，组织器官的替代、修复、重建和再造为主要内容的再生医学工程成为了生物学及临床医学关注的焦点。随着iPS研究的发展，直接利用患者体细胞进行诱导获得多能性细胞，通过基因修饰改变致病基因，再将这些工程细胞作为组织器官修复与移植的细胞来源，将对再生医学领域产生深远的影响。

以帕金森病为例，目前治疗帕金森病主要依靠药物和手术治疗。药物治疗有很大的副作用，手术治疗常造成不可逆的损伤。细胞治疗为此提供了新的选择。将小鼠iPS细胞诱导分化得到的多巴胺能神经元，移植入模拟帕金森病的大鼠脑部后，发现大鼠的病情得到了极大缓解。此方法对非人灵长类的帕金森病模型同样具有改善病情的作用。以上进展，无疑为治疗人类帕金森病带来了希望。

另有研究发现，将来源于患有镰刀贫血症的小鼠皮肤细胞诱导为iPS细胞，并利用基因打靶技术将其突变基因修复，而后再诱导为造血干细胞输入供体小鼠体内后，能够在小鼠体内产生正常的红细胞。到目前为止，iPS细胞在体外已经成功被定向诱导分化为神经前体细胞、功能性神经细胞，如运动神经元及多巴胺能神经元、星形胶质细胞、心肌细胞、平滑肌细胞、血管内皮细胞、胰腺细胞、胰岛β细胞、胰腺细胞等。这一系列成果将为神经退行性疾病、心脏病、糖尿病等疾病的治疗提供重要细胞来源。

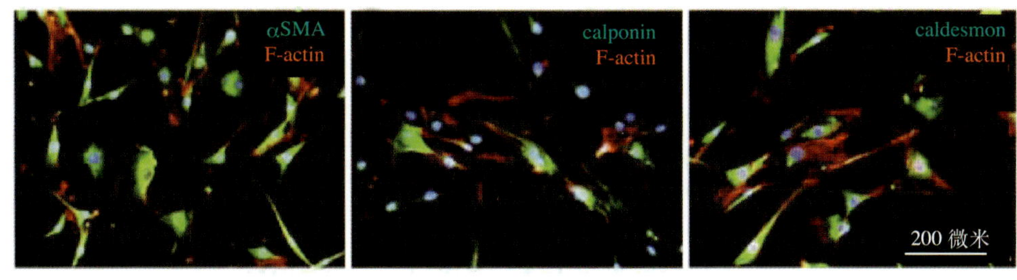

图5　由iPS细胞分化得到的平滑肌细胞的特异性标志蛋白的免疫荧光染色[9]

平滑肌细胞特异性标志蛋白：α SMA, calponin, caldesmon

2009年，杰龙（Geron）公司和ACT（Advanced Cell Technology）公司已经先后申请并经美国食品和药物管理局（FDA）批准开展人类胚胎干细胞临床试验。其中，杰龙公司的胚胎干细胞临床实验将应用于脊柱重度损伤的患者；ACT公司的胚胎干细胞临床试验项目是针对遗传性眼病。我们相信，近期会有更多的研究成果开始向临床转化。

3. 相关政策、法规、管理制度的完善

针对干细胞在临床医学中的应用，美国、英国以及欧盟的相关管理机构，都已经制定了严格的标准规范本国研究。国际干细胞组织（ISCF）、国际干细胞研究协会（ISSCR）先后制定和发布了相应的管理规则用以约束会员国家在干细胞研究及应用中的行为。

继2003年颁布《人胚胎干细胞研究伦理指导原则》之后，我国于2009年出台了《医疗技术临床应用管理办法》。该管理办法将医疗技术分为三类管理，自体干细胞和免疫细胞治疗技术、异基因干细胞移植技术（异基因干细胞移植是指非自体的由他人提供的干细胞移植）被纳入第三类医疗技术管理，并规定异基因干细胞移植暂不得应用于临床（即人以外其他动物来源干细胞不得应用于临床）。同时，要求已开展干细胞等第三类医疗技术临床应用的医疗机构，在继续应用的同时必须在管理办法正式实施后6个月内向卫生部指定的第三类医疗技术临床应用能力审核组织申请审查，通过能力审核后报卫生部审批。该管理办法还规定医疗机构取得第三类医疗技术准入许可后2年内，每年必须

向卫生部报告临床应用情况，包括适应证、诊疗病例数、临床应用效果、并发症、合并症、不良反应、随访情况等，必要时卫生部可组织专家进行现场核实。

随着研究的深入，干细胞研究领域还需要不断完善相关的法律、法规和管理制度，不仅包括对研究以及临床应用的各项细节的严格规范，同时能够紧随研究发展，规范相关行为，避免研究中可能出现的涉及伦理等敏感问题，使我国的干细胞研究能够排除干扰，在有效、合理、完善的管理下进行，所取得的成果为世界同行所承认，推动我国干细胞研究和应用整体水平的提高。

我国的干细胞研究近年来已经取得了长足的进步，在肯定所取得的成果与进展的同时，我们也需要正视其存在的问题。主要体现在：基础研究相对薄弱，原始创新性成果少，研究技术、方法方面相对滞后，临床应用中管理规范、评判标准不完善，基础研究向临床应用转化困难重重。为应对国际干细胞和iPS研究的机遇与挑战，我国应加大对干细胞研究的投入，整合资源，开发新的研究模式。利用国家级科研机构对我国干细胞整体研究方向与布局的把握，对各高校、科研所乃至企业的研究力量进行统一的协调与管理，建立一个优势集成、技术互补的国家级研究网络，从而使国家资源合理分配，有效利用；通过加强交流与合作，多学科交叉，使得干细胞研究能够在细节上深入，在整体上完善，并促进基础研究向临床应用的产业转化，推动我国干细胞研究的发展。

干细胞和iPS技术的研究，无论是对于生命机制的探索，还是在再生医学中的应用，都是科学家关注的焦点和各国竞争的核心领域，我国应该也必须在这一重要领域获得原始创新性成果，为改善人民健康水平，推动经济和社会发展做出贡献。

参考文献

1 Takahashi K, Yamanaka S. Induction of pluripotent stem cells from mouse embryonic and adult fibroblast cultures by defined factors. Cell, 2006, 126(4): 663～676

2 Jaenisch R, Young R. Stem cells, the molecular circuitry of pluripotency and nuclear reprogramming. Cell, 2008,132 (4): 567～582

3 Zhao X Y, Li W, Lv Z, et al. iPS cells produce viable mice through tetraploid complementation. Nature. 2009, 461(7260): 86～90

4 Esteban M A, Wang T, Qin B, et al. Vitamin C enhances the generation of mouse and human induced pluripotent stem cells. Cell Stem Cell, 2009 Dec 24

5 Zhou H, Wu S, Joo J Y, et al. Generation of induced pluripotent stem cells using recombinant proteins. Cell Stem Cell, 2009, 4 (5): 381～384

6 Liu H, Zhu F, Yong J, et al. Generation of induced pluripotent stem cells from adult rhesus monkey

fibroblasts. Cell Stem Cell, 2008, 3(6): 587～590

7 Liao J, Cui C, Chen S, et al. Generation of induced pluripotent stem cell lines from adult rat cells. Cell Stem Cell, 2009, 4(1): 11～15

8 Ebert A D, Yu J, Rose F F, et al. Induced pluripotent stem cells from a spinal muscular atrophy patient. Nature, 2009, 457: 277～280

9 Schenke-Layland K, Rhodes K E, Angelis E, et al. Reprogrammed mouse fibroblasts differentiate into cells of the cardiovascular and hematopoietic lineages. Stem Cells, 2008, 26(6): 1537～1546

Progress and Prospect of iPS Research

Li Qing, Zhou Qi

Induced pluripotent stem cells(iPS cells) have been the hotspot of stem cell research since it was invented by Yamanaka in 2006. Up to now, iPS cells have been successfully derived from somatic cells of mice, human, monkeys, rats and pigs; iPS cells have been differentiated into many tissue specific cells. In 2009, two most important progresses related to iPS cell research are the demonstration of pluripotency of iPS cells and the generation of iPS cells by recombinant proteins. Since iPS cells have great potential in tissue engineering and regenerative medicine, further studies on improving inducing efficiency and safety will be top concern.

1.2 光合作用与太阳能光生物转化及生物质能的研发

匡廷云　卢从明　张立新

（中国科学院植物研究所，中国科学院光生物中心重点实验室）

一、光合作用研究的意义

光合作用是地球上最大规模的利用太阳能把二氧化碳和水等无机物合成有机物并放出氧气的过程。植物通过光生物转化，将太阳光能转变为化学能贮存在植物体内，它几乎为所有的生命活动提供有机物、能量，它是地球氧气的主要来源。当今人类社会所需的化石燃料煤、石油和天然气，都是古代植物光合作用的直接或间接产物。

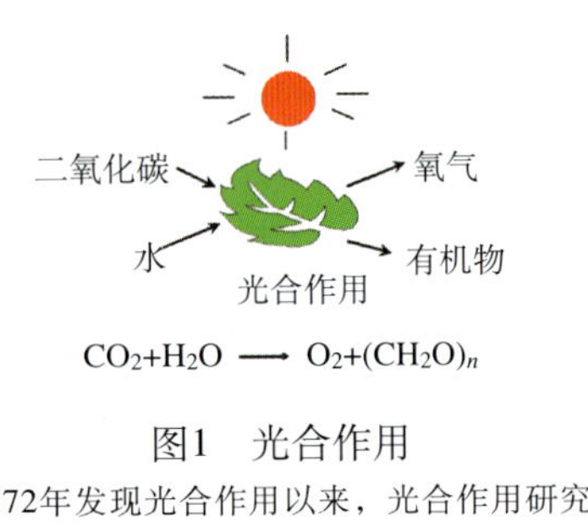

图1 光合作用

自1772年发现光合作用以来，光合作用研究一直是国内外竞争相当激烈的前沿科学领域之一

每年地球上植物光合作用合成的有机物约为2200亿吨，相当于人类每年所需能耗的10倍。长期以来，光合作用的研究是生命科学研究的前沿，也是自然科学的重大问题之一。自1772年发现光合作用以来，光合作用的研究一直是国际竞争相当激烈的前沿科学领域之一，一直是生命科学领域长盛不衰的研究热点，在光合作用及相关领域的研究成果，曾10次被授予诺贝尔奖。

光合作用吸能、传能和转能的分子机制及其调控原理是光合作用研究的核心问题，是重大的科学问题。在光合膜系统中，在最适宜的条件下，传能的效率高达94%～98%。在光合作用反应中心进行的光能转换的量子效率几乎是100%。光合作用光能吸收、传递与转化效率如此之高，在常温常压下利用可见光驱动水的裂解，产生电子、质子和氧气，这些都是当今科学技术远不能达到的。现已确定，光合作用光能的吸收、传递和转化均是在具有一定分子排列及空间构象、镶嵌在光合膜中的捕光及反应中心色素蛋白复合体和有关的电子载体中进行的。从光能吸收到原初电荷分离涉及的时间尺度范围为10^{-15}～10^{-7}秒，它包含着一系列涉及光子、激子、电子、离子等传递和转化的复杂的物理和化学过程。这些过程是如何进行的，要求怎样的分子结构基础？这些问题的解决，要求在分子及原子水平上将结构与功能紧密结合起来进行研究。

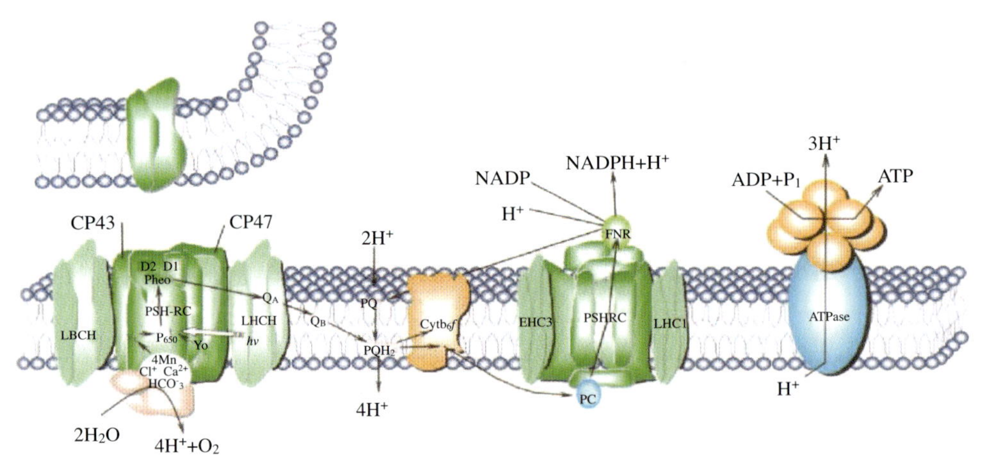

图2 叶绿体类囊体膜四种主要蛋白复合体模式图

据预测，对光合作用能量传递和转化机制及其调控原理的揭示，对光合膜蛋白复合物空间结构解析，将可能使光合膜系统成为第一个在原子水平上、以物理学和化学

概念进行解释的复杂的生物膜系统。这不仅能阐明光合作用高效吸能、传能和转能的分子机制，对揭示光合作用高效转能的奥秘具有重要的理论意义，并能跨越物理世界与生命世界不可逾越的鸿沟，带动复杂系统凝聚态物理、化学的理论研究，丰富和发展超分子体系的电子传递及能量传递理论，促进生命科学、物理学及化学学科前沿领域的发展，而且还能为提高农作物及能源植物光能转化效率，为开辟太阳能生物利用、生产清洁燃料的新途径，为生物电子器件及生物芯片的研制奠定理论基础，从而促进农业科学、能源科学、信息科学和材料科学及其技术的发展，为开辟21世纪的新兴产业提供理论依据和科学技术信息。

综上所述，在这一既具有明确的国家目标，又具有重大理论意义的科学前沿领域内，在我国光合作用研究取得优异成果的基础上，进一步组织多学科交叉，有机结合，优势互补，不失时机地开展研究，有望在短期内取得在国际上有重要影响的成果，在若干方面取得国际领先的地位[1]，并能为在农业、生物质能中的应用做出重大贡献，为经济发展提供强大的推动力。因此，这项研究在国家基础性研究整体布局中占有重要的地位，特别是与农业、能源、材料和信息及其技术的发展密切相关。

建立我国农业及生物质能的可持续发展的新技术支撑体系，以系统分子设计为理念，以集成光合作用创新成果为核心，采用作物及能源植物光合作用功能基因组学、蛋白质组学、分子标记和基因工程等技术，从光合作用光能吸收、传递和转化机制以及碳素同化途径及同化产物的运输、定向分配规律以及外界环境的影响，以群体、个体、细胞和分子水平相结合开展重要的作物及能源植物的光合作用的机制及调控原理及其高光效、高生物量的研究。以期为作物及生物质能的资源持续利用提供新基因、新的高光效品种等，为作物及能源植物品种改良、生物质能深层次开发和利用光生物转化原理仿生模拟生产清洁燃料等提供新概念、新方法和新理论，建立我国农业及生物质能资源可持续发展的新技术支撑体系，为国家农业及能源战略转移提供科学技术支撑。

中国科学院植物研究所等单位执行两期光合作用机制研究的“973”计划，在基础研究领域已取得重大进展[2~5]，并将于2010 年在北京主持召开第15届国际光合作用大会。

二、国际生物质能发展的现状

美国以全球5%的人口消耗全球20%以上的能源，其改变能源结构的压力最大。21世纪以来石油价格的巨大波动，推动美国政府不断增强非化石能源(包括生物质能)的研发，投入不断增加，研发的内容涵盖很广，不但有陆地生物质能也有海洋藻类；不但重视中近期可产业化的研究，也开展了长期的基础性研究，包括光合作用机制以及利用分子生物手段改造现有能源植物的种质，使之更高产、更抗逆、更适合作为能源的特殊需求，如高油脂或高淀粉的含量等。新任总统奥巴马提出改变美国能源结构的雄心勃勃的计划：通过可再生能源的开发，摆脱美国依赖石油进口的局面。他认为生物质能的开发还可以振兴农业经济并带来几百万个就业岗位。美国提出未来10年政府投入1500亿美元带动可再生能源的开发。2009年拨款10亿美元作为生物质能研发经费。美国能源部部长朱棣文更指出生物质能的研发是美国摆脱依赖进口石油的关键，可见其对生物质能的重视程度。

当前美国生物质能的研发以能源部的东、中、西部的三个生物质能研究中心为节点，构成了跨部门的研发网络，其研究内容很广，包括糖基生物乙醇的转化和生物柴油，也包括纤维素为原料的第二代液体燃料。藻类光合直接产氢(有人称这为第三代生物燃料)也在研发项目之内。美国更投入重金开展提高光合作用效率和改造本身(合成生物学)的研究。美国非常重视提高光能利用效率的研究，明确提出经过10年的研究使主要能源作物的单产增加一倍。

建立可持续发展的新能源体系是各国高度关注的焦点和重大战略。欧盟科学基金会提出：光合作用利用太阳能驱动，生产环境洁净型电能、氢能以及液体燃料，将作为满足能源需求的可持续发展途径。例如，欧盟八国的“人造叶片计划”，美国、日本的“太阳能光生物制氢计划”和澳大利亚“人工光合作用网络”。

欧盟是最重视环保和锐意开发新能源的发达国家组织。瑞典、德国等国可再生能源的利用走在前列。瑞典提出将向零化石能源消耗的目标前进。德国可再生能源已占其总能耗的50%。欧盟一直重视生物质能的研发，已实行了7个框架计划，其生物柴油的产业化是全球规模最大的。2006年在英国阿斯顿（Aston）大学成立生物质能研究中心，加强生物质能的研究。欧盟的研发内容与美国近似，只是规模较小。欧盟提出2020年交通用生物燃料要达到10%。

巴西是最重视生物质能利用的发展中国家，并且成绩斐然。巴西自20世纪第一次石油危机之后，坚持甘蔗—乙醇的研发，至今生产规模已达年产1600万吨以上，除满足本国燃料需求之外还部分出口，其自行开发的生产工艺也作为技术出口。巴西发展乙醇的过程也是其科技水平不断提高的过程，与1975年相比，2000年甘蔗品种的更新换代使单产提高了33%，甘蔗含糖量提高8%，蔗糖乙醇的转化率由于发酵过程的改进，提高了14%，发酵罐生产率提高了30%。巴西的经验很值得我国借鉴。

三、我国发展生物质能具有重要的战略意义

发展生物质能是应对我国能源战略需求的重要途径。可再生能源是21世纪能源持续发展的重要基础。胡锦涛总书记在党的十七大报告中提出：加强能源资源节约和生

态环境保护，增强可持续发展能力，发展清洁能源和可再生能源。

首先，我国面临能源短缺的严峻形势，能源可持续发展是我国能源战略安全的重要组成部分，必须及早改善能源消费结构，提高可再生能源的比例。

其次，我国的能源结构中煤占有极大的比重(78%)，随着我国国民经济的发展和人口的增加，我国将面临温室气体减排的巨大压力与生态安全问题，因此，清洁燃料的供应能力密切关系着国民经济的可持续发展。

第三，生物质能的开发将成为解决“三农”问题的有效途径之一，生物质能的生产和高效利用可以促进农业增收，减少资源浪费，提高农村就业率。在非农田发展生物质能资源，形成稳定的能源植物资源基地，是生物质能及生物质基地产品发展的物质基础，不仅具有重要的战略地位，而且有非常广阔的前景。

目前，我国生物质能的传统利用方式(直燃炊用及采暖)在广大农村地区占主导地位，其利用效率只有10%～20%。由于生物质源未进入商品流通，故不在国家统计资料之内。一般估算我国目前每年的生物质总量为7亿吨标煤左右，估计约有半数可作为生物质能资源。我国生物质资源的突出特点是现代化转化(电、液、气)效率低，大约只有0.5%，这与工业化国家相比相差甚远，即使与世界平均转化率的14.5%相比也差了近30倍。

虽然我国生物质能的发展在沼气利用上发展显著，但在直燃发电、燃料乙醇及生物柴油等方面，由于生物资源量及高新技术的限制，目前还未形成战略产业。

要使我国生物质能成为战略产业，必须重视科学及技术的研究，占领科学及技术的制高点，开发有自主知识产权的核心技术。

四、发展生物质能必须突破重大科技问题，掌握具有自主知识产权的核心技术

利用光合作用及仿生模拟原理生产生物质及清洁燃料，必须突破关键的科学问题和掌握核心技术。

发展生物质能必须首先突破生物资源量的瓶颈，保证生物质资源的供应。建立稳定的能源植物产业基地是关键，但必须立足于本国土地资源，保证粮食安全(这是与美国及欧盟诸国国情不相同之处)，不与粮争地，不与人争粮，必须在边际土地上发展能源植物（现有边际土地2.6亿公顷）产业。

利用光合作用进行太阳能光生物转化的科技与产业的关键问题之一，是如何提高对太阳能生物转化的机制的认识。

要走具有中国特色的生物质能可持续发展的道路。从战略高度，远近结合，研究生物质能核心技术导向的植物光合作用高效转能的机制及调控原理。开展高光效、高

抗逆性、高生物量的能源植物(包括藻类)的发掘、收集、筛选、改造和评价。进行非淀粉原料燃料乙醇、木本生物柴油、藻类生物制氢及仿生技术研发。为深层次研发我国生物质能可持续发展设想的新技术支持系统提供理论依据和新战略、新技术及新途径：发展能源植物关键是筛选能量集合型的野生植物，并对其进行遗传改造，从而培育出高能的能源植物。

1. 陆生能源植物资源研究取得明显进展

近年来，中国科学院的多个研究所在能源植物资源的发掘和利用中取得明显进展。中国科学院植物研究所在耐盐、耐旱的构树、菊芋品种筛选、引种驯化与示范种植上获得了良好的应用前景，在麻疯树、甜高粱以及北方沙地适种植物树种研究上也取得了良好的结果[6~8]。

2. 藻类产氢研究取得新进展

我国尽管在微藻光合制氢方面的基础研究起步较晚，但取得了一些重要的阶段性成果。中国科学院植物研究所在光合作用原初反应和水光解的机制方面有长期的累积，在微藻光合制氢方面有很好的研究基础，匡廷云研究组已实验成功一种衣藻与兼性需氧细菌共培养的方法，使衣藻放氢效率在两步法产氢的基础上提高了1.5倍。

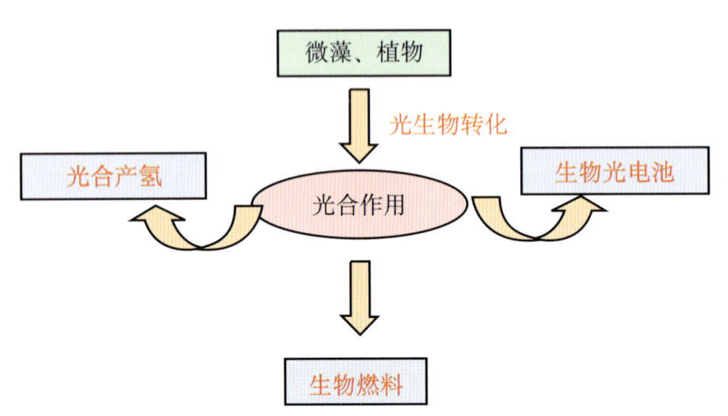

图3 太阳能光生物转化与利用的联系

图 4 富含油脂的热带植物麻疯树 (*Jatropha curas*) 的果实

近年来，中国科学院植物研究所黄芳研究组以产氢微藻为材料，在国家自然科学基金项目支持下开展了微藻产氢蛋白质组学及功能基因组学研究，组建了部分产氢蛋白数据库。已构建了有近7000个克隆的微藻突变体库，用于放氢突变株的大规模筛选。植物研究所、化学研究所在国家自然科学基金的持续资助下，发展了超低温电子顺磁共振技术研究光系统Ⅱ光解水放氧机制，提出了新的调控模型，为进一步揭示微

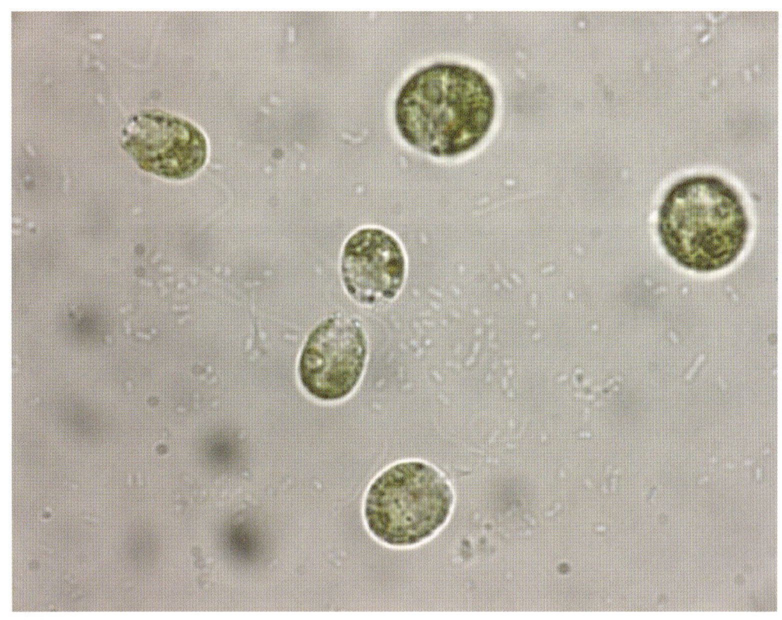

图5　藻菌混养提高衣藻放氢效率的方法

藻光合系统单向电子转移，避免电荷复合的高效光能传递，构建高效人工太阳能转换体系奠定了重要基础。大连化学物理研究所在科技部“973”、“863”项目和中国科学院重要方向项目支持下开展了海洋绿藻光解水产氢的生理生化研究，集成了1立方米规模的微藻高密度培养系统，为微藻光合制氢的规模化奠定了基础。青岛生物能源与过程研究所在已开展了产氢微藻筛选、氢化酶分子改造和制氢光反应器研制等工作，并初步建立了基于同位素交换技术的快速、高灵敏、高选择性的氢化酶活性筛选技术。青岛海洋研究所拥有海洋微藻藻种库，在藻类细胞超高密度培养、光生物反应器研发方面也有良好基础。

3. 生物柴油研究的新思路

动植物油脂加工后都可以用作内燃机燃料，中国科学院植物研究所许亦农研究组近年研究了内蒙古荒漠小灌木——四合木在茎秆积累大量油脂，这是已知高等植物界在非繁殖器官积累油脂的特例。这一发现启发我们要加强细胞油脂合成代谢研究，以期未来创造在营养体细胞中能大量积累油脂的新种质[9]。

油脂的研究主要有以下几个方面：

（1）通过提高光合效率增加油脂产量：在油脂植物中表达C4植物光合途径关键酶，提高油脂作物的光能利用效率。

（2）通过改造植物油脂合成途径提高油脂含量：过量表达油脂合成酶基因，或抑制淀粉和蛋白合成酶基因，提高光合作用产物向油脂合成途径的分配。

（3）通过改造油脂储存器官提高油脂产量：以我国特有的灌木植物四合木作为在营养器官中储存油的模式植物，研究其茎组织积累油的分子机制。通过基因工程获得以营养器官为油的储存器官，在开花前就可以收获的植物。

图6 我国特有的灌木植物四合木(*Tetraena mongolica* Maxim)是已报道的植物中唯一能够在茎组织中大量积累油的植物

（4）提高油脂植物的抗逆性：培育抗旱、抗盐碱和抗低温，能在我国非耕地上生长的油脂植物。

近期和中长期研究目标：阐明植物油脂的生物合成及其调控机制、光合产物分配的调节机制和油体在植物不同器官中形成的遗传基础和条件；利用生物学技术创造光合效率高、抗逆性强和油脂含量高的油料专用品种。特别要培育出能够在营养器官中储存油的新型油料作物，大面积推广上述油脂专用品种。

4. 太阳能生物光电池已经起步

在自然界的光合作用中有太多的地方值得学习，如自然界通过自组装、自修复和叶绿素等色素分子可以完成对光能的高效吸收。在人工光合作用方面，主要面临的技术挑战是如何利用学习这一过程，使光合作用发挥更大的潜能，这需要有一个交叉性的大计划或项目去推动。用人工光合作用技术解决未来能源的供应问题的同时应该充分考虑生命科学和纳米科学的重要研究成果。通过这些努力，相信人工光合作用在未来可以实现规模化利用。

从叶绿素吸收光能、产生电荷分离，到产生化学能，所激发的电子要经过大约2.0伏势差的传递，转换成化学能。在原初反应中，通过锰族化合物（Mn cluster）的系列反应还原2个水分子，放出4个电子和4个质子。经过35亿年的进化，叶绿体的光反应中心的电荷分离效率达到了近乎100%。如果在这种电子传递过程中，截留电子所带有的能量，将叶绿素所固定的太阳能直接转变为电能，则将是自然界最便宜、最有效和最环保的获得电能的方法。

1991年问世的纳米晶体染料敏化太阳能光电池（DSSC）是利用人工合成色素制成的第一个模仿光合作用的光伏电池。DSSC利用染料敏化剂吸收光能后由基态转换为激发态，而激发态的染料分子在半导体界面产生电荷分离而将一个电子注入TiO_2多孔膜半导体的导带，产生电流，实现光电转换。DSSC的发明，奠定了将高分子有机色素或者光合膜蛋白作为太阳能电池的敏化染料分子的基础，使得研制和推广生物太阳能电池的应用成为可能。

生物太阳能电池的研发在国际上还是一个很新的前沿研究，在我国大学和其他研究系统还没有开展相关的工作，而中国科学院植物研究所光合作用研究中心在这一领域具有很强的基础和优势，杨春虹研究组已经开始了光系统Ⅱ捕光色素蛋白生物光电池方面的研究，已与中国科学院上海技术物理研究所、化学研究所和国家纳米科学中心合作，利用学科交叉优势互补，共同开展研制生物太阳能电池方面的基础研究，已经取得了初步的成果。

参 考 文 献

1 匡廷云. 光合作用原初光能转化过程的原理与调控. 南京：江苏科学技术出版社, 2003

2 Liu Z, Yan H, Wang K, et al. Crystal structure of spinach major light-harvesting complex at 2.72 Å resolution. Nature, 2004, 428

3 Liu C, Zhang Y, Cao D, et al. Structural and functional analysis on the anti-parallel strands in the lumenal loop of the major light-harvesting chlorophyll a/b complex of photosystem II (LHCIIb) by site-directed mutagenesis. J Biol Chem, 2008, 283: 487～495

4 Sun X W, Peng L W, Guo J K, et al. Formation of DEG5 and DEG8 complexes and their involvement in the degradation of photodamaged photosystem II reaction center D1 protein in Arabidopsis thaliana. Plant Cell, 2007, 19: 1347～1361

5 张立新，卢从明，匡廷云. 光合作用高效光能转化与调控机理及光合膜蛋白的结构与功能. 载：2006科学发展报告. 北京：科学出版社, 2007

6 中国科学院生物质资源领域战略研究组. 光合作用机理与提高作物及能源植物光能利用效率. 载：中国至2050年生物质资源科技发展路线图. 北京：科学出版社，2009. 13～15

7 Yang M F, Liu Y J, Liu Y, et al. Proteomic analysis of oil mobilization in seed germination and postgermination development of *Jatropha curcas*. Journal of Proteome Research, 2009, 8: 1441～1451

8 Tang M J, Sun J W, Liu Y, et al. Isolation and functional characterization of the *JcERF* gene, a putative AP2/EREBP domain-containing transcription factor, in woody oil plant *Jatropha curcas*. Plant Molecular Biology, 2007, 63: 419～428

9 Wang G L, Lin Q Q, Xu Y N. *Tetraena mongolica* Maxim can accumulate large amounts of triacylglycerol in phloem cells and xylem parenchyma of stems. Phytochemistry, 2007, 64: 2112～2117

Trends of Studies on the Photosynthesis, Solar Photobiotransformation and Bioenergy

Kuang Tingyun, Lu Congming, Zhang Lixin

Photosynthetic products are the basis of bioenergy. Mechanism exploration of solar photo biotransformation would help increase the photosynthetic-production rate and the total amount of biomass in the whole nation. The recent progresses in the study on the bioenergy crops, H_2 production by the algae, new biodiesel oil trees and imitate technology of solar energy transformation are discussed.

第二章

科学前沿

Frontiers in Sciences

2.1 2008.9～2009.8物理学、化学、生物学、医学前沿的热门课题

黄 矛
（中国科学院国家科学图书馆）

本文以美国科学信息研究所（ISI）出版的双月刊《科学观察》（*Science Watch*）所提供的科学引文统计数据为基础，重点介绍了一年来国际上物理学、化学、生物学、医学四大基础学科中最受人们关注和最新出现的前沿热门课题，其相关论文的引用频次均曾进入或多次进入这一时期6次公布的前10名排行榜。与以往的情况相比，除医学领域之外，在前沿热点的分布上都显示出一些变化。主导这四大领域前沿的最热门分支分别为物理学中的天文学、铁基高温超导体、石墨烯、聚合物光电池和弦论，化学中的纳米科学技术、新型超导体、催化以及分子电子储存器，生物学中有关基因、干细胞和T细胞的研究，医学中的癌症、糖尿病和心血管疾病。

一、物 理 学

一年来物理学的前沿热点课题中，有关天文学的研究仍然占据着绝对的主导地位，在6次前10名的排行榜中接近占总出现次数的1/2。在宇宙论和天体演化的研究中，最耀眼的莫过于威尔金森微波各向异性探测器（WMAP）头3年的观测结果，其有关论文囊括了整个这一时期6次前10名排行榜的榜首。“朱雀号”卫星X射线观测站则是这一时期新出现的天文学热点课题。“朱雀号”卫星是用于X射线天文学的日美联合卫星，它有4台X射线望远镜，每一台配备一台聚焦平面低能X射线光谱仪和电荷耦合器件（CCD）。这样的装备使“朱雀号”卫星在所有的宇宙X射线仪器中具有最好的光谱分辨率。此外，该卫星携带一个对于10～600千电子伏特谱带灵敏的硬X射线探

测器。该探测器扩展了“朱雀号”卫星对于伽马射线能量的带通，这样就能进行天体的宽带研究。探测器的高灵敏性开创了X射线变异性的研究，这是朝向理解诸如天鹅座X-1之类的源的喷射的重要一步。天鹅座X-1是一颗双星，它由一颗蓝超巨星、一个黑洞和一个吸积盘组成。探测器可用来作为亮X射线瞬变、伽马射线爆发和太阳耀斑的宽场监视器。该卫星的独特性能是可同时覆盖巨大的能量范围。这一点是重要的，因为“朱雀号”卫星能研究热和非热两种现象的细节，这在X射线天文学中还是第一次。“朱雀号”卫星将对下列3个重大问题提供答案：靠近黑洞的时空性质是什么？什么是暗能量？宇宙加速器是如何工作的？“朱雀号”卫星对银河系中超新星残留物的喷出物分布的成像将对超新星物理学的研究做出进一步的贡献。这颗卫星很有希望在未来几年的运行中获得新的发现。它对所有的被雨燕号伽马射线观测站发现的活跃的星系核（AGN）都要进行光谱分析。由于AGN追踪宇宙大尺度的结构，该研究将对解答暗物质的秘密做出贡献，而且对500个星系团的快速勘测将有助于获得对暗能量新的理解。

图1　飞行中的“朱雀号”卫星

在物理学的热点论文中，弦论已经有10年没有起过重要作用了。但不久前有4篇弦论的文章同时进入物理学热点论文的前10名排行榜,它们都描述M2型膜的性质。弦论是20世纪60年代的产物，但是直到80年代中期，理论家们确信5种不同的弦论提供了一条通往统一的道路，弦论才变成了一门主流物理学，其中振动的弦代表基本粒子。这是弦论的第一场革命。到了90年代中期，发现了新的强有力的对称性，称为二元性。那时的关键论文表明，这5种表面上似乎不同的弦论是如何相互关联着的。

它们是一个要求有11维的称为M理论的基本理论的极端情况。M理论的基本对象是膜和统称为p型膜的更高维的实体。M理论产生了D型膜丰富的物理学，数学家们已经采用了D型膜来探测时空关系，而且有些人已推测整个可见的宇宙是漂浮在11维空间的一个D3型膜。上述4篇高引频论文的同时出现在某种程度上暗示着弦论的第三场革命正在发生。M型膜是神秘的物体，而且实质上人们对于它们的动力学是什么都不知道。这与D型膜的情景形成鲜明的对照，后者已取得许多的进展。新的理论考查终止于一个5维的M5型膜的多重M2型膜的相互作用，其形式体系是高度数学的。M理论研究包含了发明新的代数学，其策略包括寻求一个与M2型膜的对称性一致的拉格朗日形式体系。物理学的历史教导我们，最伟大的突破要求预先做出巨大的努力来开发新的数学工具。

铁基高温超导体是一年来物理学前沿中另一个活跃的热点。自从物理学家们发现具有超导性的高临界温度（T_c）氧化铜之后，已经过去了20多年。由于标准的BCS理论不能解释这种超导体中关于电子对的现象，研究者对铜酸盐的兴趣有所降低，而且它们是易碎的材料，用它们制造超导设备比较困难。但是，超导性研究目前又活跃起来，这是由一种意想不到的铁基高温超导体的发现，特别是$La(O_{1-x}F_x)FeAs$的发现所

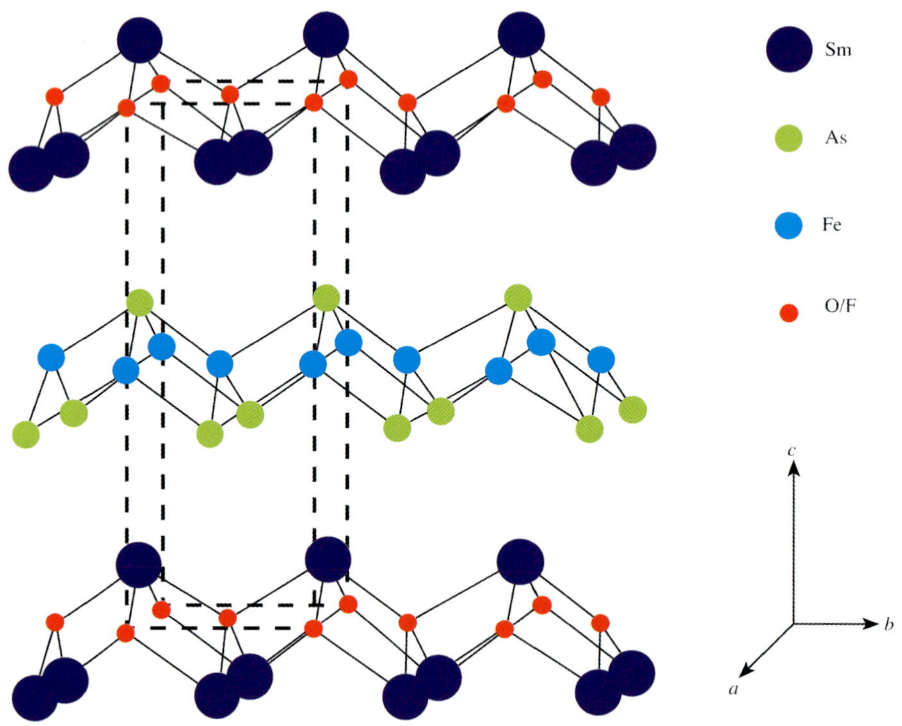

图2　$SmFeAsO_{1-x}F_x$超导体的原子结构模型

引起的。科学家考查了一种相关化合物$SmFeAsO_{1-x}F_x$的超导性，发现用钐取代镧就打破了非铜氧化物超导体的纪录，达到T_c =43K，轻松地超过了先前二硼化镁T_c =39K的纪录。掺钐的材料是吸引人的，它具有高于标准的BCS理论所提出的T_c。还有科学家在相同的掺氟化合物中以层状结构实现了T_c =55K。他们用Ce、Pt和Nd进行取代所完成的相关实验证明FeAs超导体构成具有$T_c > 50K$的一个新系。他们还发现，不用氟掺杂，而是在晶格中制造氧原子空缺也可以获得超导性。另外，在基础物理的超导机制方面，实验表明氟掺杂能抑制自旋密度波（SDW）的不稳定性并导致超导性。超导性是凝聚态物理学中最引人注目的现象之一。世界上一些研究组从事这项探索的部分动机就是想实现那个最终目标：在室温下实现这一现象。有许多物理学家非正式地指出，大约同冷聚变或热聚变一样，是很可能有希望在室温下运行超导的。但是迅速的进展已经激发了该项研究的热情。仅在2008年就至少有7次铁基高温超导性的国际专题研讨会，这说明科学家急于“趁热打铁”。

物理学领域的其他热门课题还包括石墨烯的特性、聚合物光电池、光学保角变换、玻色－爱因斯坦凝聚等。

二、化　学

与前一年相比，化学领域的前沿热门课题有了明显的变化，有关的分支领域主要集中在纳米材料和纳米技术及其应用、新型的铁基超导体、催化作用、分子电子储存器和太阳能电池。超导体的研究课题以前很少出现在化学热门课题前10名排行榜中，但这一时期铁基超导体却频繁出现，几乎占总出现次数的1/4，而且连续4次荣登榜首。与纳米科技有关的研究成果的报道仍然是化学领域热点论文的明星，在6次热点论文前10名排行榜中约占总出现次数的1/3。这些热点课题既有基础研究，也有技术开发。在基础研究方面，科学家用内径小于2纳米的碳纳米管构成的薄膜做实验时发现，气体和水流过碳纳米管的速度比理论预期的要快得多。这项研究成果可能为新的分离技术建立基础，并可能在海水脱盐中获得应用，从而解决全球饮用水短缺的问题。此外，该项发现还具有深远的基础科学含义，因为纳米流体学是描述分子通过薄膜传输过程的关键，因而在细胞膜的模拟研究中将发挥重要作用。科学家是采用一种催化化学沉积过程在一块硅芯片的表面上生长双壁碳纳米管，然后用氮化硅密封碳纳米管之间的间隙而制成薄膜的，薄膜中碳纳米管的长度为2～3微米，每平方厘米中有2500亿根纳米管，内径约为6个水分子的宽度，它们不让2纳米大小的金颗粒通过。但是令人惊奇的是，它们让气体通过的速度比努森（Knudsen）的气体扩散模型指出的要快100倍以上，让水通过的速度比流体动力学指出的要快1000倍以上。不过，这样的水流速度却与分子动力学的计算结果相一致，后者预示每纳秒有12个水分子流过一个1纳米的孔，流速确实惊人。如此快的流速是因为这种带有氢键的分子通过碳纳米管时与其表面完全不产生摩擦力。不过，要有效地利用碳纳米管进行细胞膜的模拟，必须将碳纳米管置于液态介质中进行操作。为此，科学家将碳纳米管涂布一种无机壳层，这样就能转移到液体中，然后涂布层被祛除。有趣的是，处于新介质中的碳纳米管依然显示出其原来的电学性质。利用碳纳米管提高的输运性可以制造用于新一代分离技术的最好的膜层。

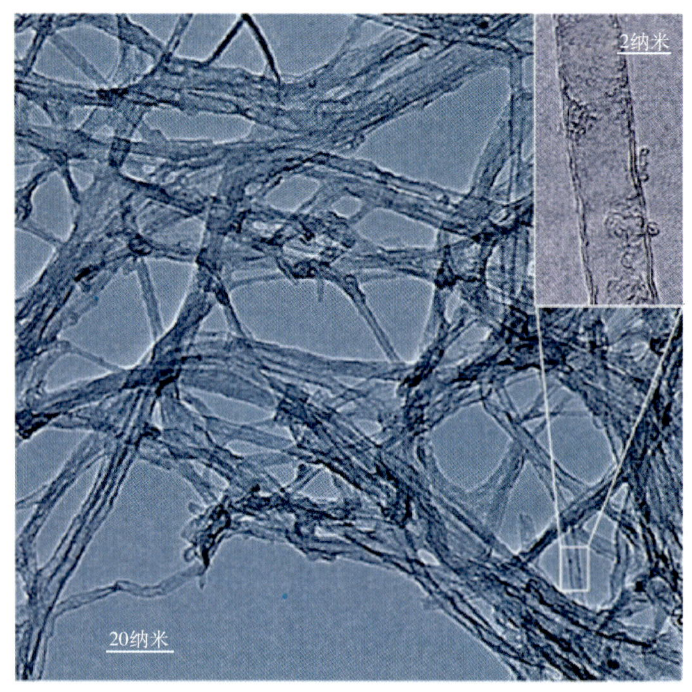

图3　用于试验的碳纳米管的透射电子显微照片

在纳米技术开发方面，科学家研制成功一种纳米尺度的器件，它能在超声波的驱动下产生电力，原则上能为活体内的生物传感器和纳米机器人供电而无须采用电池。该器件由氧化锌纳米线的阵列组成，这些纳米线是从氮化镓表面上的一薄层氧化锌生长出来的。阵列之上是一个锯齿形的电极，其上的平行沟渠是从一块硅晶片上蚀刻而成，上面覆盖一薄层铂。纳米线和锯齿形电极之间的间隙调节到这样的程度，以便有些纳米线处于接触状态，而有些纳米线能在超声波引起弯曲或振动时产生接触。当这些纳米线轻拂电极时，就会产生一定的电压和电流。有趣的是，采用平坦的电极或用碳纳米线替代氧化锌纳米线都不产生电。科学家相信，总有一天纳米发电机有可能从其周围环境收集能量。例如，从脚步声、心脏的跳动甚至衣服的沙沙声中获取能量，并将这些能量转化为电能。而且，重要的一点是要使器件在超低频下（如10赫兹）也能工作，其目的是制成能从周围环境收集能量的无线、独立、自持地运行的自供电纳米系统。的确，科学家在另一项研究中将氧化锌种入凯夫拉尔纤维中，然后在水热条件下生长氧化锌纳米线。电子显微镜显示这些纤维被“毛皮”般紧密排布的纳米线所覆盖，纳米线的长度为3.5微米，直径达200纳米。为了产生电，必须让不同的纤维相互摩擦，这可以通过将一些纳米线镀上一层金薄膜来达到。当镀金的纤维与不镀金的纤维相互缠结时就会产生电流。人们穿着用这种材料做的衣服就能通过走路或其他动作产生电。

在这能源紧缺的年代，如果全世界的人还想保持过去习惯了的生活方式但又不依赖矿物燃料，那就必须设法找到从太阳获取能量的方式，将太阳提供的无穷无尽的光子转变为移动的电子。采用塑料太阳能电池是朝此方向迈出的重要一步，而有待解决的一个关键问题则是提高这种电池的能量转换效率。科学家不久前发现，在制造塑料太阳能电池的氯苯溶液中适时加入少量的1,8-辛烷二巯基化物就能将电池的能源转换效率提高几乎一倍，即从2.8%提高到5.5%。这个方法操作起来非常简单，而且一旦制造太阳能电池的薄膜已从溶液中形成，上述的添加剂就消失，既不需要对材料进行优化，也无须改变电池的制作方式。聚合物太阳能电池将富勒烯与聚合物半导体结合在一起，前者释放电子，后者提供孔穴。电子和孔穴向各自的电极移动，从而产生电流。实际上，科学家在试验中是在制造薄膜的氯苯溶液中只需加入24毫克/升的1,8-辛烷二巯基化物就产生了显著的效果。而且，这些薄膜经过在真空中干燥后，用傅里叶变换红外光谱和拉曼散射进行了检验，发现它们不带有硫醇类残余物。科学家制造了250多个这种塑料太阳能薄膜样本和1000多个器件来进行试验，

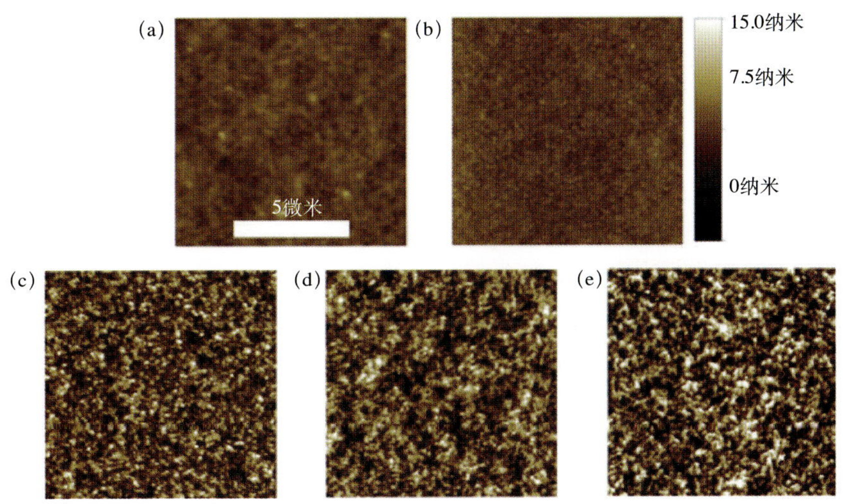

图4　氯苯中加入烷基链逐渐增长的烷基二巯基化物所得到的薄膜的AFM形貌图像

(a) 无添加；(b) 1,4-丁烷二巯醇；(c) 1,6-己烷二巯醇；(d) 1,8-辛烷二巯醇；(e) 壬烷二巯醇

发现它们中间最有效的带有聚合物/富勒烯比介于1：3和1：2之间，在100毫瓦/厘米^{2}的光照射之下，所获得的光电功率转换效率达到5.5%。添加物究竟是如何施加影响的呢？科学家相信是通过改变光电薄膜成分的聚集方式从而改变分子在纳米尺度的排列的结果。

化学领域的其他热门课题还包括密度函数理论、微孔金属有机框架储氢、蛋白质的结构、非饱和酮的转移氢化等。

三、生　物　学

这一时期生物学的前沿热点课题的分布显得异乎寻常的集中。与前一年相比，有关基因的研究在生物学前沿热点课题中占据着更为显著的主导地位，在6次前10名排行榜中出现的总次数几乎占了1/2。另一方面，关于干细胞和T细胞研究的表现也非常出色，二者合在一起，在生物学热点论文前10名的6次排行榜中总共也差不多占据了1/2，而且连续5次占据着榜首的地位。

人类基因组测序本身是极其重大的科学成就，但是该成就更大的价值可能在于它能使人们更好地理解人类之间的差异，其中最有趣的差异之一就是单核苷酸多态性(SNP)。研究人员已绘制了千百万个SNP，但其中很少直接与疾病相联系。国际人类基因组单体型计划（HapMap）协作组于2005年公布了他们所建立的第一个SNP图谱（HapMap I），立即引起科学界的高度重视。2007年他们又发表了该项目的续篇，

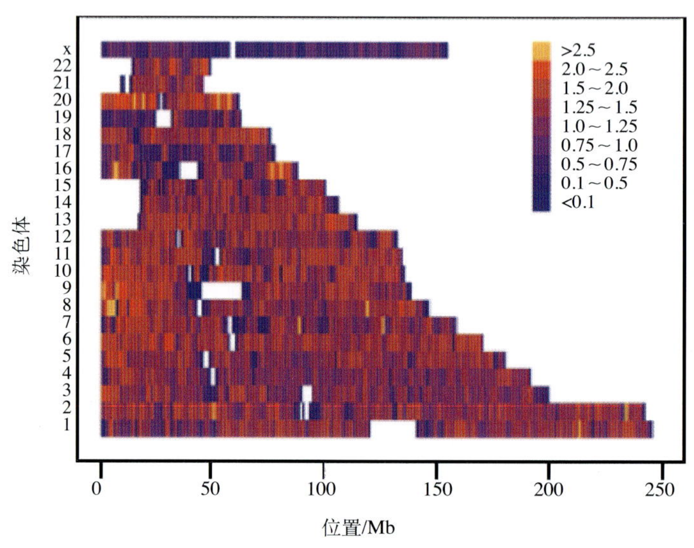

图5　基因组中单核苷酸多态性(SNP)的密度分布

即第二代人类单模标本图谱（HapMap II），同样不负众望，它为另外200万个SNP测了序，同时将图谱的分辨率提高到每1000个碱基1个SNP的水平。利用这样的图谱进行研究，科学家发现与防卫和免疫相联系的基因具有最高级别的重组，其基因互换的可能性比那些与诸如DNA修复的内部功能相联系的基因要高出6倍。这是有道理的，因为有性生殖的进化优势就在于，重组可以通过一代一代产生新的防卫和免疫的结合来防范寄生虫和病原体的迅速进化。HapMap不仅使科学家对自然选择获得许多新的见解，而且使绘制SNP图谱的工具的使用方面获得不小的改进。在HapMap之前，寻找疾病的遗传基础的研究人员必须找到与疾病很强的遗传联系，然后定位一个候选基因。20世纪90年代就是通过这种途径识别了两个乳腺癌基因——BRCA1和BRCA2，但是可能还有许多别的影响较小的乳腺癌基因。要用普通的基因排序找到影响小的多种基因不是一件容易的事，然而科学家通过扫描整个基因组寻找与乳腺癌相联系的SNP，很快就找到5个新的乳腺癌基因。

T_H17辅助细胞是免疫系统中识别得较晚的一个组成部分，它特别适合于对抗细菌性和真菌性疾病，但是它也牵涉自体免疫失调所引起的一些疾病，如炎症性肠病、牛皮癣、风湿性关节炎。过去几十年中免疫学家主要考虑了免疫系统中两种基本的T辅助细胞，即T_H1和T_H2细胞。这两种辅助细胞本身并不能歼灭侵入的病原体。相反，它们是在暴露于抗原的情况下被激活，此时它们的责任是征募和激活T杀手细胞以抵抗外侵的病原体。科学家发现，分化出T_H17细胞时会产生另一种白细胞介素IL-21，它触发初始T细胞使之变为T_H17细胞。原来，IL-21就是人们一直寻找的自分泌细胞因子，它是产生T_H17细胞的必要和充分条件。T_H17辅助细胞源自与T_H1和T_H2细胞不同的世系，而且是由细胞因子IL-6 和 TGF-β触发的。而且，一个关键的因素是由称为RORγt的转录因子提供的，该因子开启在未致敏T细胞中对IL-17进行编码的基因，而IL-17对于未致敏细胞对IL-6和TGF-β做出反应来说是不可缺少的。缺乏RORγt基因的老鼠就不会得某些自身免疫的疾病，同时也缺乏有充分能力的T_H17细胞。这也暗示着RORγt的新功能可能在治疗炎症性疾病中具有发挥作用的潜力。此外，看来IL-6 和TGF- 引起RORγt的表达，这使T细胞对与T_H17细胞分化相联系的另一种细胞因子IL-23做出反应。IL-6也引发IL-21的产生，而IL-21即便是在没有IL-6时也足以引起初始细胞的分化。可见，免疫系统的机制是多么复杂。

G蛋白质偶联受体（GPCR）的晶体结构是这一时期生物学领域新出现的前沿热点课题。人体中大约有上千种G蛋白质偶联受体，它们对各种各样的刺激做出反应。目前在市场上销售的药物有一半以上作用于这些受体，然而这些药物常常带有不良的副作用。例如，如果不严格控制哮喘药的剂量就可能引起心跳过快。部分原因是对受体的结构和功能没有很好地理解，所以药物设计十分困难。不同的受体结构确定的难度也大不相同。视紫红质具有不寻常的稳定性，故要将它制成为了确定其结构所必要的晶体比较容易，所以该受体的特征大约在10年前就被清楚地描述了。β_2肾上腺素受体（β_2AR）的稳定性就差得多，不论在什么情况下都难以使它结晶，因为呆在细胞膜内的这种分子的表面往往倾向于具有疏水性，这样就避开与靠近的分子接触，而这种接触对晶体形成是必不可少的。此外，β_2AR作为一种跨膜蛋白质，看来需要呆在细胞膜内才呈现其真实形态。科学家通过与β阻滞剂卡拉左洛（carazolol）相结合的方法巧妙地将该受体稳定下来，并利用单克隆抗体和从T4溶菌酶衍生出的一种小蛋白质成功地使它形成晶格，从而获得有助于理解受体功能和存在水通道等重要信息。也许所确定的晶体结构所揭示的最令人惊讶的信息就是，在未激活的视紫红质中将分子的胞内各部分结合在一起的离子锁（它可能是该种分子之所以稳定的部分原因）在β_2肾上腺素受体中居然断裂开来，即便是在刺激物卡拉左洛阻挡着受体从而可能已将结构锁定的情况下也是如此。这可能是β_2肾上腺素受体机能的一个重要方面。

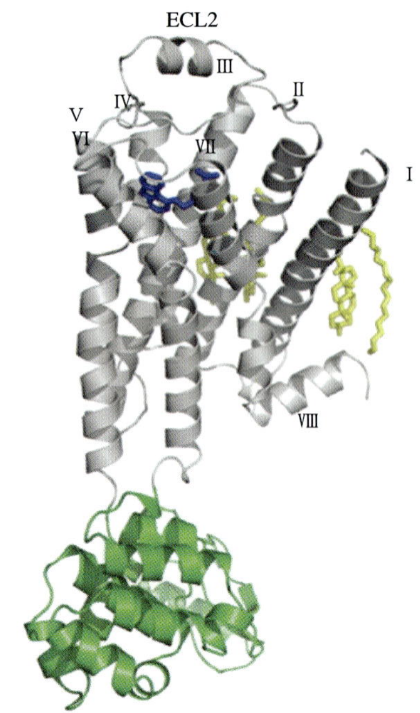

图6　β_2肾上腺素受体(灰色)-甲状腺素溶菌酶(绿色)(β_2AR-T4L)融合蛋白结构
其中蓝色为β受体阻滞剂卡拉左洛，黄色为与受体结合的脂质分子

生物学的其他热点课题还包括老鼠的自食症与神经变异。

四、医　学

癌症的药物治疗和2型糖尿病的研究主导着这一时期医学领域的前沿热点课题，

它们分别在医学领域6次热点论文的前10名排行榜中占据了超过1/3的位置。近期在癌症治疗的2个前沿领域有较显著的进展，一是慢性白血病（CML），一是胃癌。伊马替尼（imatinib）的出现为CML的治疗带来了革命性的变化。这种疾病是由于一种染色体异常导致酪氨酸激酶的一种反常的活跃形式所引发的，而伊马替尼就是针对这种变异的抑制剂。但是，同所有的药物一样，伊马替尼并不总是能耐受的，而且即便服用这种药物的患者一般都取得显著的临床效果，他们体内仍然会有少量的白血病细胞潜伏下来，并易于在相关的基因中再次引起变异，于是病情有可能复发。临床试验表明，对伊马替尼有耐药性的患者可以服用更新的药物达沙替尼（dasatinib）或尼罗替尼（nilotinib）来收到较好的疗效。胃癌是一种比慢性白血病普遍得多的疾病，不过临床试验提供的可靠证据表明，对于那些在实施胃切除术之前已被验明有胃癌的患者来说，围手术期治疗结合服用ECF，即表柔比星（epirubicin）、顺氯氨铂（cisplatin）和氯尿嘧啶（fluorouracil）3种药物，可以收到较好的疗效。实际上，ECF联合使用药物在20年前就被想出来了，那时基因医学才刚刚流行不久。这项由英国资助的国际临床试验考查了手术前后给患者服用ECF的效果，结果给人以深刻的印象。例如，围手术期的患者服用ECF，其5年生存率为36%，而仅仅实施手术的患者该生存率为23%，不能不说差异相当明显。现在，更新的药物如卡培他滨（capecitabine）和奥沙利铂（oxaliplatin）已经出现。

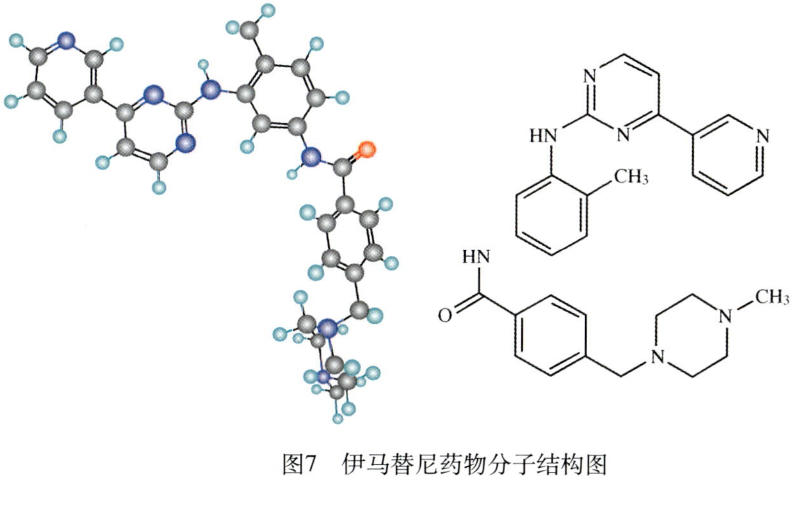

图7　伊马替尼药物分子结构图

另外，在癌症的机制研究方面，越来越多的有关癌症干细胞的证据表明，这种细胞确实存在。对它们更深入的理解——它们的表现如何、它们之间如何区别、它们怎样与细胞表面标记CD133之类的因素相互作用——将有助于认识肿瘤的形成机制和指明改进治疗策略的途径。科学家试图弄明白，是否所有的癌细胞都具有引发肿瘤并维持肿瘤生长的潜力。如果这种潜力只局限于可分辨的一小部分癌细胞，那么这个小的细胞分支应当成为寻求新的指向更好的治疗方法的重要目标。科学家发现，利用异种移植到免疫缺陷的老鼠的方法，所有能引发结肠癌的细胞都对细胞标记CD133呈阳性，但并非所有对CD133呈阳性的细胞都具备引发结肠癌这种性质。引发癌症的细胞出现在对CD133呈阳性的细胞分支中比出现在普通肿瘤细胞中的频率要高出200倍以上。同样，具备上述性质的细胞在数量上也非常之少（262个中才有一个），所以更加细致的研究是必要的，以便收窄辨认它们的范围。那么，这些引发结肠癌的细胞之间的差别在癌症的预断方面有价值吗？很可能有，例如，科学家将77位结肠癌患者的采样分成两组，一组对CD133呈高度阳性（50%以上的细胞呈阳性），另一组呈较低的阳性。生存分析表明那些呈高度阳性的患者结果明显较差。当然，CD133的表达并不局限于干细胞，而且对CD133呈阳性和呈阴性的转移性结肠癌细胞都能引发肿瘤，但这并不妨碍CD133在2008年被《病理学期刊》（*Journal of Pathology*）指定为红极一时的分子。

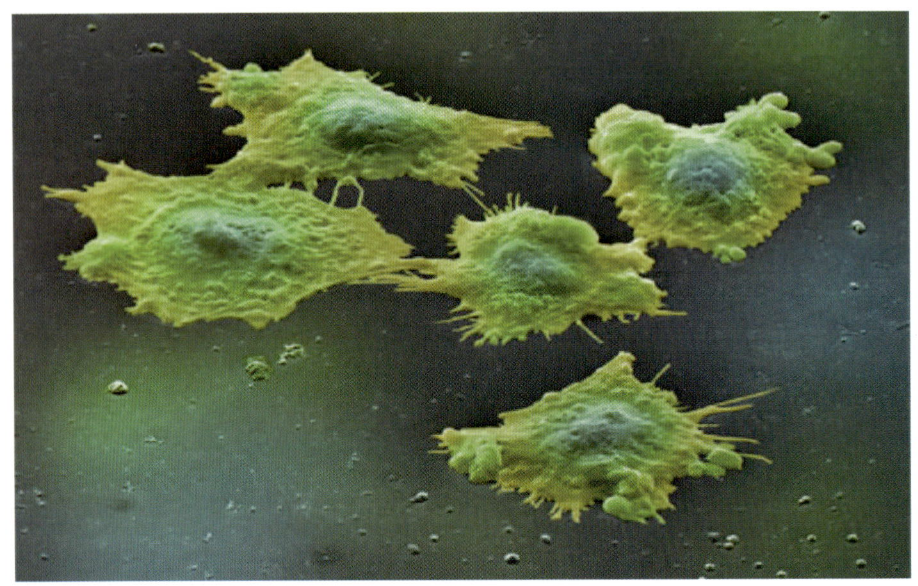

图8　处于培养中的人类结肠癌细胞的扫描电子显微照片

2型糖尿病治疗中血糖如何控制是个极关键的问题。有研究表明，在重症监护中强化血糖控制有可能引发一些问题。在一项称为NICE-SUGUR的大型国际临床试验中，研究人员比较了血糖指标为4.5～6.0毫摩尔/升（强化控制）与10.0毫摩尔/升或低于此数（常规控制）的情况，发现强化组中死亡率明显更高，出现严重低血糖的频率也明显更高。在另外26个试验中，对于重症特别护理的患者而言，无论是给予强化的还是通常的胰岛素疗程以控制血糖，死亡率并没有显著的差别。最近的综合分析则发现，强化胰岛素对外科重症护理中的患者有好处，而在NICE-SUGUR中并没有发现这一点。另一项名为ADVANCE的临床试验却没有发现在强化控制与常规控制之间死亡率存在什么差异，也没有发现两种情况之间心肌梗死之类的主要大血管事件的发生率有什么区别。还有一项称为ACCORD的临床试验的研究组认为，虽然有许多忠告说降低糖化血色素应能减少心血管事件的危险，但是建议达到接近正常水平的治疗目标的指导方针尚缺乏大型随机临床试验的支持，而ADVANCE和ACCORD正是这样的试验，它们都有超过10 000人参加，所发表的研究结果受到关注。ACCORD曾经把糖化血色素的目标定为6.0%，和7.0%～7.9%进行比较。不过，当强化组中出现死亡率明显增加时，该项试验就停止了。ADVANCE试验的主要目标是微血管和大血管的结合研究，特别是理解降低血糖对大血管所产生的影响。

医学领域的其他热门课题还包括心血管疾病的治疗、体细胞导致多能干细胞、金黄色葡萄球菌感染、黄斑病变药物等。

参考文献

1 Science Watch, 2008, (5, 6)

2 Science Watch, 2009, (1～4)

Leading-edge and Hot Topics in Physics, Chemistry, Biology and Medicine from September 2008 to August 2009

Huang Mao

Hot topics and leading-edge areas in physics, chemistry, biology and medicine from September 2008 to August 2009 were identified and concisely introduced based on the statistical citation data published in the bimonthly *Science Watch* during the past year. The identification was achieved according to the top ten most highly cited papers in each field listed in each issue that reflect exciting and important discoveries in specific specialty areas by world leading institutions and researchers. The hottest branches dominating the top ten hot paper listings for this period are astrophysics, superconductivity and graphene in physics, nanotechnology, superconductor and catalysis in chemistry, gene-related topics, stem cells and T cells in biology, and cancers, type-II diabetes and cardiovascular diseases in medicine.

2.2 第一代恒星和星系的形成

陈学雷
（国家天文台）

星系的形成与演化是现代天文学的一个主要研究领域。早期的宇宙基本是均匀的，其中只有微小的扰动。我们今天所熟悉的恒星和星系在宇宙早期并不存在。但是，在万有引力作用下，宇宙中密度高的地方会吸引更多的物质。因此随着时间的推移这些扰动会逐渐增长，最终形成星系。最初的恒星和星系是如何形成的呢？ 近来，宇宙早期的恒星形成，特别是第一代恒星和星系的形成已成为天文学研究的前沿和热点，在未来10年内有望取得巨大的进展和突破。

目前，一般认为最早形成的恒星即第一代恒星是在大爆炸后约1亿～2亿年内大量形成的，对应的红移大约为20～30，也有少数可能更早一些形成。由于其特殊的形成环境，第一代恒星的形成模式和性质都与此后的恒星有很大不同。一般的恒星是在星系内气体密度比较高的区域中形成的，由于气体中混杂着大量金属元素（天文学上将氢和氦以外的所有元素都称为金属），这些金属原子很容易产生辐射而使气体冷却坍缩并碎裂成一些团块，进一步凝聚而产生恒星。这样产生的大部分恒星质量是太阳质量左右。而第一代恒星形成时，与上述过程不同，宇宙中还没有星系，一些暗物质晕首先形成，由于普通物质气体的压力在小尺度上可以抗拒引力，因此最先形成的小暗晕无法吸积气体。这种情况直到暗物质晕的质量超过某一临界值(金斯质量，Jeans mass)时才改变，此时气体的压强无法平衡引力，因此会被吸到暗晕里去。在坍缩过程中气体温度升高，最终温度与暗晕的维里温度一致，达到流体静力学平衡。如果气体进一步冷却，则可以收缩形成恒星，但是早期宇宙中除少量大爆炸时期合成的锂之外不含其他金属，几乎全部气体都是激发能级很高的氢和氦原子，在维里温度小于10^4K的暗晕中不易产生辐射冷却。因此，一种可能是，第一代恒星只在10^4K以上的暗晕中产生；另一种可能是，少量分子氢通过原子氢与自由电子的碰撞而形成，其能级较原子氢低，可以辐射冷却维里温度10^3K以上的暗晕中的气体。无论哪种情况，可能第一代恒星质量很大，约在几十到数百个太阳质量之间，光度可达太阳光度的百万倍，寿命仅几百万年，并且一个暗晕中只会形成一个或几个第一代恒星。部分第一代恒星在其核燃料耗尽后会以超新星爆发的方式结束自己的生命，向周围抛射出其核燃烧过程中产生的金属元素，这些金属元素跟周围的气体混合，成为这些气体中新的、更有效的冷却介质。因此，以后再形成恒星时，气体冷却速度很快，形成的恒星质量显著低于第一代恒星，其大气中也含有较多金属元素。不含金属或金属含量极低的恒星又称星族Ⅲ（Population III, Pop III)恒星，一般被当做第一代恒星的同义词。

第一代恒星形成后，会对周边环境产生很大的反馈效应。这些反馈效应多种多样，有些是正反馈（促进更多恒星的形成），如上面提到的金属的散布；有些是负反馈（抑制更多恒星的形成）。第一代恒星的大量辐射会加热周边的气体，阻碍更多恒星的形成。不仅如此，第一代恒星发出的莱曼－维尔纳(Lyman-Werner)光子(11.2电子伏特$<E<$13.6电子伏特)还会破坏分子氢，从而影响周边气体的冷却。但另一方面，第一代恒星产生的电离提供了大量自由电子，这些自由电子可以促进分子氢的形成，有助于气体冷却。第一代恒星寿命很短，如果死亡时发生超新星爆发，产生的激波可能会吹走周围暗晕中的气体。但是，激波有时也会压缩这些气体，使其密度突然提高而坍缩形成恒星。有些恒星死亡可能产生黑洞，这些黑洞会吸积周边气体，在此过程中产生更强的辐射。总之，第一代恒星的反馈效应存在很多可能性，尚待更深入的研究，但一般认为，只有质量较大、束缚能较强的暗晕才能在第一代恒星形成后继续保留住晕中的气体，发生持续的恒星形成并成为第一代星系。随着这些星系的增加，它们发出的辐射导致星系间气体被电离，这一过程称为再电离（reionization)——之所以叫“再”电离是因为大爆炸期间宇宙也是处在电离状态。

图1 哈勃空间望远镜特深场(HUDF)图像

图中显示了一些高红移的星系

目前，第一代恒星和星系还没有被直接观测到，但是有些观测已经为我们间接提供了一些信息。尽管人们一直在搜索星族III 恒星，但迄今还没有观测到，这与我们关于第一代恒星质量很大(因而寿命很短)的理论是一致的。2001年，人们观测到一些红移6以上类星体的光谱中有一些由于Lyα谱线吸收而产生的“冈恩-彼得森（Gunn-Peterson）吸收槽”，Lyα谱线是中性氢产生的，因此这表明星系之间的气体不是一直像今天一样处于高度电离的状态。此外，人们近来观测到Lyα 发射源(Lyα emitter，这是一些发射很多Ly α 光子的星系)在红移6以上迅速减少，这也表明高红移处中性氢的含量增多，这与我们关于宇宙发生再电离的图景是一致的。WMAP卫星观测的宇宙微波背景(CMB)偏振也可限制宇宙再电离历史，目前的观测(5年数据)表明再电离可能发生在红移10左右。另外，红移6以上的一些类星体其黑洞质量可能达10^9倍太阳质量，在宇宙早期能够形成如此大的黑洞，也是一个探索早期星系演化历史的重要线索。

未来10年，对于第一代恒星和星系的观测很可能取得重大的突破。首先，在光学和近红外方面，目前美国正在计划发射替代哈勃空间望远镜的新一代空间望远镜詹姆斯·韦伯太空望远镜（JWST），其口径达6.5米，观测波段为红外，更适合观测早期宇宙。地面上，国际上则在筹划兴建30米级的望远镜TMT、GMT和ELT，其集光能力比目前最大的10米级望远镜提高一个数量级，利用自适应光学技术其角分辨本领也是空前的。同时，大视场的8米望远镜LSST将能迅速地进行巡天，为30米级

图2　TMT 30米光学望远镜想象图

望远镜发现候选天体。这些望远镜能使我们观测并认证高红移的星系，从而了解宇宙早期的恒星形成过程。我国目前已经以观察员身份参加了TMT计划，并可能成为其成员，这将使我国的天文学家有机会利用这一望远镜进行观测，探索宇宙早期的星系。同时，我国也计划在观测条件优越的南极冰穹A（Dome A）地区建设大视场光学／近红外望远镜，这将与LSST形成良好的互补关系。在高频射电波段，国外正在建设ALMA毫米波阵列，可以观测到一些高红移天体的分子谱线。现在已观测到红移6的类星体周围的CO谱线，ALMA预计将观测到许多高红移天体的分子谱线，从而增进我们对高红移恒星形成的了解。我国已参与ALMA计划，而利用Dome A独特的观测条件，可以对较高频率（ALMA无法观测）的分子谱线进行观测，从而更好地理解金属的产生和循环。在低频射电波段，可观测红移的21厘米谱线，从而揭示星系间气体再电离的历史。这方面的实验有我国的21CMA，国外的GMRT、LOFAR、MWA、PAPER等多个实验，其中21CMA启动较早。我国正在建设的FAST对于小天区来说有较高灵敏度，适合针对特定天体的观测。国际上也在酝酿建设天线总面积达平方千米级的大型干涉仪阵列SKA。最后，伽马暴为观测第一代恒星提供了独特的机会，上面列出的各种望远镜仍然难于观测到单个第一代恒星，但第一代恒星死亡时可能发生剧烈的伽马暴，有可能被观测。目前已观测到的红移最高的天体，就是一次发生在z=8.2的伽马暴。 我国参与的SVOM项目将有可能探测到伽马暴。总之，关于第一代恒星和星系的研究，作为天文学一个新的前沿领域将可能有许多重要的突破，我国应予以重视，抓住机遇，争取在对宇宙的探索中取得新的发现。

参考文献

1　Yoshida N, Omukai K, Hernquist L. Protostar formation in the early universe. Science, 2008, 321: 669

2　Bromm V, Yoshida N, Hernquist L, McKee C F. The formation of the first stars and galaxies. Nature, 2009, 459: 49

3　Greif T H, Johnson J L, Klessen R S, Bromm V. The first galaxies: assembly, cooling and the onset of turbulence. Monthly Notices of the Royal Astronomical Society, 2008, 387: 1021

4　Fan X, Carilli C, Keating B. Observational constraints on cosmic reionization. Annual Review of Astronomy & Astrophysic, 2006, 44: 415.

5　Cattaneo A, et al. The role of black holes in galaxy formation and evolution. Nature,2009, 460: 213

6　Chen X, Miralda-Escude J. The 21cm signature of the first stars. The Astrophysical Journal, 2008, 684:18

Formation of the First Stars and Galaxies

Chen Xuelei

The present understanding of the formation of first stars and galaxies is reviewed. The first stars form from metal-free gas in dark matter halos at high redshifts ($z \approx 20 \sim 30$) and are expected to be very massive, due to the inefficient cooling with atomic or molecule hydrogen. The feedbacks from the first stars which determine the subsequent star formation and galaxy formation are complicated. Methods for probing the first stars and galaxies are discussed. A new generation of telescopes, such as JWST, TMT, ALMA, could open a new window of cosmic history at very high redshift.

2.3 量子引力的基本性质和应用

李 淼

（中国科学院理论物理研究所）

场论作为粒子物理和凝聚态物理的基本研究工具，已经有近80年历史。场论方法，几乎已经渗透到物理学的所有领域：高能粒子物理学、核物理学、宇宙学、凝聚态物理等。场论发展到今天，经历了可重正性的要求、重正化群的发展，以及强弱对偶的深入理解，已经是一个非常成熟的工具。

在粒子物理学和基本相互作用中，场论不仅仅是工具，也是一种原理性的理论，综合了量子力学和狭义相对论。实验上，截至目前还没有发现场论不能涵盖的物理现象，没有出现与场论的基础量子力学和狭义相对论矛盾的任何例子。也许，自然界的一切的确可以用场论来描述；也许，有一天我们会被迫超越场论。今天，如果说还有一个潜在与场论冲突的现象，就是宇宙学常数或暗能量的存在。至少到目前为止，人们还不能用场论解释暗能量的大小和性质。

弦论也有40年历史。弦论最初起源于对强相互作用的研究，到了20世纪70年代中期，人们发现弦论自然地包含引力。如果弦论中不存在紫外发散，是有限的，那么弦论就是一个自洽的量子引力理论。虽然弦论的有限性还没有一个严格的证明，但很多迹象表明弦论的确是有限的。从弦论成为统一量子引力和其他相互作用的候选者以来，它经过了几个发展阶段，第一个阶段可以看成是量子引力阶段，第二个阶段是统一理论阶段，而现在已经进入了一个新阶段：成为粒子物理学、宇宙学、数学和凝聚态物理学的辅助手段以及重要的思想来源之一。

弦论的第一个阶段和第二个阶段是混合的。作为统一理论的弦论，必须有解释粒子标准模型中的结构和参数的能力。20世纪末到21世纪初，为了这个目的发展出来的弦景观（string landscape）看上去与这个目标背道而驰。在弦景观图像中，存在很多（可能是无限）个时空亚稳态，在给定的亚稳态中，宇宙学常数、规范群、规范耦合常数、粒子质量都是可变的。人们需要借助人择原理来挑选某个亚稳态来对应我们观测到的宇宙，特别是宇宙学常数。目前，这个图像存在很多争议。也许我们需要找到一些第一原理来选出一个或少数亚稳态来。

弦论迄今为止仍然没有对粒子物理学的确切预言，但人们期望LHC可能会发现与弦论相关的现象。类似地，弦论也没有宇宙学的确切预言，但人们依然认为宇宙学是发现与弦论相关现象的重要领域。经过40年的发展，弦论发展了一些物理学概念与数学工具，如强耦合/弱耦合对偶、引力与量子场论的对偶、D膜动力学、非微扰超对称量子场论等。这些工具帮助我们深入理解了一些量子场论的性质、黑洞的统计性质、一些微分几何问题。另外，膜世界等宇宙学和粒子物理学模型也来自于弦论发展的启发。弦论仍然是一个研究的热门，和以上谈及的发展分不开。

过去10余年，人们发现无论是弦论还是其他任何逻辑自洽的量子引力理论，必须遵从一个基本原理，该原理大致说，一个包含量子引力的体系等价于一个不包含引力的体系，后者的空间维度低于前者。这就是全息原理。这里，全息的意思很明显，因为等价的一方的空间维度较低，很像全息照相。与全息照相不同的是，这里两个理论完全等价。一个最基本的例子就是黑洞，黑洞的熵与其视界面积成正比，暗示该黑洞的全部物理性质可以由视界上的某个体系来描述。

全息原理的一个具体实现是反德西特（anti-de Sitter）空间上的引力体系与一个共形不变的场论对偶，简称AdS/CFT。这个对偶由弦论中的膜理论发展而来。一方面，在膜的附近，时空弯曲，越靠近膜时空越接近anti-de Sitter空间；另一方面，膜上的理论是共形不变的场论。AdS/CFT对偶还可以推广为其他时空中的引力体系与非共形不变的场论之间的对偶。例如，从一个共形场论出发，我们可以用该理论中的一些算子加入到作用量中得到另一个场论，而anti-de Sitter空间同时变形为另一个时空。

近几年来，AdS/CFT对偶发展成研究量子色动力学特别是夸克-胶子等离子体性质的重要工具，人们已经可以半定量地计算夸克－胶子等离子体的一些物理参数，如所谓的淬灭系数（quench parameter）、切黏滞系数等。另一方面，我们还可以计算一些色单态的质量。人们希望有一天可以理解夸克禁闭的机制和精确计算单靠量子色动力学无法计算的物理量。LHC即将运行，其中的探测器ALICE就是专门用来研究夸克-胶子等离子体的，这个方向在未来会有很大的发展。

同时，这类研究已经扩展到高温超导以及其他一些凝聚态物理学问题。目前已经涉及广泛的凝聚态系统，一个最为有名的例子是石墨烯的导电性质。基于AdS/CFT对偶推广的计算与实验吻合得很好。另外，人们开始尝试研究高温超导的一个重要物理参数、非费米液体的性质、量子霍尔效应等。如果AdS/CFT最终成功地渗透到凝聚态领域，那么弦论的发展也会得到更多研究者的支持。

将弦论“应用”到宇宙学上还有很长的路要走。直接的和未来的观测与实验有关的首推暴涨理论。我们还不知道哪一个具体的暴涨模型对应于我们的宇宙，更不知道该模型在弦论中的实现。普朗克（Planck）卫星目前已经开始了对CMB谱的探测，两三年后将有令人兴奋的结果。特别要指出，量子引力的全息原理如何在宇宙学中实现仍然是一个没有解决的问题，这个问题不解决，也许我们不会真正理解宇宙的开始（例如，暴涨的起源，在暴涨之前发生了什么，等等），甚至不能理解暗能量的起源和性质。一种理论认为，暗能量也是由全息原理控制的，全息暗能量模型不仅和观测数据吻合，最近也得到简单的卡西米尔能量（Casimir energy）计算结果的支持。由于超颖材料的迅速发展，超颖材料已经开始用来模拟一些引力效应，如黑洞、引力透镜。我们甚至可以期待超颖材料还能模拟部分宇宙学效应。所以，我们在未来可能看到弦论、宇宙学和材料领域的交叉发展。在宇宙学中，宇宙弦（即宇宙尺度上的弦）是可能存在的，宇宙弦的发现和研究也将对弦论研究带来巨大冲击。

说到超颖材料，还有一个潜在的发展可能。既然AdS/CFT这样的全息理论可以应用到量子色动力学和凝聚态，那么，全息理论能不能应用到光学和电磁材料学领域？我个人觉得是非常可能的。这些联系当然会给两个领域带来意想不到的进展，例如，对宇宙学一些问题（特别是暗能量）和黑洞的进一步理解。

最近，一些空间望远镜如Fermi/GLAST的升空运行也为基础物理问题的研究带来机会。例如，伽马暴发射的高能光子到达时间可能随能量而变化，这是洛伦兹对称性被破坏的结果。目前还没有看到任何延迟效应，但我们期待未来更多伽马暴的数据可能揭示洛伦兹对称破坏，这将为量子引力理论带来非常强的限制。另外，利用冷原子干涉实验可以测量静态引力场对转动不变性的破坏，同样，数年后这类实验精度的提高可能导致转动不变性破坏的发现。

前面我们谈到了很多弦论的可能“应用”。最后，我们再强调一下弦论作为基础理论本身的研究。弦论中的一个重要部分是超对称，超对称可能在LHC上被发现。超对称破坏的机制以及与标准模型对称性破坏的关系仍然是弦论最大的理论问题之一，也许我们要等LHC的帮助。目前，超对称场论以及弦论中的超对称仍然是国际同行研究的重要问题。另外，弦论如何解释黑洞的微观熵？中性的施瓦西（Schwarzschild）黑洞熵的问题还是一个没有解决的问题。弦论如何解释真空的选择？如何帮助宇宙学家理解宇宙的起源？在宇宙学背景下，真正的可观测量是什么？所有这些基本问题，在未来的10年甚至更长的时间内，不仅是理论难题，也是理论家应该借助实验的帮助去找出路的问题。

所以，弦论场论课题组将以研究量子引力的性质以及量子引力/弦论在宇宙学、粒子物理和凝聚态物理中的应用为主要课题。这个课题包括以下具体问题：暗能量的性质，暗物质的性质以及与其他物理现象的关系；弦论在宇宙学上的一些现象如宇宙弦、洛伦兹对称性的破坏；重要的量子场论和粒子物理学问题如量子色动力学中的色禁闭问题以及夸克-胶子等离子体性质，规范理论中散射振幅的计算；凝聚态问题如高温超导、量子流体、带有杂质的临界现象、量子霍尔效应、非线性流体等。

Quantum Gravity and Applications

Li Miao

String theory as a field has a history of over 40 years , it was invented to explain strong interactions initially, and later was replaced by QCD, the latter is within the framework of quantum field theory. A few pioneers later realized that string theory is better understood as a theory of quantum gravity, as such, string theory underwent two revolutions. Today, this theory is so rich that it penetrates into other fields such as mathematics, particle physics and cosmology. A few deep puzzles in particle physics and cosmology cry for new conceptual innovations, for example, dark matter and dark energy are still not naturally explained. On the other hand, the development of AdS/CFT correspondence has found many applications in QCD and condensed matter physics, many intriguing applications have already helped us to have a new understanding of difficult problems, the color confinement, superconductivity and quantum criticality, to name a few. All these will lead us to a largely unexplored territory, and string theory as a field of unification and as a new tool for solving diverse problems is still very much alive.

2.4　流体在碳纳米管中神奇的输运性

刘　政　孙连峰

（国家纳米科学中心）

一、碳纳米管简介

碳纳米管（carbon nanotubes，CNTs）于1991年首次被报道，在近20年的时间内被广泛关注和研究。碳纳米管分为单壁碳纳米管（single-walled nanotubes, SWNTs）和多壁碳纳米管（multi-walled nanotubes, MWNTs）。其中，单壁碳纳米管也可分为锯齿形碳纳米管、椅式碳纳米管和螺旋式碳纳米管（图1），直径一般小于2纳米。碳纳米管作为一维纳米材料，具有许多异常的力学、电学和化学性能。近些年随着碳纳米管及纳米材料研究的深入，其广阔的应用前景也不断地展现出来。

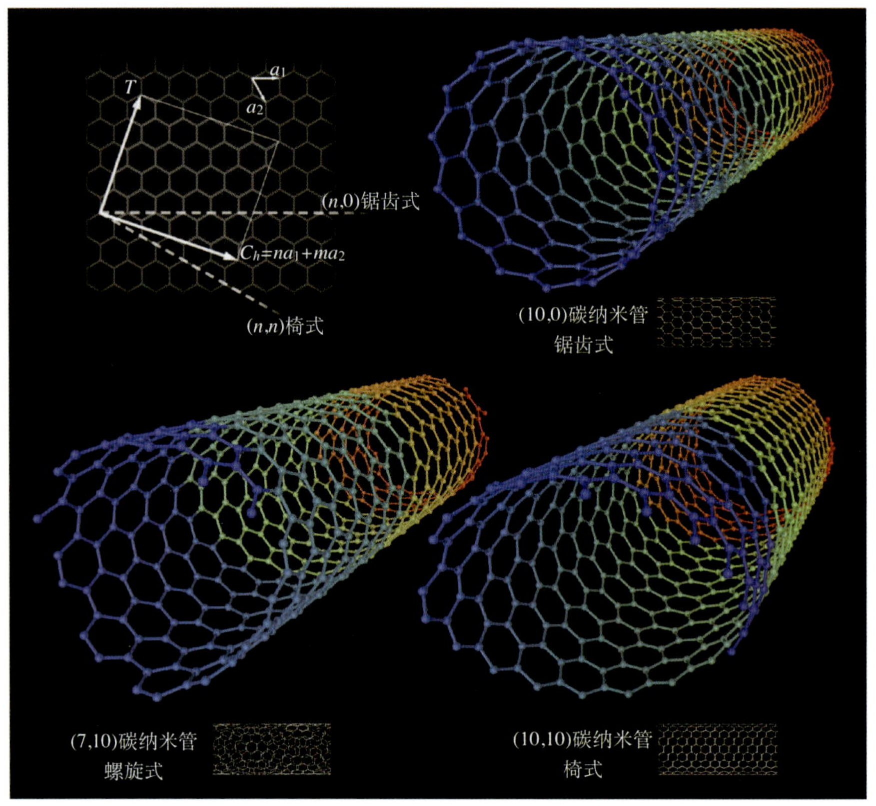

图1　从不同的方向卷曲单层石墨可以得到不同类型的单壁碳纳米管

其中，流体在碳纳米管中的输运性格外受到科学家的青睐。因为碳纳米管的管径为纳米尺寸，且碳管的碳原子通过σ键结合，具有极高的强度，故其内部孔道是理想的一维受限空间，因此能够对管内物质产生有效的限制作用。另外，碳纳米管中的π键结构将对管内物质，尤其是极性和离子性物质，产生非常独特的影响。

二、流体在碳纳米管中的输运性

开口的碳纳米管具有很强的毛细吸引力。因此，多种金属、化合物和气体分子都能够进入单壁碳纳米管。科学家在单壁碳纳米管内成功填充了C_{60}分子，不同管径会导致C_{60}在管内独特的排列形式，水银也有类似效果。牛津大学采用湿化学方法，在单壁碳纳米管中填充了碘化钾分子并发现了明显的晶格参数变化。

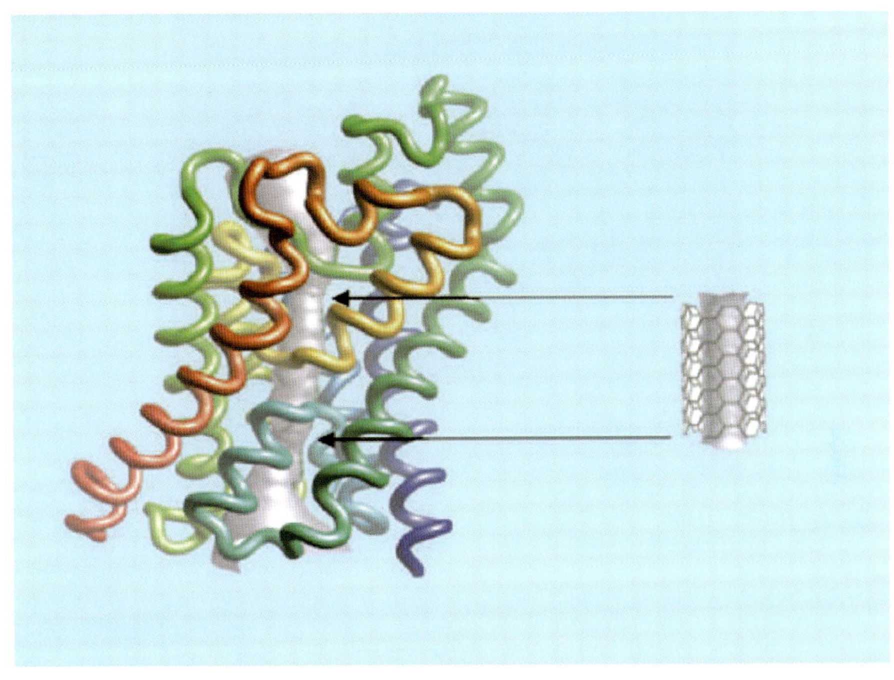

图2

图中左边为细菌上发现的由蛋白质骨架构成的生物孔道，可以透过水和甘油，右边为与之尺寸相当的碳纳米管孔道[1]

当然，在基于碳纳米管的流体填充输运方面，最受瞩目的当属水分子在碳纳米管中的输运。这主要因为生命体内存在大量离子孔道，其尺寸与单壁碳纳米管相当，故可以通过研究水分子在碳纳米管中的输运行为揭示细胞膜上水通道的运作机制，洞悉生命的秘密[2]。

既然宏观碳管材料呈现疏水特性，那么水分子可否进入碳纳米管的细微孔道？如果能，它在里面的存在形式如何？水分子在孔道内外，在内/外壁的运动形式如何？

三、水分子在碳纳米管中的输运特性

2001年，哈莫尔（Hummer）等通过分子动力学计算表明水分子能够进入疏水的单壁碳纳米管通道，并且表现出独特的结构和脉冲模式的输运行为[3]。之后，进一步的理论计算表明，单壁碳纳米管中的水分子在自身氢键和碳管管壁的限制作用下会结合成各种独特的结构；对于不同管径的单壁管，其内部的水分子有可能以水分子纳米管[4]、水分子链[5]等形式存在。

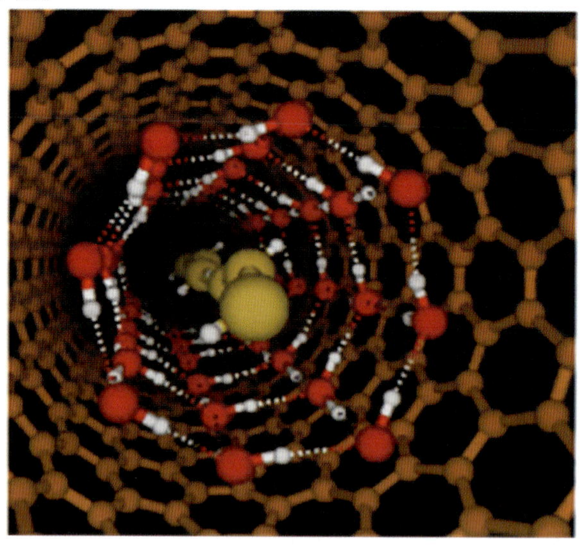

图3 碳纳米管中水分子

最外层为碳纳米管，次外层为水纳米管（红色），最里面为水链分子（黄色）[4]

另一方面，人们也利用不同的实验手段，如X射线衍射（XRD）、核磁共振（NMR）、中子散射、红外光谱（IR）和拉曼光谱（Raman spectrum）等，观测到了碳纳米管内填充的水分子（H_2O/D_2O）所引起的整个体系的显著变化，由此证明了水分子的确能够占据碳纳米管的内部通道。更加直接的证据来自美国德雷克塞尔(Drexel)大学，研究小组利用高分辨透射电子显微镜直接观察到了水被局限在内管径为2～5纳米的多壁碳纳米管通道内，并研究了透射电子束作用下管内水的行为。

四、碳纳米管流体输运性的应用

2006年，霍尔特（Holt）等在《科学》上报道了关于流体对于直径2纳米以下的碳纳米管薄膜的渗透性实验研究。他们发现，空气和水可以渗透两端开口的垂直碳纳米管阵列，其流速比理论估计的高1～3个数量级。与商业化的聚碳酸酯薄膜相比，在孔径小一个量级的基础上，渗透率相比高出数个量级[6]。另外，日本的真庭（Maniwa）等对水在单壁碳纳米管内的行为做了研究，提出水填充的单壁碳纳米管能够用作一种纳米尺度的阀门来控制管内气体的流动。

碳纳米管也可作为流体传感器。由于水分子的极性，它们与碳纳米管内的自由载流子之间存在微弱的耦合作用。理论研究表明，当金属性单壁碳纳米管浸在流体中

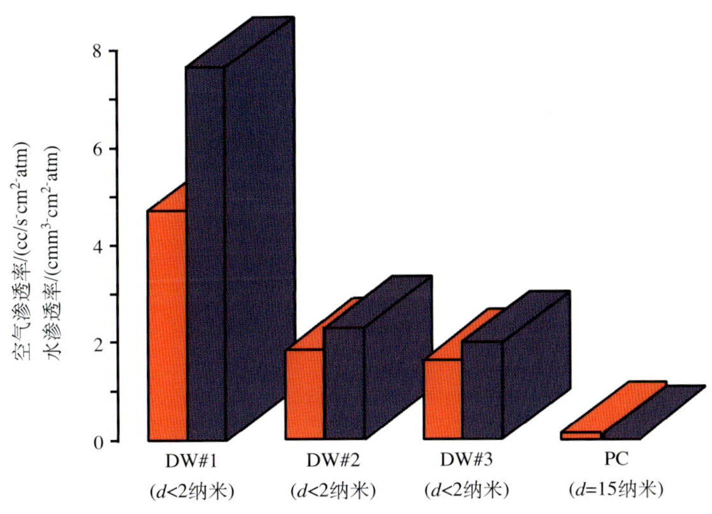

图4 空气（红）和水（蓝色）的渗透率对比

双壁碳纳米管薄膜（DW#1, DW#2, DW#3）和聚碳酸酯薄膜（PC）。尽管孔径小得多，所有双壁碳纳米管样品薄膜的渗透率都远超聚碳酸酯薄膜[6]

时，基于动量传递过程，纳米管上会产生一个电压。相应的实验观测到了当水和其他极性、离子性液体在单壁碳纳米管束上流过时在碳纳米管束上产生的电压[7]。

同时，基于碳纳米管纳米发电机原型也被实验证实[8]。对于两端开口的悬空碳纳米管，在水蒸气氛围下的实验结果表明：当在单根碳纳米管的其中一段施加一个电压时，在碳纳米管的其他部分能够观测到一个电压差。单壁碳纳米管内的水能够被所施加的电压驱动，就像一个“纳米马达”；而流动的水反过来又能在碳纳米管的其他部分产生一个电动势，起到“纳米发电机”的功能。

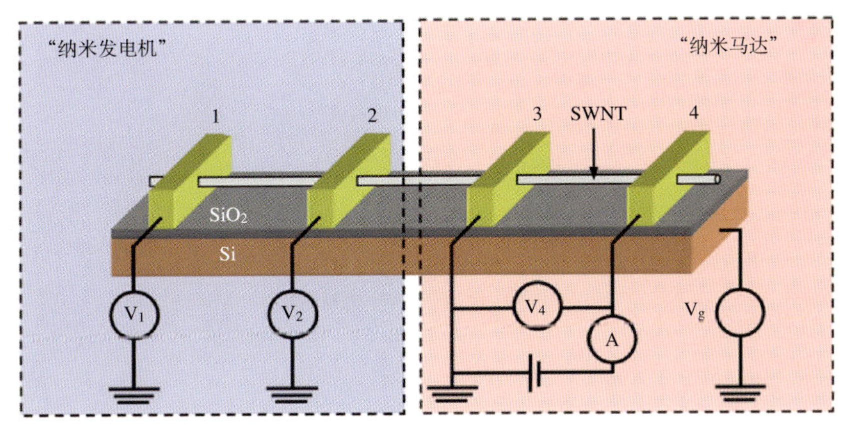

图5 器件结构示意图

碳纳米管的右端施加驱动电压或电流，在左端两电极之间可以测到电动势

从传统的宏观管道流体输运到微流孔道的流体输运，最后到碳纳米管的流体输运，我们的目光逐渐从宏观转到微观，从经典理论转到量子领域。特别是最近几年，在基于碳纳米管流体输运的研究中，得到了很多令人惊喜的结果。比如水分子等可以进入碳纳米管内部并形成独特结构、碳纳米管对于空气和水的高渗透率等。这些结果既可以让我们对受限空间和维度下流体输运有更加深刻的认识，也为后续的实际应用打下坚实的基础，利用这些规律造福于人类。

参考文献

1 Sansom M S P, Biggin P C. Biophysics —Water at the nanoscale. Nature, 2001, (414): 156～159

2 Whitby M, Quirke N. Fluid flow in carbon nanotubes and nanopipes. Nature Nanotechnology, 2007, (2): 87～94

3 Hummer G, et al. Water conduction through the hydrophobic channel of a carbon nanotube. Nature, 2001, (414): 188～190

4 Kolesnikov A I, et al. Anomalously soft dynamics of water in a nanotube: A revelation of nanoscale confinement. Physical Review Letters, 2004, (93): 035503

5 Koga K, et al. Formation of ordered ice nanotubes inside carbon nanotubes. Nature, 2001, (412): 802～805

6 Holt J K, et al. Fast mass transport through sub-2-nanometer carbon nanotubes. Science, 2006, (312): 1034～1037

7 Ghosh S, et al. Carbon nanotube flow sensors. Science, 2003, (299): 1042～1044

8 Zhao Y C, et al. Individual water-filled single-walled carbon nanotubes as hydroelectric power converters. Advanced Materials, 2008, (20): 1772～1776

The Unique Transport Properties of Liquid Confined in Carbon Nanotubes

Liu Zheng, Sun Lianfeng

As an ideal one dimensional nano-material, carbon nanotubes attract great interests on the transport properties of liquid confined in them. The short paper describes the recent research progresses both in the theories and experiments, which indicate the molecules in carbon nanotubes form an abnormal arrangement, such as a tube or link structure for water molecules. The applications and perspective of these transport properties are also discussed.

2.5 自驱动型微纳系统和可持续自供型电源

王中林
（美国佐治亚理工学院）

世界在能源方面的需求与日俱增，能源方面的研究和开发是当前各国研发的核心之一。到2050年，世界的能源需求将达到30太瓦以上。要满足这么大的需求，从现在开始全球需要每周建造一输出功率为1兆瓦的发电机组。能源方面的研究主要可以分为三大方面。第一，大范围能源的高效输运和利用。我们以火力发电为例，煤燃烧所释放的能量经过转换为电能、远程输运，除去发热损耗，最后真正用来点灯发光的有效利用率只有2%。如何利用被损耗的98%的能量是一重大节能减排的挑战。第二，可持续绿色能源的开发、利用和储存。有效地开发和利用太阳能、风能、海洋能和生物能等也是满足大范围能源需求的途径之一。第三，用于移动式驱动微纳系统的小电源。前面两大研究是为了满足大范围的能源需求，然而第三方面的研究正是一新兴的研究领域。我们下面就对它作一介绍。

我们能源的需求绝大部分集中在工业、交通运输、建筑、家庭和办公用能。这些对能源的需求可以靠大范围的电网来满足。然而，自从手提电脑和手机等个人可移动电子产品普及以后，解决小范围的用电显得格外重要。目前我们主要靠的是蓄电池。在未来不久，由于微纳系统的发展以及它们在原位人体健康的实时监测，基础设施的监测、环境监测以及军事技术上的应用，传统的利用蓄电池来提供电源的方法就不能满足或不能适应于具体的工作环境和要求，原因如下：其一，微纳系统的尺寸越来越小，将来限制整个系统大小的是电源而不是其他器件；其二，将来实现全方位的监测所用到的微纳系统的数目和密度相当之大，而且这些系统是可移动的，利用更换电池的方案可能是不实际的或者不可取的；其三，驱动微纳系统的功率源的功率非常小。如果我们把所有的驱动微纳系统的电源的总功率加在一起，所需总电量也较小，但这种特殊的能源是传统供电方法所不能满足的。因此，作者在2005年就提出了自驱动的概念（self-powered nanotechnology）[1, 2]，其根本是利用从环境中收集的能量，通过能量转换来驱动这些微纳系统，实现能量自给。纳米技术是把系统和器件做小，如纳米探测器、纳米电动机，而自驱动是解决它们的能源需求。我们称这种能源是一种可持续自供型电源(sustainable self-sufficient power source)。而今的自驱动概念已经成为世界上非常活跃的研究领域。

我们生活的环境中充满了各种各样的能量，如震动能、形变能、肌肉活动能、化学能、生物能、微风能、太阳能、热能等。如果我们利用纳米技术可以把这些无时不有、处处存在的能量转换为电能来驱动一些小型的电子器件，就可以制造出自驱动的微纳系统。因为纳米系统具有微小且可植入体内等特性，所以它的供电系统必须是小型化的。为了解决这个问题，我们小组2005年开始研究如何用纳米结构来把机械能转换为电能[1]。我们的第一步是探索其科学原理。我们利用竖直结构的氧化锌纳米线的独特性质，在原子力显微镜下研制出将机械能转化为电能的纳米发电机。竖直生长的氧化锌同时具有半导体性能和压电效应。氧化锌纳米线的这种独特结构导致了弯曲纳米线的内外表面产生极化电荷，我们用导电原子力显微镜的探针弯曲单个氧化锌纳米线，输入机械能，再利用氧化锌的半导体性质将其纳米线的压电特性耦合起来，从而将电能暂时储存在纳米线内，然后再用导电的原子力显微镜探针接通这一电源，向外界输电，从而完美地实现了纳米尺度的发电功能。

2007年，我们首次成功研发出由超声波驱动的直流纳米发电机[3]。这一突破性的进展，开发出了不依赖于原子力显微镜并能连续不断地输出直流电的纳米发电机的雏形，为技术转化和应用奠定了原理性的基础并迈出了关键性的一步。2008年，我们小组研发出可以利用衣料来实现发电的“发电衣”的原型发电机[4, 5]，真正实现了“只要能动，就能发电”[6]。利用溶液化学方法，我们将氧化锌纳米线沿径向均匀生长在纤维表面，然而用两根纤维模拟了将低频震动转化为电能的这一过程。为了能实现电极与氧化锌纳米线之间的肖特基接触，我们采用磁控溅射在一根纤维表面镀了一层金膜作为电极，而另一根表面是未经处理的氧化锌纳米线。当两根纤维在外力作用下发生相对运动时，表面镀有金膜的氧化锌纳米线像无数原子力显微镜探针一样，同时拨动另外一根纤维上的氧化锌纳米线，所有这些氧化锌纳米线同时被弯曲、积累电荷，然后再将电荷释放到镀金的纤维上，实现了机械能到电能的转换。该研究为实现制造柔软、可折叠的电源系统（如“发电衣”）等打下了基础。

纳米发电机的发明可以被视为利用纳米压电发电科学现象到实际应用发展过程中的一个重要里程碑。它能收集周围环境中微小的震动机械能并转变为电能来为其他纳米器件，如传感器、探测器等提供能量。这种震动机械能普遍存在于自然界以及人们日常生活中，如空气或水的流动、引擎的转动、空调或其他机器的运转等引起的各种频率的噪音，人行走时肌肉伸缩能或脚对地的压缩能等。甚至在人体内由于呼吸、心跳或是血液流动带来的体内某处压力的细微变化也有可能带动纳米发电机产生电能。因此，纳米发电机的发明不仅为实现能源系统的微型化提供了可能，更重要的是它为发展可持续自供型电源和实现自驱动纳米系统奠定了科学和技术基础[7]。我们的研究贯彻的是从科学到工程、到技术、再到商业化的一条龙研发路线。

纳米发电机的发明被中国科学院和中国工程院院士评为2006年度世界科学十大科技进展之一。2008年，该发明被英国《物理世界》评选为世界科技重大进展之一；2009年，被《MIT技术综述》（*MIT Technology Review*）评选为十大创新技术之一；《科学观察》在有关"能源和燃料"的一刊中重点报道了纳米发电机的工作过程和重大意义；英国《新科学家》期刊把纳米发电机评为未来10～30年以后可以和手机的发明具有同等重要性和影响的十大重要技术之一。2007年，美国自然科学基金会向总统和国会申请2008年65亿美元研究经费的前沿总结里，第一条重大研究成果（*Research That Benefits the Nation*一栏）就是我们的纳米发电机。

纳米发电机在生物医学、环境监测、无线通信、无线传感甚至到个人便携式电子产品等方面都将有广泛的重要应用[7]。这一发明有可能收集机械能，如人体运动、肌肉收缩、血液流动等所产生的能量；震动能，如声波和超声波产生的能量；流体能量，如体液流动、血液流动和动脉收缩产生的能量，并将这些能量转化为电能提供给纳米器件，从而让纳米器件或纳米机器人实现能量自供，自己能持久地运转下去。从大的方面看，纳米发电机所奠定的利用纳米结构实现机械能转换的科学原理甚至可以应用于大范围的能量收集，如风能和海浪能等。

参 考 文 献

1 Wang Z L, Song J H. Piezoelectric nanogenerators based on zinc oxide nanowire arrays. Science, 2006, 312: 242～246

2 Wang Z L. Self-powering nanotech. Scientific American, 2008, 298: 82～87

3 Wang X D, Song J H, Liu J, Wang Z L. Direct current nanogenerator driven by ultrasonic wave. Science, 2007, 316: 102～105

4 Qin Y, Wang X D, Wang Z L. Microfiber-nanowire hybrid structure for energy scavenging. Nature, 2008, 451: 809～813

5 Yang R S, Qin Y, Dai L M, Wang Z L. Flexible charge-pump for power generation using laterally packaged piezoelectric-wires. Nature Nanotechnology, 2009,4: 34～39

6 Yang R S, Qin Y, Li C, et al. Converting biomechanical energy into electricity by muscle/muscle driven nanogenerator. Nano Letters, 2009, 9: 1201～1205

7 Wang Z L. Towards self-powered nanosystems: from nanogenerators to nanopiezotronics. Advanced Functional Materials, 2008, 18: 3553～3567

Self-powered Micro/nano-system and Sustainable Self-sufficient Power Source

Wang Zhonglin

Micro/nano-systems will be the fundamentals for portable and personal electronics, and they usually have much reduced sizes and very low power consumption. The applications of discrete micro/nano-systems can be mobile and wireless, and the number of devices can be vast. It may be impractical to use ultrasmall batteries to power these devices. Harvesting energy from environment can be a feasible approach for providing sustainable self-sufficient power for driving the micro/nano-systems. Here, we introduce a newly growing field of self-powered nanotechnology, which is a key area in today's energy research.

2.6 Th17细胞的分化、调节和功能

吴长有
（中山大学中山医学院）

当CD4$^+$ T 细胞被激活后，通过不同的分化途径获得特定的生物学功能。根据产生细胞因子和生物功能的不同，传统上将CD4$^+$ T 细胞分为Th1和Th2细胞亚群。Th1细胞产生IFN-γ和IL-2，通过活化巨噬细胞清除胞内病原微生物并介导迟发型变态反应；Th2细胞产生IL-4、IL-5和IL-13，介导由嗜酸性粒细胞引起的炎症反应，清除细胞外病原微生物并参与变态反应。随着研究的进展，发现了Th17、Th22、Th9以及T_{fh}等细胞亚群。这些细胞亚群发挥着不同的生物学功能。Th17细胞主要产生IL-17、IL-17F、IL-22和IL-21，通过募集、激活和趋化中性粒细胞至炎症感染部位，清除病原微生物并介导炎性反应。Th17细胞在自身免疫性疾病、移植排斥和肿瘤的发生和发展中发挥着重要作用。

一、IL-17的生物学特征

IL-17 家族由IL-17A～F 6个成员组成。IL-17A又称IL-17。Th17细胞主要产生IL-17A和IL-17F。除了CD4$^+$ T细胞，γδT细胞、NKT细胞、NK细胞、中性粒细胞和嗜酸性粒细胞也产生IL-17和IL-17F。IL-17R（受体）家族包括IL-17RA～E。IL-17RA高表达

在造血细胞，低表达在成骨细胞、成纤维细胞、内皮细胞和上皮细胞，可以与IL-17与IL-17F结合。IL-17与受体结合后，可能是通过MAP激酶和NF-κB发挥其生物学活性。IL-17可以刺激多种细胞产生IL-6、IL-1、肿瘤坏死因子（TNF）、粒-巨细胞刺激因子（G-CSF）和趋化因子（CXCL1、CXCL8 和CXCL10）等，募集、激活和趋化中性粒细胞至炎症感染部位，对某些特定的病原的清除发挥着重要作用[1]。但是，对其他一些病原，IL-17诱导的反应增加了自身免疫性疾病和免疫病理反应的发生。

二、Th17细胞的发现

实验性自身免疫性脑脊髓炎（EAE）是一种自身免疫性疾病的动物模型。传统上认为这种疾病是由IL-12诱导的Th1细胞所介导的。但是，IFN-γ和IFN-γR缺失小鼠，以及其他Th1分化相关的分子如IL-12p35、IL-12Rβ2、IL-18缺失鼠，EAE的发生不仅没有降低，反而加重了。这说明可能存在另一群与Th1不同的细胞在EAE等自身免疫性疾病中发挥着重要作用。2000年，新的细胞因子亚单位p19被发现，p19与IL-12的p40链形成IL-23。人们比较观察了IL-12p35和IL-23p19亚单位基因敲除小鼠与EAE发生的关系，证明了IL-23而非IL-12在EAE的发生中起重要作用。而研究表明，IL-23促进$CD4^+$ T细胞产生炎性因子IL-17。随后实验证明，来自EAE小鼠的IL-17产生细胞转输给正常小鼠后，可诱导出严重的EAE，但输入Th1细胞却不能诱导出EAE。这就证明了一种新的细胞亚群——Th17细胞在自身免疫性疾病发生中发挥作用。

三、Th17细胞的分化

IL-23参与Th17细胞诱导的自身免疫性疾病的发生，但IL-23不参与Th17细胞的早期分化。小鼠研究表明， 转化生长因子（TGF-β）和IL-6 可以诱导IL-17的表达[2]。除了IL-6， IL-21也可以抑制TGF-β诱导的Foxp3的表达，TGF-β和IL-21可以诱导初始T细胞向Th17分化。人Th17细胞分化与鼠一致，TGF-β加入其他炎症因子可以诱导人Th17细胞的分化[3]。

孤独受体γt（RORγt）是控制Th17细胞分化的转录因子[4]。在RORγt缺失鼠中，Th17细胞的分化受到了严重的影响，但却仍有IL-17产生细胞。最近研究表明，RORα在Th17细胞分化过程中与RORγt的作用相同。而且，RORγt的表达依赖于*STAT3*。*STAT3*可以通过上调RORγt和RORα而诱导IL-17产生，也可直接结合IL-17和IL-21的启动子。除此之外，IRF4 KO小鼠也缺乏Th17反应。这说明，Th17细胞的分化可能是受到多个转录因子共同调控。

虽然IL-23不参与Th17细胞的早期分化，但最近研究表明，IL-23参与Th17细胞晚期的分化、扩增以及影响Th17细胞迁移到外周组织和血液循环[5]。我们的其他研究结果表明，IL-23能够刺激记忆性$CD4^+$ T细胞产生IL-17。

四、Th17细胞与调节性T(Treg)细胞之间的关系

在诱导Treg细胞和Th17细胞分化的过程中，TGF-β起着十分重要的作用。在TGF-β单独作用下，活化的初始$CD4^+$ T细胞分化为$Foxp3^+$ Treg细胞，而在TGF-β和IL-6或IL-21共同作用下，$CD4^+$ T细胞分化为Th17细胞而不分化为$Foxp3^+$ Treg细胞。

五、Th17细胞分化的调节

在Th17细胞分化的过程中，许多细胞因子调控着Th17细胞的分化。IFN-γ和IL-4都抑制Th17细胞的分化。除了Th1/Th2细胞因子外，IL-2、IL-25、IL-27、Ets-1也抑制Th17细胞。IL-27 可能是通过诱导Tr1细胞而调控免疫反应[6]。除了细胞因子，最近发现体内沉默miR-326，可以使Th17细胞减少，缓解EAE。过表达miR-326可以导致Th17细胞增加和严重的EAE [7]。

六、Th17细胞与疾病

Th17细胞反应是适应性免疫应答系统中的一个重要组成部分。许多感染性疾病、自身免疫性疾病、移植排斥反应以及肿瘤模型等证明Th17细胞在多种疾病中起作用。许多证据也证明Th17细胞在细菌与真菌感染、银屑病、类风湿性关节炎（RA）、多发性硬化症（MS）、哮喘、肠炎性疾病和肿瘤中发挥作用。

Th17细胞免疫应答，可以清除Th1和Th2免疫反应不能清除的一些特殊病原体导致的感染，如短小棒状杆菌、克雷白氏杆菌、结核分枝杆菌和白色念珠菌感染等。

从银屑病皮损组织中分离出的T细胞以产生Th17细胞为主，Ⅱ期临床实验使用p40的单克隆抗体可以降低银屑病的严重程度，而且小鼠模型中也证实IL-23和IL-22比IL-12/IFN-γ在皮肤形成中起着更为重要的作用。在RA中证实，IL-17、IL-1和TNF促进疾病的发生和发展，而IFN-γ则起保护作用。在MS病变组织中，IL-17和IL-6高表达，而且在MS病人血清中IL-17表达也增高。因此，Th17细胞在自身免疫反应的发生和发展中起关键作用。

目前，多篇文献报道Th17在肿瘤形成过程中起着十分重要的作用。在人体肝癌组织中，发现Th17细胞比率增加。在小鼠模型中证实，抑制IL-17信号可以帮助治疗卵巢癌。与对照组相比，IL-17中和抗体可以明显降低肿瘤的发展。而且，IL-17中和抗

体可以降低结肠炎的发生以及肿瘤的形成[8]。这些现象提示，IL-17有一定的促进肿瘤发生的作用。然而，也有报道认为IL-17可以抑制肿瘤的发生。当将肿瘤特异性Th17细胞转输给小鼠后，与对照组相比，可以降低肿瘤的形成，其机制可能是IL-17可以诱导CCL20和CCL2的表达，从而募集抗肿瘤CD8^{+}T细胞杀伤肿瘤细胞。

七、结　语

在免疫应答过程中，CD4^{+} T细胞被活化、增殖，分化为效应Th1和Th2细胞，这些细胞亚群分别介导细胞免疫和体液免疫应答，主要参与控制着细胞内和细胞外病原微生物的感染。Th17细胞亚群弥补了Th1/Th2介导效应机制的不足。Th17细胞不但能加强机体的防御功能，而且促进炎性反应。深入研究Th17细胞的分化、生理和病理功能以及调控机制，对疫苗的设计、传染病、自身免疫性疾病和肿瘤的研究具有理论和实际意义。

参考文献

1 Park H, Li Z, Yang X O, et al. A distinct lineage of CD4^{+} T cells regulates tissue inflammation by producing interleukin 17. Nat Immunol, 2005, (6): 1133～1141

2 Bettelli E, Carrier Y, Gao W, et al. Reciprocal developmental pathways for the generation of pathogenic effector TH17 and regulatory T cells. Nature, 2006, (441): 235～238

3 Yang L, Anderson D E, Baecher-Allan C, et al. IL-21 and TGF-β are required for differentiation of human TH17 cells. Nature, 2008, (454): 350～352

4 Ivanov I I, McKenzie B S, Zhou L, et al. The orphan nuclear receptor RORγt directs the differentiation program of proinflammatory IL-17^{+} T helper cells. Cell, 2006, (126): 1121～1133

5 McGeachy M J, Chen Y, Tato C M, et al. The interleukin 23 receptor is essential for the terminal differentiation of interleukin 17-producing effector T helper cells in vivo. Nat Immunol, 2009, (10): 314～324

6 Stumhofer J S, Silver J S, Laurence A, et al. Interleukins 27 and 6 induce STAT3-mediated T cell production of interleukin 10. Nat Immunol, 2007, (8): 1363～1371

7 Du C S, Liu C, Kang J H, et al. MicroRNA miR-326 regulates TH-17 differentiation and is associated with the pathogenesis of multiple sclerosis. Nat Immunol, 2009, (10): 1252～1260

8 Wu S, Rhee K J, Albesiano E, et al. A human colonic commensal promotes colon tumorigenesis via activation of T helper type 17 T cell responses. Nat Med, 2009, (15): 1016～1022

The Differentiation, Regulation and Function of Th17 Cells

Wu Changyou

Th17 cells, as a distinct T helper cell population, have been identified recently. Th17 cells coexpress IL-17F, IL-22 and IL-21. TGF-β and IL-6 or IL-21 via the phosphorylation of *STAT3* and expression of RORγt and RORα induce naïve $CD4^+$ T cells to be Th17 cells. Th17 cells promote the clearance of pathogens during host defense reactions and induce tissue inflammation. Th17 cells play an important role in autoimmune diseases, transplantation and tumor.

2.7 G蛋白偶联受体结构研究进展

黄 博 李雪梅 张 凯

（中国科学院生物物理研究所）

真核细胞由丰富、繁杂的生物膜系统构成，膜系统有效地实现了真核细胞空间和功能的分隔，并通过嵌在膜上的膜蛋白完成细胞中不同区域以及细胞之间的物质、能量以及信息的传递和调控，从而保证了细胞中复杂多样的生化反应进行的时空有序性。人类基因组所编码的蛋白质中约30%属于膜蛋白。在许多疾病如阿尔茨海默病（俗称老年痴呆症）、帕金森病、焦虑症、精神分裂症等神经性疾病[1,2]，以及多种癌症的研究中[3]，人们都发现某些膜蛋白的功能出现异常。与之相应，目前药物研发中有近2/3的药物作用靶点为膜蛋白，相关药物全球年销售额近千亿美元[4]。膜蛋白的结构和功能的研究不仅是蛋白质科学领域中的基本问题，也是当今国际生命科学研究中的前沿课题；同时，它们又是人类重大疾病防治和创新药物开发等相关研究中的关键。因此对膜蛋白结构与功能的研究是直接关系到现代生命科学发展的重大科学问题，与人民生活健康息息相关，对一个国家的现代医药工业发展起着直接的促进作用。

G蛋白偶联受体（GPCR）是目前已知数目最多的细胞表面受体家族，也是一类受关注程度极高、规模极大、类型极多的膜蛋白。它可以把多种多样的胞外信号（如激素、局部介质和神经递质等）传递到细胞内，并通过与其他信号转导通路成员间的相互作用调节各种生理功能，在维系细胞生命活动的各个方面起着难以估量的重要作用。人类基因组中有近千个GPCR 编码基因，它们有着总体结构上的相似性和各自信号传导的特异性。由于GPCR 定位于细胞膜上，外界刺激可以通过它传递至细胞内，因此GPCR 具备调控细胞内多种生理状态和生化反应的能力，现已成为临床上广泛应用的药物的重要靶点。据估计，目前药物研发中有近2/3的药物作用靶点属于膜蛋白，约50%的现行西医处方药物作用于GPCR蛋白[2]，这类药物每年的销售总额超过500 亿美元[5]。

目前，一些常用药或多或少地带有副作用，如哮喘药，如果不小心控制剂量就可能引起心跳过快。其中一部分原因是人们对药物作用的GPCR 受体蛋白的结构和功能缺乏透彻的认识，所以药物设计与改进十分困难。深入研究GPCR 蛋白的结构与功能的共性和特征以及它们与相应的生理配体、活化剂或拮抗剂之间的关系，对于临床治疗中新方法的发明和新药研发都具有重要的指导意义。

膜蛋白天然状态结构的保持对生物膜具有强烈依赖性，这种依赖性给膜蛋白的结构研究造成了难以克服的困难。因此，膜蛋白曾经被认为是结构生物学研究的禁区，直到1984 年第一个膜蛋白（即捕光蛋白）高分辨率结构的解析才打破了这种迷信[5]。2000 年由美国华盛顿大学（西雅图）的Palczewski 实验室公开发表了第一个GPCR 蛋白的三维结构——牛眼的视紫红质受体结构[6]，该成果的取得得益于牛眼的视紫红质受体丰富的天然来源以及自然状态下的高化学纯度、优良的结构均一性和稳定性。该结构的解析为人们认识GPCR 家族信号传导机制的共性部分铺下了奠基石，但由于不同的GPCR 家族蛋白分子在膜内外往往有着种类多样的下游作用蛋白和性质各异的配体，人们对GPCR 家族众多成员的认识尚有待更多结构测定。

尽管GPCR 的重要性已被广泛认同，但其结构研究仍然由于若干技术瓶颈的存在而步履维艰。第一，GPCR 蛋白的大量制备（表达）就非易事。像许多膜蛋白一样，GPCR 蛋白在天然状态下表达量极低，无法满足一般研究工作，特别是结构研究的需要。因此，异源重组蛋白质表达是膜蛋白结构与功能研究的希望所在，即所谓借腹怀

(a)

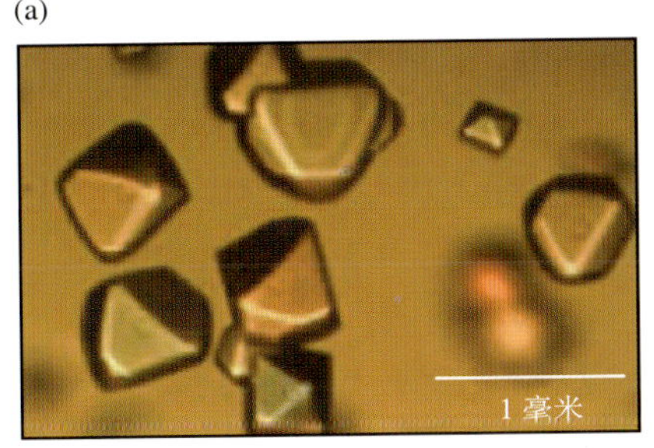

(b)

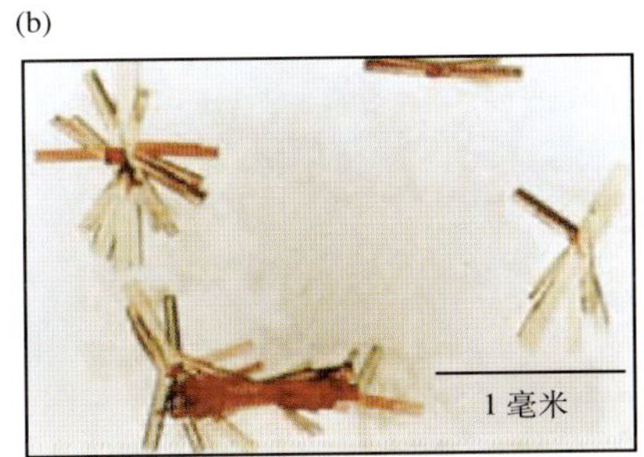

图1 蛋白质晶体照片

(a) 常见的蛋白质晶体；(b) GPCR（牛视紫红质）晶体[7]

蛋白质晶体与我们常见的食盐晶体一样，都是数以千万计的相同的分子规则排列所形成的，获得高质量的蛋白质晶体是用X 射线衍射法进行结构研究的最基本前提

胎。人们已经并正在尝试用多种原核细胞（如大肠杆菌）和真核细胞（如酵母或昆虫细胞）作为GPCR 的异源表达宿主。第二，GPCR 的提纯过程中需要添加去污剂，唯有这样才能使由天然来源或重组表达系统中得到的膜蛋白从膜结合状态变为水溶状态，但这种处理对其产量和稳定性势必会造成一定影响。第三，也是最难攻克的技术难题，高质量GPCR 晶体[图1(b)]的获得。对于目前最主要的蛋白质结构研究技术，即X射线衍射晶体结构测定法来说，获得具有生物活性GPCR 的蛋白质晶体是结构解析的必经之路。但是在使用去污剂的情况下，膜蛋白分子在与膜相互作用的表面区域基本上被流动性和结构柔性较高的去污剂分子所覆盖。与可溶性蛋白分子相比，结合了去污剂膜蛋白分子具有相对较低的物理均一性以及受体本身的不稳定性，因此它们一般具有较低的形成晶体的能力，直接妨碍其结构研究（图2）。

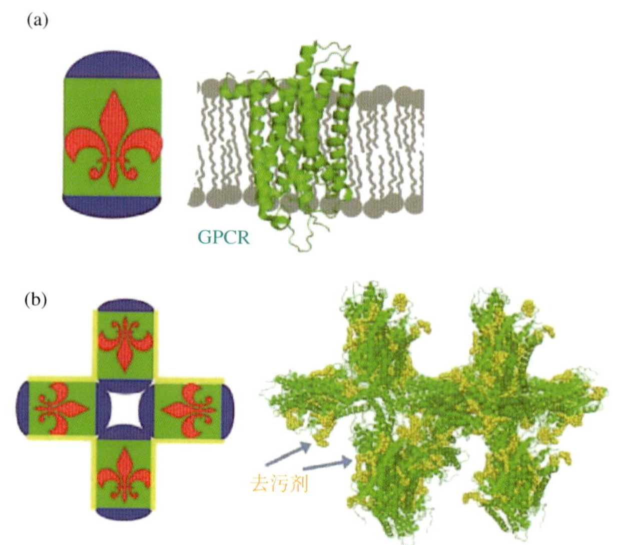

图2　GPCR（牛视紫红质）在天然状态下与生物膜结合以及在晶体中与去污剂结合示意图

(a) 生理状态下，牛视紫红质蛋白插入生物膜中，可以介导晶体堆积的部分暴露在膜外；(b) 在牛视紫红质蛋白晶体中，GPCR 分子被大量去污剂所包裹，可以介导晶体堆积的表面（蓝色）很小

其中GPCR 用绿色表示，生物膜用灰色表示，去污剂用黄色表示。抽象示意图中的蓝色区域表示GPCR 分子没有埋藏在生物膜内的区域，此区域可以介导晶体堆积

2007 年，美国斯坦福大学和斯克里普斯研究所的两个研究小组经过15年的协同攻关，终于成功地解析了第二个GPCR 蛋白结构，即人的β-肾上腺素受体与配体的复合物结构[8]，该成果立即被权威学术杂志《科学》评为该年度的十大科学进展之一[9]。在这个工作中，研究者使用了一个巧妙的修饰方法，即在GPCR表面的一个被预测为柔性较高的区域通过蛋白质工程方法嵌入了一个可溶性蛋白——T4-溶菌酶。由于这一附加的可溶性蛋白不会与去污剂直接作用，且刚性较强，从而导致整个复合蛋白的柔性降

低，但结晶性提高（图3）。人们预测这一成功范例将会被推广到其他GPCR 的结晶和结构解析，甚至可为其他具有一定同源性膜蛋白的结构测定所采用。

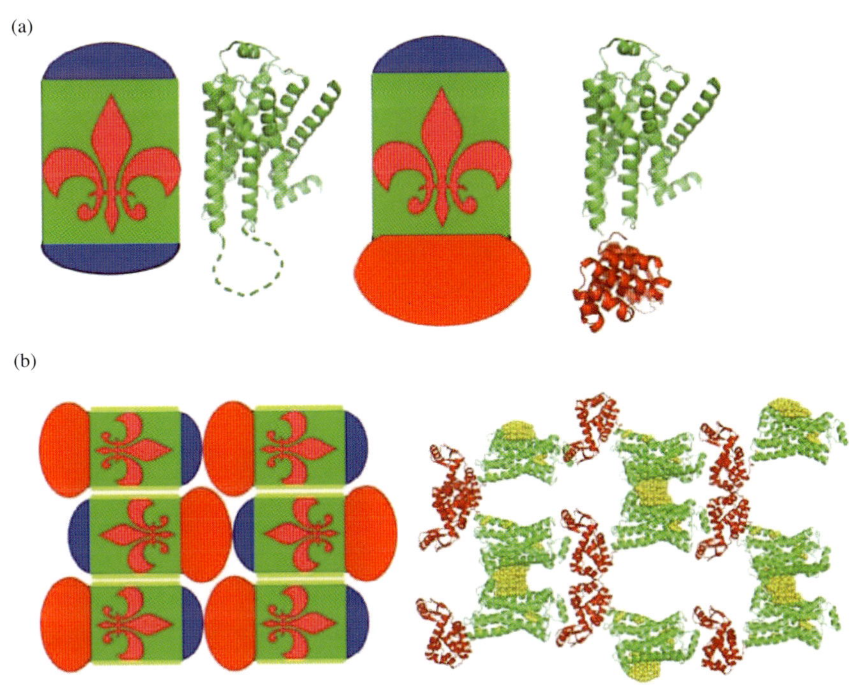

图3 美国斯坦福大学和斯克里普斯研究所的两个研究小组对GPCR（人β-肾上腺素受体）的巧妙修饰

(a)用溶菌酶替换GPCR 中柔性较高的区域；(b) GPCR（人β-肾上腺素受体）晶体堆积示意图。可以看到替换进GPCR 的溶菌酶介导晶体的堆积

图中颜色表示除被替换进GPCR 的溶菌酶用红色表示外，其余与图2 相同

已发表的GPCR 结构研究领域的可喜成果鼓舞了人们进一步广泛、深入研究GPCR 蛋白结构与功能的信心。无论从基础研究或是药物研发的角度来看，人们都迫切地需要有更多的GPCR 结构得到解析。基于20世纪可溶性蛋白结构生物学发展历程以及近年来结构基因组学一日千里的迅猛发展势头，人们可以相当有把握地预见膜蛋白（包括GPCR）结构生物学的研究将有如下趋势：①利用蛋白重组技术研究真核生物中的膜蛋白；②膜蛋白表达、纯化和结晶技术的创新突破和高通量化；③膜蛋白研究重点从单一膜蛋白转向蛋白复合物。可以预期，在今后5～10年中，GPCR 结构研究领域将有大范围的突破性进展，这也预示着将会出现潜在的、新的知识财富和由此引发的激烈竞争。

参 考 文 献

1 Cruts M, van Broeckhoven C. Presenilin mutations in Alzheimer's disease. Hum Mutat, 1998, 11:183～190

2 Conn P J, Christopoulos A, Lindsley C W. Allosteric modulators of GPCRs: a novel approach for the treatment of CNS disorders. Nat Rev Drug Discov, 2009, 8: 41～54

3 Li S, Huang S, Peng S B. Overexpression of G protein-coupled receptors in cancer cells: involvement in tumor progression. Int J Oncol, 2005, 27: 1329～1339

4 McCusker E C, Bane S E, O'Malley M A, et al. Heterologous GPCR expression: a bottleneck to obtaining crystal structures. Biotechnol Prog, 2007, 23: 540～547

5 Deisenhofer J, Epp O, Miki K, et al. X-ray structure analysis of a membrane protein complex. Electron density map at 3 A resolution and a model of the chromophores of the photosynthetic reaction center from Rhodopseudomonas viridis. J Mol Biol, 1984, 180: 385～398

6 Palczewski K, Kumasaka T, Hori T, et al. Crystal structure of rhodopsin: a G protein-coupled receptor. Science, 2000, 289: 739～745

7 Okada T, Le Trong I, Fox B A, et al. X-ray diffraction analysis of three-dimensional crystals of bovine rhodopsin obtained from mixed micelles. J Struct Biol, 2000, 130: 73～80

8 Cherezov V, Rosenbaum D M, Hanson M A, et al. High-resolution crystal structure of an engineered human beta2-adrenergic G protein-coupled receptor. Science, 2007, 318: 1258～1265

9 Breakthrough of the year. The runners-up. Science, 2007, 318: 1844～1849

Mini Review of Latest Progress of Crystallography Study of G-protein Coupled Receptor

Huang Bo, Li Xuemei, Zhang Kai

GPCR is a family of membrane proteins that plays important roles in signal transduction. GPCR malfunctions often result in diseases. Structural studies on GPCR proteins are essential for understanding the mechanism of GPCR and development of new drugs for regulating GPCR functions. This mini review introduces a new protein engineering based technology that facilitates GPCR protein crystallization. It is hoped that application of similar technology will revolutionize the field of membrane protein structural biology.

2.8　2009年世界科技发展综述

叶小梁[1]　汪凌勇[1]　黄　矛[1]　帅凌鹰[2]
黄　群[1]　任　真[1]　瞿欢欢[3]
（1 中国科学院国家科学图书馆　2 中国科学院动物研究所
3 中国科学院过程工程研究所）

2009年，尽管金融危机席卷全球，但是世界科技仍然快速发展，获得了不少重大研究发现和突破性进展。本文将从天文学与物质科学、生命科学与生物技术、信息与通信技术、纳米科学技术、能源与环境以及航空航天领域对世界科技发展进行综述。

一、天文学与物质科学

2009年，全球学术界在天文学、物理学、材料科学、化学等方面的研究热点纷呈，所取得的成果之多，令人目不暇接。

在黑洞研究领域，过去的一年可谓成果丰硕。通过计算机模型和望远镜观测，天文学家发现了迄今为止质量最大的黑洞，该黑洞位于巨型星系M87星系的中心，其质量大约是太阳质量的64亿倍。利用欧洲XMM牛顿天文望远镜，天文学家发现了一个质量超过太阳500倍的黑洞，这一发现填补了中等质量黑洞的研究空白。通过集中全世界最先进天文望远镜的观测力量，天文学家确定宇宙中一个超能伽马射线暴爆发起源于一个星系中心超大质量的黑洞附近。这一发现将为揭开宇宙无数星系中心高能“引擎”的神秘工作原理提供重要的新信息。英国利兹大学的数学家通过研究认为，伽马射线暴直接来自黑洞，而非像公认解释中所说的那样是恒星崩溃的产物。黑洞蚕食恒星将成为宇宙中明亮闪光的基本解释。英国的研究人员发现在银河系中存在黑洞和时空涟漪共存现象。该研究结果表明，双核星系现象实际上是相当普遍的，引力辐射现象发生的可能性也大大增加。此外，荷兰的一个研究小组首次精确测量了地球与黑洞之间的距离，最近的黑洞离地球仅1600光年之遥。

2009年，天文学界对河外星系和星系团的观测也取得了不少进展。“朱雀号”卫星首次拍摄到了完整星系团的X射线图，该项研究首次揭示了星系团维里半径外部的X射线以及外部气体的温度和密度。通过把美国国家航空航天局（NASA）收集的X射线数据与红外光学望远镜的研究结果相结合，科学家发现了迄今为止距离我们最遥远的星系团JKCS041。它距离地球大约有102亿光年，比以前的记录结果远了10亿光年。欧洲南方天文台的一个研究小组在宇宙遥远区域发现了一个巨大的星系团。该发现将帮助天文学家了解潜在的宇宙“骨架”。利用夏威夷莫纳克亚山顶上的望远镜，科学家发现了星系相撞后留下的宇宙碎片。这些碎片区可以帮助科学家更好地了解宇宙形成之初星系形成和星爆活动的过程。利用哈勃空间望远镜，科学家观测到了迄今最遥远的星系，并拍下一组前所未见的星系照片。科学家认为这些星系诞生于宇宙大爆炸6亿年后。哈勃望空间远镜还拍摄到一个亮度极高的奇异星系，该星系是由两个银河系大小的漩涡星系高速相撞合并形成的新星系。

恒星是宇宙中最常见的天体，关于恒星的观测研究始终都是天文学界的热点领域。利用升级后的哈勃空间望远镜，英国的天文学家发现了银河系中温度最高的恒星之一。这颗位于“虫星云”中央位置的濒死恒星的表面温度达20万℃，是太阳表面温度的35倍。借助“昴宿星团”望远镜，日本的研究人员观测到太阳系外一颗年轻恒星周围的圆盘表面存在冰，并认为这些冰有可能在行星诞生时演化成海水。日本的研究人员还首次观测到气体云呈直线状扩散的超新星爆发，这一观测成果对研究超新星爆发机制具有重要意义。加拿大的MOST空间望远镜得到了角宿一的最远及最清晰的图像，也让科学家发现了极为罕见的交食双星现象。美国科学家发现，超新星残留的形状与其原恒星在爆炸时的模式有关。热核爆炸形成的“Ia”型超新星的残留是均匀对称的，而大质量恒星因内核崩塌爆炸所形成的“II”型超新星的残留则是不对称的。意大利科学家发现，通过吸收相邻恒星的能量和宇宙碰撞这两种方式，“梅西叶30”球状星团中的一些古老恒星使自己一直处在年轻状态。产生这种现象的基础是星团内核的崩塌，这也是人类首次发现星团内核崩塌对恒星群体造成的这种奇怪影响。

在对系外行星的观测和研究方面，科学家们收获了很多重要发现。美国天文学家发现了一颗质量和体积都超过海王星的系外行星，该行星绕距地球120光年远的一颗恒星旋转，其体积是地球的4.7倍，质量是地球的25倍。美国的研究人员通过对150光年外的气体行星进行研究，已经在太阳系外发现了第二颗存在水、甲烷和二氧化碳的行星，这增大了找到外星生命的希望。美国“卡塔莉娜天空搜索小组”率先观测到一颗绕太阳公转的逆行近地小行星，这是天文学家迄今在太阳系中发现的第20颗逆行小行星。美国的科学家首次利用“天体测定法”探测到一颗太阳系外行星。包括这颗行星的恒星是一颗低质量的红矮星，也是迄今发现拥有行星的质量最轻恒星。利用斯皮策望远镜，天文学家发现了一起罕见的行星相撞事件。这类事件对类地行星和卫星的形成至关重要。借助“昴宿星团”望远镜，德国的天文学家首次拍摄到在恒星“GJ 758”附近有一颗围绕该恒星运行的与冷行星类似的天体。科学家尚无法确认这颗天体到底是一颗较大行星还是一颗褐矮星。此外，科学家们成功测出了COROT-7b行星的质量，发现其密度和地球接近。这是科学家证实的第一颗同地球密度接近的太阳系外类地行星。

针对银河系的观测和研究在过去一年里亦有所突破。天文学家在美国天文学会大会上公布了一项新发现：银河系的密度更大，质量比以前认为的要多50%，同时旋转速度比先前认为的要快15%。包括中国在内的多国科学家通力合作，利用分辨率最高的甚长基线干涉仪，对银河系内十几个大质量恒星形成区里甲醇分子宇宙微波激射源进行观测，首次精确地测定了银河系部分结构的距离和三维速度，在银河系旋臂结构的测量和研究领域取得了突破性进展。

围绕太阳系各天体的观测与研究可谓成果卓著。2009年2月，在代号为“11012”的太阳黑子突然爆发时，STEREO双子飞船捕捉到了罕见的“太阳海啸”瞬间，证明这种颇具争议的现象确实存在。这种“海啸”本质上是由炽热等离子体和磁性物质构成的特大波。借助NASA的“卡西尼”号土星探测器所得数据，科学家们在土星外环中发现了一颗新卫星。这颗小卫星与G环内的流星或小型天体相撞产生的碎片，可能是亮弧和G环的物质来源之一。利用“卡西尼”号土星探测器在7月份拍摄到的照片，科学家们还捕捉到了由“土卫六”表面湖泊所反射的太阳光线。这一发现证实了“土卫六”表面存在液体的说法。此外，“卡西尼”号土星探测器还首次在土星光环中拍摄到了多座酷似宝塔的巨大突起，其中最高者的高度超过1500米。科学家们认为，这些奇特的“宝塔”很可能是土星的一颗卫星（Daphnia）对土星光环实施吸引的产物。美国加州理工学院的一项研究解释了“土卫六”上湖泊分布不均的现象。由于土星沿椭圆形轨道绕太阳公转，造成“土卫六”表面不同区域所接受到的太阳光照射强度不同。相应地，“土卫六”南半球和北半球的降雨和蒸发模式存在很大不同，这就导致南北半球甲烷的积聚数量不同，进而造成湖泊分布不均。美国科学家发现，在著名的木星卫星“欧罗巴”表层下面有着大面积的液态水海洋，其中的氧气含量甚至超乎人们的想象，足以维持生命存活。利用哈勃空间望远镜的观测数据，美国的研究人员发现了迄今最小的柯伊伯带天体。该天体直径仅有约975米，距地球约67.6亿千米，大小只有此前发现的最小柯伊伯带天体的1/50。这一发现首次提供了观测证据，表明柯伊伯带中可能存在相当数量通过碰撞形成的如彗星般大小的天体。此外，天文学家发现冥王星大气层中含有大量甲烷，从而进一步解释了冥王星大气层温度明显高于其表面温度的原因。

其他针对性研究和观测也取得了一些激动人心的发现。2009年年初，NASA的费米伽马射线太空望远镜在太空中发现一个巨大的伽马射线暴，科学家认为这是迄今看到的最大规模的伽马射线暴，强度超过1000颗太阳。一个研究小组确认了一种被称为“超级行星状星云”的新天体。这种天体应该由大型恒星抛出的尘埃和气体壳组成，具有异常强烈的射电源。NASA的三大天文台观测到“蟹状星云”中的一颗中子星正在释放大量高能粒子，其能量释放速率相当于太阳的10万倍。9月，美国天文学家观测到一颗名为“17P/霍尔姆斯”的彗星向外喷射出大量迷你彗星，其喷射的尘埃云体积超过太阳。这是迄今为止观测到的规模最大的彗星喷发。科学家在“维尔特2号”彗星尘埃样本中首次发现了氨基甘胺酸，这是一种对所有生命形式都很关键的组成成分。科学家认为该发现证实了一个理论，即形成生命的一些必需成分起源于太空，并且被彗星或小行星携带到地球。此外，美国一个科研团队发现，太阳系正在穿过一个原来被科学家认为不存在的神秘星际云团。通过对“旅行者号”探测飞船发回来的数据加以研究，科学家发现在太阳系外还存在一个巨大的磁场。这样一个巨大的磁场使得星际云团紧紧连接在一起，这也就解释了星际云团之所以能一直存在的原因。

2009年物理学界在微观领域同样取得了众多引人注目的突破与进展。德国的研究人员首次观测到了磁单极子的存在，以及这些磁单极子在一种实际材料中出现的过程。这是2009年最激动人心的科学发现之一。美国、日本和德国的科学家宣布在实验室探测到了冷聚变中的高能中子，从而证实了冷聚变的存在。北京大学的一个研究小组首次研究了顶夸克与其他粒子通过模型无关的味改变中性流耦合的量子色动力学圈图效应对其衰分支比的影响。美国能源部费米国家加速器实验室在粒子对撞实验中观察到了单个顶夸克的产生。单顶夸克的发现证实了粒子物理学中包括夸克总数在内的一些重要参数。不久后，该室科研人员又声称他们已发现了一种完全无法用现有理论来解释的新粒子。这两项发现表明费米实验室离寻获希格斯玻色子已越来越近了。哈佛大学的研究人员在实验中首次成功地将卡西米尔力转变为斥力，并对其进行了测量。德国的研究人员发明了一种捕获单分子的技术，从而为研究分子提供了一种全新的实验途径。借助原子力显微镜，IBM的科学家首次拍摄了单个分子的照片，照片清晰地显示了并五苯分子的原子连接方式。这一科研成果具有重要意义，对纳米科技将会产生深远的影响。欧洲核子研究中心的大型强子对撞机成功地将两束质子流都加速到1.18万亿电子伏特的能级，使得大型强子对撞机成为世界上功率最大的加速器。

材料科学领域，超导材料研究方兴未艾，重大成果层出不穷。日本的一个联合研究小组开发出一种可以很简单地制造出铁基超导材料的方法，大大推进了新型超导材料的实用化进程。瑞典乌普萨拉大学的奥普利尔教授和其同事通过研究认为，磁自旋激发让物质从一个状态跃迁到一个全新的状态，从而解释了物质科学中的“隐形秩序”难题，这对于科学家更好地理解高温超导物质具有重要意义。中国科学家在这个领域也取得了多项重要研究成果。

锂和钠是两种金属性较强的元素，其单质拥有很强反应性和导电性。来自日本大阪大学的两位科学家发现，随着压力的增加，锂和钠的金属性逐渐消失，在将金属锂压缩两倍（80GPa）的条件下，其从金属变成一种半导体，在将金属钠压缩5倍（200GPa）的条件下，钠的金属性完全丧失，变成一种致密的绝缘材料。

催化剂研究始终是化学研究的热点。日本的研究人员开发出一种新方法，能用成本低、储量丰富的碱土金属代替稀有金属充当催化剂来高效催化有机化合物之间的反应。借助他们的科研成果，工厂有望以较低的成本合成目标化合物，并且不会给环境造成负担。加拿大的化学家们则找到了一种以铁为基础原料制造催化剂的新方法。他们通过特殊手段将铁的结构转换成与铂系金属相似的结构，并使碳、氢、磷及氮等原子排列成一种独特的右旋结构，依附于铁上，使其处于一种亚铁状态。这种新型催化剂与目前通常使用的钌、铑、钯等毒性强的铂系金属催化剂相比，毒性小且成本低，有望作为制药和芳香剂生产工艺中的催化剂。德国的化学家们成功地开发出另一种固体催化剂，其主要成分是含氮的镍基合金材料（CTF），这种固体材料具有很强的渗透性，每克材料的表面积相当于1/5的足球场。CTF材料的巨大表面积使通过的甲烷能有效地进行氧化反应，并转化成甲醇。在CTF催化剂和硫酸介质的作用下，通过加温（215℃）和加压，甲烷气体就可以转化成便于运输的液体甲醇燃料，转化率达到75%。这项成果对有效利用天然气资源具有重要意义。

化学同生命科学的交叉，往往能帮助科学家们开发出新的药物，2009年，科学家在该领域取得不少新的成果。英国的研究人员发现一种新的铁化合物，它可直接作用于细菌DNA并在2分钟内杀死细菌，这将有助于研究人员开发出新型抗生素，用于对付那些已对其他药物产生耐药性的“超级细菌”。美国科学家发现，用某种化合物（oxathiazol-2-one）能够有选择地抑制结核病人体内的分枝杆菌蛋白酶体，干扰分枝杆菌进入非复制状态的能力，这意味着新化合物能够在世界范围内抗击这种普遍的传染病。德国的研究人员通过计算化学的手段设计出一种多肽分子，它可以使出血的血管迅速密封，下一步研究人员将寻找与这种多肽分子化学结构和功效类似的物质。日本的研究人员对3万种化合物的特性进行分析发现，有一种化学物质（被他们命名为“Fatstatin”）能阻碍细胞内脂肪的合成，这一成果有助于治疗代谢综合征药物的开发。爱尔兰和意大利的研究人员发现了一种新的化合物PBOX-15，它能够杀死慢性淋巴细胞白血病（CLL）患者体内的癌细胞，而对健康的细胞没有影响。美国的研究人员也合成了一种新型化合物SHetA2，该化合物可直接作用于卵巢和肾癌细胞中的异常成分，导致癌细胞死亡，防止肿瘤的形成，而不损害正常细胞。

二、2009年生命科学与生物技术领域的进展

2009年生命科学与生物技术领域的发展日新月异，成果层出不穷。

基因组学是生命科学中一个新兴的、蓬勃发展的学科领域，伴随着更快、更廉价的基因组测序技术的发展，其普遍应用及向其他学科、领域的不断渗透的趋势日益明显。

人类基因组的研究不断深入。中国的科研人员运用第二代测序技术和自主研发的基因组组装工具，对“炎黄一号”基因组——首个亚洲人个人基因组进行了深度测

序和拼接，发现其中除原先公认的单核甘酸多态性、插入删除多态性和结构性变异以外，还存在着种群特异甚至个体独有的DNA序列和功能基因。科研人员同时对近两年发表的非洲人基因组和韩国人基因组进行了重新组装，也得到类似结论。他们首次提出了“人类泛基因组”的概念，这是在人类基因组研究中获得的重大进展。美国科学家利用专利DNA测序平台，完成3个人类个体的基因组测序，他们所采用的这种高质量、低成本的基因组测序方法能帮助研究人员对成千上百个某种疾病患者的完整基因组序列进行分析，最终找出预防和治疗的方法。美国科学家通过将人类基因组分成数百万个片段并重新排列组合，成功描绘出清晰度和分辨率迄今最高的基因组三维图像。

动物、植物、微生物的基因组研究硕果累累。美国研究人员比较了猕猴、红猩猩、黑猩猩和人类这4种灵长类的基因组序列，构建了4种灵长类基因组的一个重复片段对比图，这一图谱可被用来重建人类基因组所有重复片段的演化史。科学家第一次全面系统地对大熊猫基因组进行了测序研究，并绘制出其基因组精细图，大熊猫有染色体21对，基因2万多个。该成果将从基因组学的层面上为大熊猫的保护、疾病监控及其人工繁殖提供科学依据。科学家发起并承担的藏羚羊基因组序列图谱绘制完成，这是世界上第一部绘制完成的高原濒危物种全基因组序列图谱，该成果将为破译慢性高原病发病机制提供科学依据。一个由美国科学家领衔的国际科学家团队历经6年完成了牛的基因组测序，他们发现牛至少有2.2万个基因，其中80%与人类相同，牛在遗传上与人类的相似性远远超过老鼠。这意味着，牛可以替代实验鼠作为研究人类疾病的动物模型。同时，这一成果还将有助于生产质量更好的牛肉和牛奶。一个由美国、英国、法国等多国科学家组成的国际研究小组成功绘出了首个猪的基因组草图，该成果将提升猪繁殖、猪肉营养等方面的研究，同时也有助于甲型H1N1流感疫苗等涉及人类健康技术的研发进展。美国、英国和瑞典的研究人员公布了老鼠的全基因组测序图。老鼠成为继人类之后第二个完成全基因组测序的哺乳动物。在对人类和老鼠的基因测序图进行综合性比较后，研究人员发现两者之间的遗传差异要比人们预想的大得多。科研人员完成了40个蚕类基因组的重测序，并基于基因组层次上的比较分析，构建了蚕单碱基遗传变异图谱，揭示了驯化选择对家蚕生物学性状影响的基因组印记。 由科学家主导的协作团队历时5年完成了日本血吸虫基因组测序和基因功能分析工作，为认识血吸虫生物学特征、开发抗血吸虫药物以及研制血吸虫疫苗奠定了理论基础。科学家完成了包括毛竹叶片、笋和萌发种子等在内的毛竹全长cDNA文库构建，并精确测定了1万余条基因序列，这是公共数据库中继水稻和拟南芥以外，第三大植物全长cDNA数据信息资源。由科学家领衔的白菜、甘蓝和油菜全基因组测序项目获得了白菜全基因组的精细图、甘蓝和油菜全基因组的框架图。这是国际上首次对3个近缘作物物种进行的整体测序，其中油菜是迄今首个全基因组测序的异源四倍体植物，这不仅对研究作物进化和遗传改良有着重大意义，也对其他多倍体物种的全基因组测序具有重要的参考价值。研究人员完成了“兰花基因组框架图”，此举将为号称“植物界大熊猫”的兰花的研究和保护开辟新途径。科学家在世界上率先绘制出第一张水稻基因组精细图，同时这也是世界上第一张农作物的基因图。水稻基因组共包含有6万多个基因，是目前进行的植物基因组测序中最大的基因组。科学家发现，杂交水稻的优势很可能与基因组的大小和结构有关。美国、印度的研究人员公布了玉米自交系B73的基因组序列测定结果，玉米共有10对染色体，约3.2万个基因，23亿个碱基。该成果将有助于满足全世界对食物、饲料、能源及工业原料不断增长的需求。由14国科学家组成的研究团队宣布马铃薯基因组序列框架图的完成。该基因组有12条染色体，8.4亿个碱基对。研究人员研制的新一代DNA测序技术平台和新的基因组拼接软件在该项工作中发挥了关键作用，使基因组测序的成本和时间都减至原来的1/10。各国科学家还对黄瓜、高粱、木薯和油棕榈等也进行了基因组测序。科学家对19世纪触发爱尔兰马铃薯饥荒的病原体“致病疫霉”的基因组已完成测序。与其他疫霉属基因组所做对比表明，特定家族的分泌型疾病效应蛋白周转很快，且大范围扩张。这些快速演化的效应基因存在于该基因组中高度变化的、扩大的区域，这个因素可能有助于它能够快速适应宿主植物。美国和巴西的研究人员通过对酵母基因组的研究，提出了提高生物乙醇产量的新方法。研究人员采用比较基因组学方法，证实伤寒病致病细菌是由不同病原体在分别获得有关遗传性状后，各自发展成致伤寒病的特殊病原体，而非由同一祖先进化而来。美国科学家使用一种称为RNA测序的新技术，描绘出了炭疽芽孢杆菌的基因表达，标志着任何细菌转录自此可被全面定义，并为研究细菌如何调控基因表达提供了更多细节。美国首次破译出完整的艾滋病病毒(HIV)基因组结构，可有效推进抗艾滋病病毒药物和抗流感病毒药物的研发步伐。

揭示基因与疾病之间复杂的联系是遗传学领域的研究热点。美国科学家利用功能强大的计算机和新技术首次绘制了两种人类细胞的表观基因组图谱，分别为胚胎干细胞和肺部纤维原细胞。通过将其与患病细胞表观基因组进行比较，可发现表观基因组中的缺陷是如何导致癌症及其他疾病的。英国科学家成功地破解两种常见癌症——肺癌和皮肤癌的完整基因图谱，在图谱中记录下了人体细胞数千种基因突变，正是这些基因突变导致细胞癌化，产生癌症。绘制完整的癌细胞基因图谱有助于为健康人群提供MoT血样测试，以测验他们的DNA是否产生病变。加拿大的科学家们用下一代测序方法研究来自一个雌激素-受体-阿尔法-阳性的转移性小叶乳腺癌患者的基因组和转录组。数据表明，在癌症患者体内有一种新的RNA编辑模式，重新编码SRP9和COG3的氨基酸序列。研究者得出结论，不均匀性的单个核苷酸突变可导致乳腺癌低水平的扩散加剧疾病的发展进程。一个国际研究组发现5种基因的变异增加患神经胶质瘤的风险，从而确定某些遗传因素对这种疾病的发生具有重要作用。

干细胞研究是生命科学与生物技术最前沿、最热门的领域之一，依旧炙手可热。

诱导多功能干细胞（iPS细胞）研究不断取得突破。科学家首次利用iPS细胞，通过四倍体囊胚注射得到存活并具有繁殖能力的小鼠，从而在世界上第一次证明了iPS细胞的全能性。这项工作为进一步研究iPS技术在干细胞、发育生物学和再生医学领域的应用提供了技术平台，将iPS细胞研究推进到了一个新的高度。英国和加拿大的科学家发现了一种可以安全地将普通皮肤细胞转化为iPS细胞的方法——利用一种基因“转位子”，即DNA中一段可以移动的基因序列，来替代病毒作为运输所需基因的载体。这种方法不但首次使得转化过程不需要借助病毒，而且有望使生物医学研究彻底告别使用胚胎干细胞。美国科学家利用血液细胞培养iPS细胞，提供了一种快速得到干细胞源的新途径以及获取胚胎干细胞的替代方法。以色列研究人员将皮肤细胞重新编码后制成iPS细胞，再用这种细胞培育出可以跳动的心肌细胞，发现了用皮肤细胞制造心肌细胞的方法。日本科学家利用人类皮肤细胞制成的iPS细胞培育出血小板。美国专家将普通的皮肤细胞重新编程，培育iPS干细胞，成功分化出了不同类型的视网膜细胞。科研人员发现维生素C可把iPS细胞的转化效率从每1万～10万个细胞才有一个能转化成功的低效率，提到10%的这一世界首次达到的高效率，该方法将在人口健康、家畜繁殖、动物保护等领域发挥重要作用。

德国科学家发现由蛋白激酶G（PKG）调控的一个信号通路可调节脂肪组织干细胞分化为褐色脂肪细胞。通过激活这种蛋白激酶信号通路，有助于找到减肥新法。美国科学家完成了大多数骨髓干细胞在小鼠胚胎中形成的位置和发育时间表，对诱导胚胎干细胞产生成熟血液细胞具有指导意义。美国科学家发现利用家族性植物神经功能不全症（FD）患者身上产生的干细胞，可以解析该疾病的发病原理，有可能成为未来使用干细胞来研究及治疗神经系统疾病的一个蓝本。一研究团队首次发现和分离出生后小鼠（包括成年小鼠）卵巢中雌性生殖干细胞，经摸索培养条件得到能长期自我更新的生殖干细胞株并鉴定和研究其生物学特性，然后将此细胞移植于不孕小鼠体内，证实能产生新的卵母细胞，与雄性交配后生出正常后代。这一发现改变了80多年生殖与发育的传统观点，开辟出一个崭新研究领域。美国科学家找到蛋白质和维生素的混合秘方，可将人类的胚胎干细胞变成生殖细胞，从而在实验室培育出原始的精子和卵子，此举同时引发了道德和伦理争议。美国科学家开发出一种新方法，将成体组织转化成干细胞的效率显著提高200倍，转化周期缩短一半，使得干细胞医学研究实践迈出了一大步。加拿大科学家首次发现了区分人体正常干细胞和癌症干细胞的方法，有助于找到只对癌细胞实施攻击而不伤害正常健康细胞的治疗方法和药物。

克隆研究取得重大进展。日本科学家成功克隆了死亡16年的具有优秀肉质的冠军种公牛“安福号”，而此前科学界从来没有成功复制出死亡时间超过10年的牛。他们是用没有经过任何抗冻处理的冷冻了13年的睾丸组织细胞进行的克隆。他们首先将部分冷冻的睾丸组织分离出来在体外进行培养，获得了活的细胞并建立了4个细胞系，然后利用这些细胞进行克隆并在过去两年中获得了4头克隆牛，其中有的克隆牛还存活至今。韩国一家生物技术公司在全球首次利用脂肪干细胞成功培育出两条克隆狗。

癌症研究喜讯频传。德国科学家发现了宫颈癌病毒破坏人体免疫力的机制——这种病毒能抑制人体免疫系统中一种信号分子的基因表达，这有助于研究人员寻找医治宫颈癌的新方法。美国发现对胰腺癌生长至关重要的蛋白CCN2，是抗癌疗法研究的一项新进展。加拿大的研究人员发现了一种能够调节细胞凋亡机制的蛋白质RanBPM，对癌症的诊断和治疗都将产生积极影响。日本和美国的联合研究发现蛋白质TAK1有助于防止肝损伤，为肝病及肝癌的治疗提供了新的思路。加拿大科学家发现广泛用于治疗糖尿病的处方药物甲福明二甲双胍，可以提高人体免疫系统T细胞的效率，进而使抗癌和抗病毒的疫苗更为有效。研究人员发现，AKBA通过干扰内皮细胞生长因子受体和雷帕霉素靶蛋白信号通路，抑制血管内皮细胞的增殖、迁移以及小管状结构形成，从而阻断新生血管形成，降低肿瘤的营养供应，抑制前列腺癌的生长。英国的研究人员发现抗体可不借助人体免疫系统而直接杀死癌细胞，这一成果将有助于开发可高效杀灭癌细胞的新方法，用于治疗那些传统化学疗法无法医治的癌症。美国运动医学会成立了首个癌症运动治疗小组，该小组致力于研究如何通过运动预防和治疗癌症。研究表明，运动能降低女性癌症患者的复发率，增加存活率。癌症预防和人口科学中心的试验表明，将疫苗和免疫疗法联合使用能够让黑素瘤缩小，这一实验在22%的患者身上卓有成效，并将病人的生命延长了5个月。这是几十年来使用治疗性疫苗获得成功的首次案例。

高新技术的飞速发展不断为癌症研究开辟新的途径。美国开发出将小干扰RNA（siRNA）送入原始细胞的有效方法，未来可借助这一技术将药物有针对性地送入病人患病部位和恶性肿瘤内。美国的科研人员绘制出TIGAR酶三维结构图，有助于开发出癌症早期诊断方法及预防性治疗手段。美国还研制出一种可植入癌症患者体内、用以实时监测肿瘤状况的微型装置。美国科学家发明了一种将CT扫描和正电子发射断层扫描（PET）相结合的混合扫描法，可准确找出已经消失或正在消失的癌细胞。美国和加拿大的科学家分别采用新型核磁共振成像（MRI）技术观测到人体内的分子变化，从而大大提高了MRI扫描的速度和精度，可在未来用于更快地检测癌症等疾病。日本的一个研究小组利用甲壳类海洋生物——“海萤”体内的蓝色荧光物质，成功开发出可让实验大鼠体内的癌细胞发光的技术。此外，研究人员通过将蓝色光转换成穿透性更强的近红外线，还可以直接观测到人体深处的癌细胞状况，据称这种新型标识技术的开发有望为癌症患者的诊断和治疗带来一场革命。美国科学家让黄金纳米微粒携带特定药物注入患者体内，当黄金微粒到达肿瘤时用红外线照射，黄金微粒受热释放所携带的药物。不同形状的黄金微粒会对不同波长的红外线发生反应，只要控制红外线的波长，就能控制黄金纳米微粒所携每种药物的释放时间，形成消灭癌细胞的“定时炸弹”。美国一家医药公司利用先进的纳米技术开发出一套“纳米癌症疗法”，初步试验证明它能非常有效地杀死癌细胞。这种疗法最大的优点就在于它能够“欺骗”人体免疫系统，不会对其展开攻击，从而大大提高了疗效，并能缓解患者因服药或化疗而产生的不适。已有更多的科学家聚焦纳米抗癌技术。

艾滋病研究曙光在前。法国研究人员研制出了一种由糖和肽合成新分子CD4-HS，可有效阻止艾滋病病毒侵入人体细胞，且副作用不大。美国科学家基于基因植入的艾滋病治疗临床测试取得重大进展，有望使艾滋病患者无需再依赖长期的药物治疗。法国科学家辨认出1型艾滋病病毒(HIV-1)的一个新变种。 美国科学家筛查出了PG9和PG16两种新的可中和HIV的广谱性抗体，是近10年来科学家首次发现强效HIV广谱性抗体，有助于研发新的艾滋病疫苗。加拿大一大学发现了一种治疗艾滋病的新方法，将定向化疗方法与目前较为普遍使用的高效抗逆转录病毒疗法结合使用，为治疗艾滋病提供了一个新的可能。美国的科研人员在艾滋病“长寿”患者身上发现能抵御艾滋病病毒的天然抗体，为研制相关疫苗开辟了新途径。美国科学家还试验一种新型艾滋病疫苗，成功使猕猴对一种与艾滋病病毒极为相似的猿猴免疫缺陷病毒（SIV）产生了免疫。美国和泰国的科学家对结合两种老疫苗的艾滋病新疫苗进行测试，结果首次表明其可以预防艾滋病病毒感染，可使接种者的感染风险降低31.2%。

全球应对甲型H1N1流感的挑战。2009年3月开始，墨西哥、美国等国相继暴发甲型H1N1流感疫情，并迅速席卷全球。6月11日，世界卫生组织把甲型H1N1流感流行警报等级提升到最高的第6级。各国纷纷紧急启动各种防治计划。美国科学家发现引起墨西哥多人死亡的流感病毒是变异的甲型流感病毒，其基因包括人类流感病毒、猪流感病毒和禽流感病毒的基因片段。加拿大科学家宣布完成了对3个甲型H1N1流感病毒样本的基因测序工作。法国一研究所开发出新的甲型H1N1流感病毒快速检测法，通过DNA片段的复制放大，可快速准确判断患者是否感染了甲型H1N1流感病毒。中国研制出一种快速检测甲型H1N1流感病毒试剂盒，能特异性检测H1、H3、H5、H7、H9亚型流感病毒，可对甲型H1N1流感病毒进行特异性分型检测。首个与“达菲”对照进行循证医学研究的药物连花清瘟胶囊已被证实具有确切疗效，其对甲流病毒转阴率与“达菲”相当，退热时间优于“达菲”，缓解咳嗽、肌肉酸痛、乏力、头痛等症状均明显优于“达菲”，安全性高，而价格仅为“达菲”的1/8。加拿大、墨西哥、澳大利亚以及中国4个国家的实验室加紧研制相关疫苗，到10月时各国民众相继开始接种甲流疫苗。北京一家生物制品有限公司生产的甲型H1N1流感疫苗于9月3日获得由国家食品药品监管局颁发的药品批准文号，这也是全球首支获得生产批号的甲型H1N1流感疫苗。此前完成的临床试验结果初步显示，该疫苗安全性良好，在有效性方面达到了国际公认的评价标准（保护率70%以上），可用于3～60岁人群的预防接种。

古生物学研究大放异彩。一个国际科学家团队公布研究成果称，该团队在埃塞俄比亚境内发现了距今已有440万年的女性原始人骨骼。这是迄今发现的年代最久远的原始人骨骼，科学家对其特征进行的分析表明，人与黑猩猩的共同祖先与如今的人类和黑猩猩特征迥异。这名女性原始人属于地猿始祖种，科学家将其昵称为“阿尔迪”。科学家推测，“阿尔迪”身高约120厘米，体重约50千克。基因分析表明，人类与黑猩猩可能在距今700万～600万年前分道扬镳，走上不同的进化道路。一个由多国古生物学家组成的国际科学考察小组，经过对缅甸发现的一个距今3700万年的灵长类动物化石的分析，证实了他们12年前提出的假设：人类的祖先来自亚洲。科学家把这一类人猿化石命名为邦塘巴黑尼亚猿。人与猿共同的祖先来自亚洲而不是非洲，人类祖先来自非洲的古生物学传统理论遭到致命打击。鸟类起源研究取得重要进展。古生物学家在辽宁省建昌县玲珑塔地区，发现了迄今已知世界上最早的、长有羽毛的恐龙——“赫氏近鸟龙”。该化石距今约1.6亿年，较之以往所知世界上最早的鸟类要早约几百万至1000万年。本次新发现的“赫氏近鸟龙”化石代表了目前世界上最早的长有羽毛的物种，进一步支持了恐龙演化曾经过“四翼阶段”的假说，并提出了兽脚类恐龙分异的时间框架新假说。此成果代表着鸟类起源研究的一个新的、国际性的重大突破。

在一年来的生命科学与生物技术研究中还有许多令人瞩目的亮点，在此只能列举数项。

发现植物内脱落酸的受体结构。脱落酸是一种植物激素，可帮助植物对抗干旱等恶劣生存条件，这有望让科学家设计出科学保护作物不受干旱伤害的方法，从而可能提高农作物产量，并有助人们在边缘土地种植特定植物以生产生物燃油。

向制造人造生命迈进。美国科学家成功制造出一种核糖体，这意味着他们向制造出人造生命又迈出了非常重要的一大步。这种核糖体制成的蛋白质，在所有生命形式中都起着至关重要的作用。“信使RNA”把DNA的遗传指令传输给细胞的核糖体，核糖体根据指示，制造出符合要求的蛋白质。从细菌到人类，每一种活有机体利用核糖体的方式都惊人地相似。

培育出灵长类转基因动物。日本科学家培育出了非人类转基因灵长类动物——普通狨猴，这些狨猴身上融入的转基因通过胚系传入，在后代身上表达。这种适合用转基因技术进行基因操纵的非人类灵长类模型，对于有关疾病机制的生物医学研究及基因疗法和再生医学方面治疗方法的开发，都极有价值。

基因疗法治愈色盲。一个眼科专家小组通过基因疗法治愈色盲让色盲患者看到了希望。他们将特殊的蛋白质基因注入两只患有色盲症的猴子眼中，让猴子第一次看到红色和绿色。研究人员表示，这曾是一项被认为“绝对不可能”的项目，但现在的成就说明基因也可以提高健康人的视觉，甚至让人类观察这个世界的方式发生真正意义上的革命性变化。

人体细菌分布图被绘出。美国的研究人员完成了此项研究成果，据他们估计约有

100万亿细菌寄生在人体体表或体内，这些细菌在很多生理功能中发挥关键作用。查明细菌菌落在人体的分布对治疗疾病意义重大。

获得长寿的希望。美国的研究人员发现，常用免疫抑制药物雷帕霉素可以延长实验鼠的寿命。这是首次在哺乳动物身上取得类似效果，这一发现中尤其值得关注的是，对这些实验鼠开展的研究是在它们已经进入中年时开始的。

三、信息与通信技术

2009年，在信息技术领域，各国科学家在晶体管、激光器、发光二极管与显示器、芯片与数据存储技术、处理器与计算机以及量子通信等领域均取得不少突破性进展。

晶体管研制取得新的成果。IBM的研究人员研发出了石墨烯晶体管，每秒钟能开关260亿次，远远超过传统的硅器件。美国耶鲁大学和韩国光州科技学院的研究人员组成的研究小组，用单个苯分子成功创造出世界上首个分子晶体管。附着在黄金触点上的苯分子能够产生和硅晶体管一样的作用。利用通过触点施加在苯分子上的电压，可以操纵该分子的不同能态，进而研究人员就能够控制流经该分子的电流。

多种激光器研制取得新突破，美国在此领域成就突出。世界最大激光器“国家点火装置”在美国加利福尼亚劳伦斯利弗莫尔国家实验室建成。“国家点火装置”占地约一个足球场面积，由192个激光束组成。每个光束能在1/1000秒的时间内前行1000英尺，同时汇聚到一处橡皮擦般大小的目标上。当所有激光束全力发射，将对目标产生1.8兆焦的紫外光能。美国科学家还研制出世界最小的纳米激光器。该激光器包含一个直径仅为44纳米的纳米粒子，和目前最快的晶体管相比，该激光器具有同等的纳米尺度，但其速度要快上1000倍，这为制造速度超快的放大器、逻辑元件和微处理器提供了可能。该激光器不仅能在光子计算机领域找到用武之地，也能在现今使用常规激光器的领域和磁性数据存储业得到应用。美国普林斯顿大学的研究人员用一种新型设备“量子级联激光器”制造出了高能效的激光束。利用传统激光器制造激光束时，电子常常会把发射出去的光子重新吸收回来，这就降低了激光束的能效。而利用“量子级联激光器”制造激光束，这种吸收率降低了90%，这就有可能使激光器在较弱的电流条件下工作，且不易受到温度变化的影响，其发射的激光束能效因此显著提高。这一成果将有助于开发激光在红外通信、远距离探测、环境检测和医疗诊断等方面的新用途。中国湖南大学纳米光子学小组与美国亚利桑那州立大学合作，将半导体激光芯片调谐范围扩大，成功地演示出500纳米绿光直至700纳米红光，创造了新的半导体激光器调谐范围世界纪录。这项成果将可能在新光源、光通信、分子和生物传感、太阳能电池等领域获得很多应用。德国弗劳恩霍夫激光技术研究所成功研制出400瓦功率的飞秒激光器，创下了飞秒激光器输出功率新的世界纪录，有望在超高精度材料加工上得到工业化应用。

各国在有机发光二极管领域不断取得新进展。美国亚利桑那州立大学的软性显示器研究中心（FDC）和环球显示器公司（UDC）推出第一款将直接在杜邦-帝人的聚萘二甲酸乙二酯（PEN）基板上生产的a-Si:H 主动式矩阵软性有机发光二极管显示器。这款4.1吋单色 1/4视频图形数组（QVGA）显示器采用了UDC的磷旋光性有机发光二极管技术和材料，以及FDC的专属黏合-去黏合生产技术，代表了软性有机发光二极管迈向可制造解决方案的一个重要里程碑。德国科学家开发出一种新型超高效有机发光二极管，其产生的白光质量可与白炽灯泡相媲美，而其能效甚至大大优于荧光灯。该有机发光二极管原型未来也许将成为显示器和普通照明的一个超高效光源。中国科学院长春应用化学研究所的研究团队，开发出了一种利用廉价、类似于塑料的有机材料制成的新型发光二极管，通过串联结构实现了相当高效率的白光发光。

日本、美国在可弯曲的显示屏领域取得突破，德国开发出可供盲人使用的显示屏。日本东京大学与大日本印刷公司组成的一个研究小组开发出世界上首个可伸缩弯曲的有机电致发光显示屏（简称有机EL）。有机EL是一种有机物质，在电流通过的时候可以自己发光。日本的研究人员首先利用将具有导电性质的碳纳米管平均分散布置于橡胶中的方法，制造出一种糖稀状的导体。然后再把这种黏度很高，具有伸缩性的导体材料作为电路回路印刷在基板上。在这种基板上再配置256个约5毫米见方的薄有机EL素子，最终成功制造出这种新型的可伸缩弯曲的显示屏。目前，制作成功的这种显示屏大小还只有10厘米见方，厚度略小于1毫米。这种显示屏作用十分广泛，可用来制造像地球仪一样的球形显示器预报天气，也可以用来制造圆球形的手机。美国的研究人员找到了制造大尺寸、可弯曲显示屏的新方法，这种大型显示屏既有发光二极管耐用、屏幕大的特点，同时，因为它由有机的含碳物质制造而出，还具有独特的柔韧性。这种纤细、轻薄的显示屏可用于制造沿车体弧度安装的刹车灯指示器、健康监测器，或者像毛毯一样将病人包裹起来的成像设备。德国德累斯顿技术大学的研究人员利用世界首创的指尖触摸感应芯片，开发出可供盲人使用的显示屏。这种显示屏的核心是一种塑料聚合物芯片，其大小犹如一张电话卡，上面有4000多个微型执行元件。这些元件的强度可以变化，从软如人体的皮肤，到硬到如塑料片，并像敏感的水凝胶一样能适应温度的变化，成为一种智能的电子开关。每个核心元件可在实时状况下迅速改变大小，因此借助于这种显示屏的触摸，盲人可以感觉到不同东西的表面构造。这项发明能使未来盲人的日常生活变得更加容易，并可应用到医疗和航空航天领域。

芯片运算速度提高，能耗减小，芯片制造材料和芯片制造技术领域不断取得新发现和新突破。 德国卡尔斯鲁尔大学的科学家研制出世界最快硅芯片。这种芯片可以同时处理260万个电话数据，其运算速度是目前纪录保持者英特尔芯片的4倍。 这一超速芯片内的光通道缝隙只有0.1微米，是头发丝直径的1/700，它使新型有机材料具有超速光信号传输性能。硅芯片问世已有61年，许多人认为硅芯片的运算速度已经走到了尽头，但卡尔斯鲁尔大学的研究成果显示，利用新材料技术和硅片技术的最佳组合，同样可以在硅芯片中实现光信号传输，并能极大地提高数据处理能力。美国的科学家发现一种计算机芯片制造新材料碲化铋。碲化铋可大大提高计算机芯片的运行速度和工作效率。使用现有半导体技术，该材料即可允许电子在室温条件下无能耗地在其表面运动，这将使芯片的运行速度带来飞跃，甚至可能会成为以自旋电子学为基础的下一代全新计算机技术的基石。IBM拟用DNA制造下一代尺寸更小、功能更强大的微处理芯片。DNA分子能够“自我组装”，溶解成细小的正方形、三角形和星形结构。IBM的研究人员利用了这一点，找到在这些结构上制造特殊的有黏性的点的方法，这些点可以将碳纳米管、纳米线和纳米粒子紧密联结起来，形成微电路。IBM的科学家还开发了一种大有希望的实用芯片制造技术，该技术能有效消除扫描探针技术中使用的纳米针尖的机械磨损，该技术将有助于开发出下一代更为先进的计算机芯片，使芯片具有更高性能和更小体积。英国格拉斯哥大学科学家开发出可编程逻辑门阵列（FPGA）芯片系统。该系统可以高出目前标准处理器20倍的速度完成文档检索，其每个芯片只需消耗1.25瓦的电能，而安腾处理器则需消耗130瓦，大幅降低了使用网络搜索的碳排放量，从而向构建“绿色节能网络”迈进了一步。

美国、法国等国的科学家在数据存储密度和存储速度方面不断实现新的超越。美国密歇根大学的研究人员开发出了一种由纳米级忆阻器构成的芯片，这种芯片能存储1千比特的信息。该技术易于扩展以存储更多数据，进而将有可能改变半导体产业。同时，忆阻器也为通用内存的开发提供了可能，而由于其被安放在集成电路上的密度非常高，亦给仿生逻辑电路带来了希望。美国加利福尼亚大学劳伦斯伯克利国家实验室的科学家们推出一种新的计算机内存芯片，其数据存储量要比常规硅芯片高数千倍。这种最高存储密度芯片可在几分之一秒的时间内保存超高密度的数据，存储密度可高达1万亿字节/英寸^2，且其温度稳定度超过10亿年。美国硅谷一家公司开发出一种数据存储新技术，并计划利用它来制造比闪存容量更大、读写速度更快的新型存储器。新型存储器的单位存储密度有望达到现有NAND型闪存芯片(快闪记忆体)的4倍，存储数据的速度有可能达到后者的5～10倍。新型存储器主要基于带电离子在特定材料之间的运动来实现信息的存储，其存储单元不像闪存需要采用晶体管，因此在存储密度等方面比闪存更有优势，有望充当闪存的替代品和“接班人”。美国通用电气公司在激光全息存储技术领域获得了重大突破。研究人员使用“微全息”存储技术对存储用的全息图像进行了简化，缩小了体积。可在单张碟片上存储500GB数据，相当于100张DVD的容量，该光碟可与目前的光盘存储技术相兼容，而且成本低廉，可广泛应用于科研、商业和消费市场。法国科学家实现数据超快存取技术突破。利用超高速飞秒激光器发出的超高速激光改变电子的自旋，将硬盘数据的存储和检索速度提高了10万倍，从而为新一代IT技术的开发指明了方向。新一代超大容量五维光盘存储技术问世。研究人员首次研制出一种五维光学材料，能在多个维度存储数据，并对激光的不同波长和偏振做出响应。该种新型光学响应材料可使现今DVD大小的光盘的存储容量提高4个数量级，超过2000倍，预计将在医疗、金融、军事、安全编码和银行等需要数据加密的领域获得广泛应用。

日本开发出迄今运算速度最快的CPU，美国、德国等国科学家在新型量子处理器、量子计算机和细菌计算机等领域取得突破性进展。日本富士通公司成功研制出一种可运算1280亿次/秒的目前世界上运算速度最快的CPU，重新抢回世界运算最快的CPU这一宝座。此次开发的新型CPU名为“维纳斯”。通过采用超细微化技术，研究人员使约2厘米见方的集成电路片上集成的中枢电路由过去的4个增加到8个，从而实现了运算速度的大幅度提高。这种CPU的运算速度比之前最快的英特尔CPU快2.5倍，由于设计的巧妙，其功率消耗只有英特尔CPU的1/3，在节能方面的性能也十分突出。美国耶鲁大学的研究人员研制出世界上首个固态量子处理器，采用双量子比特超导芯片成功进行了如简单搜索这样的基础运算。为了使量子比特能够突然“开”、“关”，以便仅在需要时进行快速的信息交换，研究人员采用了耶鲁大学早先开发的“量子巴士”——通过有线连接量子比特来传递信息的光子，作为彼此进行信息交换的工具。德国马普量子光学研究所发明了一种方法，可以在极冷条件下定向控制原子运动，使相邻静止的原子成为量子计算机处理器的核心。美国国家标准技术研究院研制成功世界首台通用编程量子计算机，可在进一步改进后应用于密码破译等领域。这台量子计算机的核心部件是具金色图样的铝晶片，内含直径约为200微米的电磁圈。科学家将两个镁离子和两个铍离子置于电磁圈中，镁离子可起到“稳定剂”的作用，消除离子链的不必要振动，保持计算机的稳定性。通过提升激光的稳定性和减少光学设备的误差，可有效提高芯片的运行准确率。美国的一个科学家团队利用经过巧妙设计的大肠埃希菌，制成了可解决复杂数学问题的细菌计算机，且速度远快于任何以硅为基础的计算机，可用于解决如“汉弥尔顿路径问题”这样的复杂数学难题。此项研究除了证明细菌计算的能力之外，还为合成生物学领域做出了重要贡献。

全球超级计算机500强发榜，入围“门槛”进一步升高。每半年评选一次的全球超级计算机500强最新名单于2009年11月正式公布。部署在美国橡树岭国家实验室的“美洲虎”超级计算机成为500强排行榜上的新科“状元”。这台超级计算机的实测运算速度——Linpack测试值达到1750万亿次/秒，峰值运算速度达到2300万亿次/秒。部署在美国洛斯阿拉莫斯国家实验室的超级计算机“走鹃”以实测运算速度1040万亿次/秒被“美洲虎”挤到了第二位。中国国防科技大学研制的“天河一号”超级计算机，以实测速度563.1万亿次/秒位列世界第五、亚洲第一，这也是中国超级计算机迄今在这一500强排行榜上获得的最高名次。“天河一号”的峰值速度达到1206.19万亿次/秒，是中国首台每秒运算速度超过千万亿次的超级计算机。此次全球超级计算机500强的入围“门槛”，已从半年前的实测运算速度17.1万亿次/秒进一步提高到20万亿次/秒。此次排名第500位的超级计算机，半年前可在全球排名第336位。

在通信技术领域，量子通信技术的发展引人注目。美国麻省理工学院的科学家成功实现在冷原子气体中存储光，使广域量子通信网络的最终实现迈出重要一步。美国马里兰州大学的一个研究小组制造出一台能够将镱离子状态从实验室一侧传送到另一侧的传送机。这种新手段可以成为量子中继器的基础，进而实现任何距离内的量子通信。韩国仁荷大学在全球率先开发了将毫秒级存储时间延长100万倍以上的量子存储方式，信息存储时间最长可达10个小时。该协议将作为保存和处理量子信息的核心技术，为实现100千米以上的长距离量子通信奠定了基础。中国科学技术大学的科学家与德国、奥地利的同事合作，利用对磁场不敏感的原子态来存储量子态，并通过延长自旋波波长的实验技术，在国际上首次将单量子存储的寿命延长至毫秒量级，达到1毫秒以上。该实验成果将单量子存储的寿命提高了两个数量级，向未来基于量子中继器的远距离量子通信迈出了坚实的一步。欧洲研究人员经共同协作联合建造了世界最大的量子密钥分布网络，成功地实现了将安全量子加密信息在一个8节点Mesh网络上传送。其系统化设计首次允许量子密钥分布技术实现了无限制的可扩展性和互通性。实验的平均链路长度为20～30千米，最长链路长达83千米，这一结果已完全打破了以往的所有纪录，从而使安全量子加密通信系统的实用化又迈出了巨大的一步。此项研究是量子力学技术发展的第一个实际应用，表明量子加密技术很快就能成为安全通信领域的基准。

四、纳米科学技术

作为一个逐步发展起来的前沿、交叉性学科，纳米科技这一富有战略意义的领域越来越受到世界各国的重视。一年来，各国在纳米材料、纳米技术和器件及其应用方面取得了不小的进展。

在纳米材料的制作和应用方面，美国科学家利用氟分子来消除金属纳米管的影响以完善一种称为环加成的化学处理过程，开发了电子迁移率比典型的有机半导体高10倍的纯半导体碳纳米管油墨，可用来将柔性电子器件和太阳能电池印制在塑胶基板上。中国科学家采用阳极氧化的电化学方法在铝箔表面上制成排布密集的氧化铝纳米线，这种表面能排斥包括水、烷类、润滑油之类的几乎所有类型的液体，能广泛用于从厨房设备到输油管等许多领域中。美国化学和机械工程教授利用逐层组装技术制成高纯度、密集的碳纳米管薄膜，它由几十层附着在硅树脂上的碳纳米管组成。由于具有极大的表面积，它能携带和储存大量的电荷，有望应用于大容量电池和超级电容器中的电极中，其充电速度快，输出功率高，使用寿命长。中国科学家通过声化学现象所造成的高温、高压、高冷却率等特殊物理和化学效应，成功制备形态可控制的纳米颗粒，其形状包括球形、树枝形、多花形、星形等，证明超声波是制备形状可控的纳米颗粒的精巧方法。英国科学家通过在石墨烯中的每个碳原子上添加一个氢原子的办法将高度电导性的石墨烯转变为绝缘的二维碳氢化合物。这种材料可以大大扩展石墨烯在纳米电子学中应用的范围，同时也可能在氢燃料技术中获得应用，因为它具有很高的氢密度。中国科学家采用有低熔点金属辅助的热蒸发技术制造出笛状结构的氧化镁纳米管，其管壁上具有等距离的孔，从而在很大程度上提高了吸附能力，可以在纳米材料的催化应用中提高催化效率。美国科学家将林立的多壁碳纳米管转变为碳纳米管气凝胶从而制成人造肌肉，其密度仅为1.5毫克/厘米^3，它能运行在80～1900K的巨大温度范围内，比天然肌肉伸缩速率快1000倍，产生的力量大30倍，可能应用于医学、航天甚至未来的机器人等领域。英国的研究人员通过超高真空中金属蒸气积沉技术在绝缘基片上生长出钯纳米线，这是纳米器件制造的关键的一步，因为它保证导电的纳米结构在基片上是绝缘的，其应用可能包括高密度计算组件、纳米电路板上的互连、纳米尺度的机电系统等。

美国科学家利用各向异性氩等离子体蚀刻技术将多壁碳纳米管破开展平制成高质量的石墨烯纳米带，它边沿平滑、宽度分布窄，随宽度的增加从半导电性变为半金属性，可能是用于未来纳米电子器件的理想材料。日本科学家通过独特的表面处理和低温生长，用所谓选择区域金属有机物气相外延技术在硅上成功生长出垂直排布的砷化镓纳米线，它是制造发光二极管、激光器和光电二极管的理想材料。该技术为在硅平台上实现基于III-V族纳米线的光电机体化开辟了道路。中国科学家利用共聚物与苯硼酸和基于糖的侧链的混合物形成一种聚合物纳米颗粒，其中装填胰岛素。当血糖浓度变化时，这些纳米颗粒能膨胀并释放出胰岛素，可用于糖尿病的治疗。丹麦和德国的科学家利用所谓的折纸技术制成由单股DNA构筑的纳米尺寸的方盒，长宽均为36纳米，高为42纳米，是迄今最大、最复杂的人工自组装纳米结构，它带有一个可开启和关闭的盒盖，可用于药物传输或新型的生物传感器。美国科学家在纳米纤维支架中植入关节受损患者自身的干细胞，这样间质干细胞就在纸架中生长，从而形成非常接近关节中软骨性能的材料，它有可能用来修复受损的关节甚至治疗关节炎。日本科学家采用相对于衬底表面45°蚀刻硅晶片的方式开发了一种新的、简单的自上而下生产高质量三维光子晶体的方法，为这些材料在先进的光子芯片、高效的发光二极管和太阳能电池甚至光学量子计算元件的实际应用铺平了道路。美国科学家以阳极化处理的氧化铝薄膜为模板，采用气-液-固方法制成高度有序的单晶硫化镉纳米柱状结构太阳能电池模块，其光转换效率明显提高，而半导体材料用量却减少，还能易于弯曲而不影响其性能。日本科学家通过加热升华过程在碳纳米管内部生长出金属纳米线，其粗细可以借助控制碳纳米管的直径来改变，最细的可以是单原子链。由于金属纳米线可以改变碳纳米管的导电性，该项技术可能为未来的纳米电子学提供最好的部件。美国和日本的科学家用纳米金刚石对基因递送中常用的聚合物即聚乙烯亚胺800进行改性，从而使其对细胞的基因递送效率提高了70倍，而且纳米金刚石具有无毒性、分散于水、稳定性好和易于进入细胞等优点，是理想的基因递送材料。西班牙的研究人员利用低功率氧等离子体把碳纳米管结合到聚苯乙烯基体中生成具有令人惊讶的物理化学性质的新复合材料，其中聚苯乙烯能大大提高复合材料的机械稳定性，用它制造的传感器显示出极好的电化学性质，可用于生物传感。中国的研究人员采用带有改性引晶层的简单、低成本水热方法，在聚芴薄膜上生长氧化锌纳米棒，从而研制成氧化锌/有机异质结构的白光发射器件，其宽阔的发射带覆盖了整个可见光区（400～800纳米）。西班牙和英国科学家提出一种在石墨烯上施加应力使之轻微剪切形变，有的区域晶格被压缩，有的区域晶格被扩张，从而克服其极端导电性的缺点，变为具有足够大的能隙的半导体，同时保持其他特性不变，这可能为石墨烯在纳米电子学中的应用创造条件。芬兰科学家借助电子束蚀刻、湿蚀刻、纳米蚀刻以及均衡反应离子蚀刻技术在透明的二氧化硅表面形成金字塔形状的纳米阵列图案结构，它在宽角范围内能将可见光的反射抑制到0.45%以下，而且不影响视觉的色感并具有排水的功能。

在纳米技术、器件及其应用方面，美国科学家将单壁碳纳米管固定在镀金的纳米立方体上，构成迄今最精密的探测血糖甚至许多其他生物分子的生物传感器。该器件很像微小的立方形绳球，它由碳纳米管固定在电路上。碳纳米管既用作栓绳，也起着传导电信号的超细导线的作用。美国的研究人员把发色团附着在由单根碳纳米管构成的晶体管上首次实现了能探测整个可见光谱的碳纳米管器件，可用来探测单个分子的转化，研究分子对光的反应，观察分子如何变形，认识分子和纳米管的相互作用等。芬兰科学家以DNA折叠结构为模板实现了链霉蛋白的组装，这意味着DNA折叠结构可以用作平面纳米尺度模板使蛋白质、碳纳米管以及金属纳米颗粒进行复杂的自组装，其分辨率和准确度可与最先进的光刻技术相比。中国科学家将滚轧技术和转印技术结合起来，在大面积上成功地组装方向和密度可控制的单晶纳米线，为低成本制造纳米线场效应晶体管迈出了重要的一步，可能的应用包括高速软性电子器件、高迁移率大面积显示器和高灵敏度生物传感器。瑞士的研究人员采用两束激光和一个染料单分子制成世界上最小的光学晶体管，其中源激光束的强度根据门激光束功率的大小得以放大或减弱。该成果向全光电路和光学计算迈进了一步。美国科学家用带有金属电极的悬浮在微米尺度的壕沟中的石墨烯制成纳米机械谐振器，其振动频率对添加在上面的微小质量非常敏感，故可以用作高灵敏度的微小质量探测器。实验证明该装置的灵敏度约为10^{-21}克，相当于两个金原子。韩国科学家模拟蝴蝶和孔雀身上颜色产生的机制开发了一种在数秒钟内生成多重结构色的高分辨图案形成技术，其中颜色的生成不是采用颜料，而是靠光与材料的纳米结构相互作用完成的。该项成果可能用于防止伪造和先进材料设计。美国研究人员演示了用所谓浸渍笔纳米刻蚀技术制造单个碳纳米管器件，该方法比传统的电子束刻蚀优越，因为它不会损坏纳米管，而且可以使纳米结构成像，还能够采用运行在一般环境条件下的系统给器件形成电触体。新加坡和中国的科学家用水热条件下合成的氧化锌纳米管阵列研制成气体传感器，其电阻在30℃的温度下随着二氧化氮浓度的增加而减小，而且它的在二氧化氮的浓度低至500ppb时仍可进行灵敏的探测。

在纳米科技的研究工具方面，美国科学家利用由微小的银纳米颗粒构成的反射镜与传统的荧光显微镜以及一台红外激光器相结合建立起一种新仪器，它可以用来揭示诸如骨骼、肿瘤细胞、甲虫的闪光鳞屑等几乎不透明的生物材料纳米尺度的内部结构。瑞士和荷兰物理学家用一个一氧化碳的单分子替换传统原子力显微镜的金属尖端使分辨率大为提高，该仪器首次揭示了一个分子内各个不同原子的排列。这一成果可能有助于对化学反应的深刻理解和单电子器件的开发。挪威科学家利用能源技术研究所的JEEP II反应堆对结合到多孔碳构架中作为储氢材料的氢硼化镁纳米颗粒成功地进行了小角中子散射实验，以确定其氢容量、氢吸收和释放的热力学和动力学性质。美国科学家用一个T形悬臂代替通常使用的尖端来改进原子力显微镜，将其空间分辨率大大提高到纳米尺度，从而可以观测蛋白质分子中哪些部分具有在其发挥功能时起重要作用的柔性，这有助于开发新的药物。

在纳米科技的基础研究方面，美国科学家用扫描隧道电子显微镜以原子分辨率证实了纳米尺度石墨烯边沿的晶向对其电子性质有显著的影响，锯齿形边沿使其呈现金属性，较平滑的边沿显示半导体性，所以基于石墨烯的纳米电子器件的制作有赖于石墨烯边沿结构的控制工程。德国科学家在高真空条件下利用非接触原子力显微镜观察了在绝缘的TiO_2 表面上C_{60}巴基球分子的自组装，发现虽然TiO_2表面呈现高密度的内在缺陷，但其上形成的巴基球分子阵列却是惊人的完美，这种自我修复效应可能对于未来的应用有决定性的意义。美国在TiO_2表面上自组装形成的C_{60}巴基球分子整齐完美的排列。

科学家以极高的空间分辨率和灵敏度探测了从生物组织分离的单根胶原纤维的压电响应，发现胶原纤维不仅是生物组织的重要结构要素，而且也是能使电位和机械力相互转换的巧妙材料，这种机电转换机制可能是骨骼适应性和组织修复等重要生物现象的基础。美国西北大学的研究人员定量考查了金纳米颗粒的形状如何影响它们对红外光照射时的热响应，他们比较了4种不同结构的金字塔形金纳米颗粒暴露在相同红外激光下产生的热量，发现壳体最薄、尖端最锐的颗粒产生的热量最多。这对开发未来有效治疗癌症的纳米颗粒具有重要意义。

五、 能源与环境

可再生能源和绿色能源是驱动未来经济发展的动力。作为重要的可持续能源技术之一，太阳能电池将成为主要能源以满足全球对能源的需求。美国康奈尔大学的研究人员利用碳纳米管代替传统硅管，制造出高效太阳能电池。研究人员利用不同颜色的激光对这种用碳纳米管制造的光电二极管进行研究发现，在将光能转化成电能的过程中，它可以使电流强度加倍。美国佐治亚理工学院王中林教授领导的研究小组研制开发出纳米和光纤技术相结合的三维染料太阳能电池。其独特的三维结构大大提高了同类太阳能电池的光电转换效率。该研究成果为设计使用光纤和有机、无机材料混合结构的三维高效多功能太阳能电池开辟了崭新方法和思路。有机太阳能电池与传统的化合物半导体电池、普通硅太阳能电池相比，其优势在于更轻薄灵活，而且成本低廉。德国在有机太阳能电池研究领域取得重大突破，将有机太阳能电池转化效率提高到5.9%。在各类太阳能电池中，染料太阳能电池以其较高的性价比而得到了广泛应用。来自日本京都大学的化学家们别出心裁地采用大π键芳香化合物代替昂贵的单晶硅作为光电传感材料，用于生产染料太阳能电池。科学家们选择了卟啉、二萘嵌苯以及酞菁染料3种芳香类染料生产光电转换装置，其中，前两种材料的能量转换效率高达7%，虽然与单晶硅的效率还有一定的差距，但是，这种有机材料可以大大降低太阳能电池的生产成本，且该材料还具有良好的可塑性。中国科学院长春应用化学研究所的科学家研制出了一种新的染料敏化太阳能电池，不仅更高效，而且更便宜、更经久耐用，其能效达到了9.8%。

英国科学家研制出一种新型空气电池，可比目前所用电池的使用时间长10倍。这将提高诸如手机等电子产品的表现能力，并有力推动可再生能源工业，尤其是电动汽车产业的发展。研究人员将这种电池称为STAIR电池，在电池中添加了由多孔碳制造的元件，用以取代目前充电电池中常用的一种化学成分——锂钴氧化物。这些元件可以在电池放电时从周围空气中吸取氧气来加以利用，在碳孔中进行反复的交互作用，形成一个充放电周期，从而使STAIR电池拥有高于其他电池3倍的蓄电能力。由于使用了氧而非化学制剂，STAIR电池比现有的电池更经济。

美国麻省理工学院的研究人员利用基因工程病毒，首次研制成功“病毒”电池。研究人员借助经过基因工程处理的噬菌体，在磷酸铁纳米导线表面组合成导电的碳纳米管网。电子沿着碳纳米管网行进，渗透到电极，快速传递能量。这种重量极轻且韧性好的“病毒”电池，能满足各种不同电池座对其形状的要求。此外，生产含有基因工程病毒的新电池的工艺既经济又有利于环境保护，因为“病毒”电池的合成温度在室温或室温以下，同时又不需使用有害的有机溶剂，且用于电池的材料也没有毒性。

瑞典科学家用海藻的纤维素制造出了像纸一样纤薄、轻巧、柔韧的电池，可用于追踪产品从产地到货架的行踪，或用来追踪通过机场安检的行李的行踪。海藻纤维素的纤维更加纤细，会使电池的表面积更大，使其能够存储更多的电荷。该电池可在几秒内完成充电，而且充放电100次后的性能也不会出现较大的损耗。

俄罗斯科学家成功研制出一种可以从自来水中提取氢气的小型装置，所获得的大量氢气既可以用来驱动汽车，也可以装入特制的燃料电池中用来发电。这种制氢装置体积很小，甚至可以安装到汽车引擎室中，氢气的产生可按行车的瞬间需要依量供应，而且从水得到氢气——氢气燃烧获得热能又生成水——从水再得到氢气，如此反复循环，成本低，而且非常环保。这种制氢装置也可以用于潜艇、铁路运输、汽轮机的燃料供应，甚至可以用于家庭供电。

设计由日光驱动的将水裂解为氢和氧的高效系统，以充分发挥氢作为清洁、可持续能源的潜力，是科学界目前所面临的最重要挑战之一。因此，建立新的水裂解机制是十分重要的。以色列魏茨曼研究所开发出了一种独特的方法，为应对这一挑战迈出了重要一步。在此项研究中，研究人员展示了氧原子间一种新的键合模式，并明确了由此发生水裂解的机制。

“昼夜更替”是人们充分利用太阳能的一大障碍。然而，科学家最新研制的17兆瓦太阳能发电站则可以夜以继日地提供稳定的电能。目前，这个被称为“吉姆太阳能计划”太阳能蓄热器建造在西班牙塞维利亚（Seville）地区，它将是世界上第一个使用“熔盐”吸收太阳热能的商用发电站，它的特殊装置能够存储太阳的热量达15小时。该装置为太阳能的综合利用——既提供能源、又益于环保——开辟了一条崭新的途径。

世界首个海上漂浮式风力发电站在挪威海岸附近的北海正式启用。所用的风力发电机高65米，重达5300吨，可用于水深120～700米的海域，而且，相比于当前的固定式风力发电机，还可以放置到离岸更远的地方。漂浮式风力发电机具有独到的优势，在岸边几乎看不到它的存在，不会与其他海上设施争抢“地盘”。

全球各大城市都在殚精竭虑地应对一个紧迫的任务——在保证城市繁荣发展的前提下，减少二氧化碳的排放。借助于太阳能实现二氧化碳减排，不仅是一条十分理想的减排途径，而且也将为太阳能产品开辟新的、更加广阔的市场。澳大利亚布里斯班市建成了世界上最大的太阳能过街天桥。84个太阳能电池组为桥上的LED灯阵列提供电源，这些太阳能电池组日产电能100千瓦时，平均年产电能3.8×10^4千瓦时，完全能够提供天桥电梯的能量需求以及大部分照明需求。预计每年将减少37.8吨二氧化碳排放量。美国马塞诸塞州洛厄尔市一家公司研制的太阳能电池实现了利用光电池在人群拥挤的城市中心产生可循环利用的电能的设想。这种粘在扇窗户上的透明太阳能电池采用纤薄的带有透明电极的有机聚合物层构成，比硅电池更加廉价有效。一座50层高的大楼可利用太阳产生维持该建筑物一半的电能，从而平均每年可减少2000吨二氧化碳排放。

二氧化碳封存和处理技术，一直是一个世界性难题。美国桑迪亚国家实验室的科学家们成功地演示了一台被称为“反转环接收反应换热器”的样机，它依靠被聚焦的太阳能来引发一种富铁合成材料的热化学反应，将水和二氧化碳转化为氢气和一氧化碳。这个“从阳光到汽油”的系统将帮助人们找到一个循环利用二氧化碳的好办法，将发电站和工厂排放的二氧化碳转化为汽油、柴油和航空燃料，其能量转换效率至少达到自然界光合作用效率的两倍。这一方法可以对煤厂、酿酒厂等集中排放源释放的二氧化碳进行高效利用。冰岛大学的科研人员通过高压将冰岛一个地热能工厂产生的二氧化碳溶解于水，然后将溶液泵入位于地下约400～700米的玄武岩层，让二氧化碳气体与钙发生反应，变成固体碳酸钙存储于地下深处。他们希望用这种方法每年处理3万吨二氧化碳，为解决全球变暖提供一种有效手段。

当供给二氧化碳时，海洋中的绿藻将疯狂生长，每公顷绿藻可生成的生物燃料是种植玉米、大豆和甘蔗所用土地的100倍。美国佛罗里达州墨尔本市Petroalgae公司正计划申请一项许可，希望2010年在中国建造世界上第一个2000公顷商用绿藻生物燃料基地，并表示绿藻能够吸收从发电站大烟囱释放出来的二氧化碳，再循环转化成为生物燃料。如果这类绿藻生物燃料基地在全球得到推广，每年将减少90亿吨二氧化碳排放量。

全球变暖及其他环境问题敦促人们在制造过程中尽可能使用环保材料，在可再生资源的基础上开发可持续的生产工艺。美国国家海洋和大气管理局的科学家们通过研究发现，被广泛用于冰箱、空调和绝缘泡沫生产领域的氢氟碳化合物（HFCs）也能导致气候变暖，氢氟碳化合物虽然不含有破坏地球臭氧层的氯或溴原子，但其对气候变暖的作用远比等量的二氧化碳要强，有的氢氟碳化合物的致暖效应甚至要比二氧化碳高几千倍。美国加利福尼亚大学的化学家们发现，在液晶电视、计算机电路和薄膜太阳能电池的制造过程中使用的三氟化氮（NF_3）的温室效应是二氧化碳的1.7万倍，未来可能变成非常严重的威胁，因此，建议将NF_3列入《京都议定书》或者后续气候协议所规定的温室气体中，并严加监管。韩国科学家通过使用生物工程技术，而非矿物燃料化学制品，成功研制出了用于生产日常塑料产品的聚合物。他们通过使用大肠杆菌的一种可代谢的工程品种开发出了一种单一步骤的生产工序，可通过直接发酵制成聚乳酸及其共聚物。该方法使聚乳酸及含有乳酸的共聚物的可再生生产更省钱、更具商业价值。这项开拓性研究有望实现环保型的塑料生产。

英国科学家提出了一项概念性新技术——高效节能“磁性冰箱”。它可以使金属合金产生磁场，从而使需要冷藏保鲜的食物冷却下来。使用该技术的冰箱和空调能够比传统电器节省能量40%，从而使这两件电器消费品变得更加节能环保。

一家英国公司设计出了一种新型绿色洗衣机，其清洗原理是利用数千个“偏极化尼龙珠”来清除衣服上的污垢。尼龙珠能够黏着灰尘和清除衣物上的污浊，并且保持衣物干燥，该洗衣机比传统洗衣机节省90%的水和40%的耗电量。倘若全球有3亿家庭使用绿色洗衣机，则每年将减少0.28亿吨二氧化碳排放量。

六、航空航天

2009年见证了世界各国在太空探测方面的高潮迭出。

火星探测收获颇丰。由于距离地球较近且环境与地球较为接近，长期以来火星一直是寻找外星生命的重点对象，也是太阳系内最受天文学界关注的行星。NASA在2009年1月首次确认，火星大气中存在的甲烷气体来自火星自身，可能源于生命活动或火山活动，从而为寻找火星生命带来新的希望。多国科学家研究小组表示，通过分析“火星勘测轨道飞行器”光谱仪的观测数据，不仅证实火星北极区域确实存在大量水冰，还发现这些水冰的纯度高达约95%。2月，美国“凤凰”号火星着陆探测器传回的照片显示，有一个神秘斑点附在飞船的一只支脚上，其后几周内这块斑点的面积不断增长。科学家预想这应是盐水的水珠，由于吸收大气中的水蒸气而不断地扩大，而火星土壤中的高氯酸盐成分和特性佐证了这一预想。一旦被证实，火星生命存在的要素都将齐备。3月，欧洲空间局“火星快车”探测器通过近红外光谱仪“OMEGA”在火星赤道附近发现大片氧化铁沉积层，其氧化铁含量是火星其他区域的近5倍。

月球探测引人关注。2009年6月，NASA完成的月球勘测轨道飞行器、月球坑观测和传感卫星发射，标志着美国“重返月球”计划正式启动。10月，NASA用一枚半人马座运载火箭和一颗卫星连续撞击月球南极，以探测月球之上的水冰。11月，NASA宣布，对撞月数据初步分析后确认，月球南极永久阴影带里存在水冰，而这次撞击至少撞出了95升水。日本发射的首颗环月球观测卫星“月亮女神”号于2009年6月完成使命，坠落月球。该卫星于2007年9月发射升空，搭载14种先进的传感器和高清晰摄像仪器，在距月球表面约100千米的轨道详细观测月球的磁场情况并拍摄了大量月球表面环形山的图像。

土星、水星探测成果迭出。2009年6月，德国马普研究所和哥廷根大学天文学家利用“卡西尼”号土星探测器，从土星卫星“恩塞拉都斯”南极的火山喷发云团中发现了冰粒子，其中含有与海水成分相似的盐，预示在这颗土星卫星上曾存在过海洋。而一片“地下海”再加上温度和有机物等因素，该卫星实际上已具备了产生原始生命的条件。11月，NASA发布了“信使”号探测器最近一次飞掠水星获得的观测数据，至此水星大约98%的表面已测绘完毕，科学家们获得了一幅几近完整的水星表面“地图”。“信使”号对水星外大气层更为细致的观测证实，水星原来也存在“季节变换”。

应用卫星和运载火箭频频发射。2009年1月，日本发射世界首颗温室气体观测卫星“呼吸”，其在近地高度约667千米、远地高度约683千米的太阳同步准回归轨道运行，用高精度传感仪观测地球上二氧化碳等温室气体的浓度情况。3月，欧洲空间局发射的先进探测卫星欧洲地球重力场和海洋环流探测卫星（Goce）从俄罗斯普列谢茨克发射场发射升空。7月，地网星-1(Terrestar-1)由欧洲阿里安-5ECA火箭发射升空。该星的发射质量达6910千克，是有史以来质量最大的商业通信卫星，也是世界首颗能用普通手机直接进行卫星通信的卫星。其S频段天线直径达18米，这也是目前最大的。9月，南非自行研制的微型卫星“领路者”（SumbandilaSat）在拜科努尔航天发射场由俄罗斯航天局的联盟-2型火箭成功发射升空。这是南非第二颗发射升空的微型卫星，该卫星主要加载的是一台多光谱成像仪，其收集的数据可以用于洪水、原油泄漏、火灾等灾害的监测和管理。12月，中国在太原卫星发射中心用“长征四号丙”运载火箭成功搭载发射“希望一号”小卫星，这是中国首颗专为青少年量身定制的科普公益小卫星，将实施“天圆地方”五色土太空实验、太空摄影和太空无线电台等三项科普任务。

2009年，俄罗斯进行了33次航天发射活动，将52颗航天器送入轨道，打破了由自己保持的世界空间发射纪录。9月，日本H-2B运载火箭首次成功发射，将“H-2转移飞行器”（HTV）送入预定轨道。H-2B火箭是在已投入使用的标准型H-2A火箭基础上发展起来的，最大限度地继承了H-2A火箭的各项技术，并大幅度提高了发射能力。10月，美国“战神I-X”火箭升空，这是美国首次对下一代运载火箭进行飞行测试。此次发射是为“航天飞机时代”结束后的美国载人航天事业另寻出路，一并为重返月球及登陆火星做准备。

空间望远镜陆续升空。2009年3月，世界首个用于探测太阳系外类地行星的飞行器——美国“开普勒”太空望远镜发射升空。4月，“开普勒”太空望远镜拍摄的首批照片公布，其对太空的第一“瞥”展现的是银河系的天鹅座和天琴座及其附近区域，该区域预计有1400万颗恒星，其中约10万颗将是该望远镜搜寻类地行星的重点。5月，欧洲空间局在法属圭亚那库鲁航天中心成功发射了“赫歇尔”和“普朗克”太空望远镜。借助“赫歇尔”，科学家首次试图从漫射的宇宙红外线背景照片里寻找到宇宙变化的轨迹。“普朗克”则将通过对宇宙射线的观测和分析，帮助了解宇宙的早期形成过程。6月，“赫歇尔”拍下第一批图像，虽然图像内容是一个为人熟知的涡状星系，但其清晰度比以前有了很大提高。9月，NASA公布了哈勃空间望远镜最后一次大修后拍摄的第一批深空照片，它们是哈勃空间望远镜迄今拍到的最清晰的宇宙照片，其中包括蝴蝶星云“NGC 6302”、“史蒂芬五重奏”、“Abell 37”星系团等著名天文图片的重拍版。

空间碎片吸引多方关注。2009年2月，在西伯利亚距地面约800千米上空，美国“铱33”卫星与俄罗斯“宇宙2251”卫星发生相撞，这是人类历史上首次在轨卫星发生相撞，估计相撞将会产生至少数千个太空碎片。太空中的其他卫星和国际空间站驻站宇航员的安全立即引起各方关注。这起事件也进一步暴露出现有太空交通管理体系的缺陷，制定有关国际条约和废弃卫星处理标准等更显紧迫。3月，国际空间站成功躲避了太空垃圾。太空站内宇航员疏散到与空间站对接的“联盟”号载人飞船上，在空间站成功避开太空垃圾后再返回，整个过程持续了10分钟，这在国际空间站历史上尚属首次。4月，欧洲空间局在第5届欧洲空间碎片会议上宣布了一项计划，即建立轨道空间碎片监控系统。该计划的目标是在未来2～3年内提供预报服务以降低在轨碰撞风险。此外，受到卫星相撞事件的刺激，美国战略司令部与空军航天司令部计划联合扩大跟踪卫星的数量，决定在10月1日之前开始对在轨运行的800颗卫星进行跟踪。

Summary of World S&T Achievements in 2009

Ye Xiaoliang, Wang Lingyong, Huang Mao, Shuai Lingying, Huang Qun, Ren Zhen, Qu Huanhuan

In 2009, scientists around the world have made great achievements in six broad of areas including astronomy and physical science, life science, information science and technology, nanotechnology, energy and environmental science and technology, and space technology. In this article, these achievements are briefly summarized.

第三章

2009年诺贝尔科学奖评述

Commentary on the 2009 Nobel Science Prizes

3.1 光纤让世界和生活更美好

——2009年诺贝尔物理学奖评述

陈益新

（上海交通大学）

2009年的诺贝尔物理学奖[1]授予三位科学家，他们在建造光信息技术的大厦中发挥了重要作用，其中一半授予高锟(Charles Kuen Kao)，威拉德·博伊尔(Willard Sterling Boyle)和乔治·史密斯(George Elwood Smith)分享另一半。高锟的发现为光纤技术的正确发展指明方向，今天几乎所有的文本、图像、语音和视频信号都由光纤来传播到世界各地。博伊尔和史密斯由于发明了一种数字图像传感器，或称为电荷耦合器件（CCD），从根本上改变了摄影领域的传统。因此，照相机不再需要应用胶卷，它可以用图像传感器通过电子捕获图像。目前，CCD已成为几乎在所有摄影领域应用的电子眼。光纤和CCD毫无疑问是光信息技术的两颗灿烂夺目的明珠。

本文简要回顾光纤的问世和演进，重点介绍2009年诺贝尔物理学奖获奖科学家之一高锟教授对光纤和光纤通信的杰出贡献以及由此给世界和生活带来的重大影响，对纤维光学的现状和未来发展也略作讨论。

一、波导传光的渊源

人的眼睛只有通过光才能看到世界万物，然而，人类却经过了漫长的时间才掌握对光线的控制并最终能将它通过波导来传播。

1889年世界博览会在巴黎举办，庆祝法国大革命100周年。艾菲尔铁塔是这次展览的一个最有名的纪念碑，然而出色的灯光表演，却是另一个令人难忘的场景。演出是应用多彩灯光引入喷泉的水流中，从而散发出五彩缤纷的耀眼光芒。这灵感的来源，是稍早时的丁铎尔实验。

1870年，约翰·丁铎尔（John Tyndall）做了简单的实验[2]，如图1所示，当水从第一个容器喷出时，把一束阳光导入水流通道，可以观察到光线由于其全内反射现象而遵循一特定的路径。这是光通过波导进行传播的首次研究的历史里程标志。

(a) 原理示意

(b) 实验观察装置

图1 丁铎尔的“光沿水流传播”实验

从20世纪30年代开始，医学界就已经利用简单的光纤。利用成束的细玻璃纤维，可以对患者的胃部进行成像和诊断，也可作为牙科手术的照明。然而，纤维的互相接触会造成光的外泄，也很容易破损。将较低折射率的玻璃包层被覆在裸光纤外，可以有明显的改善。在20世纪60年代，这样的光纤为胃镜和其他医用仪器的工业生产铺平了道路。

但是，这些玻璃纤维对长途通信来说是没有用的。此外，也很少有人对应用光来通信真正感兴趣，当时都是电子和无线电技术的天下。1956年，第一条跨大西洋的海底电缆被部署，具有36个电话同时通话的能力。不久，卫星开始用来满足日益增长的通信需求，电话数量急剧增加，电视播送甚至要求更高的传输容量。相比于无线电波，红外线或可见光能够承载的信息容量是其成千上万倍，所以光波的通信潜力不再被人们忽视。

图2 高锟博士

激光器是20世纪60年代初的发明，是光纤通信发展决定性的一步。激光器能发射高光强和高聚焦的稳定光束，并可以泵浦进入很细的光纤。第一个激光器发出的是红外光，需要进行冷却。1970年左右研制出比较实用的半导体激光二极管，可在室温下连续工作。这是促进光纤通信实用的技术突破。

所有的信息可以被转换和编码成高速的光脉冲以数码0和1进行传输。然而，如何能使这些信号传输更长的距离仍然是个问题，进入玻璃纤维的光束经过仅20米的传播，光的强度只剩下不到1%。当时，玻璃纤维的高损耗成为其在通信领域应用的最大障碍。

二、高锟的杰出贡献

1933年，高锟出生于上海，1948年与家人一起移居香港。他中学没有读完就前往英国留学，先后于1957年和1965年在伦敦大学获得电机工程学士和博士学位。1960年，高锟进入国际电话电报公司（ITT）设于英国的欧洲中央研究机构——标准电信实验有限公司（STL）。1964年12月，高锟接手了STL的光通信项目后，决定改变其前任所进行的薄膜波导研究方向，他与他的年轻同事乔治·霍克哈姆（George A. Hockham）一起转向深入研究单模光纤。降低玻璃纤维的光损耗是高锟富有远见的挑战。他们的目标是，光线进入玻璃纤维传播1000米后，必须至少有1%能保留。高锟在那里工作了10年，正是在这段时期，高锟成为光纤通信领域的先驱，他先后共发表论文100多篇，获得专利30余项。

1966年1月，高锟发表了他具有开创性的成果。他在一篇题为“光频介质纤维表面波导”的论文中指出，问题主要不是在于纤维结构的不完善，光在光纤中的传输损耗主要来源于材料中的杂质，玻璃必须加以提纯[3]。高纯度的石英光纤传输损耗可以下降到很低，并具体计算出光在这种光纤中的传输距离可以达到100千米以上。制造一种前所未有的透明玻璃，他认为这将是可实现的，虽然当时还不清楚具体应该怎样做。高锟的信心和热情激发了许多研究人员，使他们分享高锟对纤维光学的未来潜在前景的理念，并最终促使超低损耗光纤的问世和通信系统的技术革命。

4年后，1971年，美国康宁玻璃工厂，一个拥有100多年经验的玻璃制造工厂的科学家和工程师们使用化学工艺制作了1000米长的熔融石英光纤。

玻璃是石英制成的，石英是地球上最丰富的资源之一。普通的日用玻璃为了容易在比较低的温度下进行加工，往往在生产过程中加入如苏打和石灰石等不同的添加剂。然而，为了生产出世界上最纯净的玻璃，高锟指出可以使用不加任何添加剂的熔融石英，即熔融二氧化硅，其熔融温度近2000℃。这样的高温下要保持玻璃的高纯度和精确成分，其工艺和控制极为困难。

玻璃做成的超细纤维看起来很脆弱。但是，当玻璃被正确地拉制成一个很长的细丝时，其属性发生变化。它具有强度高、重量轻、柔软等优良性能，这是光纤能经受被埋地、在水下或沿角转弯的一个先决条件。与铜电缆不同，玻璃纤维对闪电不敏感，也不像无线电通信，它不受恶劣天气的影响。

光纤是圆柱形的介质光波导，光纤的结构包括中心的纤芯部分和外面的包层部分，应用全反射原理来传导光线。为了把光信号限制于纤芯内，包层的折射率必须小于纤芯的折射率。当光线从折射率较高的介质入射到折射率较低的介质的界面时，假若入射角（光线与边界面的法线之间的夹角）的角度大于临界角的角度，则光线会被完全反射回去，这称为全反射（图3）。光纤就是应用在这种纤芯-包层界面的全内反射效应，使光线在界面处反射过来又反射过去，从而限制了光线的传播路径。由于光线入射于边界的角度必须大于临界角的角度，只有在某一角度范围内射入光纤的光线，才能够通过整个光纤，不会泄漏损失。该角度范围称为光纤的受光立体张角，如图3（a）所示，这角度由纤芯和包层折射率的差值来决定[4]。

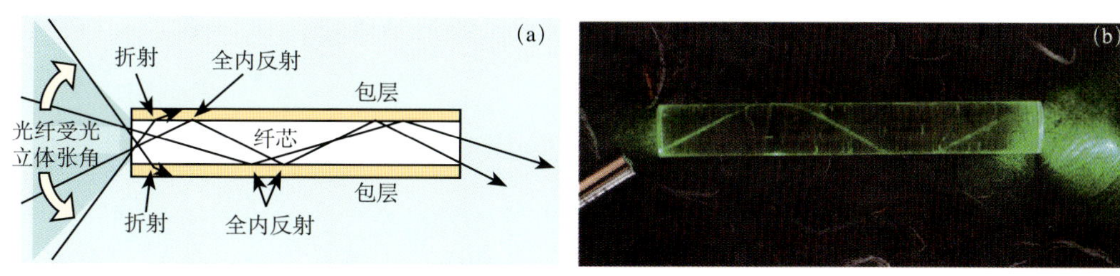

图3 光纤受光立体张角及全内反射

（a）原理图示；（b）实验照片

光纤通信应用的光纤种类按其传播的模式主要可分为多模光纤和单模光纤，单模光纤由于色散等性能优良适宜于长距离和高速率传输。按光纤折射率分布的不同，有渐变光纤和突变（阶跃）光纤的区分，前者的折射率分布从中心到包层，是逐渐地减小的；而后者在纤芯－包层边界区的折射率是突变的。图4表示多模光纤和单模光纤的基本结构和尺寸、渐变和阶跃折射率分布从及传播模式的示意[4]。

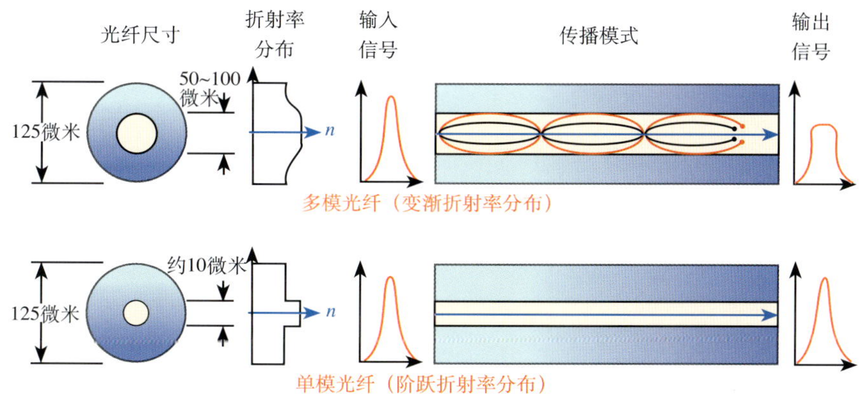

图4 表示多模光纤和单模光纤的基本结构尺寸及传播模式

现代光纤的制造过程一般分两步，第一步是制成预制棒，有不同的工艺可采用，如改进的化学气相沉积法（MCVD）、等离子体化学气相沉积法（PCVD）、棒外气相沉积法（OVD）和轴向气相沉积法（VAD）等。第二步是在光纤拉丝机上把预制棒一端熔融后高速抽拉成光纤。目前，石英单模光纤的传输损耗已降低到0.2分贝/千米，即光信号在光纤中经过1000米的传输后仍然能保留95%以上的光功率，这已大大超过高锟当时提出传输1000米能保留1%的被认为极富野心的指标。

人们经过了相当长时间对光纤和光器件结构和性能的不断摸索和改进，终于使光纤通信开始投入实际应用。1988年，在美国和欧洲之间横跨大西洋铺设了第一根海底光缆，总长6000千米。

三、光纤的通信和非通信应用

由于互联网的出现，通信网络的传输容量爆炸式增长，除了电话通信外，数字系统的数据传输业务已大大超过语音业务，而且电视、网上游戏和多媒体等视频信息的容量尤为巨大，原有的通信网络已远远不能满足实际需要。

在社会强烈需求的驱动下，从20世纪末到进入新世纪以来，几乎所有的通信网包括海底的、陆地的骨干网和城域网等都已实现光纤化。近年来，所谓“最后一公里”的接入网，其光纤化的进程，即“光进铜退”和“光纤到户”（FTTH），也正在加速实施。

为提高光纤网络的带宽和容量，一系列新技术不断涌现并迅速应用。不仅光纤本身的结构设计、制造工艺和测量方法有了许多发展和创新，在光器件开发和光网络自动化和智能化方面也都取得了难以想象的进步。光纤放大器（EDFA）的采用可以克服原来在传输过程中电子信号和光信号不断变换所带来的弊端；高速光模块的应用使光纤的传输速率从数十兆比特/秒（Mbps）增加到吉比特/秒（Gbps），再到如今的百吉比特/秒；波分复用（DWDM）技术的发明，可以将许多不同波长的光束同时在一条光纤中传播，大大提高了光纤的利用率和传输容量，被美誉为“光纤中的彩虹”，现有的技术已能在光纤中传送100多个波长，理论上还可以继续增加。

光纤的出现在百花争艳的光电子花园中又催生出许多美妙奇葩，这需要园丁们付出许多辛劳和贡献许多智慧。在一次光纤通信的国际学术会议上，来自世界各方的科学家们围着“光纤之父”高锟并和他打趣说：“要不是你的那个光纤，我们就不会有那么多事，忙得连头发都早白了！”

如今，传递电话、视频信号和数字通信巨大信息流量的石英光纤网络，总长度已超过10亿千米。如果这么多数量的光纤用来围绕地球，将可以环绕它超过25 000次[5]（图5），而且光纤的数量每小时都在继续增加。

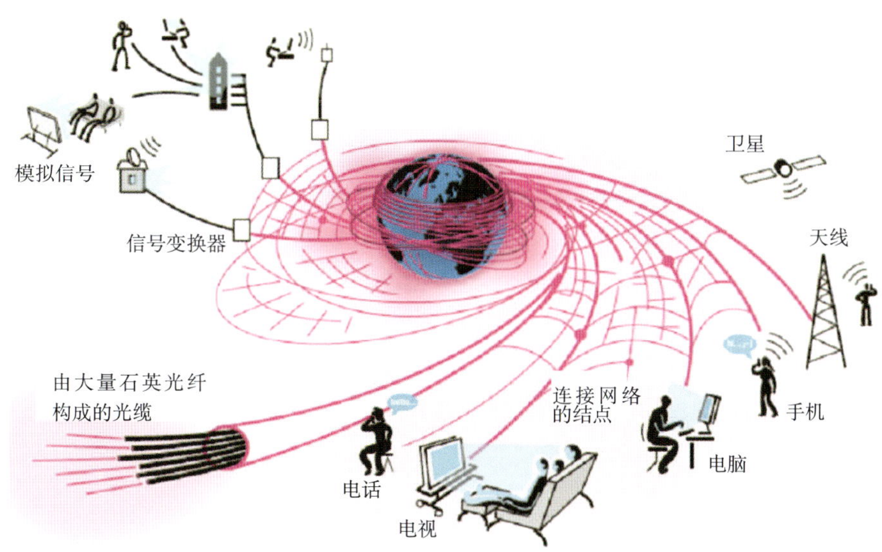

图5　石英光纤构成了我们信息社会的循环系统

应该看到，近年来光纤除了用于通信传输外，光纤的非通信应用也引起了重视并有了迅速发展。光纤可以用来制作许多光器件，如光纤光栅、光纤激光器、光纤传感器和光纤陀螺等，在生物医学、测量仪器、工业加工、航空航天等领域有广泛应用，并由此引发了许多特种光纤的诞生，包括光纤材料、结构设计、功能要求都大不相同。非通信光纤的研究和应用刚起步不久，其发展前景尚难预估，影响深远。

20世纪，人们赞叹科学家和工程师们把沙子变成单晶硅，再把硅片制成集成电路芯片，又从集成电路造出电子计算机和其他许许多多日用电子产品，几乎渗透到了世界和生活的所有角落的壮丽诗篇。如今，无独有偶，人们再次为科学家和工程师们把沙子变成光纤，又把光纤和光缆建造成信息高速公路，让世界和生活更美好而赞叹。由于有了现代光纤网络，人们在家不仅可以同时收看多部内容不同的高清电视和即将出现的三维立体电视，还能足不出户实现网上购物、远程医疗、远程教育甚至在家办公等与过去完全不同的生活方式。

作为中国人，我对高锟在光纤方面的成就不仅赞叹，同时也充满自豪和感到亲切，他给了我们炎黄儿女莫大的激励，并使我们树立起要为现代科学技术多作贡献的自信和责任感。

参考文献

1　The Nobel Prize in Physics 2009—Press Release. Nobel Foundation, 2009-10-06. http://nobelprize.org/nobel_prizes/physics/laureates/2009/press.html

2 Optical Fiber Technology. History of Fiber Optics—The Nineteenth Century, Posted on Dec 05, 2008. http://www.fiber-optics.info/history

3 Kao K C, Hockham G A. Dielectric-fibre surface waveguides for optical frequencies. Proc. IEEE, 1966, 113 (7): 1151～1158

4 Optical Fiber, From Wikipedia, the free encyclopedia. http://en.wikipedia.org/wiki/Optical_fiber

5 The Nobel Prize in Physics 2009—Information for the public: "The masters of light." The Royal Swedish Academy of Sciences. http://nobelprize.org/nobel_prizes/physics/laureates/2009/info_publ_phy_09_en.pdf

Optical Fiber to Make a Better World and Life

—Commentary on the 2009 Nobel Prize in Physics

Chen Yixin

This article briefly reviews the introduction and evolution of optical fiber, discusses in detail one of the 2009 Nobel Physics laureates Professor Charles kuen Kao, his outstanding contributions to optical fiber and optical fiber communication and thus to the world and life of people. The status quo and future development of fiber optics are also briefly discussed.

3.2 分子机器核糖体工作机制的揭示

——2009年诺贝尔化学奖评述

胡永林[1]　齐建勋[2]　高　福[2,3]

(1 中国科学院生物物理研究所，
2 中国科学院微生物研究所，
3 中国科学院北京生命科学研究院)

恩格斯指出，生命是蛋白质存在方式。这一论断说明了一切生命构成的实质，说明了蛋白质之于生命体的重要地位。蛋白质是一类结构复杂、性质独特的物质，它是各种生命功能的执行者。自从化学家马尔德(Mulder)发现蛋白质至今，100多年的研究证实，一切生命——从最原始的单细胞生物到高等动物，它们的所有组织和器官，无不是以蛋白质作为基础物质的。可以说没有蛋白质就没有生命。蛋白质是生命体的重要物质，在它的合成过程中，要接收来自DNA的遗传信息。DNA核苷酸序列是遗传信息的储存者，通过自我复制以及转录生成信使RNA(mRNA)，进而翻译成蛋白质。即储存在核酸中的遗传信息通过转录翻译成为蛋白质，来控制生命现象。这就是生物学中的“中心法则”[1]（图1）。

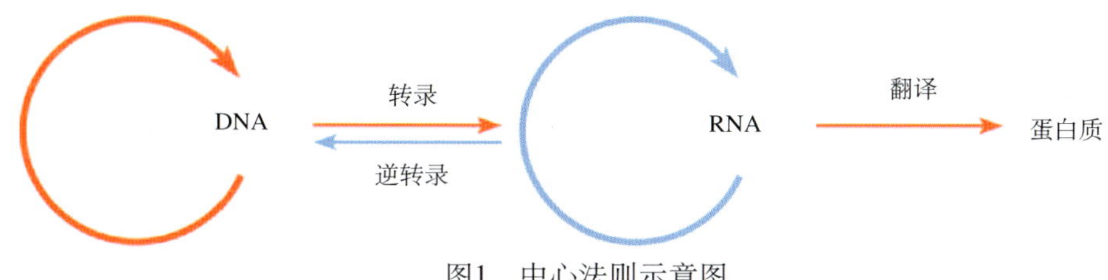

图1　中心法则示意图

在所有的有机体中，RNA聚合酶Ⅱ将DNA转录成mRNA，而核糖体将mRNA翻译成相应的蛋白质。如果DNA是绘制生命的蓝图，那么核糖体就是合成蛋白质的工厂，它们在mRNA的指导下合成不同的蛋白质，如运输氧的血红蛋白、免疫系统的抗体、激素如胰岛素、皮肤的胶原蛋白或分解糖的酶。人体有成千上万种蛋白质，它们都有不同的功能。因此，了解核糖体的工作机制对了解生命具有重要意义。2009年10月7日，瑞典皇家科学院宣布将今年的诺贝尔化学奖授予英国剑桥大学分子生物学实验室科学家拉马克里希南(Ramakrishnan)、美国耶鲁大学科学家施泰茨(Steitz)和以色列魏茨曼科学研究所科学家约纳特(Yonath)，以表彰他们在核糖体结构和功能研究方面所做的贡献。这三位科学家采用X射线晶体学方法测定了核糖体高分辨率的分子结构并研究了其结构和功能的关系。

拉马克里希南

约纳特

施泰茨

图2　三位获奖人

一、核糖体简介

核糖体广泛存在于原核细胞和真核细胞中，是细胞最基本的、不可或缺的细胞器。

它作为蛋白的“装配机”，将遗传密码子进行翻译，合成行使功能的蛋白质以调节各种细胞、组织的功能。核糖体是一种颗粒状的结构，它是由一个大亚基和一个小亚基组成的核蛋白体复合物，其主要成分是蛋白质和RNA，其中蛋白质分布于核糖体的表面，而RNA则分布于内部。原核生物的核糖体的分子质量约为2.6Mu，而真核生物核糖体的分子质量可高达4.5Mu。原核生物的核糖体的沉降系数为70S（$1S=10^{-13}$秒），其亚基沉降系数分别为50S和30S。其中，30S亚基的功能主要是介导mRNA的密码子与tRNA的反密码子之间的作用以确保翻译过程的高保真度；而50S亚基的功能包括蛋白质合成的起始、肽链的延长与终止。30S亚基包含约20个蛋白质分子和一个1600碱基的rRNA；50S亚基包含约33个蛋白质分子和2个rRNA分子，分别为2900和120碱基。

核糖体所承担的生物功能——蛋白质的合成是一个非常复杂的过程。在这个过程中，核糖体需要解读mRNA所携带的关于即将合成的蛋白质的氨基酸序列的信息，按照这个信息结合相应的氨基酸(以氨酰tRNA形式)，催化氨基酸之间形成肽键。同时，核糖体必须保证合成的蛋白质有正确的氨基酸序列，修正可能发生的错误。与它的复杂的功能相对应，核糖体具有非常复杂的结构。一个完整的核糖体包含数10个蛋白质和RNA分子。这一类复杂的生物大分子，通常被称为分子机器(molecular machinery)。核糖体是迄今为止结构得到解析的最为复杂的分子机器(有些病毒的结构也非常大，但它们有很高的分子内对称性，复杂程度远不如核糖体)。

拉马克里希南、施泰茨和约纳特认为，要真正了解核糖体，首要工作是在原子水平描绘核糖体的结构。所以，他们采用X射线晶体学方法，通过核糖体晶体对X射线的衍射图像来分析核糖体每一个原子的位置。

二、核糖体高分辨率晶体结构研究历史

1. 生物大分子晶体学的发展

物质的各种宏观性质源自于本身的微观结构。探索物质结构与性质之间的关系是生命科学学科的一个重要研究内容。晶体结构分析，是利用晶态物质对X射线、电子及中子的衍射效应，在原子的层次上测定固态物质微观结构的主要手段，它与众多学科有着密切的联系。

自从X射线衍射分析方法建立以来，生物来源物质的三维结构一直是人们关注的焦点。1934年，伯纳尔(Bernal)等成功地获得第一张胃蛋白酶单晶体的X射线衍射照片。但是由于蛋白质分子太大，原子数目太多，晶体衍射的相位问题无法解决。1953年，沃森(Watson)和克里克(Crick)根据X射线衍射实验建立了DNA 的双螺旋结构。它把遗传学的研究推进到分子的水平。这项工作获得了1962年的诺贝尔生理学和医学奖。20世纪50年代

中期，佩鲁茨(Perutz)等提出了同晶置换法用以解决蛋白质晶体结构测定中的相位问题[2]。利用同晶置换的方法，肯德鲁(Kendrew)等于1959年成功测定出世界上第一个球状蛋白质——肌红蛋白的晶体结构。1960年，佩鲁茨等用同样的方法测定了血红蛋白的晶体结构。肯德鲁和佩鲁茨的工作不仅首次揭示了生物大分子内部的立体结构，还为测定生物大分子晶体结构提供了一种沿用至今的有效方法——多对同晶型置换法(MIR)，他们因此获得了1962年的诺贝尔化学奖。随后，人们开始从生物大分子的三维结构入手，研究结构和其生物功能之间的相互关系。1988年，戴森霍福(Deisenhofer)、胡伯(Huber)和米歇尔(Michel)测定了光化学反应中心膜蛋白-色素复合体的高分辨率三维空间结构，并阐明了光合作用的光化学反应的本质。他们因在这一领域做出了极其重要的贡献而荣获诺贝尔化学奖。2006年，科恩伯格(Kornberg)因为对RNA聚合酶Ⅱ的晶体结构和功能的研究做出重要贡献而荣获诺贝尔化学奖。2009年诺贝尔化学奖颁发给三位研究核糖体的结构和功能的科学家。所有这些获奖工作都是以晶体结构分析为研究手段。生物大分子(包括DNA、 RNA和蛋白质)的三维结构，已渐渐成为在分子层次上了解各种生命现象所不可缺少的要素。

X射线晶体学是目前获得高分辨率蛋白质结构最有效的方法。这个学科近年来有较大的发展，尤其是在同步辐射源的应用和结构基因组学的发展上有很大突破。先进的CCD (2009年诺贝尔物理学奖) 配合强大的同步辐射光源，使生物大分子结构解析的速度大为提升。

2. 核糖体晶体学研究

用X射线晶体学方法分析蛋白质时，必须要用近似完美的晶体。而得到蛋白质的高质量晶体是一项艰难的任务，蛋白质分子量越大，得到其晶体就越困难。核糖体不仅结构复杂，分子量大，化学性质也很不稳定，即使在细胞内正常生理条件下也会很快降解。所以人们一直认为它们不可能被纯化、结晶。即使得到了近似完美晶体，分析组成核糖体的成千上万个原子中每一个原子的位置也是一项极其艰辛的工作。因此，在20世纪70年代末，当约纳特开展此项研究时，大多数科学家都认为这是一项不可能完成的任务。促使约纳特开展这项研究的，是她在一次受伤住院时读到一本书上说北极熊为了保证冬眠苏醒后马上有核糖体供其细胞使用，会在冬眠之前合成并储存大量的核糖体。她意识到这表明核糖体在一定的条件下可以长期保存，而这是获得核糖体晶体并解析其结构的必要条件。她遂选择在严酷条件下仍能生存的嗜热栖热菌来提取核糖体。1980年，她成功制备出首个可用于分析的核糖体大亚基晶体[3]，迈出了极为重要的一步。

之后，科学家们需要确定得到的散射图中每个点的散射相位，从而推断每个原子的位置。常用的确定散射相位的方法是将晶体浸入重原子化合物(如汞化合物)，通过对比黏附重原子前后散射图像的差异，最终确定散射相位。由于核糖体能够黏附大量重原子，科学家们又遇到了难题，因为他们需要更多、更进一步的信息。施泰茨利用电镜专家弗兰克(Frank)处理的核糖体图像，最终成功解决了这一难题[4]。

早期的核糖体晶体结构图像分辨率较低。1998年，施泰茨发表的第一张核糖体大亚基晶体图像的分辨率仅为0.9纳米，不足以显示每个原子。科学家们不断完善晶体和收集更多数据，以求得到原子水平的高分辨率晶体图像。拉马克里希南、施泰茨和约纳特几乎同时达到目标。2000年，施泰茨报道了分辨率为0.24纳米的死海嗜盐古细菌核糖体大亚基结构图[5]。同年，拉马克里希南和约纳特分别报道了分辨率为0.3纳米和0.33纳米的嗜热栖热菌小亚基结构图[6,7]。

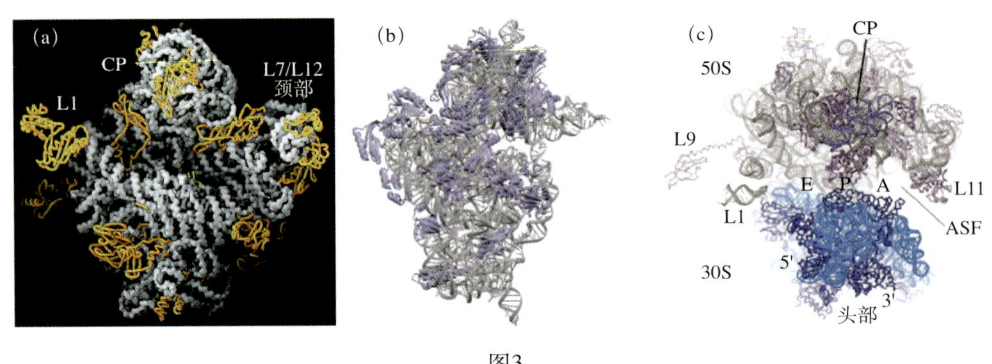

图3

(a) 核糖体50S亚基；(b) 30S亚基；(c) 全核糖体的结构

三位获奖人通过近20年艰苦的工作，终于完成了这个极为复杂的分子机器的结构解析，树立了生物大分子晶体学领域的一个里程碑。他们的研究在分子水平上揭示了蛋白质合成这一重要生命现象的化学本质，他们的研究成果在抗生素开发等方面有重要的实际应用，将对人类的公共健康有很重要的意义。他们开拓的一些实验方法，例如，在低温下收集X射线衍射数据，极大地促进了生物大分子晶体学的发展。

3. 核糖体结构与新抗生素的研发

致病菌的抗药性已经成为一个全球性的公共健康问题。近年来，被细菌感染夺去生命的人数逐年上升，而可用于治疗多种抗药性感染的抗生素种类已近枯竭。现在已知的抗生素约有一半是以细菌的核糖体作为作用靶标。细菌核糖体高分辨率的晶体结构的解析又重新燃起了人们开发全新抗生素的热情。三位获奖人之中的施泰茨已经成立了一个药物开发公司，设计和开发以细菌核糖体为靶标的抗生素，并已取得初步进展。

目前，在蛋白质结构数据库(PDB)中，已有超过50个核糖体和小分子化合物的复合物结构。这些化合物大多结合在50S亚基中的肽键合成位点附近，都有一定的潜力被发展成为能够抑制细菌核糖体功能的抑制剂甚至药物前体。另一方面，部分抗生素能够改变细菌抗生素对tRNA的识别和结合，所以它们也是核糖体结晶和结构-功能关系分析中不可缺少的工具。

三、展 望

拉马克里希南、施泰茨和约纳特等科学家对核糖体的结构和功能的研究不但在原子分辨率上揭示了这一复杂的分子机器的化学机制，也充分显示了结构生物学在这方面研究中的独特作用。结构生物学是唯一能够提供分子机器内各组分相互作用和相互关系、活性位点结构、药物或抑制剂的作用方式的信息的实验手段。近几年中，结构生物学在我国得到了长足的发展，并在诸多应用方面，例如，在我们对SARS病毒的研究上，为国家的公共卫生和安全做出了贡献。用结构生物学的方法对生命过程中重要的分子机器的研究也逐渐得到我国科学家的重视，对这方面研究的支持力度正在加大。可以预见，在未来的几年里，我国科学家将在这方面取得傲人的成果。

参考文献

1 Crick F. Central dogma of molecular biology. Nature, 1970, (227): 561～563

2 Green D, Ingram V M, Perutz M F. The structure of haemoglobin IV. Sign determination by the isomorphous replacement method. Proc R Soc London Ser A, 1954, (225): 287～307

3 Yonath A E, Mussig J, Tesche B, et al. Crystallization of the large ribosomal subunits from Bacillus stearothermophilus. Biochemistry International, 1980, (1): 428～435

4 Ban N, Freeborn B, Nissen P, et al. A 9Å resolution X-ray crystallographic map of the large ribosomal subunit. Cell, 1998, (93): 1105～1115

5 Ban N, Nissen P, Hansen J, et al. The complete atomic structure of the large ribosomal subunit at 2.4Å resolution. Science, 2000, (289): 905～920

6 Wimberly B T, Brodersen D E, Clemons W M, et al. Structure of the 30S ribosomal subunit. Nature, 2000, (407): 327～339

7 Schluenzen F, Tocilj A, Zarivach R, et al. Structure of functionally activated small ribosomal subunit at 3.3Å resolution. Cell, 2000 (102): 615～623

8 胡永林. 核糖体的结构与功能——2009年诺贝尔化学奖简介. 生物化学与生物物理进展, 2009, (36). 1239～1243

Revealing the Working Mechanism of the Molecular Machinery for Protein Production

—Commentary on the 2009 Nobel Prize in Chemistry

Hu Yonglin, Qi Jianxun, Gao Fu

The 2009 Nobel Prize in Chemistry was awarded to Venkatraman Ramakrishnan, Thomas A. Steitz and Ada E. Yonath “for studies of the structure and function of the ribosome”. The atomic-resolution ribosome structures solved by the laureates revealed the structural basis of the mechanisms by which the peptide is synthesized in ribosome. They demystified several long standing functions of ribosome, such as the high fidelity of the translation process and the wobble effect. Their work also paved ways for the development of new drugs, including the development of antibiotics, which will be helpful to public health that is faced with increasing threat from drug-resistant pathogens.

3.3 端粒与端粒酶：青春与生命的源泉

——2009年诺贝尔生理学/医学奖评述

谭 铮

（中国科学院动物研究所生物膜与膜生物工程重点实验室）

2009年诺贝尔生理学/医学奖授予了三位美国科学家伊丽莎白·布莱克本（Elizabeth H. Blackburn）、卡罗尔·格雷德（Carol W. Greider）和杰克·绍斯塔克（Jack W. Szostak），以表彰他们发现染色体是如何受到端粒和端粒酶保护的。伊丽莎白·布莱克本1948年出生于澳大利亚，自1990年起任美国加利福尼亚大学旧金山分校生物学和生理学教授。卡罗尔·格雷德1961年出生于美国，自1997年起任约翰·霍普金斯（Johns Hopkins）大学教授。杰克·绍斯塔克1952年生于英国，自1979年在哈佛大学医学院任职且现在马塞诸塞州总医院任遗传学教授。

细胞分裂是最重要和最基本的生命活动。细胞分裂时染色体要被复制成两份，以便将遗传信息分配到两个子代细胞。早在20世纪70年代初，发现DNA结构的美国科学家沃森（James Watson）指出线性DNA分子无法完整复制其3′末端（图2），并称

伊丽莎白·布莱克本

卡罗尔·格雷德

杰克·绍斯塔克

图1 三位获奖人

之为DNA的“末端复制问题”[1]。60年代初，美国科学家海弗利克（Leonard Hayflick）发现人的正常体细胞只能够分裂大约60次左右[2]，修正了人们认为正常动物体细胞具有无限分裂能力的观点。细胞丧失分裂能力的这一现象被认为是衰老在细胞水平上的体现。1973年，苏联科学家阿列克谢（Alexey Olovnikov）指出3′末端DNA的不完整复制将导致染色体随细胞分裂而逐步缩短，进而最终使细胞停止分裂[3]。因此，作为遗传信息载体的染色体如何解决DNA“末端复制问题”，保护其完整性，是决定细胞命运的一个重要的基础生物学问题。

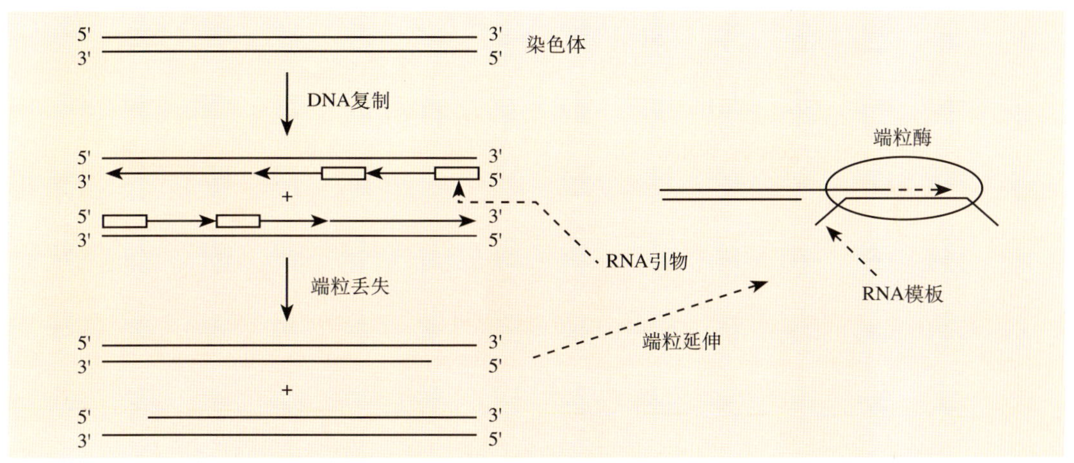

图2 染色体DNA的不完整复制，端粒丢失缩短及端粒延伸过程示意图

端粒是染色体末端的重复DNA序列和蛋白质组成的复合物。在脊椎动物中，端粒DNA的重复单位为TTAGGG。1982年，杰克·绍斯塔克和伊丽莎白·布莱克本发现端粒可以保护酵母染色体不被降解破坏[4]。随后卡罗尔·格雷德和伊丽莎白·布莱克本发现

了端粒酶[5]和端粒酶中用于延伸端粒DNA的RNA模板[6]。2009年的三位诺贝尔生理学/医学奖获奖人的上述工作完美揭示了DNA的“末端复制问题”是如何解决的，并以此实现对染色体完整性的保护。

DNA合成以RNA引物为起始位点。当DNA合成完后，RNA引物会被除去，以将新生的DNA片段连接成一条完整的DNA链。然而最末端的RNA引物被除去后的缺口无法补齐，造成端粒随细胞分裂、DNA复制而逐渐丢失缩短。端粒酶以RNA为模板，延伸端粒DNA，补偿端粒缩短（图2）。

端粒长度的稳定是细胞永久分裂的必要条件。正常人体细胞不表达端粒酶活性或端粒酶活性很低，无法补偿端粒DNA因不完全复制所造成的端粒缩短，最终造成细胞分裂潜能的丧失[7]。在生殖细胞和大多数癌细胞中，端粒酶被激活，它可以使缩短的端粒得到延长，保证这些细胞中端粒长度的稳定，因此这些细胞具有无限的分裂潜能，是永生的[8]。

端粒和端粒酶的发现，从端粒的角度揭示了细胞世代间维持染色体完整、细胞分裂潜能的分子机制。细胞分裂控制与生物个体的发育、衰老和癌症发生有密切的联系。人类目前面临快速的社会老龄化，癌症也成为威胁人类健康的大敌。端粒和端粒酶及其工作机制的发现不仅回答了一个重大的生物学理论问题，同时也对于衰老和癌症的基础和应用研究有重要的指导价值，对人类健康有密切的联系和深远的影响。端粒和端粒酶发现后对于细胞复制性衰老和癌症的基础及应用方面的研究产生了极大的推动作用。端粒的细胞衰老假说已成为众多衰老理论中的一个重要理论[9]。降低端粒的缩短速度可能是延缓细胞衰老的一个途径。由于端粒酶在绝大多数癌细胞中表达，抑制端粒酶对端粒DNA的延伸有望成为治疗癌症的手段[10]。端粒酶活性的检测有助于癌症的诊断。由端粒和端粒酶所开启的科学研究将会极大地造福人类。

参 考 文 献

1 Watson J D. Origin of concatemeric T7 DNA. Nat New Biol, 1972, (239): 197～201

2 Hayflick L, Moorhead P S. The serial cultivation of human diploid cell strains. Exp Cell Res, 1961, (25): 585～621

3 Olovnikov A M. A theory of marginotomy. The incomplete copying of template margin in enzymic synthesis of polynucleotides and biological significance of the phenomenon. J Theor Biol, 1973, (41): 181～190

4 Szostak J W, Blackburn E H. Cloning yeast telomeres on linear plasmid vectors. Cell, 1982, (29): 245～255

5 Greider C W, Blackburn E H. Identification of a specific telomere terminal transferase activity in

Tetrahymena extracts. Cell, 1985, (43): 405～413

6 Greider C W, Blackburn E H. A telomeric sequence in the RNA of *Tetrahymena* telomerase required for telomere repeat synthesis. Nature, 1989, (337): 331～337

7 Allsopp R C, Chang E, Kashefi-Aazam M, et al. Telomere shortening is associated with cell division in vitro and in vivo. Exp Cell Res, 1995, (220): 194～200

8 Kim N W, Piatyszek M A, Prowse K R, et al. Specific association of human telomerase activity with immortal cells and cancer. Science, 1994, (266): 2011～2015

9 Shay J W, Wright W E. Senescence and immortalization: role of telomeres and telomerase. Carcinogenesis, 2005, (26): 867～874

10 Harley C B. Telomerase and cancer therapeutics. Nat Rev Cancer, 2008, (8): 167～179

Telomere and Telomerase: The Fountain of Youth and Life

—Commentary on the Nobel Prize in Physiology/Medicine 2009

Tan Zheng

The 2009 Nobel Prize in Physiology/Medicine was awarded jointly to Elizabeth Blackburn, Carol W. Greider and Jack W. Szostak of the United States “for the discovery of how chromosomes are protected by telomeres and the enzyme telomerase”. The discoveries by the three scientists not only revealed the fundamental mechanism by which cells maintain the integrity of chromosomes, but also stimulated researches on aging, cancer and related diseases.

第四章

2009年中国科学家具有代表性的部分工作

Some Representative Achievements of Chinese Scientists in 2009

4.1 高维拟线性波方程可控性研究取得重要成果

姚鹏飞
(中国科学院数学与系统科学研究院系统控制重点实验室)

为解决变系数波方程可控性的著名难题，我们首次创造性地引入黎曼几何方法，并取得重要突破。我最近的论文“拟线性波方程的边界可控性”[1]将黎曼几何方法与非线性偏微分方程理论相结合，首次给出了高维拟线性波方程在任意平衡态附近的局部可控性，以及从一个平衡态到另一个平衡态的全局可控性结果。

在该难题的研究道路上，国际数学联盟前主席、法国科学院前院长、中国科学院外籍院士利翁斯（Lions）曾将波方程的可控性问题转化成观测性不等式，但该不等式在变系数情况下无法验证。因此，利翁斯在1988年将变系数波方程精确可控性提作公开问题。美国著名偏微分方程专家罗尔斯顿（Ralston）在1982年给出了一个波方程可控性的必要条件，称为几何光学条件。1992年，勒鲍（Lebeau）等证明了罗尔斯顿的几何光学条件也是波方程可控的充分条件。由于几何光学条件在变系数情况下仍无法验证，因此利翁斯公开问题仍未获得解决。

我们的1999年论文“变系数波方程观测性估计”[2]首次引入黎曼几何理论研究变系数波方程边界精确可控性问题，利用黎曼几何（比起经典几何来）的特别优势第一次对利翁斯公开问题给出了可验证答案：①(局部优势) 黎曼几何有一个强有力的局部计算技巧，称为波赫纳（Bochner）技巧。这个技巧对复杂的计算能够提供极大的简化，但在经典几何的框架内无法使用。我们利用这个技巧对变系数波方程进行乘子计算，得到变系数波方程的乘子恒等式，由此推导出可控性结果；②(整体优势) 经典几何用坐标卡往往仅能给出所研究问题的局部信息，但黎曼几何用曲率理论给出所研究问题的整体信息。我们的研究工作表明，对变系数问题来讲，边界精确可控性就是这样一个性质，它的成立与否是由曲率决定的。当曲率给定时，即可判定边界精确可控性成立或不成立。由于曲率是易于计算的（曲率是波方程系数的二阶偏导数），因此以上结果对利翁斯的公开问题给出了易于验证的答案。特别是，我们的论文首次引入了研究变系数系统控制问题的“黎曼几何方法”[2]。该方法被国际同行用于研究各种各样的变系数系统，如薄板系统、麦克斯韦方程、薛定谔方程、耦合系统等。

随后，我们又在论文“浅壳的观测性估计”中将黎曼几何方法用于薄壳的建模与控制，并首次给出了一般浅壳的位移动力学方程和边界可控性结果[3]。与波方程不同的是，对一般形状的薄壳问题，没有现成的位移动力学方程和格林（Green）公式可以用来研究控制问题。这是因为传统的薄壳理论是建立在经典微分几何框架上，出发点是假定薄壳的中面由一个坐标卡给定。这样求得的位移方程过于复杂，以至于不能用它们做任何后续研究。著名薄壳专家科尔特（Koiter）在他的论文“非线性弹性壳”中评论说：“将位移分量及它们的导数代入应变张量，我们求得三个位移方程。这个方法不是非常有吸引力（not very attractive）是因为结果的所谓位移方程毫无疑问地极端复杂（undoubtedly extremely complicated）。据我们所知这样一般的位移方程从来没有发表过（never appeared in print）。”[4] 事实上，科尔特的观点仅在经典微分几何的框架下是正确的。它们恰好体现了经典微分几何的缺陷。这些缺陷可以被黎曼几何中的波赫纳技巧来克服。我们首次将浅壳看做三维空间中一个二维的黎曼流形，用波赫纳技巧获得了浅壳与坐标卡无关的格林公式和位移动力学方程，并用波赫纳技巧对所得位移动力学方程找到了适用的乘子，获得了浅壳控制结果，并给出了各种形状浅壳的例子。近年来，黎曼几何方法已发展成为薄壳建模与控制研究的基本工具，并被国际同行广泛应用，取得了一系列重要成果。

我们的成果得到国际同行的广泛赞誉和高度肯定。美国著名分布参数系统控制学家Lasiecka、特里贾尼（Triggiani）等在系列书《数学及其应用》中的论文“偏微分方程控制的几何方法” 指出：“虽然非线性常微分方程理论与微分几何相互有益的关系已经被确立至少有30年之久，但微分几何与偏微分方程控制之间类似的互益关系却是一个新的课题。在偏微分方程控制理论中，微分几何方法的卓著的使用是新颖的，这个方法起源于姚鹏飞1999年的工作。”[5] 此外，利翁斯在与法国科学院院士格洛温斯基(Glowinski)等的合作文章“变系数波方程可控性：数值方法”中评论说：“在现有大量关于波方程边界精确能控性理论文献中，仅有极少数文章具有可计算性，本文的主要目的是数值地研究变系数波方程的能控性，包括研究姚鹏飞（1999）所讨论的不能控情形”，“从精确能控性的观点看，一个重要的公开问题是给出不能控的具体例子；姚（1999）的工作正是这样做的”[6]。

由于在用几何方法解决分布参数系统控制问题方面做出的突破性贡献，我应邀于2009年12月在上海召开的美国IEEE第48届控制与决策会议（IEEE-CDC）上作了题为

“振动与结构动力系统建模与控制的微分几何方法”（*Differential Geometric Approach in Modeling and Control of Vibrational and Structural Dynamics*）的半大会报告（Semi-Plenary Lecture）。IEEE-CDC是迄今国际控制领域规模最大和最具影响力的两个顶级会议之一，每四年在美国之外的国家召开一次。这是中国学者第一次在该大会上作特邀报告。

参 考 文 献

1 Yao P F. Boundary controllability for the quasilinear wave equation. Appl Math Optim, 2009, DOI 10.1007/s00246-009-9088-7

2 Yao P F. On the observability inequalities for exact controllability of wave equations with variable coefficients. SIAM J Control Optim, 1999, 37 (5): 1568～1599

3 Yao P F. Observability inequalities for shallow shells. SIAM J Control Optim, 2000, 38 (6): 1729～1756

4 Koiten W T. On the nonlinear theory of thin elastic shells III. Proc Kon Ned Akad Wetensch, 1966, B69: 33～54

5 Gulliven R, Laslecka I, Littman W, et al. The case for differential geometry in the control of single and coupled PDEs: the structural acoustic chamber. In: Geometric Methods in Inverse Problems and PDE Control. IMA Vol. Math Appl, 137, New York: Springer, 2004. 73～181

6 Glowinski R, He J W, Lions J L. On the controllability of wave models with variable coefficients: a numerical investigation. Comput Appl Math, 2002, 21(1): 191～225

Advances in Control of the Quasilinear Wave Equation in Higher Dimensions

Yao Pengfei

We report some new advances in control of the quasilinear wave equation in higher dimensions made by the differentail geometrical approach. The approach was introduced by Yao for the controllability of the wave equation with variable coefficients and then was applied to modeling and control of thin shells. Our recent work shows that the differential geometrical approach is also a powerful tool for control of the quasilinear systems.

中国科学院数学与系统科学研究院系统控制重点实验室姚鹏飞研究员创造性地将黎曼几何方法与非线性偏微分方程理论相结合，首次给出了高维拟线性波方程在任意平衡态附近的局部可控性，以及从一个平衡态到另一个平衡态全局可控性结果，在解决著名难题-变系数波方程可控性方面取得重要突破。该成果得到国际同行的广泛赞誉和高度肯定。2009年12月，姚鹏飞研究员应邀在目前国际控制领域规模最大和最具影响力的两个顶级会议之一的控制与决策会议（IEEE-CDC）上作半大会报告，成为第一位在该大会上作特邀报告的中国学者。

4.2 量子计算研究取得重大进展

杜江峰　荣　星　王　亚　杨佳慧　徐南阳　彭新华

（中国科学技术大学微尺度物质科学国家实验室(筹)，中国科学技术大学近代物理系）

量子力学、信息理论和计算科学是20世纪的三个巨大成就，量子信息科学结合了三个学科的原理，为计算和物理科学研究提供了更为深刻的视角。尤其是近10年来，实验研究证实了量子计算的可行性和无比的优越性，更激发了大批科学家和技术人员的参与，也得到了各国政府和企业的高度重视与大力支持，成为名副其实的尖端科学与高新技术研究相结合的新领域。

量子计算的概念是1982年美国物理学家（1965年诺贝尔物理学奖得主）费曼（Feynman）提出的，随后著名科学家戴维·德伊池（David Deutsch）定义了基于量子比特(qubit) 的量子计算机的概念。20世纪90年代提出了两个重要的量子算法：用于分解大因子的Shor算法和用于搜索的Grover算法，体现了在解决某些问题上量子算法所具有的无可比拟的优越性。1998年凯恩（Kane）提出的基于半导体的固态量子计算方案以其出色的可扩展性引起了科学家们的极大关注。近年来，随着纳米科技的不断发展，许多性能更为优越的新型材料不断出现，进一步推动了固体量子计算的研究，使其成为当今主要热点领域之一。

一、固态体系量子相干保存及退相干机制实验研究

1. 研究背景

将量子力学和计算机科学结合并实现量子计算是人类的一大梦想，而实现这一梦

想的关键挑战之一就是如何解决量子体系的退相干问题。退相干是指现实中量子体系和周围环境存在着不可避免的相互作用，从而必然导致量子体系中量子信息向环境的耗散。如何在一个真实物理体系中保持量子相干，减小环境带来的退相干影响是量子信息和量子操控研究的基本前提和首要任务。因此，人们迫切需要发展现实可行的技术，在量子计算过程中保持体系的相干性，对抗量子信息的流失，并进一步揭示体系中的退相干机制。

2. 研究动机

近年来，科学家提出了一种被称为动力学解耦（DD）的有效对抗退相干效应的策略，它是通过脉冲反转操作频繁的翻转电子自旋来平均掉电子自旋与环境之间的耦合，从而抑制退相干[1]。2007年，德国科学家乌里希（Uhrig）进一步提出最优动力学解耦（UDD）方法，即用最少的脉冲个数来达到所需要的解耦精度[2]。随后的理论证明UDD方案是普适和最优的[3]，而且离子阱实验已经通过模拟噪声环境来演示了该方案的效果[4]。

3. 研究目标

为了在真实固体体系中验证UDD方案的可行性和有效性问题，并研究体系的退相干机制，必须解决的问题和达到的研究目标有：首先，合适真实固态量子体系的构建和选择；其次，UDD方案的可行性和有效性的研究，以及实验观测真实固体体系中相干时间的保持情况；最后，尽可能厘清该真实固态体系中的各种不同退相干机制带来的影响。

4. 研究思路

在该研究工作中，我们采用了经伽马射线辐照的丙二酸单晶作为研究对象[图1（a～c）]，利用脉冲式电子顺磁共振技术，实现最优动力学解耦的脉冲序列[图1（d）]，研究在真实固体体系中，最优动力学解耦的可行性和有效性，比较了最优动力学解耦前后的体系中相干时间长度，并研究了固态体系中多种退相干机制产生的影响及相互关系。

5. 研究结果

（1）实验实现了在一个真实固态体系中的电子自旋相干时间保存时间的延长，验证了UDD可行性和有效性。对于电子自旋浓度为0.6ppm的样品，通过最优动力学解耦技术，使电子自旋的相干保持时间从0.04微秒（无脉冲控制）或者6.2微秒（单脉

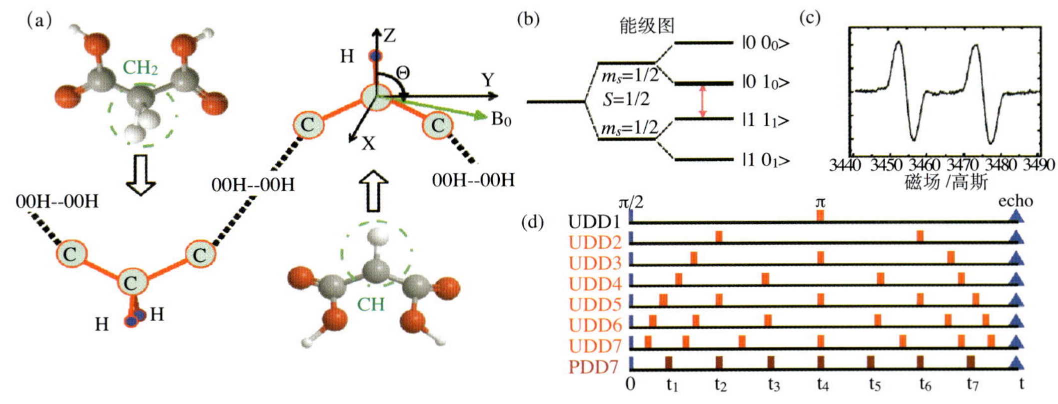

图1 丙二酸单晶

(a)丙二酸单晶样品经过伽马射线辐照后产生自由基；(b) 样品能级结构；(c) 样品连续波电子顺磁共振谱；(d) 最优动力学解耦脉冲序列和周期性解耦脉冲序列

冲控制）延长到大约30微秒（七脉冲控制），这个时间已经能够满足一些量子计算任务的需要。同时，与此前的周期性DD脉冲序列进行了对比，发现UDD的效果更为出色（图2）。

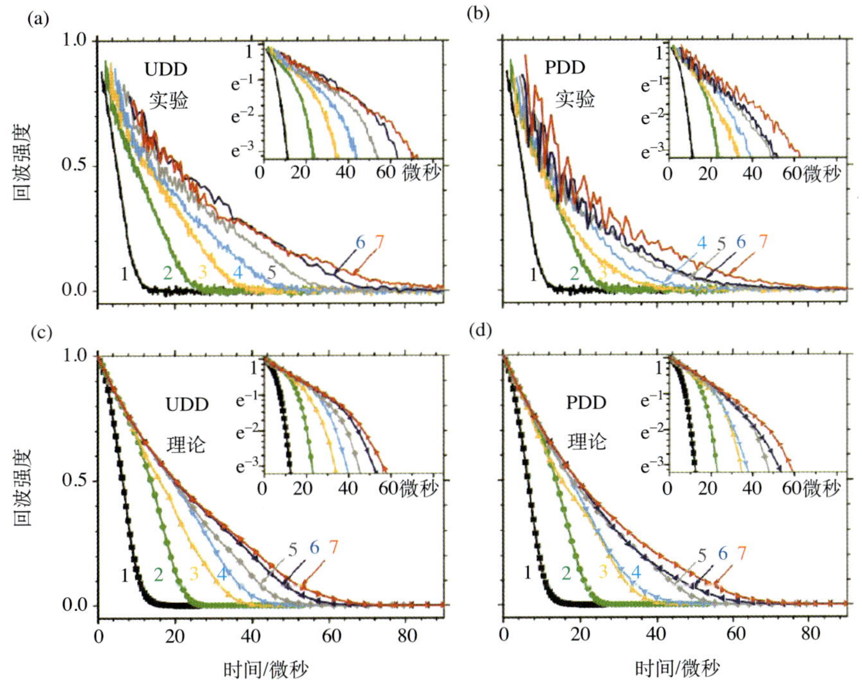

图2 UDD保持电子相干性

（2）该固态体系中的各种复杂的退相干机制都被仔细考察和研究。UDD技术的应用有助于我们厘清其中错综复杂的关系。当使用低阶脉冲数UDD解耦序列时，电子自旋与周围核自旋之间的相互作用是退相干机制的主导。然而随着更高阶脉冲数UDD解耦序列的应用，当电子自旋与周围核自旋之间的相互作用被巧妙地平均掉之后，电子－电子相互作用成为主导因素（图3）。

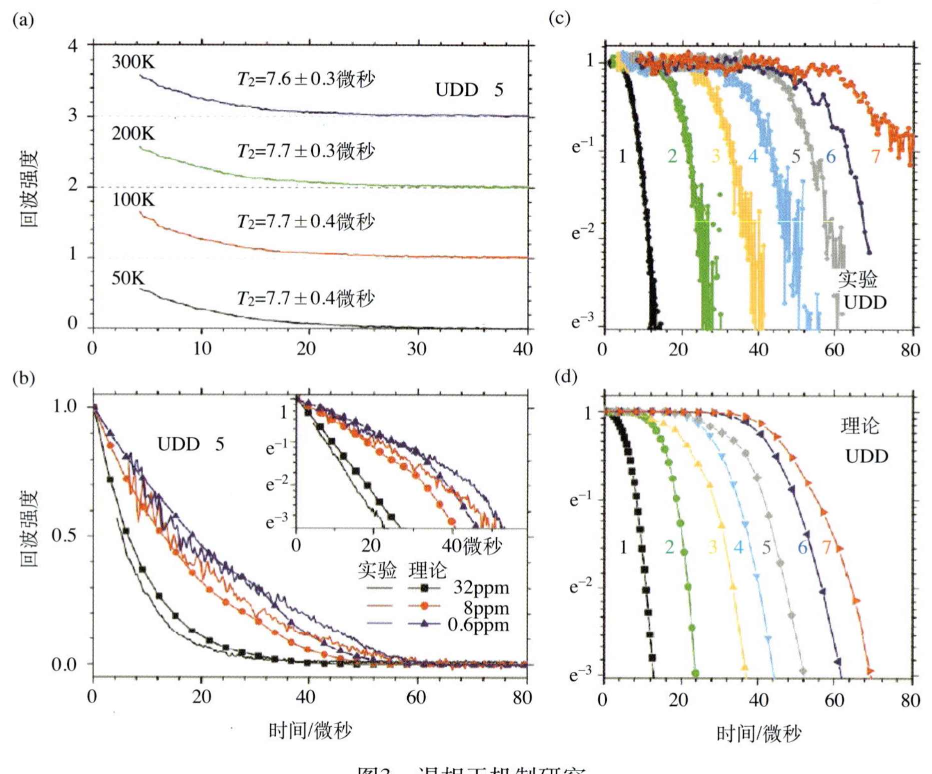

图3 退相干机制研究

6. 研究意义和评价

该工作受到国际同行的高度评价。《自然》杂志审稿人认为“该工作有效地保持了固态自旋比特的量子相干性，对固态自旋量子计算的真正实现具有极其重要的意义”。同期《自然》杂志的“新闻与展望”栏目发表专题文章评述指出：“杜江峰及其同事……所使用的量子相干调控技术被证明是一种可以帮助人们理解且有效对抗量子信息流失的一个重要资源，所取得的研究进展之重要性在于极大提升了现实物理体系的性能，从而朝实现量子计算迈出重要的一步。”

二、量子仿真计算氢分子基态能量

1. 研究背景

当用经典计算机对一个量子体系进行模拟时，需要指数增长的计算资源。例如，考虑模拟一个由50个自旋为1/2的粒子构成的量子系统，经典计算机至少需要的内存为2^{50}，而计算时间演化则需要求一个（$2^{50}\times 2^{50}$）维矩阵的指数，以目前的经典计算机水平将无法胜任此类任务。

1982年，费曼首次提出了量子计算机概念时就明确指出利用量子计算机本身的指数空间特性，很可能解决大规模复杂的量子模拟问题[5]。1996年，劳埃德（Lloyd）从理论上证明了利用量子力学系统能够建普适的量子仿真器[6]。随后，一些简单或者简化的量子物理体系的量子模拟在核磁共振体系上得到了实现，从而不仅在实验上证实了量子模拟的可行性，也为研究其他量子系统及其演化提供了一个非常有效和可靠的手段。

2. 研究动机

量子化学计算中常常由于经典计算机在存储空间、计算速度等方面的局限而困难重重。2005年哈佛大学的研究人员阿斯普鲁－古齐克（Aspuru-Guzik）等在《科学》上发表文章，成功提出了基于量子计算机的、具有多项式复杂度的计算量子化学属性的算法[7]。该算法利用量子计算机来仿真真实分子系统，利用量子相位估计算法测量分子系统的能级信息，进而可以用来推测该分子的很多化学属性。该方法一经提出就受到了包括物理学家、化学家、数学家在内的科学家的高度重视，为化学计算的量子仿真研究提供了理论基石。

3. 研究目标和思路

由于上面提到的量子相位估计算法测量相位部分比较复杂，限于量子控制技术的发展，一直没有实验可以验证。我们改进了阿斯普鲁－古齐克的方法，利用干涉仪技术代替量子相位估计算法。在实验中，我们首先通过绝热态制备将量子态制备在模拟氢分子的基态上，然后通过模拟作用氢分子体系的量子演化在量子态上产生一个相对相位。最后，通过干涉仪测量该相位并通过换算获得氢分子的基态能量值。同时，在实验中我们通过迭代上述过程可以将测量出来的能量值的精度逐次向前推进（图4）。

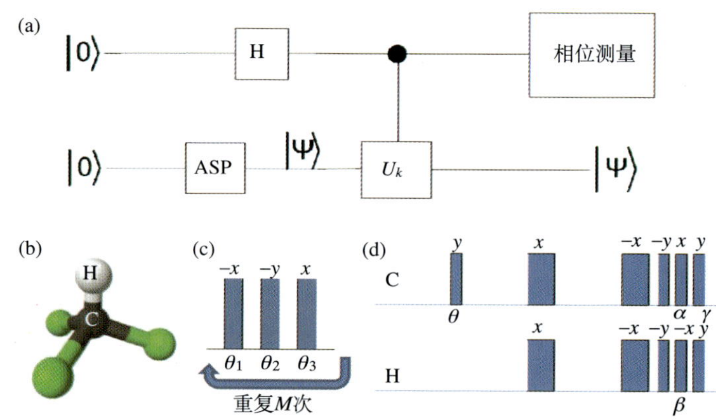

图4　量子化学模拟计算氢分子基态能量的实验过程

(a)实验网络图；(b)实验样品的分子结构图；(c)绝热态制备的脉冲图；(d) 相位测量的脉冲图

4. 研究结果

最终，我们在核磁共振量子计算平台上实现了量子化学模拟计算，模拟了氢气分子体系，从而实现了氢气分子的基态能量的计算，并且通过多次迭代，将计算精度推进到了45位有效数字，完全满足了化学计算的需要（图5）。

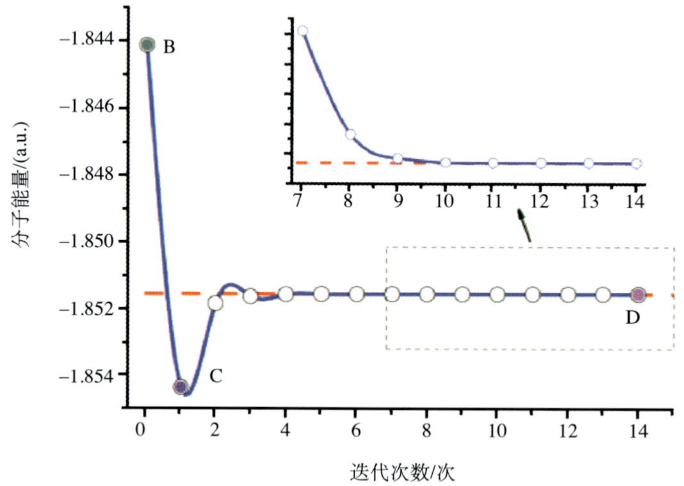

图5　量子化学模拟计算氢分子基态能量

圆圈表示实验值；实线是实验值的样条拟合；虚线是真实值。通过15次迭代，实验值很快趋近真实值，最后获得45比特精度

5. 研究意义和评价

该工作受到国际同行的高度评价，并作为编辑推荐文章发表在《物理评论快报》上。美国物理学会网站上将该工作列为“出色研究成果”，并特别撰写摘要刊登在该网站上。

参考文献

1 Viola L, Knill E, Lloyd S. Dynamical generation of noiseless quantum subsystems. Phys Rev Lett, 1999, 82: 2417

2 Uhrig G S. Keeping a quantum bit alive by optimized π-pulse sequences. Phys Rev Lett, 2007, 98: 100504

3 Uhrig G S. Keeping a quantum bit alive by optimized π-pulse sequences. Phys Rev Lett, 2007, 98: 100504

4 Yang W, Liu R B. Universality of uhrig dynamical decoupling for suppressing qubit pure dephasing and relaxation. PRL, 2008, 101: 180403

5 Feynman R. Simulating physics with computers. International Journal of Theoretical Physics, 1982, 21: 467

6 Lloyd S. Universal quantum simulators. Science, 1996, 273: 1074

7 Alan Aspuru-Guzik, et al. Simulated quantum computation of molecular energies. Science, 2005, 309: 1704

Significant Progress in Quantum Computation

Du Jiangfeng, Rong Xing, Wang Ya, Yang Jiahui, Xu Nanyang, Peng Xinhua

The heart of quantum computation is to keep the quantum system's coherence and then to solve the problems which can't be dealed with by classical computer. Two recent progresses in these two aspects are introduced here. One is to preserve the coherence in solids by utilizing optimal dynamical decoupling, the other one is to calculate the H_2 molecular ground state energy.

中国科学技术大学杜江峰教授领导的研究小组和香港中文大学刘仁保教授合作，通过电子自旋共振实验技术，在国际上首次通过固态体系实验实现了最优动力学解耦，极大地提高了电子自旋相干时间。研究成果发表在2009年10月29日出版的英国《自然》杂志上。同期的《新闻与展望》栏目发表的评述文章指出：“他们取得的研究进展的重要性在于极大提升了现实物理体系的性能，从而朝实现量子计算迈出重要的一步。”

4.3　中红外新波段强场物理研究取得重要发现

徐至展　程　亚
（中国科学院上海光学精密机械研究所强场激光物理国家重点实验室）

强场物理是当今物理学研究的重要前沿领域，强光场中原子、分子的电离动力学研究则是强场物理领域的基础与研究热点。长期以来，因现有超快激光增益介质（如钛宝石）等的限制，绝大多数强场原子物理的实验研究都局限于可见－近红外波段（或经倍频后波长进一步缩短至谐波波段）。近年来，可调谐中红外(1微米<波长<5微米)新波段强场超快激光（能量：毫焦耳量级或更高；脉宽：数十飞秒甚至周期量级）的出现与迅速发展，开辟了强场物理领域中迄今仍很少探索过的参量空间，为开拓强场相互作用新物理效应及新应用提供了新机遇。首先，长波长（中红外）新波段强激光场显著降低了决定强场原子光电离机制的凯尔迪什（Keldysh）参数，促使强场光电离研究深入到隧穿电离的参数空间，从而导致一系列新物理效应的出现，将已有数十年研究历史的强光场原子电离学科领域推进到一个崭新的阶段[1]。其次，高次谐波的截止频率与驱动波长的平方成正比，而阿秒啁啾与驱动波长成反比。因此，更长波段的中红外强场超快激光为实现超快、可调谐、水窗波段乃至千电子伏特量级的台式化相干X射线源和更短、更强阿秒光脉冲提供了新途径，也具有重大的科学意义与应用价值[2]。因此，当前中红外新波段强场物理的前沿开拓已在国际上引起极大关注。作为国际上率先开拓该领域的研究小组之一，近年来中国科学院上海光学精密机械研究所徐至展研究组在可调谐中红外新波段强场相互作用新物理效应及新应用的前沿探索研究中，取得系列重要原创成果。

最近，中国科学院上海光学精密机械研究所强场激光物理国家重点实验室徐至展院士、程亚研究员，中国科学院武汉物理与数学研究所波谱与原子分子物理国家重点实验室柳晓军研究员，以及北京应用物理与计算数学研究所陈京副研究员等开展合作研究，利用强场激光物理国家重点实验室新近建成的可调谐中红外波段的超强超短激光平台，对强场原子阈上电离（ATI）的实验与理论进行了深入研究，从实验中发现中红外新波段（如2000纳米波长）强光场中，原子阈上电离光电子能谱在低能端出现了令人惊异的峰状（甚至双峰）新结构，并进而揭示了光电离电子与其母离子间的库仑相互作用是形成上述特殊新结构的主要起因[3]（图1、图2所示）。上述重要原创发现

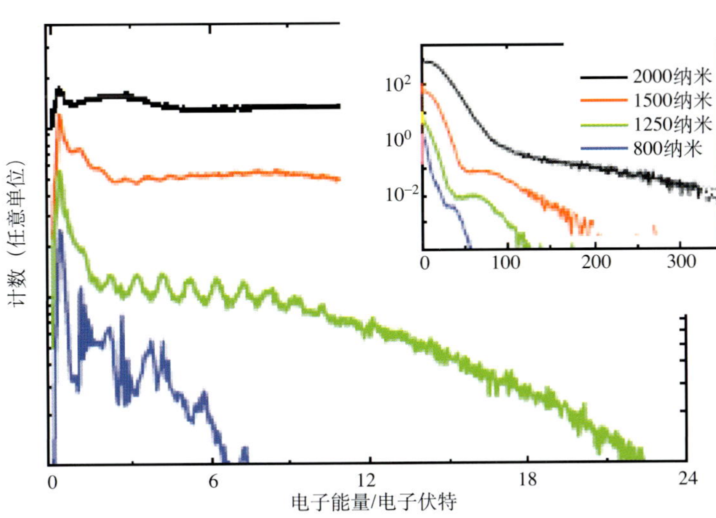

图1　实验测量的氙原子光电子能谱

激光光强：I=8.0×10^{13}瓦/厘米^2；图中曲线自下而上对应激光波长分别为：800纳米、1250纳米、1500纳米以及2000纳米。图中可见，低能峰结构随波长增加逐渐变得显著。插图：覆盖整个光电子能量范围的完整光电子能谱曲线

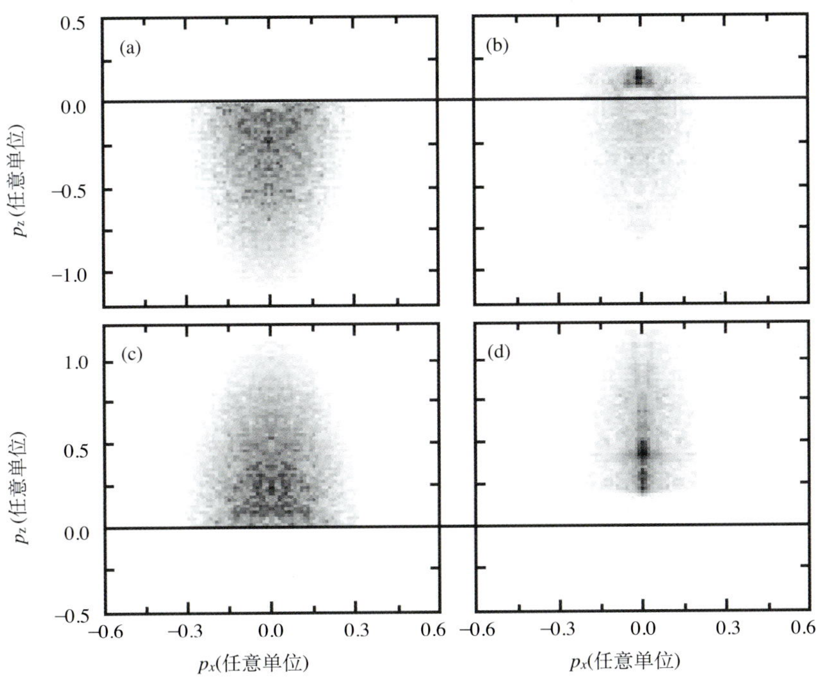

图2　理论计算获得的在光场上升沿(a)、(b)和下降沿(c)、(d)电离的光电子二维动量分布

(a)、(c)不含库仑势计算结果；(b)、(d)含库仑势计算结果。激光光强：I=8.0×10^{13}瓦/厘米^2；激光波长：2000纳米。图中可见，低能峰仅在包含库仑势的情况下出现

显然对强场原子物理等基础前沿学科领域的深入发展具有重要推动意义。该项研究成果得到《物理评论快报》（*Physical Review Letters*)审稿人的书面高度评价：“……这是一个非常有趣并引人关注的课题，因为我们目前大部分关于强场电离的知识都是基于800纳米波长的测量结果。而在长波长条件下，仅仅有非常少量的数据存在。这项工作的主要成果是令人惊异地发现了电子能谱低能端的峰状结构……”；“作者报告了在长波长条件下强场电离中发现的一个令人瞩目的新效应……该效应的发现具有重大意义……毫无疑问，该稿件和我们最近在《自然·物理学》（*Nature Physics*）上发表的论文报告了同样的效应……和我们几乎是同时投稿……我认为编辑有强有力的理由决定尽快发表该篇论文”等。

该研究成果在《物理评论快报》（2009年8月24日）发表后[3]，迅速引起国际同行关注。德国阿秒科学研究领域的著名科学家、马克斯-普朗克研究所的法尔福（Pfeifer）博士在其近期给海德尔堡大学举办的物理学研究生班提供的系列课程讲演中(XXIIIrd Heidelberg Physics Graduate Days, Lecture Series, Department of Physics and Astronomy of the University of Heidelberg, 2009, Oct. 5～9)，将该项成果列入阿秒原子物理实验中世界上该领域的若干代表性工作之一。《自然·中国》（*Nature China*）于2009年9月9日在其“研究亮点”栏目中也迅速专栏推荐并重点介绍了该项强场原子物理领域中的重要基础研究成果。

值得一提的是，美国著名强场物理学家迪玛诺（DiMauro）教授研究组与上述中国科学家研究组几乎同时并各自独立地发现了该重要现象。美国的研究组的结果已经在国际权威学术期刊《自然·物理学》上发表[4]，而中国科学家研究组的结果也已在国际物理学领域顶尖级刊物《物理评论快报》上发表[3]。

此外，最近首次利用高重复频率(1kHz)中红外波段强场超快驱动激光，中国科学院上海光学精密机械研究所徐至展研究组成功地将高次谐波截止频率推进至“水窗”波段，为实现高强度、高重复频率、台式化水窗波段超快X射线相干光源开辟了新途径[5]。“水窗”波段是介于碳和氧原子的K吸收边之间的光波段(2.3～4.4纳米)。对于该波段，生物蛋白(碳)强烈吸收，而水(氧)则高度透明，因此是生物学家长期以来梦寐以求的能实现活体细胞(分子)动态成像的新光源。针对中红外波段强场超快激光驱动发射的高次谐波转换效率较低的技术瓶颈，又与北京应用物理与计算数学研究所陈京副研究员等合作进一步提出利用中红外波段强场超快激光驱动激发态原子产生高次谐波的新方案，获得了谐波产额随波长变化的新定标率，从而能显著提高谐波转换效率[6]。这些原创成果的取得也为开拓并发展中红外新波段强场物理这一国际前沿研究领域起到了重要的推动作用。

参考文献

1 Colosimo P, et al. Scaling strong-field interactions towards the classical limit. Nature Phys, 2008, (4): 386～389

2 Corkum P B. Plasma perspective on strong-field multiphoton ionization. Phys Rev Lett, 1993, (71) : 1994～1997

3 Quan W, et al. Classical aspects in above-threshold ionization with a midinfrared strong laser field. Phys Rev Lett, 2009, (103): 093001-1～093001-4

4 Blaga C I, et al. Strong-field photoionization revisited. Nature Phys, 2009, (5): 335～338

5 Xiong H, et al. Generation of a coherent X-ray in the water window region at 1 kHz repetition rate using a mid-infrared pump source. Opt Lett, 2009, (34): 1747～1749

6 Chen J, et al. Wavelength scaling of high-order harmonic yield from an optically prepared excited state atom. New J Phys, 2009, (11): 113021

Novel Discovery in Strong Field Physics at Mid-infrared Wavelengths

Xu Zhizhan, Cheng Ya

We present high resolution photoelectron energy spectra of noble gas atoms from high intensity above threshold ionization (ATI) at midinfrared wavelengths. An unexpected structure at the very low-energy portion of the spectra, in striking contrast to the prediction of the simple-man theory, has been revealed. A semiclassical model calculation is able to reproduce the experimental feature and suggests the prominent role of the Coulomb interaction of the outgoing electron with the parent ion in producing the peculiar structure in long wavelength ATI spectra. In addition, we demonstrate the generation of a coherent X-ray in the water window region in a gas cell filled with neon gas using a wavelength-tunable mid-IR femtosecond laser operating at 1 kHz repetition rate.

中国科学院上海光学精密机械研究所强场激光物理国家重点实验室徐至展院士与其合作者在中红外强场物理前沿研究领域获得重要成果：利用可调谐中红外波段的超强超短激光平台，在强场原子阈上电离实验中发现了中红外新波段强光场中，原子的阈上电离电子能谱在低能端出现了令人惊异的峰状新结构，并进而揭示了长波长条件下长程库仑相互作用起了重要作用。研究成果发表在《物理评论快报》上，并得到该杂志审稿人的高度评价。

4.4　二维超导材料的三维超导特性

袁辉球
（浙江大学）

1911年，荷兰物理学家海克·卡曼林·昂尼斯发现把汞冷却到4.2K时电阻突然消失，这是人类首次发现超导现象。基于超导的零电阻效应，由其做成的超导电缆具有低损耗、高容量、高稳定性等诸多优点，其普及应用无疑将带来一场能源传输系统的革命。然而，目前超导材料的低转变温度或者很强的各向异性又制约了超导材料的推广应用。探索高温超导的形成机制，寻求提高超导转变温度的有效途径和进一步改善超导材料的性能仍是当前国际物理学研究中的一项重大挑战[1]。

铁基高温超导体正是在这种背景下于2008年初发现的一类新型超导材料[2]，其出现立即吸引了全世界科学家的高度关注。截至目前，不同类型晶体结构的铁基超导材料相继被发现（中国科学家做出了很重要的贡献），其超导转变温度高达50余K，仅次于铜氧化合物高温超导体。与铜氧化合物高温超导体相类似，铁基超导体都具有二维层状的晶体结构，超导电子主要来自于3d的铁电子。但不同于铜氧化合物高温超导体的是，其母材料基态为金属态（在低温发生自旋密度波相变），而非莫特绝缘体。因而一个很重要的物理问题是铁基高温超导体是否可与铜氧化合物超导体归属同一类超导材料，其超导电子运动是否局限于二维铁砷平面内。“假如不一样，那就意味着新材料的发现比预想的还要重要得多，也许能从中发现全新的超导机制”，诺贝尔奖获得者、美国普林斯顿大学理论物理学家菲利普·安德森这样预言。

超导上临界磁场表征超导态抵抗外加磁场的能力，是研究超导态的一个重要物理参量。对于二维层状超导材料，其上临界磁场一般表现出很强的各向异性，在实际应用中存在很大的局限性。与此同时，材料的二维性一直被认为是形成高温超导的一个必要条件。

由于铁基超导材料具有很高的上临界磁场，脉冲强磁场等极端实验条件下的测量显得尤为重要。作为实验用户，我们申请获得了美国拉斯阿拉莫斯国家强磁场实验室的使用时间，并从中国科学院物理研究所王楠林小组获得高质量单晶样品，在国际上率先研究了铁基高温超导体上临界磁场的各向异性特征，测量了 $(Ba,K)Fe_2As_2$等铁基超导材料在低温和强磁场（高达65特斯拉）下的电阻行为，实验上观察到了非常重要的物理新现象。

我们发现，虽然铁基超导材料是二维层状化合物，但其上临界磁场却表现出很强的三维超导特性，低温临界磁场的大小不依赖外加磁场的方向。这是首次在二维层状化合物中观察到超导的各向同性特征。该项成果发表在2009年1月29日出版的国际权威学术期刊《自然》杂志上[3]。论文审稿人评价“这种新的实验现象是如此地令人振奋，其起源是如此地神秘。该项工作必将激起广大范围内的实验与理论研究，对研究铁基高温超导的形成机制具有重要意义”。同时我们指出，铁基超导的这种奇特性质是由其三维化的电子结构所决定的，从而说明二维电子特性并不是形成高温超导的必要条件。这一结果为进一步提高超导转变温度和探索新型高温超导材料提供了新的思路。同期《自然》杂志的“新闻与展望”栏目发表的专题评述文章指出：“如果铁基超导体与铜氧化物超导体共享高温超导的秘密，那么先前一直强调的高温超导的二维性将成为一个错误的导向。”[4] 除了各向同性的超导特征外，我们还从实验上确认铁基高温超导具有很高的上临界磁场。这两个重要的物理性质表明，铁基高温超导材料将是一类非常有应用前景的新型超导材料。在美国物理学会第一期《物理》杂志中[5]，著名理论物理学家诺曼（Michael R. Norman）说：“铁砷材料中所观察到的很弱的各向异性特征是一个很好的消息，因为限制铜氧化合物高温超导应用的一个重要方面是其极强的各向异性。”

继在$(Ba,K)Fe_2As_2$中发现超导上临界磁场的各向同性特征之外，我们还在铁基超导另一体系Fe(Se,Te)中发现了类似的实验现象[6]。此外，国际上其他研究小组在电子型掺杂的$Ba(Co,Fe)_2As_2$等体系中也报道了相似的各向同性特征[7]。这充分说明，各向同性或者很弱的各向异性是铁基高温超导的一个普遍特征，这与铜氧化合物高温超导和有机超导等二维层状超导体有着本质的不同，其物理起源尚待进一步研究。

参考文献

1 Basic research needs for superconductivity. 美国能源部基础能源科学报告. 2006. http://www.sc.doe.gov/bes/reports/files/SC_rpt.pdf

2 Kamihara Y, Watanabe T, Hirano M, et al. Iron-based layered superconductor $La[O_{1-x}F_x]FeAs$ (x=0.05～0.12) with T_c=26K. J Am Chem Soc, 2008, 130: 3296～3297

3 Yuan H Q, Singleton J, Balakirev F F, et al. Nearly isotropic superconductivity in $(Ba,K)Fe_2As_2$. Nature, 2009, 457: 565

4 Zannen J. The pnictides codes. Nature, 2009, 457: 546

5 Norman M R. High-temperature superconductivity in the iron pnictides. Physics, 2008, 1: 21

6 Fang M H, Yang J H, Balakirev F F, et al. Weak anisotropy of the superconducting upper critical field in $Fe_{1.11}Te_{0.6}Se_{0.4}$ single crystals. Cond-Mat, 2009, 0909: 5328

7 Baily S A, Kohama Y, Hiramatsu H, et al. Psuedo-isotropic upper critical field in cobalt-doped $SrFe_2As_2$ epitaxial films. Phys Rev Lett, 2009, 102: 117004

Three Dimensional Superconductivity in Layered Compounds

Yuan Huiqiu

Superconductivity was recently observed in iron-arsenic-based compounds with a superconducting transition temperature (T_c) as high as 56 K, naturally raising comparisons with the high-T_c copper oxides. The copper oxides have layered crystal structures with quasi-two-dimensional electronic properties, which led to speculations that reduced dimensionality is a necessary prerequisite for high temperature superconductivity. Early work on the iron-arsenic compounds seemed to support this view. In our work, we reported measurements of the electrical resistivity in single crystals of (Ba, K) Fe_2As_2 and $Fe_{1.11}Te_{0.6}Se_{0.4}$ in a magnetic field up to 60 T. We found that the superconducting properties are in fact quite isotropic, being rather independent of the direction of the applied magnetic fields at low temperature. Such behaviour is strikingly different from all previously known layered superconductors and indicates that reduced dimensionality in these compounds is not a prerequisite for "high-temperature" superconductivity. We suggest that this situation arises because of the underlying electronic structure of the iron-arsenic compounds, which appears to be much more three dimensional than that of the copper oxides. Our results put a restriction on the theoretical understanding of high temperature superconductivity in iron-based compounds.

浙江大学物理系教授袁辉球及其合作者在具有二维层状晶体结构的铁基超导体中发现超导态的“各向同性”，这是首次在二维层状的超导材料中报道类似的三维超导特性。该研究表明铁基超导具有与铜氧化合物高温超导非常不一样的性质，并且二维电子特性并不一定是形成高温超导的必备条件。相关研究成果发表在英国《自然》杂志上，评审专家一致认为，这是超导研究领域一项非常独特而重要的发现，对研究铁基高温超导形成机制具有重要意义。

4.5　高温超导体研究取得重要进展

——在铜氧化物高温超导体中直接观察到费米口袋

周兴江

(中国科学院物理研究所超导国家重点实验室)

中国科学院物理研究所超导国家重点实验室周兴江研究小组和其他研究组合作,利用超高分辨率的真空紫外激光角分辨光电子能谱分析技术,在对铜氧化物高温超导体的电子结构研究中取得重要进展。他们在实验上不仅直接观察到费米口袋(Fermi pocket)的存在,而且观察到费米口袋和费米弧 (Fermi arc)的共存,相关结果发表在2009年11月19日出版的《自然》杂志上, 在超导领域引起强烈反响。

1986年铜氧化物高温超导体的发现,对凝聚态物理提出了许多根本性而又极具挑战性的重要问题。铜氧化合物高温超导体的母体为反铁磁绝缘体,随着载流子的引入,它逐渐演变为金属并展现出超导行为。研究发现,在少量载流子掺入的欠掺杂区域,高温超导体表现出的一系列奇异的正常态(在超导温度T_c之上)性质,明显偏离经典的金属理论——朗道费米液体理论。 一个尤为奇异的现象是在欠掺杂区域“赝能隙”的存在。在传统超导体中,超导能隙(打开电子对所需要的能量)只有在材料进入超导态(T_c以下)才打开; 但在铜氧化物高温超导体的欠掺杂区域,在T_c以上一定的温度范围,尽管材料还没有超导,已经有所谓的赝能隙打开。理解欠掺杂区域的奇异物性,特别是赝能隙的本质及其与超导电性的关系,对理解高温超导机制具有至关重要的作用。

高温超导体的母体在少量载流子掺入后的欠掺杂区域, 其费米面应具有什么样的拓扑形状?这是理解高温超导体奇异物性的最基本的问题,也是20多年来在理论和实验两方面一直争议不断的重要问题。在理论上,不同的理论框架对费米面的拓扑形状给出截然不同的预言。例如,有的人认为可能形成大的费米面,有的人认为应该形成费米弧,有的则认为应该形成费米口袋。在实验上,不同的实验方法得到的结果也不一致。近期的一系列量子振荡实验表明,在欠掺杂样品中可能存在费米口袋。 作为能够直接测量费米面的实验手段的角分辨光电子能谱(ARPES)分析技术,以往得到的结果都是支持费米弧的图像。

图1显示的是采用真空紫外激光角分辨光电子能谱测得的欠掺杂Bi2201高温超导体的费米面[图1(a)] 及相应的能带结构[图1(b～f)]。 图1中除了强信号的主费米面LM外,

还观察到另外3个弱费米面。其中，费米面LP与主费米面LM相交，形成一个封闭的费米面——费米口袋。通过仔细的实验和分析，可以排除LP费米面是由非本征因素引起的可能性，且LP的信号强度不到主费米面LM的1/20。因此，真空紫外激光角分辨光电子能谱仪的高精度和高数据质量，对能观察到费米口袋起着重要的作用。

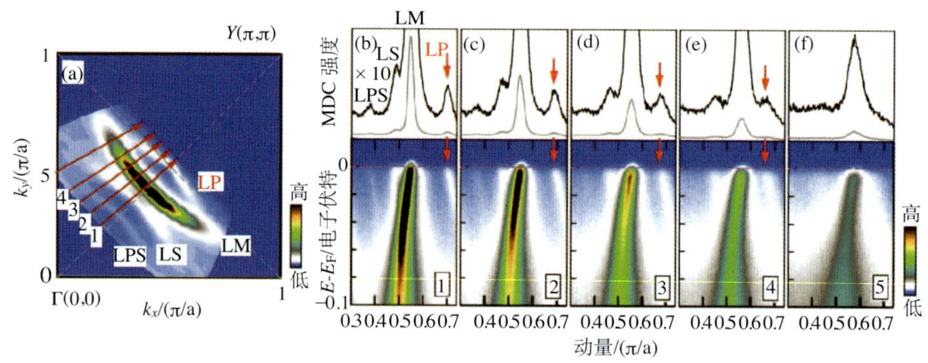

图1

(a)激光角分辨光电子能谱测量的欠掺杂$Bi_2(Sr_{2-x}La_x)CuO_6$ (x=0.73, T_c=18K) 样品的费米面；(b~f) 对应的能带结构
图中的主费米面LM和费米面LP形成一个闭合的费米口袋

一个尤为独特的现象是费米口袋和费米弧的共存。图2显示的是在超导温度以上（图2上半部分）和以下（图2下半部分）分别测得的费米面以及费米面上对应的光电子能谱曲线，由此可以获得能隙的信息。由图2（c）和图2（e）可以看出，在超导温度以下，主费米面LM和费米口袋LP上都形成了各向异性的超导能隙。但在超导温度以上的正常态，由图2（h）和图2（j）可以看出，费米口袋LP上的能隙已消失，但主费米面LM只在节点区域的能隙消失，而在远离节点靠近反节点区域能隙依然存在。图2（f）中以紫色实心圆点表示在费米口袋LP和主费米面LM上能隙消失的区域，由此可以看出，主费米面上的无能隙区域（费米弧）的长度，看来要比费米口袋长。这就形成了一个有趣的费米口袋（无能隙LP和部分无能隙LM形成的封闭费米面）和费米弧（主费米面LM上的无能隙区域）共存的现象。

实验观察到的费米口袋为空穴型，它的面积大小与样品的掺杂浓度相对应。这些结果，加上费米口袋在布里渊区中的位置以及独特的掺杂演变，对确立欠掺杂区域费米面的形状和检验已有的各种理论提供了重要的信息。对实验观察到的费米口袋的形成机制，有些理论显然不符。基于安德森（Anderson）最初提出的共振价键理论（RVB）的唯象理论，在几个重要的方面和实验观察到的费米口袋符合较好，但仍有不一致之处。费米口袋和费米弧在正常态的共存，则是目前理论完全没有预计到的新的情形。因此，该研究结果对理解高温超导体奇异正常态的性质，检验和建立新的理论，具有重要的推动作用。

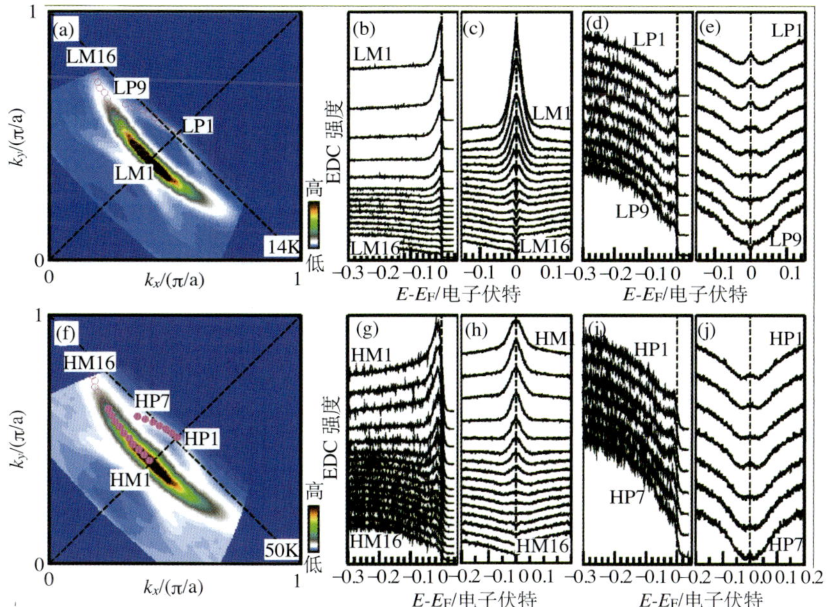

图2 Bi2201超导体（T_c=18K）中费米口袋和费米弧的共存

（a）显示的是超导态的费米面；（b）、（d）沿着主费米面LM和费米口袋LP上的光电子能谱曲线；（f）正常态的费米面及相应的光电子能谱曲线（图2（g～j））

参 考 文 献

1 Meng J Q, Liu G D, Zhang W T, et al. Nature, 2009, 462: 335～338

2 Yang K Y, Rice T M, Zhang F C. Phys Rev B, 2006, 73: 174501

3 Liu G D, Wang G L, Zhu Y, et al. Rev Sci Instruments, 2008, 79: 023105

Progress in High-T_c Superconductivity Research

—Coexistence of Fermi Arcs and Fermi Pockets in a High-T_c Copper Oxide Superconductor

Zhou Xingjiang

In the pseudogap state of the high-transition-temperature (high-T_c) copper oxide superconductors, angle-resolved photoemission (ARPES) measurements have seen Fermi arcs—that is, open-ended gapless sections in the large Fermi surface rather than a closed loop expected of an ordinary metal. This is all the more puzzling because Fermi pockets (small closed Fermi surface features) have been suggested by recent quantum oscillation measurements. The Fermi arcs cannot be understood in terms of existing theories, although there is a solution in the form of conventional Fermi surface pockets associated with competing order, but with a back side that is for detailed reasons invisible to photoemission probes. Here we report ARPES measurements of $Bi_2Sr_{2-x}La_xCuO_{6+\delta}$(La-Bi2201) that reveal Fermi pockets. The charge carriers in the pockets are holes, and the pockets show an unusual dependence on doping: they exist in underdoped but not overdoped samples. A surprise is that these Fermi pockets appear to coexist with the Fermi arcs. This coexistence has not been expected theoretically.

中国科学院物理研究所周兴江研究小组及其合作者在高温超导体研究中获得重要进展。他们利用超高分辨率的真空紫外激光角分辨光电子能谱，对铜氧化物高温超导体的电子结构进行实验研究，不仅直接观察到费米口袋的存在及其表现出的特别的掺杂依赖关系，还观察到费米口袋和费米弧的共存。相关研究结果发表在英国《自然》杂志上。

4.6 深紫外非线性光学晶体$KBe_2BO_3F_2$的发现、生长及其应用

刘丽娟　陈创天

（中国科学院理化技术研究所功能晶体与激光技术重点实验室）

2009年2月，国际权威学术期刊《自然》大篇幅专题报道了一种新型深紫外非线性光学晶体$KBe_2BO_3F_2$（以下简称KBBF），这一令世人瞩目的晶体是目前世界上唯一一种能通过直接倍频的方法产生Nd-基激光六倍频（波长为177.3纳米）谐波光材料，从而为相关领域的科学家打开了通向深紫外相干光源（指波长范围为200～150纳米的光谱区）及其应用的大门[1]。此前，《自然》杂志编辑大卫（David Cyranoski）专访了目前世界上唯一能提供KBBF晶体器件的实验室——中国科学院理化技术研究所功能晶体与激光技术重点实验室及学术带头人陈创天院士。《自然》高度评价了KBBF晶体的发现与发展，认为这是中国材料科学界近年来最具影响力的研究成果之一。

自20世纪80年代中国科学院福建物质结构研究所陈创天研究组运用阴离子基团理论方法，并通过一系列实验与合作者共同发现BBO（β-BaB_2O_4）和LBO（LiB_3O_5）晶体以后[2,3]，其他研究组在此基础上又进一步发现了CBO（CsB_3O_5）和CLBO（$CsLiB_6O_{10}$）等

晶体[4, 5]，使全固态激光波长从红外扩展到紫外波段（波长范围为400～213纳米），实现了Nd-基激光2，3，4，5次倍频，从而大大拓宽了Nd-基激光的应用范围。随后的研究发现，上述硼酸盐晶体，由于结构条件的限制，都不能通过简单的倍频方法产生深紫外谐波光（波长小于200纳米）。然而随着光刻技术、激光光谱学、纳米加工、激光医学、激光基因工程的发展，科学家们越来越需要波长短于200纳米的全固态相干光源。但是由于没有合适的非线性光学晶体，直到20世纪末，科学家们仍对如何产生深紫外相干光源束手无策，称“200纳米以下深紫外光谱区域是一堵难以逾越的墙”。

BBO、LBO两种晶体由于结构原因无法通过直接倍频方法实现深紫外谐波光输出。首先，BBO晶体产生倍频效应的基本结构单元是B_3O_6基团，通过DV-SCM-Xα从头计标方法计算（B_3O_6）$^{3-}$基团结构表明，即使（B_3O_6）$^{3-}$平面基团的3个终端氧和其他原子连接，紫外截止边也只能紫移至180纳米，实验结果也证明BBO晶体的截止波长在185纳米，说明以B_3O_6基团为基本结构单元的晶体无法用于深紫外谐波光输出。LBO晶体以B_3O_7基团为基本结构单元，理论计算表明这种基团有较大的微观倍频系数和较宽的带隙，实际测量的LBO晶体的紫外截止边在150纳米，很有希望实现深紫外谐波光输出。然而，LBO晶体的基本结构单元B_3O_7基团互相连接组成（B_3O_5）$_{n\to\infty}$螺旋链，在空间的走向与c轴几乎呈45度螺旋排列，导致晶体的双折射率很小（$\Delta n\approx0.045\sim0.055$），仍无法使用倍频方法产生深紫外谐波光输出。因此，以B_3O_7为基本结构单元的晶体，包括LBO、CBO、CLBO也不能实现200纳米以下的倍频光输出。

20世纪80年代末90年代初，陈创天研究组把研究重心转移到了BO_3基团，根据DV-SCM-Xα方法计算的结果，如果可以消除（BO_3）$^{3-}$平面基团3个终端氧的悬挂键，紫外截止波长可以紫移至150纳米，而且，以共平面的BO_3基团为基本结构单元的硼酸盐晶体可以具有较大的双折射率和较大的非线性光学系数。在这些理论原则的指导下，最终发现KBBF晶体的空间结构可以满足这些条件[6]。

图1(a)是KBBF晶体的单胞结构图，图1(b)则显示（$Be_2BO_3F_2$）$_{n\to\infty}$在a-b平面上的网络结构，如图1(b)所示，3个终端氧和Be相连，消除了悬挂键，晶体的紫外截止波长可达150纳米，BO_3基团也保持了平面构型。唯一不足的是，每一层BO_3基团的密度不够大，使得倍频系数较小。在这些理论估计的基础上，经过一系列实验，陈创天研究组于20世纪90年代初发现KBBF是一种新的深紫外非线性光学晶体。这一发现打破了十几年来“200纳米以下深紫外光谱区域是一堵难以逾越的墙”这一瓶颈。

KBBF晶体的空间群是R32，属于单轴晶系，晶胞参数$a=b=4.427$埃，$c=18.744$埃，$Z=3$。晶体在z轴方向呈现很强的层状习性，如图1(a)所示。每一层的网络结构由（$Be_2F_2BO_3$）$_{n\to\infty}$组成，层与层之间的距离大于6.25 埃，且没有化学键连接。测试结果表明KBBF晶体的紫外截止波长在150纳米，红外截止波长在3.5微米，透过波段宽，适

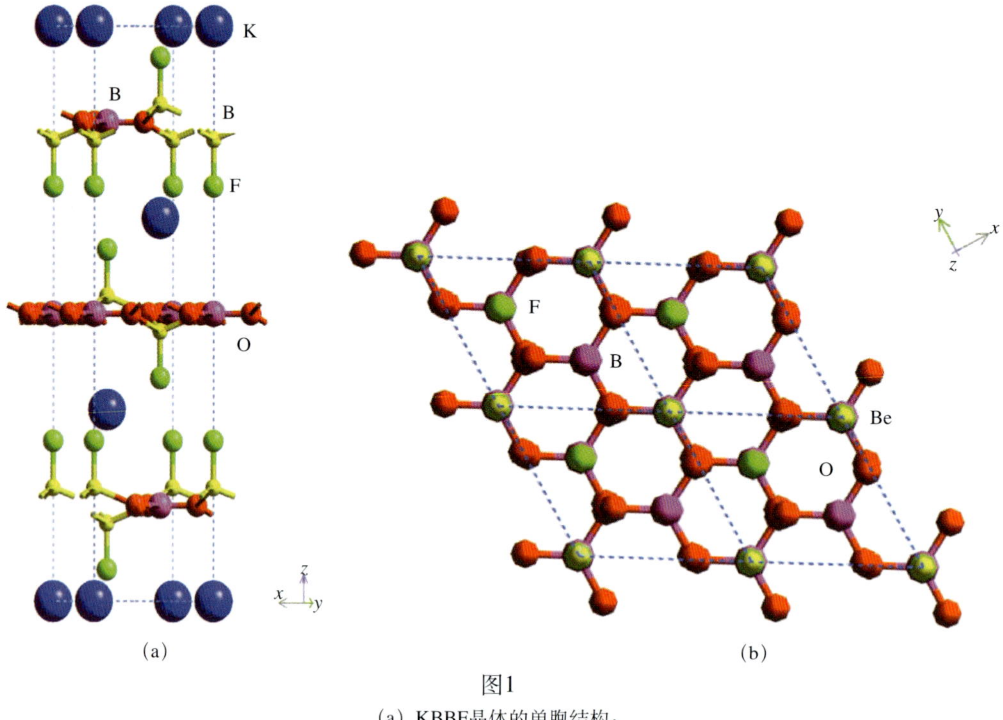

图1

（a）KBBF晶体的单胞结构；

（b）$(Be_2BO_3F_2)_{n\to\infty}$在*a*-*b*平面上的网络结构

合在深紫外光谱区域的应用。

KBBF晶体在熔化之前分解，通常采用助熔剂法生长。由于*c*轴具有层状习性，晶体很难在*c*方向长厚，限制了它在深紫外谐波光输出方面的应用。20世纪90年代初期生长的晶体厚度仅有0.8毫米。随着生长工艺的改进，晶体的厚度不断突破。特别是近几年来，陈创天研究组发展了一种新的“局域自发成核生长技术”，生长出尺寸达50毫米×40毫米×3.7毫米的高质量KBBF单晶（图2），推动了晶体实用化器件的发展。

2005年中国科学院福建物质结构研究所叶宁研究组首次报道了水热法生长的KBBF晶体沿*c*轴厚度突破了6毫米[7]。迄今为止，对其非线性光学性能却没有任何报道。我们采用水热法也得到了厚度达8毫米的KBBF晶体，然而，实验发现，其倍频转换效率比溶剂法生长的晶体低了1～2个数量级。研究发现水热法生长的KBBF晶体存在结构问题，具体原因还在进一步研究当中。目前有应用价值的仍是熔剂法生长的KBBF晶体。

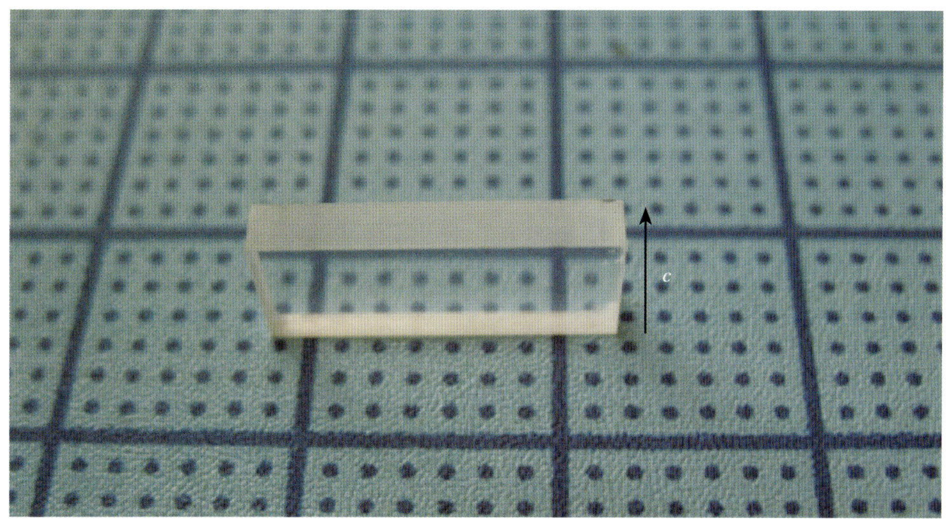

图2 大块KBBF单晶

由于KBBF晶体的层状习性，很难沿着相位匹配方向切割，而且，晶体很容易沿着z轴解理。针对此问题，我们和原物理研究所许祖彦院士研究组合作，发明了一种棱镜耦合技术[8]，如图3所示，前后棱镜分别为石英和CaF_2，与KBBF晶体表面以光胶的形式连接，棱镜的顶角正好等于需要倍频的基波光波长的相位匹配角。因此，当基波光按垂直方向入射到棱镜表面，并通过光胶界面到达KBBF晶体时正好实现相位匹配。这种棱镜耦合技术在国际上首次实现了Nd-基激光六倍频（波长为177.3纳米）谐波光以及可调谐钛宝石激光的四倍频谐波光（波长范围为175～232.5纳米）输出。从而正式突破了“200纳米以下深紫外光谱区是一堵难以逾越的墙”这一观点。

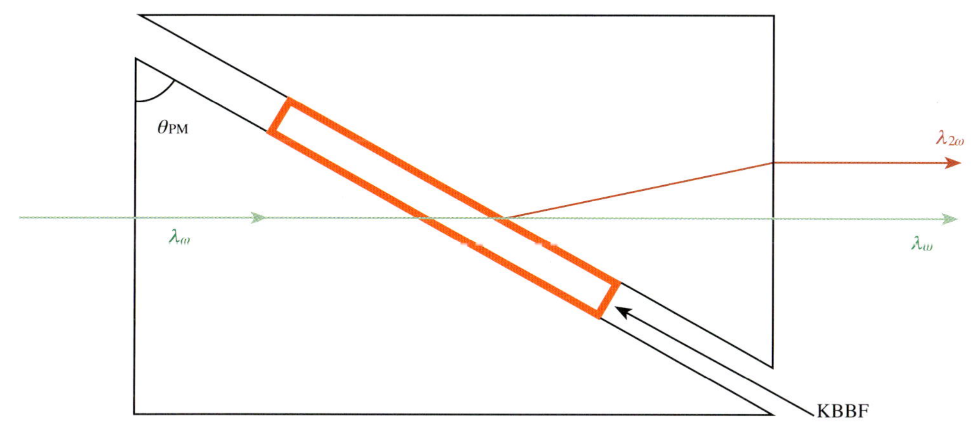

图3 KBBF棱镜耦合器件示意图

由KBBF-PCD器件所产生的深紫外谐波光作为光源，在光电子能谱仪，光发射电子显微镜以及193纳米光刻技术领域产生了深远的影响。在日本和中国，使用由KBBF晶体所产生的177.3纳米相干光源，分别建造了超高分辨率光电子能谱仪和超高分辨率角分辨光电子能谱仪。177.3纳米激光光源的光子能量分辨率达到0.26毫电子伏特，远远高于传统的汞灯和同步辐射光源中每个光子的能量分辨率。因此，利用此光源，科学家在光电子能谱仪中首次直接观察到超导体在超导态时库柏电子对的形成，并首次直接观察到超导体CeRu的超导带隙[8]，并进一步观察到高温超导体的一种新的电子、声子耦合模式。这些令人振奋的发现为超导体物理机制的研究提供了新的数据，使得物理学家对超导材料在超导态时的电子行为有了更深入的认识。

另外，从2007年7月开始，为了更好地利用我国自主掌握的深紫外相干光源这一优势，财政部、中国科学院联合启动了重大专项“深紫外全固态激光源前沿科研装备研制”，将KBBF-PCD器件用于7台前沿仪器设备。其中包括：自旋分辨、角分辨光电子能谱仪，光子能量可调的深紫外激光光电子能谱仪，深紫外激光拉曼光谱仪，深紫外激光光发射电子显微镜（PEEM），宽禁带半导体深紫外激光光谱仪，以及深紫外激光原位时间分辨光谱仪与隧道电子谱仪等。以上这些仪器对于解决凝聚态物理、表面物理化学、催化、宽带隙材料、光化学等领域的某些重大基础科学问题有重要意义。我们相信，由KBBF晶体所发展出来的全固态深紫外相干光源将在越来越多的领域发挥重要的作用并推动相关科学和技术的发展。

参 考 文 献

1 Cyranoski D. Nature, 2009, (457): 953～955

2 Chen C T, Wu B C, et al. Sci Sin B, 1985, (18): 235～243

3 Chen C T, Wu B C, et al. J Opt Soc Am B , 1989, (6): 616～621

4 Wu Y C, Sasaki T, et al. App Phys Lett, 1993, (62): 2614, 2615

5 Mori Y, Kuroda I, et al. App Phys Lett, 1995, (67): 1818～1820

6 Chen C T, Wang Y, et al. J Appl Phys, 1995, (77): 2268～2272

7 Ye N, Tang D, Cryst J. Growth, 2006, (293): 233～235

8 Chen C T, Lu J H. Wang G L, et al. Chin Phys Lett, 2001, (18): 1081

9 Liu G D, Wang G L, et al. Rev Sci Instrum, 2008, (79): 023105

The Discovery, Growth, and Applications of Deep-UV Nonlinear Optical Crystal $KBe_2BO_3F_2$

Liu Lijuan, Chen Chuangtian

KBBF as a unique nonlinear optical crystal which could directly generate the sixth harmonic generation of Nd-based lasers at 177.3 nm has attracted great attention. We briefly present the discovery of the crystal, the description of its growth and basic optical properties, and the capability to generate deep-UV harmonic generation in particular. Finally, several applications using this all-solid-state deep-UV laser source have simply been introduced, for example, in the ultra-high resolution photoemission spectrometers.

中国科学院理化技术研究所陈创天院士率领的团队，采用“局域自发成核生长技术”，自主研发出一种目前唯一可直接倍频产生深紫外激光的新型非线性光学晶体氟代硼铍酸钾（KBBF）。KBBF可用于超高分辨率光电子能谱仪、超导测量、光刻技术等前沿科学研究，将对未来的微纳米加工、生物医学、激光电视等产生深远影响。目前该技术已获中国、美国和日本发明专利授权。英国《自然》杂志以“中国藏匿的晶体”为题，对此进行了详细报道，并称“中国实验室成为这种具有重大科学价值的晶体的唯一来源，它表明中国在材料科学领域实力日益增强”。

4.7 苯酚加氢合成环己酮取得突破性进展

刘会贞　姜　涛[①]　韩布兴[①]　梁曙光　周印羲

（中国科学院化学研究所，北京分子科学国家实验室）

环己酮是具有许多用途的化工原料，主要用于制备合成纤维尼龙6及尼龙66，还可用作医药、涂料、染料等精细化学品的重要中间体。苯酚加氢是制备环己酮的一条重要的途径。由于一般催化剂在温和条件下活性低，并且环己酮容易进一步加氢生成环己醇等副产物，因此，在温和条件下高效、高选择性地合成环己酮一直是挑战性难题。

我们采用普通的商业催化剂Pd/C、Pd/Al_2O_3和Pd/NaY沸石与路易斯酸催化苯酚加氢，在适当条件下，苯酚转化率和环己酮选择性可同时接近100%。产物与催化剂的分离简单，催化剂可以重复使用，这一生成环己酮的途径具有工业应用前景。

① E-mail: Jiangt@iccas.ac.cn (T. Jiang); Hanbx@iccas.ac.cn (B.X. Han)

溶剂影响的研究表明，在所考察的有机溶剂中，在二氯甲烷中进行的反应效果最佳。只用Pd/C催化剂时，苯酚转化率很低且生成了一定量的副产物；当仅使用路易斯酸($AlCl_3$)时反应不进行；同时使用Pd/C和$AlCl_3$时，在30～50℃、1.0兆帕氢气条件下，苯酚转化率和环己酮选择性均大于99.9%。在较高反应温度下选择性仍可大于99%，且反应完成的时间缩短为1小时。提高氢气压力使反应时间缩短，但选择性略有降低。其他路易斯酸（$InCl_3$、$ZnCl_2$、$SnCl_2$）也对苯酚加氢有促进作用。此外，路易斯酸$AlCl_3$也能与其他载体负载的Pd催化剂（Pd/Al_2O_3和Pd/NaY）协同促进苯酚加氢。催化剂的稳定性也是评价催化剂的重要指标，研究表明，Pd/C-$ZnCl_2$催化体系经简单分离可重复使用。

CO_2是重要的绿色溶剂，在其中进行化学反应具有减少废物排放、分离容易、反应体系性质可调等优点。在CO_2中进行苯酚加氢研究表明，Pd/C-路易斯酸也是非常有效的催化苯酚加氢制备环己酮的催化体系。CO_2压力和反应体系的相行为对反应有明显的影响。而且，在适当条件下，在超临界CO_2中的反应速度比在二氯甲烷中的速度快得多，主要是因为CO_2中反应物的扩散系数大、氢气和CO_2的互溶性好。此外，Pd/C-$AlCl_3$催化体系可重复使用。

前人的研究表明，在一些条件下苯酚加氢是以连续加氢的方式进行的（图1）[1～3]。该工作仅检测到了环己酮和环己醇两种产物，且在苯酚转化率足够低时，环己酮选择性均接近100%。说明在该工作的条件下，苯酚加氢也是以连续的方式进行的，后续的研究表明，在路易斯酸存在的情况下，第二步反应受到抑制。

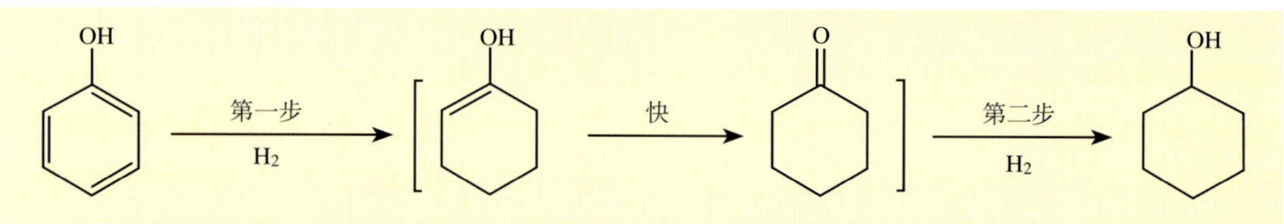

图1　苯酚加氢的一般反应途径

Pd催化剂在低温时对苯的加氢几乎没有活性[4]。该工作的结果表明，Pd催化剂对苯酚的加氢活性也很低。已有研究表明，路易斯酸可以活化芳香环[5～7]，Pd可以活化氢[8]。根据文献和该工作的研究结果，我们认为Pd对氢的活化和路易斯酸对芳香环的活化协同促进了苯酚的加氢。在这种作用下，第一步反应变得相对较快，环己酮的选择性也因此而提高。我们的研究证实，路易斯酸对环己酮进一步加氢的抑制作用对获得环己酮的高选择性起了关键的作用。红外光谱研究表明，环己酮和路易斯酸之间存在较强相互作用，这种相互作用抑制了环己酮的进一步加氢。从而在温和条件下，苯酚的转化率和环己酮选择性同时接近100%。基于以上结果，我们提出了在路易斯酸存在下，Pd催化的苯酚加氢机制（图2）。

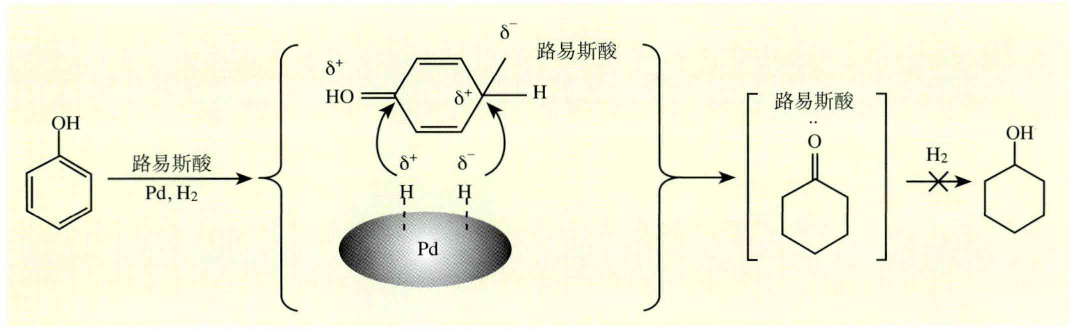

图2　路易斯酸与钯协同催化苯酚加氢生成环己酮和路易斯酸稳定环己酮示意图

总之，路易斯酸和普通商业负载型钯催化剂对于催化苯酚加氢高效合成环己酮具有良好的协同作用。路易斯酸不仅可以大幅度提高苯酚加氢生成环己酮的反应速度，而且可以有效地抑制环己酮被进一步加氢生成副产物的反应。在超临界CO_2中进行此反应，不仅反应速度更快、反应过程更清洁、产物分离更简单，而且反应效率可以通过反应体系的相行为进行调控。

该研究成果发表在2009年11月27日《科学》杂志上（*Science*, 2009, 326: 1250～1252）。

参考文献

1　Park C M, Keane A. Catalyst support effects: gas-phase hydrogenation of phenol over palladium. J Colloid Interf Sci, 2003, (266): 183～194

2　Zhuang L, Li H X, Dai W L, et al. Liquid phase hydrogenation of phenol to cyclohexenone over a Pd-La-B amorphous catalyst. Chem Lett, 2003, (32): 1072～1073

3　Velu S, Kapoor M P, Inagaki S, et al. Vapor phase hydrogenation of phenol over palladium supported on mesoporous CeO_2 and ZrO_2. Appl Catal A: Gen, 2003, (245): 317～331

4　Bianchini C, Santo V D, Meli A, et al. Hydrogenation of arenes over catalysts that combine a metal phase and a grafted metal complex: role of the single-site catalyst. Angew Chem Int Ed, 2003, (42): 2636～2639

5　Koltunov K Y, Prakash G K S, Rasul G, et al. Superacid catalyzed reactions of 5 amino 1 naphothol with benzene and cyclohexane. Tetrahedron, 2002, (58): 5423～5426

6　Deshmukh R R, Lee J W, Shin U S, et al. Hydrogenation of arenes by dual activation: reduction of substrates ranging from benzene to C_{60} fullerene under ambient conditions. Angew Chem Int Ed, 2008, (47): 8615～8617

7　Tarakeshwar P, Lee J Y, Kim K S. Role of Lewis acid($AlCl_3$)-aromatic ring interactions in Friedel-Craft's reaction: an abinitio study. J Phys Chem A, 1998, (102): 2253～2255

8 Benkhaled M, Descorme C, Duprez D, et al. Study of hydrogen surface mobility and hydrogenation reactions over alumina-supported palladium catalysts. Appl Catal A: Gen, 2008, (346): 36～43

Selective Phenol Hydrogenation to Cyclohexanone over a Dual Supported Pd-Lewis Acid Catalyst

Liu Huizhen, Jiang Tao, Han Buxing, Liang Shuguang, Zhou Yinxi

Cyclohexanone is an industrially important intermediate in the synthesis of materials such as nylon, but preparing it efficiently through direct hydrogenation of phenol is hindered by over-reduction to cyclohexanol. Our study showed that combination of nanoparticulate palladium (supported on carbon, alumina, or NaY zeolite) and a Lewis acid, such as $AlCl_3$, synergistically promotes this reaction. Conversion and selectivity could approach 100% simultaneously under suitable conditions. Preliminary kinetic and spectroscopic studies suggest that the Lewis acid sequentially enhances the hydrogenation of phenol to cyclohexanone and then inhibits further hydrogenation of the ketone. Higher reaction efficiency was achieved in compressed CO_2 solvent medium.

中国科学院化学研究所韩布兴和姜涛等研究人员在苯酚加氢制环已酮方面取得重大进展。他们的研究表明，在催化苯酚加氢制环已酮反应中，路易斯酸不仅和普通商业负载型钯催化剂具有良好的协同作用，并且可以有效地抑制产物环已酮被进一步加氢生成副产物的反应。此外，在超临界CO_2中，该反应效率可大幅度提高。美国《科学》杂志对此进行了评论报道。

4.8 纳米催化的形貌效应研究取得重大进展

——四氧化三钴纳米棒用于CO低温氧化

申文杰

（中国科学院大连化学物理研究所催化基础国家重点实验室）

CO低温氧化是多相催化研究领域研究最多的反应之一，也是清洁空气和降低机动车尾气排放的主要反应过程之一，受到广泛的关注[1]。传统的金属氧化物催化剂（氧化锰与氧化铜的混合物）在室温下不仅没有催化活性，而且在水汽存在条件下容易失去活性，因此需要较高的使用温度[2]。贵金属催化剂体系具有较好的抗水性，但也只有在100℃以上才可以有效地催化CO氧化[3]。近期的纳米金催化剂不仅体现了纳米催化的粒子尺寸效应，而且具有很好的CO低温氧化活性和抗水性，但其催化反应的持久性还有待提高[4]。长期以来，众多研究已经发现四氧化三钴（Co_3O_4）在室温甚至－54℃下可以催化CO氧化，但前提是这种反应必须在绝对干燥的条件下进行，即使通常高纯气体中痕量水的存在也会导致催化剂的快速失活[5]。因此，寻求高活性、高稳定性的非贵金属CO低温氧化催化剂一直是环境催化领域面临的科学难题。

随着近年来材料制备科学的快速发展，我们深入研究了Co_3O_4材料在一定纳米尺度下的形貌与反应活性的关系[6,7]。通过对制备条件的精确调控，制备了结构规整的Co_3O_4纳米棒（直径为5～15纳米、长度为200～300纳米）。这类纳米棒结构的材料即使在－77℃、水汽存在的条件下仍然可以催化CO的完全转化，并具有优异的反应稳定性。其反应速率是通常Co_3O_4纳米粒子的8～10倍。通过高分辨透射电镜表征发现这类Co_3O_4纳米棒暴露的活性（110）晶面占纳米棒表面的40%以上，而这类晶面上存在较多的CO氧化活性中心（CO^{3+}物种），这就从原子、分子层次上证明了纳米催化材料

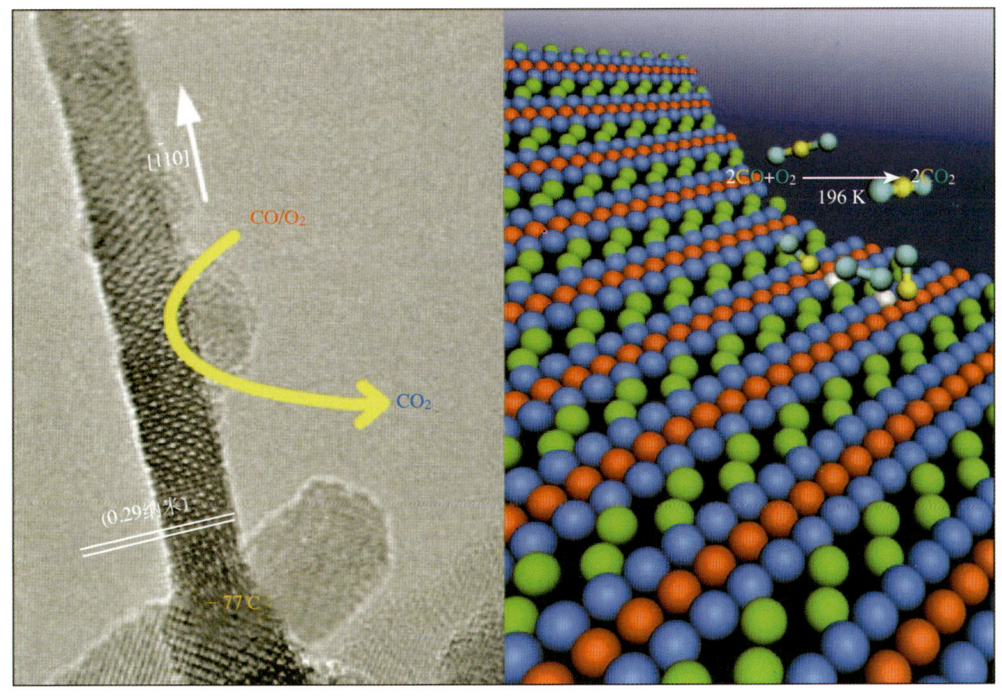

图1　Co_3O_4纳米棒上的CO低温氧化

的形貌效应。更为重要的是，这类纳米棒材料在接近汽车发动机冷启动的条件（大量水汽和CO_2存在，150～400℃）下表现出非常好的CO氧化性能和结构稳定性，不仅有效催化排放尾气中的CO和烃类化合物氧化为水和CO_2，而且使用后的纳米棒结构没有发生明显变化。

通过调节催化粒子的尺寸效应来提高反应性能是纳米催化研究的常规方法，该工作证明了催化材料的形貌也是设计和制备高效催化剂的关键因素之一。通过改变催化剂的形貌可以定量地设计和优先暴露高活性晶面，进而提高活性中心的表面密度。这种通过形貌控制优先暴露活性晶面的方法还可以适用于其他金属氧化物体系，对纳米催化的基础研究和开发新一代高性能的金属氧化物催化剂提供了重要的理论和实践基础。相关研究论文于2009年4月9日发表在国际著名杂志《自然》（*Nature*, 2009, 458: 746～749）上，引起了国内外同行的高度关注。《化学化工新闻》、《自然·中国》、《自然·亚洲材料》、《自然·化学》等均进行了相关报道，并应邀为《纳米尺度》撰写专题文章 (*Nanoscale,* 2009, 1: 50～60)。

参 考 文 献

1 Twigg M V. Progress and future challenges in controlling automotive exhaust gas emissions. Appl Catal B, 2007, (70): 2～15

2 Merrill D R, Scalione C C. The catalytic oxidation of carbon monoxide at ordinary temperatures. The Journal of American Chemical Society, 1921, (43): 1982～2002

3 Oh S H, Hoflund G B. Low-temperature catalytic carbon monoxide oxidation over hydrous and anhydrous palladium oxide powders. Journal of Catalysis, 2007, (245): 35～44

4 Haruta M, Tsubota S, Kobayashi T, et al. Low-temperature oxidation of CO over gold supported on TiO_2, a-Fe_2O_3 and Co_3O_4. Journal of Catalysis, 1993, (144): 175～192

5 Yao Y Y. The oxidation of hydrocarbons and CO over metal oxides. III. Co_3O_4. Journal of Catalysis, 1974, (33): 108～122

6 Xie X W, Li Y, Liu Zh Q, et al. Low-temperature oxidation of CO catalysed by Co_3O_4 nanorods. Nature, 2009, (458): 746～749

7 Xie X W, Shen W J. Morphology control of cobalt oxide nanocrystals for promoting their catalytic performance. Nanoscale, 2009, (1): 50～60

Morphology-dependent Nanocatalysis

—Low-temperature Oxidation of CO Catalysed by Co_3O_4 Nanorods

Shen Wenjie

Low-temperature oxidation of CO, perhaps the most extensively studied reaction in the history of heterogeneous catalysis, is becoming increasingly important in the context of cleaning air and lowering automotive emissions. The development of active and stable catalysts without noble metals for low-temperature CO oxidation under an ambient atmosphere remains a significant challenge. Here we report that tricobalt tetraoxide nanorods not only catalyse CO oxidation at temperatures as low as –77 °C but also remain stable in a moist stream of normal feed gas. High-resolution transmission electron microscopy demonstrates that the Co_3O_4 nanorods predominantly expose their (110) planes, favoring the presence of active Co^{3+} species at the surface. Kinetic analyses reveal that the turnover frequency associated with individual Co^{3+} sites on the nanorods is similar to that of the conventional nanoparticles of this material, indicating that the significantly higher reaction rate obtained with a nanorod morphology is probably due to the surface richness of active Co^{3+} sites.

中国科学院大连化学物理研究所申文杰研究员及其合作者在纳米催化形貌效应方面取得重要研究进展。他们通过对金属氧化物纳米粒子尺寸和形貌的调控，突破了水蒸气存在下非贵金属低温CO催化氧化的难题。该工作在纳米催化基础研究、降低机动车尾气排放和大气环保应用等方面具有重要意义。英国《自然》杂志、《美国化学与工程新闻周刊》都对这项研究工作进行了报道。

4.9 单分子电子器件性质的设计与调控

——双功能内集成单分子器件的实现

王　兵　杨金龙　侯建国

（中国科学技术大学合肥微尺度物质科学国家实验室）

随着电子器件不断小型化，科学家期望利用更小尺寸、具有更少原子数目的单个分子来构建更小和功耗更低的电子器件单元。单分子作为功能器件的最初设想于20

世纪70年代提出[1]。在此后的30多年中，随着纳米科学与技术以及化学合成与高分辨表征手段的不断发展，单分子整流器件、基于单分子的晶体管器件、共振隧穿二极管（负微分电阻）器件、单分子开关器件等都已实现。更重要的是，由于分子体系的多样性与灵活性，单个分子可以由具有不同功能的基团构成，从而提供了实现多功能内集成的可能性，即在同一分子内部实现两种或两种以上的功能，从而极大地提高单分子器件的性能，并使得利用分子体系实现更复杂的功能器件成为可能。可以预见，各种精巧的多功能内集成单分子器件的出现将极大丰富功能纳米器件的范畴，不仅可以有效地提升纳米器件的性能和集成度，还将会使很多原来在微观尺度上不可能实现的功能得以实现，并最终在电子信息、医学、能源环境等领域发挥重要的作用。

尽管人们利用特定分子的性质研究了一些单分子尺度功能的分子器件，但怎样从纷繁庞杂的分子体系中筛选出合适的功能分子始终是一个难点。同时，如果能利用精确的单分子控制，将普通的分子功能化，实现多功能集成，则将大大提高器件集成度，成为进入分子电子学时代的关键一步，当然，这也是具有更大挑战性的一步。

以此为研究背景和研究目标，中国科学技术大学合肥微尺度物质科学国家实验室单分子物理化学研究团队在“单分子手术”成功实现对单分子磁性控制的基础上[2]，通过实验和理论研究的紧密合作，利用低温超高真空扫描隧道显微镜操纵单个分子并实施“单分子手术”，设计并实现了Cu(100)表面单个化学吸附的三聚氰胺分子的异构化学反应，将一个普通的三聚氰胺分子调控成同时具有整流效应和开关效应的双重功能新型人造结构，实现了单个分子上的双功能集成[3]。该成果发表在2009年9月8日的《美国国家科学院院刊》上（*Proc. Natl. Acad. Sci. U. S. A.*, 2009, 106: 15259～15263）。同期的《自然·化学》（*Nature Chemistry*）杂志在“新闻与观点”栏目中以“*Molecular electronics: rectifying current behaviours*”为题将本工作作为分子电子学领域近期重要进展之一进行了介绍（*Nat. Chem.*, 2009, 1: 601～603）；并在其网站“研究亮点”栏目中以“*Molecular electronics: conduction under control*”为题对本工作进行了介绍。

该项成果中，通过隧穿电子诱导的异构化学反应（即“单分子手术”操作），如图1 所示，将三聚氰胺分子支链的一个氢原子“移植”到分子中间的环上使其改变为一个不对称的结构，由于弹性隧穿电子在不对称的分子轨道的共振隧穿使之显示出明显的二极管整流效应。与此同时，非弹性隧穿电子诱导的多电子效应可以诱导N—H键的可逆转动，实现了分子在两种双稳态构型间的转变，产生了频率可调的机械开关效应，从而实现了双功能的集成，发展了新的理论计算方法和统计模型，研究并阐明了这一单分子开关效应中的非整数隧穿电子激发现象。

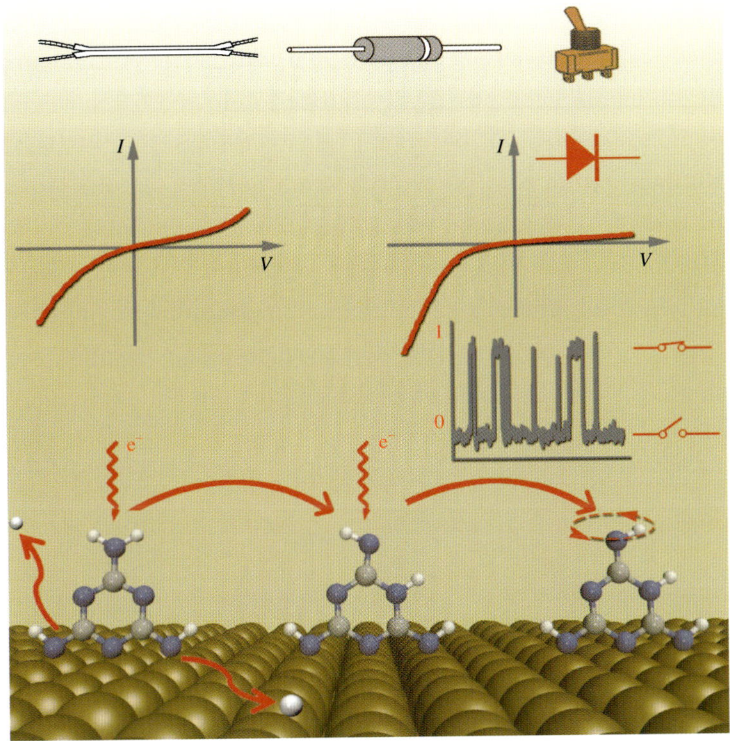

图1 通过“单分子手术”实现三聚氰胺分子双功能集成

参考文献

1 Aviram A, Ratner M A. Molecular rectifiers. Chem Phys Lett, 1974, (29): 277~283

2 Zhao A D, Li Q X, Chen L, et al. Controlling the Kondo effect of an adsorbed magnetic ion through its chemical bonding. Science, 2005, (309): 1542～1544

3 Pan S, Fu Q, Huang T, et al. Design and control of electron transport properties of single molecules. Proc Natl Acad Sci USA, 2009, (106): 15259～15263

Design and Control of Electron Transport Properties of Single Molecules

Wang Bing, Yang Jinlong, Hou Jianguo

We demonstrate in this joint experimental and theoretical study how one can alter electron transport behavior of a single melamine molecule adsorbed on a Cu(100) surface by performing a sequence of elegantly devised and well-controlled single molecular chemical processes. It is found that with a dehydrogenation reaction, the melamine molecule becomes firmly bonded onto the Cu surface and acts as a normal conductor controlled by elastic electron tunneling. A current-induced hydrogen tautomerization process results in an asymmetric melamine tautomer, which in turn leads to a significant rectifying effect. Furthermore, by switching on inelastic multielectron scattering processes, mechanical oscillations of an N—H bond between two configurations of the asymmetric tautomer can be triggered with tuneable frequency. Collectively, this designed molecule exhibits rectifying and switching functions simultaneously over a wide range of external voltage.

中国科学技术大学教授杨金龙等人领衔的中国科学技术大学合肥微尺度物质科学国家实验室单分子物理化学研究团队，利用低温超高真空扫描隧道显微镜，对三聚氰胺分子进行了国际首创的“单分子手术”，将其从普通化工原料转变为既有二极管效应又有机械开关效应的双功能单分子器件，为单分子器件的多功能化开辟了新的思路。相关研究成果发表在《美国国家科学院院刊》上。

4.10 储能用大容量钠硫电池研制取得突破

温兆银

（中国科学院上海硅酸盐研究所）

不断增大的电力昼夜峰谷差、电网安全和电能质量的提高、可再生能源的快速发展等对大规模储能技术提出了越来越高的要求。储能也是智能电网研制和发展的瓶颈技术之一。在各种储能技术中，钠硫电池是目前全球重点关注的电化学储能技术，它的系统能量转化效率高达80%以上，适用温度范围广、资源丰富。日本NGK公司经过近20年的研发，于2002年实现了储能钠硫电池的实用化，并逐步向全球推广。2006年起，中国科学院上海硅酸盐研究所通过与上海市电力公司合作，以储能为目标开发大容量钠硫电池，在关键材料、电池技术方面取得了突破。大容量储能钠硫电池的研制成功被两院院士评为2009年中国十大科技进展。

一、关键材料技术与单电池

钠硫电池中包含了多种无机材料，这些材料有电解质陶瓷隔膜、正负极之间的绝缘陶瓷、封接用玻璃、金属焊料、导电碳、集流用金属电极以及活性物质钠与硫等。

电解质陶瓷是其中的核心材料，它是具有钠离子导电性的铝酸钠，具有组成复杂、层状结构、强碱性、液相烧结等特征。利用锂稳定β-氧化铝可以获得电解质材料高的目标相β''-Al_2O_3含量，实现材料高离子导电性，然而，由于β''-Al_2O_3层状结构的特征以及可能存在的微区成分不均匀性，陶瓷中极易出现异常生长的大晶，我们通过独特的双ZETA技术，实现了材料中化学成分、显微结构的高度均匀性，并在突破了水为制备粉体所用介质、可循环再利用的基础上实现了陶瓷材料低成本、绿色、工程化制备。

与车用钠硫电池相比，储能所使用电池的容量要高出20倍以上。组装钠硫电池的陶瓷隔膜采用一端封闭的管型结构，陶瓷管的壁厚仅1.5毫米左右，由于β''-Al_2O_3烧结过程中大量液相的出现，陶瓷管极易产生变形，不能满足电池装配的需要。我们采用独特的动态烧结技术，实现了陶瓷管的无形变制备。我们知道，目前国外唯一开发成功钠硫电池的企业日本NGK公司正是一家著名的陶瓷公司，也从一个方面说明了钠硫电池中电解质陶瓷的技术难度所在。图1和图2分别是中国科学院上海硅酸盐研究所研制的陶瓷前驱体粉体和大尺寸薄壁陶瓷管。

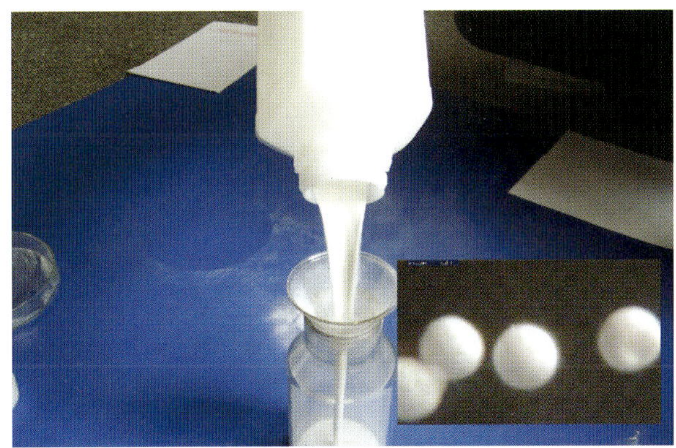
图1 具有高度流动性的陶瓷前驱粉体

球形颗粒度为50微米

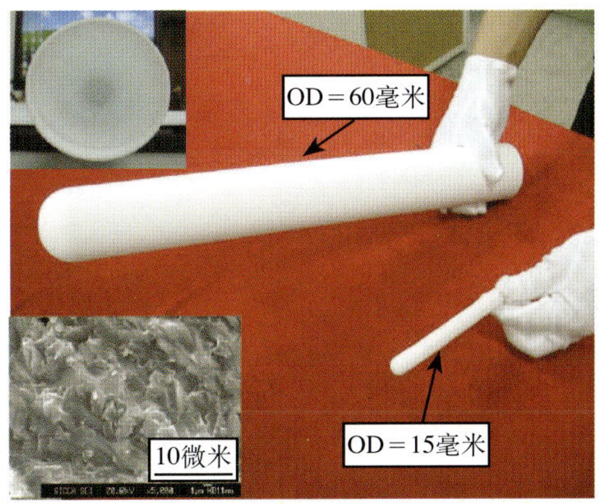

图2 无形变大尺寸薄壁β''-Al_2O_3陶瓷管

插图为陶瓷管的断面和陶瓷的显微结构

钠硫电池的制备涉及如前所述的多种材料的组合技术，如电极材料的复合制备技术、陶瓷电解质与陶瓷绝缘环的封接技术、金属导电环与陶瓷绝缘环的封接技术、金属部件的焊接技术等。为了保证各种电池部件的最佳匹配，我们对多种材料部件及其组合技术开展了深入的系统研究，如研制成功金属陶瓷化封接材料、真空热压金属陶瓷封接技术、集流电极耐腐蚀涂层材料等，为钠硫电池的制备解决了关键技术。

二、中试线的建立与工程化技术的突破

钠硫电池涉及一系列材料及其组合技术，在电池中存在多种界面，因此电池的一致性、可靠性受多种因素的影响。国外至今仅一家公司开发成功储能钠硫电池，对技术的封锁不言而喻。工程化是钠硫电池实用化的必由之路。为了实现工程化，我们需要自主研发工程化制备的平台。为此，我们自行设计了具有年产2兆瓦钠硫电池能力的中试生产线。其中的多数关键设备国内均无相关的制造历史。如动态陶瓷烧结炉、连续真空热压炉、气氛金属焊接、批量化真空金属焊接等。此外，对于大容量钠硫电池的综合性能评价也没有现成的设备可用。

以陶瓷/金属焊接为例，它是钠硫电池组装过程中的难点。我们研制成功了钠硫电池的绝缘陶瓷与导电连接件的真空热压封接的组合技术，实现这一封接的相对位移量仅1%～2%，位移量的控制精度在千分之一以上；为保证封接件中最低的残余应力，需要高度均匀的温度场和均匀的压力场。在所研制的连续真空热压系统中包含了真空、气动、加热、推拉、冷却、液压、程控、梯度降温及传动输送等九大联动系统，实现了热压系统的梯度加热与冷却、脉冲变频控制、精确定位与转向制导、多轴加压等功能，整个系统完全采用PLC编程控制，与上位机进行通信，实现系统的全自动运行，全部系统的程控设计连锁条件超过1000余条。以过渡室的定位与导向为例，采用了锥形轮、支点定位导向结合导轨、伺服器的技术组合，滚轮的使用保证了托盘支架的平稳运行。图3是所研制的连续真空热压系统外形图。

图3　自行研制的真空连续热压系统（局部）

硫电极的批量化组装是钠硫电池工程化的又一技术难点。它要求在无人操作的真

空条件下实现金属部件的批量化自动焊接，保证硫电极的高真空特性。为此，我们设计了行星式电池传送机构，通过自传与公转的耦合以及激光光路的对位，保证焊接点的精确定位。焊接效率在原有实验室装备的基础上提高了6～8倍，实现了钠硫电池正极组装的工程化。图4所示即为设计的行星式传动机构的原理图及工程化硫电极组装系统。

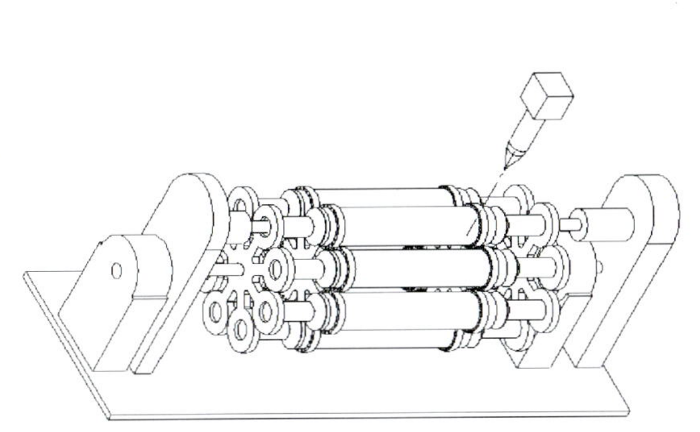

图4 行星式电池传动机构与硫电极组装系统

经过1年多时间的设计、制造与调试，钠硫电池中试线于2009年3月全线贯通，实现了从粉体、陶瓷管到单体电池的稳定、批量化制备。在100余台中试设备中，有2/3为自主研制。中试线所制备的各种材料全部达到了较高的性能，其中陶瓷粉体的装填密度达到0.8克/厘米^{3}以上，陶瓷管的相对密度>99%，径向与纵向相对变形率分别小于1%和0.2%，300℃钠离子电导率为5～6欧姆·厘米 。单体电池容量650安·时，能量1300瓦·时，最大工作电流80安，前200次循环的退化率<0.002%，接近国外产品的水平。

图5 批量化制备的钠硫电池粉体、陶瓷管与单体电池

三、电池模块化与示范

在实现大容量钠硫电池批量化制备的基础上，我们建立了钠硫电池批量化质量检

图6　5千瓦储能钠硫电池模块

测与电池筛选平台。按照电池的内阻、极化、温度特性等进行一致性归类，通过不同的串、并联方式将单体电池进行组合；同时，采用复合真空的保温技术设计制备了电池模块的保温箱体，为电池提供320±10℃、温场分布均匀的运行环境。根据电池运行特点设计了电池管理系统、单体电池切换系统等，将各组成单元集成化，成功制备了5千瓦级储能电池模块(图6)，模块集成了所有控制与电池系统，能独立进行工作，包括保温箱、电池、温控系统、电池切换单元管理、BMS、连线等，可实现对电池充放电、温度、效率计算等的管理；模块可独立进行工作，也可相互进行组合，实现组合储能系统。图7所示是5千瓦电池模块的外形图。对电池模块进行了包括串联、并联、交直流变换、大电流短时间冲击、短路、恒功率运行等在内的各种实验。BMS、恒温系统、电池切换、电池连接、安全隔离等在内的多个系统通过了性能试验。

将电池模块进行组合并与外部负载以及能量转换系统形成10千瓦的储能与供电系统（图7），升温后稳定运行超过4000小时，实现了电池整充单切将失效电池从主回路中排除，保证了模块的持续稳定运行。这也是国内首次实现10千瓦级钠硫电池系统的示范。

图7　模块实验区及10千瓦储能示范系统

Breakthrough in the Large Capacity Sodium Sulfur Battery for Energy Storage Applications

Wen Zhaoyin

Key materials and assemblage techniques for the large capacity sodium sulfur battery have been solved during the last three years under the collaboration of the Shanghai Institute of Ceramics, Chinese Academy of Sciences and the Shanghai Municipal Electric Power Company. A pilot line with 2 MW production ability was established, 2/3 of the over 100 facilities were self designed and investigated. The 5 KW module was successfully prepared with the combination of the cells, signal collection and the controlling systems. A 10 KW energy storage demonstration for more than 4000 hours stable running was realized.

中国科学院上海硅酸盐研究所和上海市电力公司合作，成功研制具有自主知识产权的容量为650安·时的钠硫储能单体电池，使我国成为继日本之后世界上第二个掌握大容量钠硫单体电池核心技术的国家。现已建成年产2兆瓦大容量钠硫电池的中试线，研制成功5千瓦电池模块，实现了10千瓦储能系统的稳定运行。钠硫储能电池是目前最经济实用的储能方法之一，具有广阔的应用前景。

4.11 煤制乙二醇技术产业化进展

周张锋　李兆基　潘鹏斌　林　凌　覃业燕　姚元根
（中国科学院福建物质结构研究所）

一、乙二醇的重要性

乙二醇是最简单和最重要的脂肪族二元醇，是重要的有机化工原料。石油资源的紧张，促进了以煤为原料制造乙二醇技术的发展。乙二醇主要用于生产聚酯和各类抗冻剂，前者用于制造纤维、薄膜和聚对苯二甲酸乙二醇酯(PET)树脂，其他则可用于包括防冻液、表面涂层、照相显影液、水力制动用液体以及油墨等行业。高纯乙二醇可用作过硼酸铵的溶剂和介质，还可用于生产特种溶剂乙二醇醚。据统计，目前全球乙二醇总消费量为2200万吨/年，其中1/3以上的市场需求在中国。

二、煤制乙二醇技术的国内外研究状况

1965年，芬顿（Fenton）[1]等发现了醇类氧化羰化合成草酸酯专利，奠定了当今煤制乙二醇的技术基础，40多年来，各技术发达国家十分重视煤制乙二醇新技术的研发。继1980年日本宇部兴产开发成功高压液相催化法合成草酸二丁酯，日本宇部兴产和美国联合碳化公司[2,3]等在1985年后又相继研发常压气相催化合成草酸二酯新工艺，完成常压气相催化合成草酸二酯的中试，但尚未见到建厂生产的报道。

1980年后，我国开始开展常压气相催化合成草酸二酯和乙二醇新工艺的研究开发。西南化工研究院曾于1981～1982年采用液相法合成草酸二乙酯；此后，中国科学院成都有机化学研究所[4,5]、浙江大学[6]、天津大学[7]、华东理工大学[8]、南开大学等单位先后分别开展了CO气相催化合成草酸二乙酯的研究，但未见成功中试和产业化的报道。

三、中国科学院福建物质结构研究所煤制乙二醇技术的研发进展

1. 实验室小试和模试技术积累

中国科学院福建物质结构研究所是国内最早开展CO气相催化合成草酸二酯研究的单位之一，从1982年开始，小试研究开发出了高活性CO气相催化合成草酸二酯催化剂，并完成了1004小时的连续寿命试验。接着，在合成氨厂利用合成氨铜洗回收的工业CO气体作为反应原料，进行气相催化合成草酸二酯和草酸工艺条件的实验，形成了一定的工业应用技术积累。为了更切合工业生产实际，考察了列管反应器的管径大小，催化剂装填方法，反应物料配比和加料方式对反应温度的影响，反应温度的控制技术，产物的回收分离，尾气的再生、回收、循环等工艺流程。此后，承担了国家“八五”攻关项目“CO气相催化合成草酸酯及草酸酯加氢制乙二醇” 200毫升催化剂规模、1000多小时催化剂寿命考察的模试工作，1993年打通了工艺流程，催化剂寿命达标，并通过了当时国家计划委员会组织的专家验收。经过福建物质结构研究所科研人员长达20多年的研究开发，完成了具有自主知识产权的小试和模试技术研究，拥有多项国家发明专利、三种自主创新的性能优越的催化剂等核心技术。

2. 技术放大和产业化进展

2004年，在总结、梳理以往科研成果的基础上，中国科学院福建物质结构研究所清楚地认识到“CO气相催化合成草酸酯及草酸酯加氢制乙二醇”项目的重大科学意

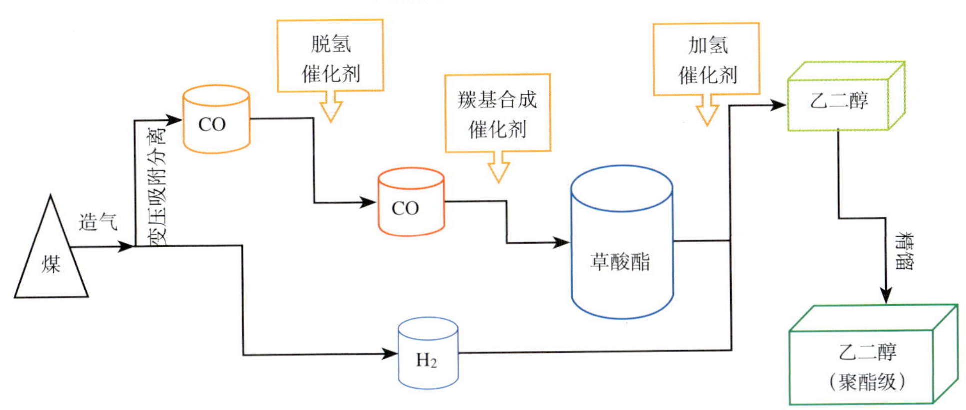

图1　煤制乙二醇技术原理

义和对国家需求的重要贡献，联系我国能源缺油、少气、煤炭资源相对丰富的资源特点，重新组织了项目攻关组，并将煤造气制合成气、合成气分离、CO气相催化合成草酸酯和草酸酯加氢制乙二醇的整个工艺过程简称为“煤制乙二醇”技术，集中全所的技术力量和科研条件，联合企业的工程化力量协同攻关，推进煤制乙二醇技术的工业化进程。2005年，煤制乙二醇技术攻关组与上海金煤化工新技术有限公司展开合作，对三种关键催化剂技术进行了技术集成和催化性能的提升，取得了突破性进展。2006年完成了“CO气相催化合成草酸酯(300吨/年)和乙二醇(100吨/年)”项目的中试，达到日产900千克草酸甲酯的能力。2006年12月，完成了100吨/年加氢生产乙二醇中试。2007年8月，由上海金煤化工新技术有限公司投资1.5亿元，在江苏丹阳组织建设万吨级煤制乙二醇的工业实验装置，并在2008年6月完成了全部的试验工作，实现了预期各项技术指标，乙二醇产品质量完全达到国际国内同等水平，煤制乙二醇产品各项理化指标均达到国标GB4649—93优级品标准。2009年3月18日，万吨级煤制乙二醇成套工艺技术通过了由中国科学院主持的成果鉴定。2007年8月，在内蒙古自治区通辽市高新技术开发区启动了120万吨/年规模（首期20万吨工业示范）的乙二醇工业生产装置建议。2009年12月，20万吨工业示范装置全部建设完成，并于12月7日试车成功，打通了全套工艺流程，生产出合格的乙二醇产品。

四、意义和影响力

煤制乙二醇成套工艺技术的大规模工业化推广应用将利用我国相对丰富的煤炭资源，生产目前我国大量依赖进口的重要化工基础原料乙二醇，产生良好的社会和经济效益，逐步替代“石油路线”技术，将对我国的能源和化工产业产生积极重要的影响。

煤制乙二醇技术发展过程中，得到了国家发展和改革委员会、科技部、中国科学院等机构和福建省、江苏省和内蒙古自治区等省（自治区）有关领导的高度重视和大力支持，也受到国内外企业的普遍青睐。在2008年中国科学院工作会议上，作为“源头创新，点石成金”典型案例向全院介绍。煤制乙二醇已列入2009～2011年石化产业调整和振兴规划，也列入国家“关于发挥科技支撑作用促进经济平稳较快发展的意见”中作为促进产业振兴的重点先进技术之一。

2009年5月7 日，万吨级煤制乙二醇成套技术鉴定后，中国科学院在人民大会堂组织了“世界首创万吨级煤制乙二醇技术”新闻发布会，科技部、工业和信息化部、国土资源部、国家自然科学基金委员会、中国石油和化工勘察设计协会，以及福建省政府、江苏省政府、内蒙古自治区政府等部门领导和国内30多家主流媒体共同出席了发布会。中国科学院院长路甬祥在会上充分肯定了技术的先进性，高度评价了运作煤制乙二醇技术的创新机制。

参 考 文 献

1 Fenton D M, Steinwand P J. Nobel metal catalysis Ⅳ. Preparation of dialkyl oxalates by oxidative carbonylation. J Org Chem, 1974, 39(5): 701～703

2 Susumu T, Kozo F, Keig N, et al. US4453026, 1983

3 Bartley W J. US4628128, 1986; US4628129, 1986; US4677234, 1987

4 宋若钧，张秀辉，贺德华等. 一氧化碳气相催化氧化偶合制草酸酯的工艺条件研究. 天然气化工，1987, 12(5): 1～5

5 宋若钧，张秀辉，贺德华等. 一氧化碳气相催化氧化偶合制草酸酯的研究. 天然气化工，1987, 12(2): 14～19

6 梁贤振，赵维君，杨瑞华等. CO和CH_3ONO在Al_2O_3负载钯铜合金催化剂上合成草酸二甲酯的原位红外光谱研究. 高等学校化学学报, 1997, 18(5): 777～781

7 李振花，许根慧，陈洪钫. 气相法CO催化偶联制取草酸二甲酯的研究. 化学工业与工程，1991, 8(4): 15～19

8 赵秀阁，吕兴龙，赵红钢等. 气相法CO与亚硝酸甲酯偶联合成草酸二甲酯用Pd/α-Al_2O_3催化剂的研究. 催化学报，2004，25(2): 125～128

Industrialization Progress of the Technology of Ethylene Glycol from Coal

Zhou Zhangfeng, Li Zhaoji, Pan Pengbin, Lin Ling, Qin Yeyan, Yao Yuangen

After nearly 30 years of research, with the cooperation of enterprises, Fujian

Institute of Research on the Structure Matter of CAS, has completed the pilot-scale experiment of CO gas-phase catalytic synthesis of dimethyl oxalate (300 tons/year), and the pilot-scale experiment of ethylene glycol (100 tons/year) by the hydrogenation of dimethyl oxalate in 2006. The industrialization experiment (10 000 tons/year) of ethylene glycol from coal was completed in 2008, producing the world's first set of technologies with the Chinese independent intellectual property rights. The technology set meets the energy character of China with high economic efficiency. It will take the advantage of coal resources, which is relatively rich in China, and replace the current oil route to produce ethylene glycol. The industrial demonstration unit (200 000 tons/year) based on the technology set of ethylene glycol from coal (10 000 tons/year) has been constructed in Tongliao, Inner Mongolia Autonomous Region, and its operation has been successfully started in December 2009, producing qualified products of ethylene glycol.

中国科学院福建物质结构研究所依托20多年的技术积累，与江苏丹化集团、上海金煤化工新技术有限公司联手合作，领先于世界成功开发了“万吨级CO气相催化合成草酸酯和草酸酯催化加氢合成乙二醇”（简称“煤制乙二醇”）成套技术并进行了工业化应用。该技术的推广应用将有效缓解我国乙二醇产品供需矛盾，对国家的能源和化工产业产生重要积极影响。

4.12 通过四倍体补偿实验证明iPS细胞具有发育全能性

李　晴[1]　曾凡一[2]　周　琪[1]

(1 中国科学院动物研究所，2 上海交通大学)

2009年7月23日，国际权威期刊《自然》在线发表了中国科学院动物研究所周琪研究组及上海交通大学曾凡一研究组合作完成的最新成果“iPS细胞可通过四倍体补偿产生健康存活小鼠”[1]，首次证明了iPS细胞的全能性。

iPS细胞全称为诱导多能干细胞，是由分化的体细胞诱导脱分化而成，具有与胚胎干细胞类似的发育多潜能性的干细胞。2006年7月，日本科学家山中伸弥首次宣布通过4因子将小鼠皮肤成纤维细胞诱导为iPS细胞[2]；2007年11月，美国和日本科学家分别获得了人类的iPS细胞[3,4]，被《科学》杂志评为2008年世界十大科技进展之首。

iPS细胞不仅为细胞重编程机制的研究提供了研究模型，更因其有望成为实施再生医学和细胞治疗的重要细胞来源，而在生物和医学领域具有广阔的应用前景。

iPS细胞的研究日新月异，其中，“iPS细胞是否具有同胚胎干细胞一样的全能性”一直是困扰众多科学家的问题。为解答这一问题，iPS细胞需要通过全能性的“黄金标准”——四倍体囊胚补偿方法的验证。这是指胚胎干细胞能够在注射进四倍体的小鼠早期胚胎（没有进一步发育能力，仅提供营养环境的胚胎），再移植入代孕母鼠体内后，可以继续发育成正常的小鼠。实验证明，iPS细胞能够达到“黄金标准”，从而证明其具有同胚胎干细胞一样的全能性。

在利用山中伸弥4因子感染小鼠胚胎成纤维细胞（MEF）后，分别于第14天、20天和36天时挑取iPS细胞克隆，实验中共获得了37株遗传背景为B6D2F1和C57 X129S2的稳定的iPS细胞系。检测表明，iPS细胞能够表达多能性标志蛋白（图1），例如，Oct4、Nanog及SSEA1具有正常的染色体核型；对其中3个iPS细胞系的Oct4、Nanog启动子区域的甲基化状态进行检测后，发现与正常ES细胞一样都处于低甲基化的状态，表明在重编程过程中发生了表观遗传重建；将iPS细胞注射入裸鼠后对产生的畸胎瘤进行组织学检测发现其能够产生完整的3个胚层（图2），在一定程度上说明了iPS细胞的多能性。

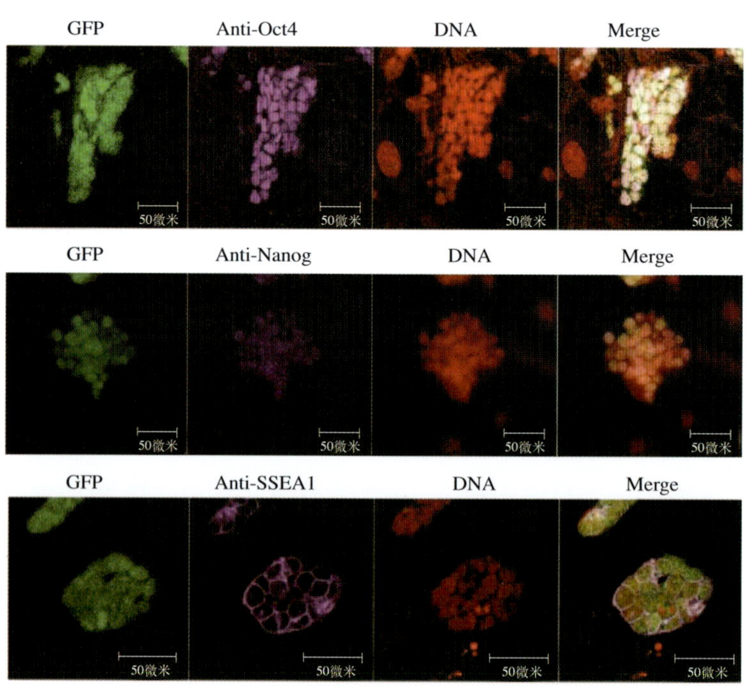

图1　iPS细胞多能性标志蛋白的免疫荧光染色

GFP（绿色荧光蛋白）；多能性标志蛋白Oct4、Nanog及SSEA1（紫色）抗体染色；DNA（红色）；Merge为多能性标志蛋白与DNA染色结果重叠后效果

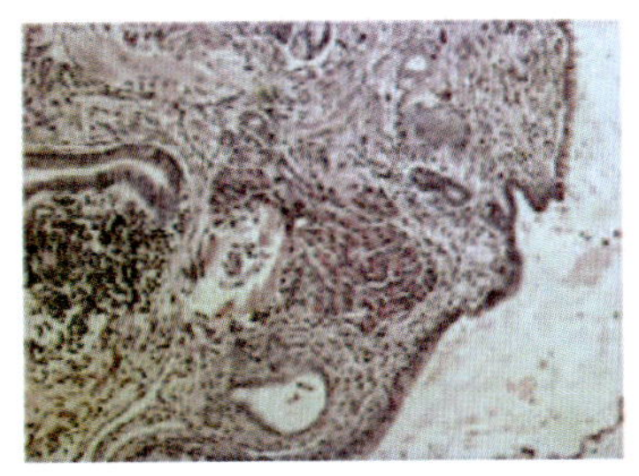

唾液腺（内胚层）

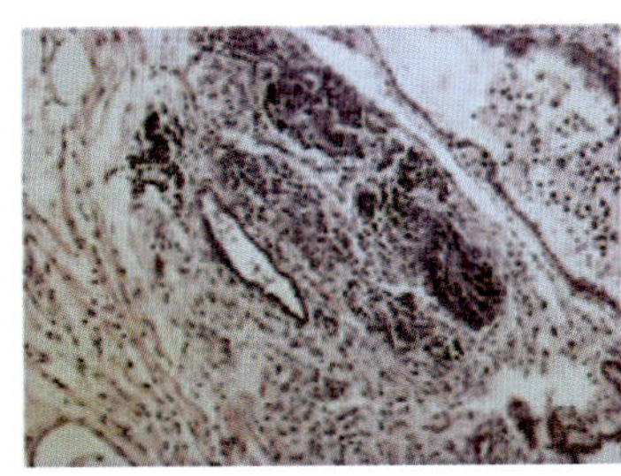
视经上皮（外胚层）

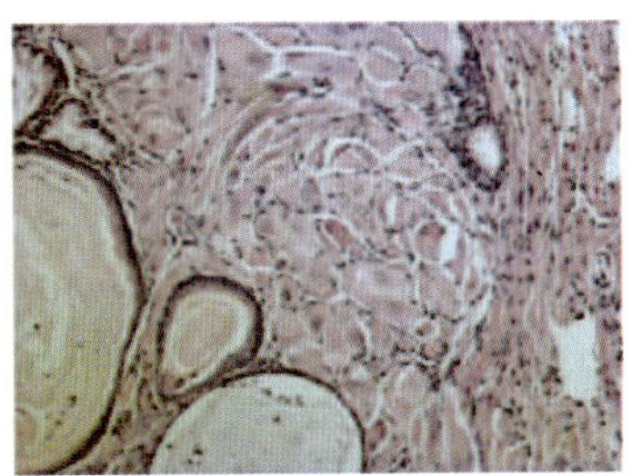
横纹肌（中胚层）

图2 畸胎瘤切片的常规染色

为了进一步验证iPS细胞的多能性，利用从每组实验中随机挑选的一两株iPS细胞系，进行了嵌合体实验。实验表明，IP36D和IP20D细胞系产生嵌合体后代的效率为5%～80%，而IP14D iPS细胞系产生嵌合体后代的效率为10%～95%，并且实验中使用的IP14D的3株iPS细胞系均能够通过嵌合到生殖嵴而得到后代。由此可以得到结论，IP14D组与IP20D、IP36D相比，嵌合到生殖嵴的效率更高。

为验证iPS细胞的全能性，该研究进行了四倍体囊胚补偿实验。iPS细胞在注射入四倍体CD-1囊胚中后，成功产生了发育到期的iPS小鼠。进一步的实验表明，即使能够在嵌合体实验中发生生殖脊转移，不同的iPS细胞系产生可繁殖的成活后代的能力也不尽相同。细胞系IP36D-3、IP20D-3以及IP20D-19在胚胎发育至13.5天和15.5天时均停止了发育，但是从第13.5天的到达发育率可以看出，D20细胞系的发育潜能要优于D36细胞系（IP20D-19为8.8%，而IP36D-3仅为1.7%）。在利用624枚IP14D-1细胞系进行四倍体囊胚注射后，共产生了22只成活的iPS小鼠（3.5%），以及4个发育至17.5天的胚胎（0.6%）。通过比较发现，iPS小鼠的发育率与该实验室ES细胞系的发育率相同。到目前为止，年龄最大的iPS小鼠已经有15月龄，从图3（a）可以看出，其被毛颜色为纯黑色，与iPS细胞的供体鼠（B6D2F1）相同，说明此后代是由iPS细胞发育而来。

通过对多种标志基因的检测表明，iPS小鼠确实来源于IP14D-1细胞系，与CD-1小鼠不同种系。将iPS小鼠（B6D2F1，黑色被毛）与CD-1小鼠（白色被毛）交配后[图3(b)]，对其后代胚胎发育的研究中发现，iPS小鼠能够得到形态正常、无发育迟滞的成活后代；这更进一步证实了iPS小鼠具有正常的发育能力和繁殖能力，以及iPS细胞的多能性。

对能够产生iPS小鼠或2N-生殖嵴嵌合小鼠的iPS细胞系进行全基因表达分析，结果显示其多能性标志因子（Oct4、Nanog及Sox2）的表达以及其他调控因子的表达模式明显区别于小鼠胚胎成纤维细胞，而与ES细胞相同。由此可以得到结论，iPS细胞具有与ES细胞相同的基因表达模式，从而通过了对于全能性的黄金标准的验证。

此项研究证实了iPS细胞具有与ES细胞同样的全能性，解开了自iPS细胞出现以来

图3 iPS小鼠及其与正常小鼠交配后产生的后代

(a) 来源于IP14D-1的14周龄的iPS雄性小鼠，被毛颜色为纯黑色，与B6D2F1相同；(b) IP14D-1 iPS雄性小鼠与CD-1雌鼠交配得到的F1代后代

一直困扰着研究人员的关于其全能性的疑惑。iPS技术不仅是研究细胞重编程的重要工具，为重编程研究提供模型；它更为深入理解人类疾病产生的根源以及疾病的治疗提供了途径。第一只iPS小鼠被命名为“小小”，它代表着小鼠的娇小、可爱，同时它也表明“小小”的生命体可以体现出巨大的科学价值；“小小”的出生只是推动干细胞研究领域发展的一小步，而它所蕴含的科学意义，将能够在未来转化成为再生医学发展的一大步。

参考文献

1 Zhao X Y, Li W, Lv Z, et al. iPS cells produce viable mice through tetraploid complementation. Nature, 2009, 461: 86～90

2 Yamanaka S. Induction of pluripotent stem cells from mouse fibroblasts by four transcription factors. Cell Prolif, 2008, 41 (Suppl) 1: 51～56

3 Takahashi K, Tanabe K, Ohnuki M, et al. Induction of pluripotent stem cells from adult human fibroblasts by defined factors. Cell, 2007, 131(5): 861～872

4 Yu J, Vodyanik M A, Smuga-Otto K, et al. Induced pluripotent stem cell lines derived from human somatic cells. Science, 2007, 318(5858): 1917～1920

iPS Cells Produce Viable Mice Through Tetraploid Complementation

Li Qing, Zeng Fanyi, Zhou Qi

The research group used viral vectors to introduce four genes into mouse fibroblast cells to reprogram these somatic cells into pluripotent cell in order to create iPS cells.

After carrying out a standard set of tests to check whether the reprogramming had worked, we confirmed that they have generated 37 iPS cell lines. Then we tested the pluripotency of these iPS cell lines by tetraploid complementation and 6 of 37 iPS cell lines generated 27 live mice. 12 mice that were mated produced healthy offspring. For now, they have got hundreds of second generation and more than 100 third-generation mice which were healthy and viable.

中国科学院动物研究所周琪研究员领导的研究组和上海交通大学医学院曾凡一教授领导的研究组首次利用iPS细胞，通过四倍体囊胚注射得到存活并具有繁殖能力的小鼠，从而在世界上第一次证明了iPS细胞的全能性。该工作为进一步研究iPS技术在干细胞、发育生物学和再生医学领域的应用提供了技术平台，将iPS细胞研究推进到了一个新的高度。相关研究成果在线发表于英国《自然》杂志。

4.13 发现调控Polycomb Group蛋白新机制

岳 锐 裴 钢

（中国科学院上海生命科学研究院生物化学与细胞生物学研究所）

脱氧核糖核酸（DNA）是生命体中最基本的遗传物质，而基因作为具有遗传效应的DNA分子片段，能够转录成为信使核糖核酸（mRNA）并通过指导蛋白质的合成来表达其所携带的遗传信息。一个有趣的现象是，虽然生命个体中存在着成百上千种功能各异的细胞，但每一种细胞中的DNA组成却是基本一致的。这充分表明单纯的DNA序列并不能够反映全部的遗传信息，生命的千姿百态有赖于更复杂、更高层次的编码和调控。针对这一科学问题的研究因有别于传统的遗传学，而被称为表观遗传学（epigenetics）。研究发现，带有负电荷的DNA是缠绕在一类叫做组蛋白的富含正电荷的蛋白上，形成“念珠状”的高级结构而存在于细胞核内的。组蛋白在经过不同种类的化学修饰后，能够开放或者关闭缠绕在其周围的基因，从而提供了一种调控基因表达的“分子开关”[1]。这一现象的发现大大加深了人们对于遗传信息表达的解读与认识，然而究竟是哪些蛋白参与了组蛋白的修饰，这些蛋白本身又受到哪些复杂而又精细的调控则成为现阶段一个重大的科学问题。

Polycomb Group (PcG)蛋白是一类重要的表观遗传抑制因子，它们首先在果蝇中被发现，并在斑马鱼、小鼠和人类等多种高等动物中高度保守。PcG蛋白的经典功能是在发育过程中调控*hox*基因的时空表达，从而建立正确的头尾分布模式。近年来，PcG蛋白又被证明在细胞增殖、干细胞全能性维持、癌症发生、基因印迹和X染色体失活等多种生命过程中发挥了重要作用[2]。PcG蛋白能够形成两类经典的转录抑制复合物PRC1和PRC2，它们分别能够催化组蛋白H2A第119位赖氨酸的泛素化（ubH2A）和组蛋白H3第27位赖氨酸的三甲基化（3MetH3K27），这两种组蛋白修饰能够协同促进下游基因的稳定沉默。最近，第三种PcG复合物PhoRC被发现，该复合物因包含识别特异DNA序列功能的蛋白YY1，从而能够招募PRC2或者PRC1到特定基因启动子区行使沉默功能。2006年4月，国际著名学术期刊《细胞》和《自然》同时报道了PcG蛋白在胚胎干细胞全基因组范围内的定位情况，发现PcG蛋白是胚胎发育过程中一系列调控蛋白的掌控者[3, 4]（regulators' regulator），但是其调节机制尚不清楚。因此，这一研究方向成为当今发育生物学以及表观遗传学领域的热点之一。

中国科学院上海生命科学院生物化学与细胞生物学研究所裴钢院士领导的研究组经过长期研究发现，PcG蛋白的基因沉默作用受到一种多功能信号蛋白β-arrestin1的调控[5]。我们首先在斑马鱼中成功分离克隆到β-arrestin1基因，并证明它不仅在进化上相当保守，而且在斑马鱼早期胚胎发育中至关重要。紧接着，我们利用全胚胎原位杂交、基因表达芯片和定量PCR等技术充分证明，在斑马鱼中特异性抑制β-arrestin1表达会导致严重的造血异常（图1）。有趣的是，我们所观察到的这些基于整体及分子水平的表型与重要造血基因*cdx4*的突变体的表型十分相似，暗示了β-arrestin1有可能通过影响*cdx4*的基因表达进而调控造血发育。接下来的实验表明β-arrestin1的缺失确实能够导致*cdx4*及其下游*hox*基因的表达下降，而且如果向斑马鱼中重新补充*cdx4*、*hoxa9a*或者*hoxb4a*基因则能够恢复β-arrestin1缺失所引起的造血异常，从而有力地证明了*cdx4-hox*信号通路的确受到β-arrestin1调控。为了进一步寻找分子机制，我们利用酵母双杂交技术高通量筛选与β-arrestin1相互结合的重要蛋白，并惊喜地发现PcG蛋白招募者YY1能够与之相互作用，而且找到了不与YY1结合的β-arrestin1突变体。我们利用激光共聚焦显微镜以及胚胎染色质沉淀技术显示β-arrestin1能够影响YY1的核质定位，当在斑马鱼中抑制β-arrestin1的表达时，YY1、PRC2核心组分Suz12以及相应的转录抑制性组蛋白修饰H3K27me3在*cdx4*、*hoxa9a*和*hoxb4a*启动子区的结合明显增加，而转录激活性的组蛋白修饰H3K4me3则明显减少。加入β-arrestin1 mRNA能够抑制这一趋势，而7M β-arrestin1 mRNA（7M β-arrestin1包含7个氨基酸点突变）不具有这一能力[图2(a～d)]。此外，野生型β-arrestin1 mRNA能够很大程度上恢复β-arrestin1 morphant的正常表型[图2(e)]，以及*cdx4*、*gata1*和*scl*的正常表达[图2(f～n)]，而7M β-arrestin1 mRNA的加入与β-arrestin1 morphant无明显差异。这些结果充分表明β-arrestin1通过解除PcG蛋白的

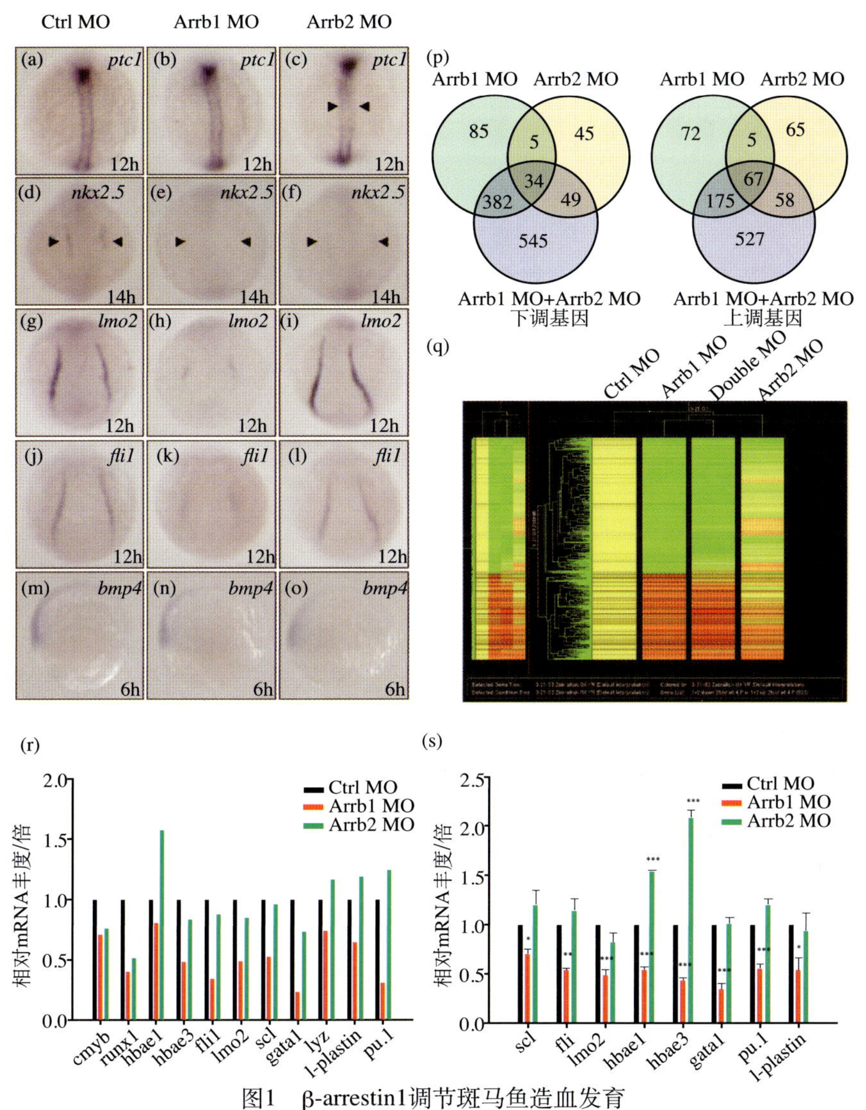

图1 β-arrestin1调节斑马鱼造血发育

(a～o)利用全胚胎原位杂交实验（WISH）分析斑马鱼β-arrestin1和β-arrestin2缺失后不同器官标志基因的表达变化，箭头指示了表达明显变化之区域；(p)基因表达芯片的文氏图分析；(q)基因表达芯片的聚类分析；(r)芯片数据显示造血相关基因在β-arrestin1而不是β-arrestin2 morphant中下调；（s）实时定量PCR验证芯片中的部分结果

三次独立实验的结果表示为means ± s.e.m.。*代表$P < 0.05$；**代表$P < 0.01$；*** 代表$P < 0.001$

抑制作用促进了中胚层向血液方向的分化。

此项研究不仅首次揭示了信号蛋白β-arrestin1在造血系统发育过程中的新功能，而且发现了脊椎动物体内调控PcG蛋白功能的一种新机制。以往的研究虽然已经充分

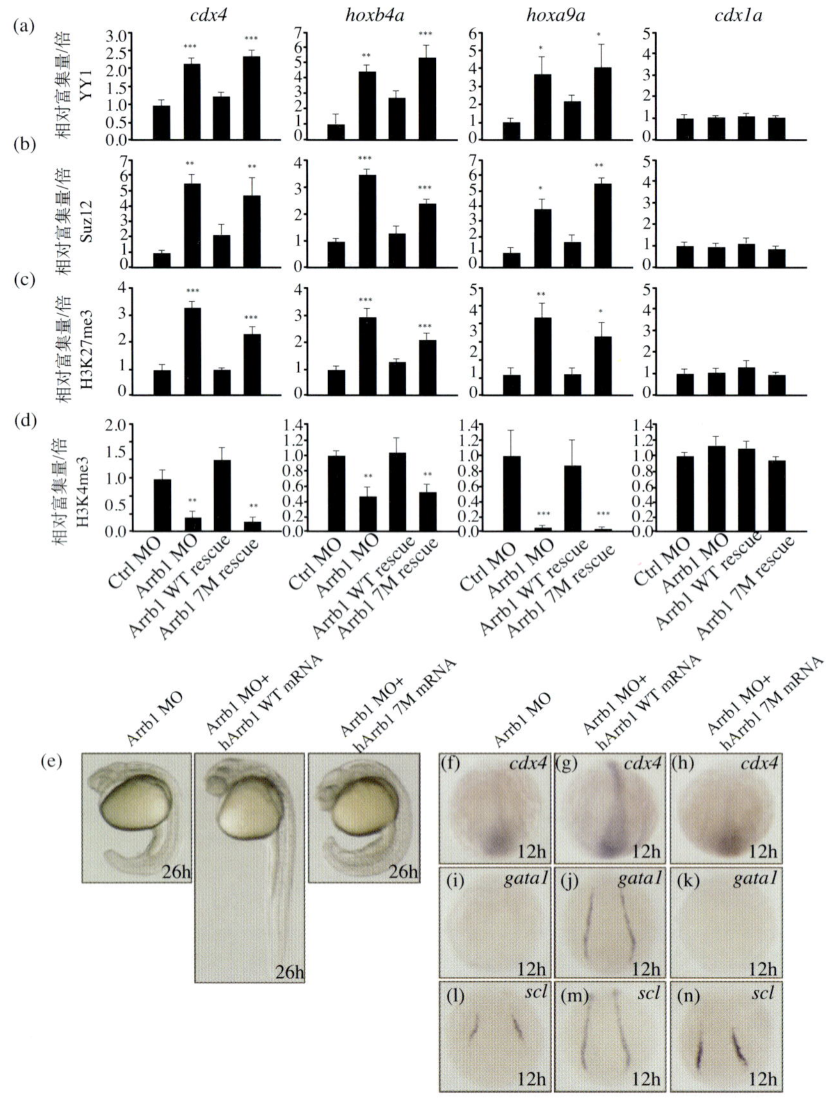

图2 β-arrestin1通过与YY1相互作用调控PcG及*cdx4-hox*通路

(a～d)不同状态下YY1 (a)、Suz12 (b)、H3K27me3 (c) 和H3K4me3 (d) 在*cdx4*、*hoxb4a*、 *hoxa9a*和*cdx1a*基因启动子区的富集情况；(e) 7M突变体mRNA不能恢复β-arrestin1 morphant的正常表型；(f～n) 7M突变体不能恢复造血标志基因*cdx4*、*gata1*和*scl*的正常表达

证明了PcG蛋白本身在表观遗传学以及发育调控中的作用，然而对于PcG的动态调控机制却知之甚少。这一研究成果第一次发现β-arrestin1与PcG招募分子YY1的结合能够影响PcG的基因沉默功能，从而加深了人们对β-arrestin1调控基因转录的认识以及对PcG蛋白影响脊椎动物胚胎发育过程的理解。上述研究成果被国际同行以及评审专

家评价为"非常有趣，尤其是发现了β-arrestin1是*cdx4-hox*信号通路的上游分子"，"将会对Polycomb研究领域产生深远的影响"，相关研究论文已经于2009年10月30日发表在国际著名学术期刊《细胞》杂志上。该项研究工作得到了科技部、国家自然科学基金委员会、中国科学院、上海市科学技术委员会的经费支持以及国家斑马鱼模式动物中心的大力协助。

参 考 文 献

1 Kouzarides T. Chromatin modifications and their function. Cell, 2007, 128(4): 693～705

2 Schuettengruber B, et al. Genome regulation by polycomb and trithorax proteins. Cell, 2007, 128(4): 735～745

3 Lee T I, et al. Control of developmental regulators by Polycomb in human embryonic stem cells. Cell, 2006, 125(2): 301～313

4 Boyer L A, et al. Polycomb complexes repress developmental regulators in murine embryonic stem cells. Nature, 2006, 441(7091): 349～353

5 Yue R, et al. Beta-arrestin1 regulates zebrafish hematopoiesis through binding to YY1 and relieving polycomb group repression. Cell, 2009, 139(3): 535～546

β-arrestin1 Regulates Zebrafish Hematopoiesis Through Binding to YY1 and Relieving Polycomb Group Repression

Yue Rui, Pei Gang

β-arrestin1 is a multifunctional protein critically involved in signal transduction. Recently, it is also identified as a nuclear transcriptional regulator, but the underlying mechanisms and physiological significance remain to be explored. Here, we identified β-arrestin1 as an evolutionarily conserved protein essential for zebrafish development. Zebrafish embryos depleted of β-arrestin1 displayed severe posterior defects and especially failed to undergo hematopoiesis. In addition, the expression of *cdx4*, a critical regulator of embryonic blood formation, and its downstream *hox* genes were down-regulated by depletion of β-arrestin1, while injection of *cdx4*, *hoxa9a* or *hoxb4a* mRNA rescued the hematopoietic defects. Further mechanistic studies revealed that β-arrestin1 bound to and sequestered the polycomb group (PcG) recruiter YY1, and relieved PcG-mediated repression of *cdx4-hox* pathway, thus regulating hematopoietic lineage specification. Taken together, this study demonstrated a critical role of β-arrestin1 during zebrafish primitive hematopoiesis, as well as an important regulator of PcG proteins and *cdx4-hox* pathway.

中国科学院上海生命科学研究院生物化学与细胞生物学研究所裴钢院士领导的研究组研究发现，多功能的信号蛋白β-arrestin1在斑马鱼中高度保守，其缺失会导致原始性造血异常，并且β-arrestin1能够结合PcG招募蛋白YY1，促进中胚层向造血细胞方向的分化。该研究首次揭示了β-arrestin1在脊椎动物造血发育过程中的新功能，并发现了脊椎动物体内调控PcG蛋白功能的新机制。相关研究成果发表于美国《细胞》杂志。

4.14 与重大疾病相关的膜蛋白的结构生物学

施一公
（清华大学生命科学学院）

一、结构生物学

结构生物学是利用X射线衍射晶体学、电镜技术和核磁共振技术研究生物大分子（包括蛋白质、DNA、RNA等）以及生物大分子机器（如核糖体）功能与结构的现代生命科学的一个重要分支。在现代生命科学史上，结构生物学占有重要的地位。DNA双螺旋模型的建立主要依赖于X射线晶体衍射的数据，是迄今最伟大的现代生命科学的发现；而血红蛋白的晶体结构的解析则被认为是现代分子生物学开始的标志。结构生物学不仅对我们了解基本的生命过程提供了不可取代的重要信息，而且还可以在原子分辨率水平上展示生物大分子的工作机制，提供清晰的药物靶点，因而也是现代制药企业必设的研发分支。

二、膜蛋白的结构生物学

所有生物细胞都是由细胞膜保护包围起来。细胞中的各种细胞器，如线粒体、细胞核、内质网等都是由磷脂双层膜界定。除去磷脂之外，细胞膜上有大量的蛋白（膜蛋白），负责细胞或细胞器与内外环境的信息沟通、营养或代谢产物的运输等。人类基因组中编码蛋白的所有基因约有30%编码膜蛋白[1]。膜蛋白在一切生命过程中起着关键作用，具有重要的生理功能。而且，膜蛋白与许多重要疾病，诸如阿尔茨海默病、心血管疾病、癌症等有直接联系，据统计，目前市场药物中50%以上的药物靶点是膜蛋白。

但是，与膜蛋白的重要性及其在人类基因组所占比重形成强烈反差的是，我们对于膜蛋白结构与功能的了解极其贫乏。例如，迄今为止在蛋白质数据库(protein data bank)中共收录蛋白质及其他大分子结构6万多个，其中膜蛋白结构仅有不到600个，还不到所有已知结构的1%，而这其中特异的结构又仅有200多个。更为急迫的是，膜蛋白中绝大多数家族，包括许多具有极其重要生理功能、与人类疾病直接相关的膜蛋白还没有原子分辨率的结构。对膜蛋白结构与功能研究的缓慢进展极大地限制了现代生命科学的发展，也极大地限制了我们对重要疾病致病机制的了解。

基于膜蛋白结构的重要意义，任何一个新颖的膜蛋白的结构研究成果都会引起生命科学研究领域的高度关注，基本都发表在《自然》、《科学》等公认的国际权威学术杂志上。麦金农（Roderick MacKinnon）和阿格雷（Peter Agre）因为成功解析了钾离子和水分子通道的结构而获得了2002年诺贝尔化学奖。2007年10月，美国2个研究组合作解析出重组G蛋白偶联受体（GPCR，β-Adrenergic Receptor）的结构连续在《自然》、《科学》上发表了3篇研究论文[2~4]，并且立即在当年12月被《科学》评为2007年十大科学进展之一[5]。

简而言之，对于膜蛋白的结构生物学研究代表了当今结构生物学领域的最前沿，是公认的生命科学研究的重点和热点之一。可以预见，结构生物学研究未来方向中举足轻重的一个分支是研究具有重大科学价值且与重要疾病直接相关的一系列膜蛋白的结构与工作机制，同时深入研究膜蛋白重组表达、纯化以及结晶的规律，以期获得膜蛋白结构生物学研究方法上的突破。这些工作的完成将不仅解决一批重大科学问题，并将促进基于生物大分子结构的新药研发。

三、国内膜蛋白结构生物学研究现状和水平

我国从事膜蛋白结构生物学的研究起步比较晚，但已经取得了一些可喜的成绩，为大力发展膜蛋白结构生物学奠定了基础。例如，2004年中国科学院生物物理研究所常文瑞院士领导的研究组成功解析了菠菜中主要捕光蛋白复合物的高分辨率结构，研究成果发表于《自然》[6]；2005年，清华大学饶子和院士领导的研究组成功解析了呼吸链中复合物的高分辨率结构，研究成果发表于《细胞》[7]。然而这两个结构都是直接提取生物内源蛋白进行纯化结晶。在2009年之前，中国对于重组膜蛋白的结构生物学研究还处于空白阶段。

令人鼓舞的是，我国一批中青年结构生物学家开始了对膜蛋白进行系统的结构与

功能的探索研究。2008年，由我牵头的包括清华大学、中国科学院生物物理研究所、中国科学技术大学和中国农业大学在内的几个课题组联合申请的“与重要疾病相关膜蛋白的结构和功能”项目获得了国家“973”重大课题的资助，这是我国第一次大规模资助膜蛋白的结构生物学研究，并且迅速在2009年取得可喜的成果。

我们研究组成功地解析了在毒性大肠杆菌肠胃耐酸性保护机制中起重要作用的AdiC异向共转蛋白在两种状态下具有不同构象的结构，揭示了AdiC对于底物识别和转运的机制。研究成果分别发表于《科学》和《自然》[8,9]。此外，我们研究组与颜宁教授的研究组合作解析了甲酸离子通道FocA的结构，意外地发现FocA单体竟然具有与水通道相似的结构，这项发现为研究膜蛋白的进化提供了重要线索，以更有影响力的论文（article）的形式发表于《自然》[10]。这几项工作标志着我国的膜蛋白结构生物学研究进入了重组蛋白时代。

在完成上述课题的过程中，我们研究组训练出来一批年轻的对膜蛋白结构生物学有很好掌握的研究人员。我们目前正在专注于与阿尔茨海默病有直接关系的γ-Secretase膜蛋白复合物的结构与功能研究。

参 考 文 献

1 Wallin E, von Heijne G. Genome-wide analysis of integral membrane proteins from eubacterial, archaean, and eukaryotic organisms. Protein Sci, 1998, 7: 1029～1038

2 Rasmussen S, et al. Crystal structure of the human beta2 adrenergic G-protein-coupled receptor. Nature, 2007, 450: 383～387

3 Rosenbaum D M, et al. GPCR engineering yields high-resolution structural insights into beta2-adrenergic receptor function. Science, 2007, 318(5854): 1266～1273

4 Cherezov V, et al. High-resolution crystal structure of an engineered human beta2-adrenergic G protein-coupled receptor. Science, 2007, 318: 1258～1265

5 Science T.N.S.o. Breakthrough of the year: the runners-up. Science, 2007, 318: 1844 ～1849

6 Liu Z, et al. Crystal structure of spinach major light-harvesting complex at 2.72Å resolution. Nature, 2004, 428: 287～292

7 Sun F, et al. Crystal structure of mitochondrial respiratory membrane protein complex II. Cell, 2005, 121: 1043～1057

8 Gao X, et al. Structure and mechanism of an amino acid antiporter. Science, 2009, 324: 1565～1568

9 Gao X, et al. Mechanism of substrate recognition and transport by an amino acid antiporter. Nature, 2010 (AOP: doi:10.1038/nature08741)

10 Wang Y, et al. Structure of the formate transporter FocA reveals a pentameric aquaporin-like channel. Nature, 2009, 462: 467～472

Structural Investigation of Pathogenesis-related Membrane Proteins

Shi Yigong

It's estimated that approximately 30% of the coding genes of human genome are for integral membrane proteins. Membrane proteins, with their physiological significance, play vital roles in almost all the aspects of life. Membrane proteins are also directly involved in the pathogenesis of many deleterious diseases, such as Alzheimer's disease, cardiovascular diseases and cancer. Hence, it's not surprising that over 50% of the available drugs target membrane proteins. To understand the structure and function of membrane proteins is one of the cutting-edge frontiers in biomedical research. However, in contrast to the significance of membrane proteins in both basic research and pharmaceutical applications, the structural study of membrane proteins has been very slow due to technical difficulties. Our goal is to determine the structure of membrane proteins with significant physiological relevance, and to explore generic approaches in the structural and biochemical investigation of membrane proteins.

清华大学施一公教授领导的团队研究发现，通过生物化学和结构生物学手段，底物被膜蛋白酶S1P水解后暴露出的C端氨基酸对膜蛋白酶S2P的活性调节能够发挥重大作用。该研究成果为理解包括与阿尔茨海默病密切相关的γ-分泌酶在内的受控膜内蛋白水解的调节机制做出了突破性贡献。

4.15 表观遗传调控乳腺癌转移的新机制

尚永丰

（北京大学基础医学院生物化学与分子生物学系）

乳腺癌是女性最常见的恶性肿瘤之一，在许多国家和地区发病率已居女性恶性肿瘤的首位。全球每年乳腺癌的新发病例已超过100万，占女性新发恶性肿瘤的20%，并约以2%的速度逐年递增[1]。在我国许多城市，乳腺癌发病率也已跃居妇女癌症发病首位，且呈逐年上升和年轻化趋势。乳腺癌的发生并不是单一因素造成的，患者的年龄、遗传基因、生育状况、激素的使用、生活习惯以及环境等因素都是引起乳腺癌的致病因素。乳腺癌的转移则是导致乳腺癌患者死亡的主要原因。因此，从根本上揭示乳腺癌发生、发展及转移的致病机制将为乳腺癌的预防和治疗提供有力的依据，将为乳腺癌药物的研发提供理论基础。

表观遗传学主要研究在基因序列没有发生改变的情况下所导致的可以遗传的表型变异的机制。在真核生物细胞核中，大约146个碱基对长的DNA缠绕着核心组蛋白八聚体形成核小体，是染色质的基本单位。与染色质DNA紧密缠绕的组蛋白可发生多种化学修饰，包括乙酰化、甲基化、磷酸化等[2]，其对转录调控的影响是表观遗传学的重要研究方向之一。这些组蛋白翻译后修饰调节着染色质的凝集状态从而调控转录的开启或关闭。例如，组蛋白赖氨酸的乙酰化修饰使染色质结构松散，加速基因转录；而去乙酰化修饰则抑制转录。组蛋白甲基化修饰的结果则相对复杂，根据效应因子的不同，可以增强转录，也可以抑制转录。特异性的酶催化组蛋白的这些化学修饰，它们在体内存在特异的靶基因并对细胞生物学行为产生广泛的影响。研究组蛋白化学修饰酶在细胞内如何调节转录，进而研究其如何影响癌症的发生、发展及转移的过程是当今生命科学的前沿课题之一。

赖氨酸特异性去甲基化酶1（LSD1）是第一个被发现的组蛋白去甲基化酶，在基因转录调控方面有着广泛的作用。近期的研究发现LSD1与多种肿瘤的发生发展高度相关，提示这一看似简单的酶在生理病理上有着复杂的作用机制[3]。我们在近几年的研究中利用生物化学、分子生物学、细胞生物学、基因组学、临床标本实验和动物实验等综合技术手段，证明LSD1是核小体重塑及组蛋白去乙酰化复合体Mi-2/NuRD复合体的一个内在亚基；利用染色质免疫共沉淀-DNA筛选和连接（chromatin immunoprecipitation-DNA selection and ligation，ChIP-DSL)技术，我们发现赖氨酸特异性去甲基化酶1/核小体重塑及组蛋白去乙酰化复合体(LSD1/NuRD)调控是以TGFβ1（转化生长因子β1）为代表的一系列在上皮－间质细胞转换（epithelial-to-mesenchymal transition）中起关键作用的基因。上皮－间质细胞转换是乳腺癌发生转移的关键步骤[4]。由于TGFβ1在乳腺癌细胞的上皮－间质细胞转换以及侵袭和转移等过程中均发挥重要的促进作用[5]，因此LSD1/NuRD复合体对TGFβ1的调控有着重要的病理生理学意义。在进一步研究探索中，我们不但发现LSD1在体内、体外均能抑制乳腺癌的侵袭和转移，而且通过对人乳腺癌病例样本的分析表明，癌灶中LSD1水平与正常癌旁组织相比明显下调且与TGFβ1的水平显著负相关。从而证明LSD1这一表观遗传调控因子在抑制乳腺癌转移中有着非常重要的作用。

该研究表明LSD1是一个NuRD复合体的成员，首次将组蛋白去乙酰化和组蛋白去甲基化这两种重要的组蛋白修饰联系起来。由于LSD1的加入，NuRD复合体在之前的染色质重塑ATP酶和组蛋白去乙酰化酶的两种活性的基础上又增加了组蛋白去甲基化酶的活性，揭示了组蛋白去乙酰化和组蛋白去甲基化这两种重要的组蛋白修饰在染色质重塑中相互协调作用的机制，对认识表观遗传调控的分子机制具有开创性的理论意义。此外，该研究显示LSD1能够抑制乳腺癌的转移，为乳腺癌转移的干预提供了新的可能的分子靶点。2009年8月21日出版的国际著名学术期刊《细胞》发表了该研究成果，并得到《细胞》审稿专家、国际同行的高度评价，认为此发现“意义重大”，“令人激动”。

目前，虽然乳腺癌的普查和预防已经引起了社会各界的广泛关注，但从根本上预防乳腺癌的发生和寻找更有效的治疗方法仍然是科学家和医护人员等所面临的巨大挑战。我们的研究成果对于乳腺癌转移机制也只是冰山一角，我们将继续致力于包括乳腺癌在内的重大疾病的研究，希望为这些疾病的治疗和预防带来曙光。

参 考 文 献

1　McPherson K, Steel C M, Dixon J M. ABC of breast diseases. Breast cancer-epidemiology, risk factors, and genetics. BMJ, 2000, (321): 624～628

2　Kouzarides T. Chromatin modifications and their function. Cell, 2007, (128): 693～705

3　Shi Y. Histone lysine demethylases: emerging roles in development, physiology and disease. Nat Rev Genet, 2007, (8): 829～833

4　Thiery J P. Epithelial-mesenchymal transitions in tumour progression. Nat Rev Cancer, 2002, (2): 442～454

5　Massagué J. TGFβ in cancer. Cell, 2008, (134): 215～230

Epigenetic Mechanism for Breast Cancer Metastasis

Shang Yongfeng

Breast cancer is the most common malignancy in women, and metastasis represents the major cause of patient's death. Lysine-specific demethylase 1 (LSD1) exerts pathway-specific activity in animal development and has been linked to several high-risk cancers. We reported that LSD1 is an integral component of the Mi-2/nucleosome remodeling and deacetylase (NuRD) complex. Transcriptional target analysis revealed that the LSD1/NuRD complexes regulate several cellular signaling pathways including TGFβ1 signaling pathway that are critically involved in cell proliferation, survival, and epithelial-to-mesenchymal transition. We demonstrated that LSD1 inhibits the invasion of breast cancer cells *in vitro* and suppresses breast cancer metastatic potential *in vivo*. We found that LSD1 is down-regulated in breast carcinomas and that its level of expression is negatively correlated with that of TGFβ1. Our study provides a molecular basis for the interplay of histone demethylation and deacetylation in chromatin remodeling. By enlisting LSD1, the NuRD complex expands its chromatin remodeling capacity to include ATPase, histone deacetylase, and histone demethylase.

北京大学医学部生物化学与分子生物学系尚永丰教授研究小组研究发现，组蛋白去甲基化酶LSD1能抑制乳腺癌的侵袭和转移，从而揭示了LSD1这一表观调控因子在抑制乳腺癌转移中具有非常重要的作用。相关研究成果发表在美国《细胞》杂志上。

4.16 人源5,10-次甲基四氢叶酸合成酶及复合物的结构与功能研究

武　栋　刘志杰

（中国科学院生物物理研究所生物大分子国家重点实验室）

叶酸(folate)是20世纪40年代被发现的水溶性B族维生素。叶酸介导的单碳代谢途径存在于从微生物到高等植物、动物的生命活动中，并且在很多生理活动中起着非常重要的作用。叶酸只能在原核生物、酵母、植物中合成，但却是人体必需的。因此，人类只能从膳食中摄入。叶酸依赖型单碳代谢途径中的酶催化反应为生命活动中一些重要代谢反应，如嘌呤、胸苷和氨基酸合成，提供碳单元。此代谢途径对细胞的发育和增殖非常重要，而且代谢途径中涉及的酶类，长期以来就被用作癌症治疗。目前，抗叶酸药物不仅被用作化疗药物，也在治疗风湿性关节炎和银屑病等疾病中发挥作用[1,2]。

5,10-次甲基四氢叶酸合成酶（MTHFS）存在于很多生物中，包括细菌、植物、动物，表明其在叶酸代谢中具有很重要的作用。目前对叶酸代谢途径中多种重要蛋白的酶学特征研究结果显示，5-甲基四氢叶酸是目前已知的唯一热动力学稳定的还原型叶酸衍生物，并且没有被直接用于单碳载体。叶酸的衍生物在生理环境中不稳定，在体内多以结合在蛋白上的形式存在。叶酸依赖型单碳代谢网络一个非常显著的特点是：酶反应链

中存在着底物流传递，即底物与酶结合后发生反应，反应完成后的产物并不与酶分离，而是以这种结合状态传递到下一个酶反应中[3~5]。

我们采用X射线衍射的方法研究人源MTHFS（hMTHFS）晶体的原子水平结构。通过反复试验，先后成功结晶和解析了hMTHFS与ADP结合的二元复合物、hMTHFS与N5-亚胺磷酸中间态结合的二元复合物、hMTHFS与谷氨酸结合的复合物以及hMTHFS与酶反应产物结合的复合物的三维精细结构。

从hMTHFS的整体结构上看，尤其是结合有N5-亚胺磷酸的复合物结构，提供了清晰的 hMTHFS 催化5-甲酰四氢叶酸不可逆转化为5, 10-次甲基四氢叶酸的催化机制。有研究推测这个催化过程包含2个阶段，形成2个中间态。N5亲核攻击ATP 的 γ -磷酸形成第一个中间态N5-亚胺磷酸中间态。第二个亲核攻击反应发生在分子内，由分子的N10与N5-亚胺磷酸的N5连接，形成一个四面体中间态磷酸咪唑啉。在晶体结构中，存在着第一个反应中间态不仅证明了此中间态的存在，更重要的是使我们了解到N10是如何发起这个对N5的亲核攻击。蝶呤环的氨基端被E63限定，而蝶呤环的任何向下的移动都被它下面的Y153氨基酸残基所限定。底物的pABA环与W109 和K150形成氢键，谷氨酸的牢固结合进一步限制了pABA环的移动。从复合物的三维结构上我们可以看出：N10 氮可以通过蝶呤环绕C6位置的向上运动部分接近 N5氮。在中间态的复合物中，蝶呤环与侧链在C6位置互相垂直来完成与Y152形成堆积作用。由于蝶呤环的移动，使得 pABA 环在C9位置扭转。在蝶呤环向上移动后，这个扭转使得N10接近于N5且发动亲核进攻，形成磷酸咪唑啉，进一步分解为5,10-次甲基四氢叶酸和无机磷酸[6]。

通过研究hMTHFS野生型的精细三维结构及其与底物及辅基的复合物结构，在原子水平探索该酶的催化机制，对于解释底物的专一性和对催化机制新的解释提供了有力的证据，为设计hMTHFS抑制物用来治疗癌症提供结构信息。

参 考 文 献

1　Appling D R. Compartmentation of folate-mediated one-carbon metabolism in eukaryotes. FASEB Journal, 1991, 5: 2645～2651

2　Fox J T, Stover P J. Folate-mediated one-carbon metabolism. Vitam Horm, 2008, 79: 1～44

3　Field M S, Szebenyi D M, Perry C A, et al. Inhibition of 5,10-methenyltetrahydrofolate synthetase. Arch Biochem Biophys, 2007, 458: 194～201

4　Huennekens F M, Henderson G B, Vitols K S, et al. Enzymatic activation of 5-formyltetrahydrofolate via conversion to 5, 10-methenyltetrahydrofolate. Adv Enzyme Regul, 1984, 22: 3～13

5　Jolivet J. Human 5,10-methenyltetrahydrofolate synthetase. Methods Enzymol, 1997, 281, 162～170

6 Wu D, Li Y, Song G J, et al. Structural basis for the inhibition of human MTHFS by N10-substituted folate analogues. Cancer Research, 2009, 69(18): 7294～7301

Studies on the Complex Structures and Functional Roles of 5,10-Methenyltetrahydrofolate Synthetase

Wu Dong, Liu Zhijie

The folate dependant one-carbon metabolic network supplies essential components for the growth and proliferation of cells. 5,10-Methenyltetrahydrofolate synthetase (MTHFS) regulates the flow of carbon through the network, and is a prime target for the development of anticancer therapeutics. Absence of the 3-dimensional structure of the human MTHFS (hMTHFS) has severely hampered the rational design of drugs that could aid cancer chemotherapy. We have captured a snapshot of the 5-iminium phosphate reaction intermediate bound to hMTHFS using X-ray crystallography. In addition, we have determined the structures of native hMTHFS, and a binary complex of hMTHFS with ADP. Using the structures of hMTHFS as a guide, we have probed the role of residues surrounding the substrate and ATP binding sites in catalysis by site directed mutagenesis. The ensemble of hMTHFS structures and the mutagenesis data yield a coherent picture of the MTHFS active site, determinants of substrate specificity and new insights into the mechanism of catalysis.

中国科学院生物物理研究所生物大分子国家重点实验室刘志杰课题组研究发现了人源5, 10-次甲基四氢叶酸合成酶(hMTHFS)的四种不同的复合物模型，首次揭示了hMTHFS催化反应活性位点的组成、参与催化反应的重要氨基酸以及催化反应的详细过程。该研究成果为基于结构的药物设计提供了宝贵的结构信息，为癌症化疗和代谢疾病治疗的新药研制奠定了基础。相关研究成果以封面文章的形式发表在国际癌症权威杂志《癌症研究》上。

4.17　日本血吸虫系统生物学研究

——为开发抗血吸虫药物及疫苗奠定理论基础

韩泽广

（国家人类基因组南方研究中心）

血吸虫病是一种严重危害人们健康的寄生虫感染疾病，目前仍在76个国家流行，尤其在一些发展中国家有蔓延趋势。近几年，血吸虫病在我国一些地区也有上升趋势。血吸虫病的病原体是血吸虫，在中国则主要是日本血吸虫。深入了解血吸虫生物学特征以及与宿主的相互关系有助于开发新型血吸虫病诊断方法、治疗药物和疫苗。

过去的研究对血吸虫生物学认识不全面，尤其缺乏在分子层次上对血吸虫生物学和致病特征的全面认识。随着基因组时代来临以及系统生物学理论和方法的建立，我们认识到这对血吸虫研究提供了新机遇，用系统生物学等“现代工具”研究古老疾病将会更深入和全面认识血吸虫生物学和致病特征（图1）。

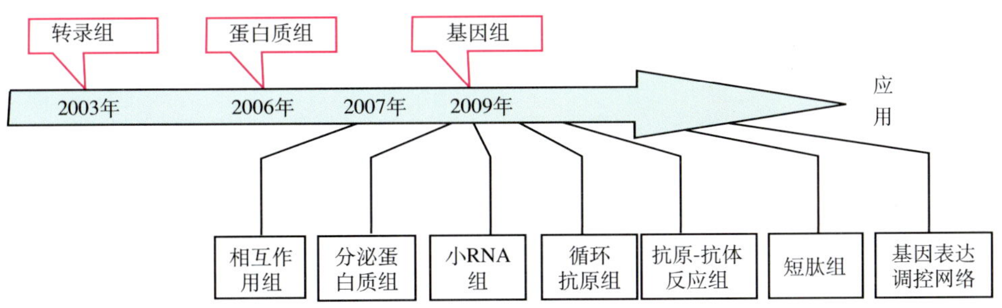

图1　日本血吸虫系统生物学研究

在国家“863”计划、“973”计划项目以及上海市科学技术委员会支持下，国家人类基因组南方研究中心协同中国疾病预防控制中心寄生虫病预防控制所等单位启动了日本血吸虫系统生物学研究计划。血吸虫生活史复杂，包含多个发育阶段，我们首先针对血吸虫生活史不同发育阶段进行转录组学研究，较全面地揭示了日本血吸虫生活史过程的基因表达特点并分离大量血吸虫基因，相关成果于2003年以全文形式发表在《自然·遗传学》（*Nature Genetics*），实现了日本血吸虫系统生物学研究的突破[1]。在此基础上，进一步开展蛋白质组学研究，利用高通量蛋白质组鉴定技术和策略第一次针对血吸虫不同发育阶段、性别、表皮和卵壳等进行大规模蛋白质鉴定并比较了血吸虫转录组和蛋白质组之间异同，这一成果无疑对血吸虫生物学特征认识更为深入[2]。我们注意到，蛋白质组研究还会对血吸虫与宿主相互作用提供独特的视角，于是采用特殊的研究策略研究血吸虫表皮上的宿主蛋白，发现天然免疫分子在血吸虫生活史中的多个阶段都会发挥作用[3]。另外，对血吸虫排泌的蛋白质组分析，发现蛋白质会参与调控宿主免疫系统、逃脱宿主免疫攻击[4]。

以上研究主要从基因组表达产物着手进行的，而基因组本身会蕴涵更丰富的信息，解析基因组会从根本上认识血吸虫生物学特征，为实现解析血吸虫基因组的这一重大目标，我们经过5年多的努力，完成了日本血吸虫基因组解析和功能分析工作，相关论文于2009年7月16日以全文形式发表在著名学术杂志《自然》上[5]。这一研究从基因组进化的高度，对认识血吸虫生物学特点、理解宿主与寄生虫的相互关系提供了系统的信息、知识和相关工具。正如匿名的同行评论："该论文代表了第一个扁形动物基因组序列，是寄生虫研究史上的里程碑。"研究显示，血吸虫基因组编码13 469个基因，与非寄生生物比较，血吸虫丢失了很多与营养代谢、生殖相关的基因，如脂肪酸、氨基酸、胆固醇和性激素合成基因等，这些营养物质必须从哺乳动物宿主获得；但扩充了有利于蛋白消化的酶类基因，反映了血吸虫适应寄生生活，与宿主协同进化的重要特性。研究还揭示，血吸虫具有与发育密切相关的多条重要分子信号途径，也具有原始中枢神经系统和较为完善的外周感觉神经系统，能接受周围环境发出的声、光、机械振动等信号，有助于攻击宿主并到达营养丰富的器官寄生。有意义的是，血吸虫具有类似哺乳动物下丘脑、垂体、甲状腺、性腺等神经内分泌器官样细胞，编码与生长、发育和成熟相关的内分泌激素受体，除了接受本身合成的内分泌激素外，还可以接受宿主的激素作用，依赖宿主内分泌激素的寄生（图2）。此外，血吸虫能编码并分泌弹力蛋白酶消化宿主如人、牛等的皮肤组织而进入体内形成危害。总之，血吸虫基因组测序和功能解析不仅极大地提高了人们对血吸虫生物学特征的认识，而且为开发血吸虫病诊断试剂、抗血吸虫药物和疫苗奠定了理论基础。

miRNA在机体发育、基因表达调控等方面发挥关键作用，它能调控靶基因转录本的稳定性和翻译效率。而目前对血吸虫miRNA知之甚少，因此，我们利用先进的新一代测序技术对血吸虫成虫和幼虫进行全基因组层面miRNA鉴定和分析，共鉴定176个新血吸虫miRNA，其基因组结构、转录调控方式和进化过程中碱基排列具有特征，代表miRNA古老进化特征[6]。

日本血吸虫系统生物学研究产生了大量数据，这些数据在国际公共数据库公开并免费使用将有力地促进血吸虫病这一重要传染病的相关诊断、治疗和预防的研究，为实现我国乃至全球范围控制和消除血吸虫病的战略目标提供了前所未有的生物信息资源和平台。同时，研究成果提高了我国寄生虫学研究在国际上的地位，我

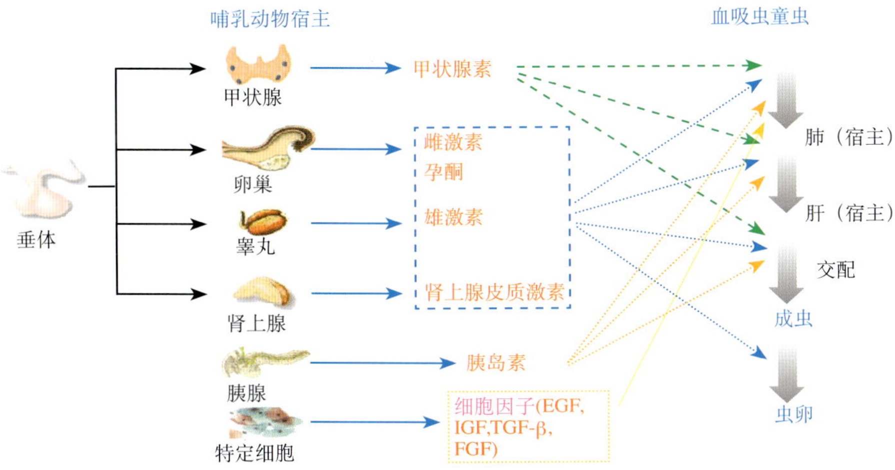

图2 血吸虫利用宿主内分泌激素及细胞因子

们受权威综述杂志《基因组和人类遗传学年鉴》（*Annual Review of Genomics and Human Genetics*）和《分子医学趋势》（*Trends in Molecular Medicine*）的邀请撰写了综述发表[7，8]。

然而，我们也认识到，日本血吸虫系统生物学研究还需要更深入。在基因组方面，需要完成精细基因组解析，研究其遗传变异对致病性的影响；在转录组和蛋白质组方面，需要对特定组织和细胞进行动态和定量分析；在筛选和鉴定血吸虫基因功能方面，期待大规模RNA干扰手段应用。这些目标的完成将推动新型血吸虫病治疗药物和疫苗的研究和开发，控制甚至消灭血吸虫病。

参考文献

1 Hu W, Yan Q, Shen D K, et al. Evolutionary and biomedical implications of a *Schistosoma japonicum* complementary DNA resource. Nature Genetics, 2003, (35): 139～147

2 Liu F, Lu J, Hu W, et al. New perspectives on the parasite-host interplay by comparative transcriptomic and proteomic analyses of the human blood fluke, *Schistosoma japonicum*. PLoS Pathogens, 2006, (2): e29

3 Liu F, Hu W, Cui S J, et al. Insight into the host-parasite interplay by proteomic study of host proteins copurified with the human parasite, *Schistosoma japonicum*. Proteomics, 2007, (7): 450～462

4 Liu F, Cui S J, Hu W, et al. Excretory/secretory proteome of the adult developmental stage of human blood fluke, *Schistosoma japonicum*. Molecular Cell Proteomics, 2009, (8): 1236～1251

5 The *Schistosoma japonicum* genome sequencing and functional analysis consortium. The *Schistosoma japonicum* genome reveals features of host-parasite interplay. Nature, 2009, (460): 345～351

6 Huang J, Pei Hao, Hui Chen, et al. Genome-wide identification of *Schistosoma japonicum* microRNAs using a deep sequencing approach. PLoS One, 2009, (4): e8206

7 Hu W, Brindley P J, McManus D P, et al. *Schistosome* transcriptomes: new insights into the parasite and schistosomiasis. Trends Molecular Medicine, 2004, (10): 217～225

8 Han Z G, Brindley P J, Wang S Y, et al. *Schistosoma* genomics: new perspectives on schistosome biology and host-parasite interaction. Annual Reviews Genomics Human Genetics. 2009, (10): 211～240

Systems Biology Analyses of *Schistosoma japonicum*

—A Foundation for Developing Antischistosomal Drugs and Vaccines Against Schistosomiasis

Han Zeguang

Schistosomiasis, caused by *Schistosoma japonicum*, remains one of the most prevalent and serious parasitic diseases in China. Systems biology analyses, including genome, transcriptome, miRNAs, and proteome, have been performed on *S. japonicum*. These investigations, in particular the decoded *S. japonicum* genome this year, have characterized the genomic structure, gene expression profiles, and proteomic features. The integrated information will provide a global insight into *Schistosom* biology, pathogenesis, and host-parasite interactions, as well as lay a foundation on which to develop new antischistosome vaccine, drug targets and diagnostic markers for control of schistosomiasis.

国家人类基因组南方研究中心韩泽广博士及其合作者经过5年多的努力，完成了日本血吸虫基因组解析和功能分析工作，从基因组进化的高度，对认识血吸虫生物学特点、理解宿主与寄生虫的相互关系提供了系统的信息、知识和相关工具。相关研究成果发表在英国《自然》杂志上。

4.18 我国甲型H1N1流感疫苗临床研究

朱凤才　汪　华　张雪峰

（江苏省疾病预防控制中心）

2009年初，新型甲型H1N1流感病毒在全球迅速蔓延，世界卫生组织（WHO）认定本次流感疫情已构成“公共卫生紧急状态”[1]，为此，开发和研制甲型H1N1流感疫苗，预防和控制新型甲型H1N1流感流行是全球急需解决的公共卫生问题。

我国紧急启动了疫苗研发工作，10个疫苗的研究生产单位积极协作，汇集各界科研精英，倾注于甲型H1N1流感疫苗研发工作。

2009年7月22日，我们在江苏省泰州市中国医药城率先对华兰生物研制的甲型H1N1流感疫苗进行临床研究。10月21日，其研究成果“一种新型甲型H1N1流感疫苗在各年龄人群中的观察”（*A novel influenza A (H1N1) vaccine in various age groups*）发表于国际权威学术期刊《新英格兰医学杂志》[2]（*New England Journal of Medicine*），随后12月16日，中国疾病预防控制中心梁晓峰等将中国10家甲型H1N1流感疫苗临床研究成果以题为“中国2009大流行流感甲型H1N1疫苗的安全性和免疫原性：一个多中心、双盲、随机、安慰剂对照临床试验”（*Safety and immunogenicity of 2009 pandemic influenza A H1N1 vaccines in China: a multicentre, double-blind, randomised, placebo-controlled trial*）发表在著名的《柳叶刀》（*Lancet*）[3]杂志上，这标志着中国不仅成为率先完成甲流疫苗临床试验的国家，也成为首批发表甲流疫苗临床研究论文的国家。

我们在泰州市的临床研究是选择无接种禁忌证的2200名3～77岁健康人群，对华兰生物疫苗有限公司研制的甲型H1N1流感疫苗进行了临床试验研究，探索科学合理的免疫剂量与免疫程序。研究者将研究人群分成四个年龄组：少儿组（3～11岁）440人，少年组（12～17岁）550人，成年组（18～60岁）660人，老年组（60岁以上）550人。每针次疫苗接种后进行系统的安全性观察和首针免疫后21天以及第二针免疫后14天的免疫原性评价。

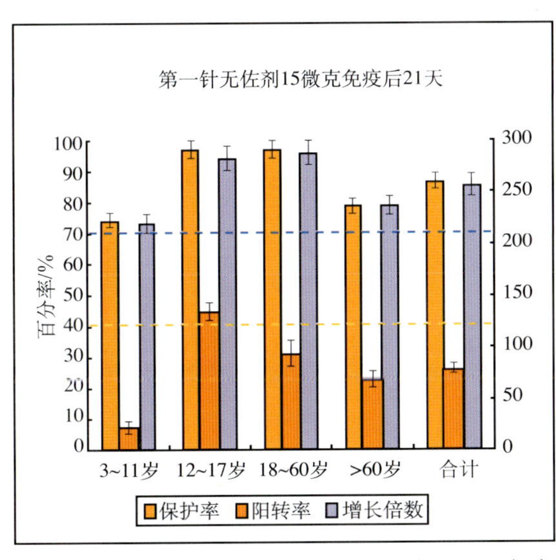

图1　无佐剂15微克甲型H1N1流感疫苗免疫后21天免疫效果

结果显示：疫苗接种后，受种者发生的局部和全身反应均以轻度反应为主，3级不良反应发生率在0～1.8%间，仅报告1起严重不良事件（此受种者所接种的是安慰剂，接种后当日出现房颤住院治疗），整个研究过程未发现疫苗相关的严重不良事件和偶合事件。以上数据充分表明，甲型H1N1流感疫苗对于少儿、少年、成人以及老人均具有良好的安全性。单剂量疫苗接种后，不含佐剂15微克组免疫后达到保护性水平的比例在74.5%～97.1%，抗体水平在 64.1～430.7间；儿童组接种第二剂针疫苗后抗体水平和增长倍数明显提高。结果提示单剂量无佐剂15微克剂量可以保护绝大多数的人群，为政府部门选择候选甲流疫苗提供了重要依据，对儿童组接种2剂量疫苗接种程序进行了探索，为进一步合理化实施预防接种提供了依据。

疫苗临床研究是疫苗产业化过程中必须经历的投入最大、风险最大、最为关键的决定性阶段，但由于我国以前对疫苗临床试验重视不够，使我国是研制生产各种疫苗的大国但不是真正的强国。因此，随着我国疫苗产业国际化的日益需求，迫切需要迅速提升我国疫苗临床研究的规范化程度以及临床研究的实验室技术支撑水平，对推动我国疫苗产业的高水平发展具有极其重要的意义。本次甲型H1N1流感疫苗临床研究在学术界引起了巨大的反响和全球的关注，表明了我国疫苗自主研发水平达到国际先进水平且具有如下鲜明特点：

一是全球最早的甲型H1N1流感疫苗临床试验。中国在2009年6月收到世界卫生组织发来的甲流疫苗株，7月22日，江苏省疾病预防控制中心在全球范围内率先进行了临床试验。

二是全球比较完善的甲型H1N1流感疫苗临床试验。该研究选择了随机、双盲和安慰剂对照的设计，较其他同类研究设计更为严谨、方案最为缜密。由于选择的受试人群本底感染率较低，使得研究结果更具科学性。

三是全球最大的甲型H1N1疫苗临床试验。该研究选取的2200名研究对象是迄今为止进行的甲型H1N1流感疫苗临床试验人数最多、人群年龄分组最为全面的试验。研究人群年龄范围涵盖3～77岁，各年龄段人群和性别均衡分布，该研究结果更具有人群的代表性。

四是全球甲型H1N1流感疫苗临床试验种类最为齐全。包括了含佐剂和不含佐剂、3个剂量组（7.5微克、15微克、30微克剂量），使得候选的疫苗种类更加丰富和全面。

10月22日，中央电视台新闻联播作了题为“我国甲型H1N1流感疫苗研究达国际领先水平”的报道，指出“国际权威刊物《新英格兰医学杂志》21日刊登了我国生产的甲型H1N1流感疫苗临床报告，结果显示，疫苗的安全性和有效性均达国际先进水平”。

该临床研究结果为全球甲型H1N1流感疫苗临床研究提供了宝贵的数据和借鉴，在全球引起了很大反响。2009年11月《自然》杂志向此领域研究者重点推荐；美国弗雷德-哈钦森癌症研究中心（Fred Hutchinson Cancer Research Center）的国际知名生物统计学家伊拉·伦奇尼（Ira Longini）惊叹道，中国率先生产出甲型H1N1流感疫苗是“一个令人印象深刻的成绩”。

各国通过该论文了解到中国甲型H1N1流感疫苗的研制成功，其后，包括亚洲、美洲、非洲在内的多个国家和地区的相关机构和经销厂商纷纷同中国接洽，就新型H1N1流感疫苗的生产、研发进行更深层次的学术交流与合作。

参考文献

1 World Health Organization. New influenza A/H1N1 virus: global epidemiological situation, June 2009. Wkly Epidemiol Rec, 2009, (84): 249～257

2 Zhu F C,Wang H, Fang H H, et al. A novel influenza A (H1N1) vaccine in various age groups. N Engl J Med, 2009, (361): DOI:10.1056/NEJMoa0908535

3 Liang X F, et al. Safety and immunogenicity of 2009 pandemic influenza A H1N1 vaccines in China: a multicentre, double-blind, randomised, placebo-controlled trial. Lancet doi, 2009: 10.1016/S0140-6736(09)62003-1

A Field Trial of the New Influenza A (H1N1) Vaccine in China

Zhu Fengcai, Wang Hua, Zhang Xuefeng

In early 2009, a new influenza A (H1N1) virus spread rapidly around the world. China launched an emergency campaign of vaccine research and development. A split-virus, inactivated candidate vaccine against the 2009 H1N1 virus was manufactured by Hualan Biological Bacterin Company soon after the pandemic of the virus. We evaluated its safety and immunogenicity in a randomized, double-blind, controlled trial. 2200 subjects aging 3 to 77 year-old without vaccination contraindications were selected and stratified into four age groups. The immunization schedule consisted of two vaccinations, 21 days apart. The subjects were injected with placebo or with vaccine, with or without alum adjuvant, at doses of 7.5μg, 15μg, or 30μg. Serologic analysis was performed at baseline and on days 21 and 35. The results showed that no severe adverse side effects were associated with the vaccine. In the nonadjuvanted-vaccine groups, injection-site or systemic reactions, most mild in nature, were noted in few of the subjects. Single dose of 15μg of nonadjuvanted vaccine induces a typically protective immune response in the majority of subjects between 12 and 60 years of age, and lesser immune responses were seen after a single dose of vaccine in younger and older subjects. The trail performed by us has been successful experiences and provides valuable data for others to go by.

江苏省疾病预防控制中心于2009年7月进行了全球最早、最完善、最大、种类最为齐全的甲型H1N1流感疫苗临床试验，探索科学合理的免疫剂量与免疫程序。该项临床研究开启了我国疫苗临床研究领域的新纪元，也为全球甲型H1N1流感疫苗临床研究提供了宝贵的数据和借鉴，在学术界引起了很大反响。研究成果发表在国际权威学术期刊《新英格兰医学杂志》上，英国《自然》杂志则将该成果向此领域的研究者作重点推荐。

4.19　中国陆地生态系统碳收支

朴世龙[1]　方精云[1]　黄　耀[2]

(1 北京大学城市与环境学院、北京大学地表过程分析与模拟教育部重点实验室，
2 中国科学院大气物理研究所大气边界层物理和大气化学国家重点实验室)

生物地球化学循环指元素的各种化合物在生物圈、水圈、大气圈和岩石圈(包括土壤圈)各圈层之间的迁移和转化，是全球变化研究的核心内容。碳循环是地球上最大的物质和能量循环，它通过生物的光合作用，将大气中的CO_2固定为有机物质，将太阳能固定成化学能，成为今天人类生产和生活的最基本的物质和能量来源。全球和区域碳循环及碳收支的动态变化研究之所以成为全球变化研究的核心内容之一，因为它不仅是陆地生态系统对全球气候变化响应的综合表现，而且它的微小变化就能导致大气CO_2浓度的明显波动，从而进一步影响着全球气候的稳定。其最明显的特征是，2000～2007年大气中CO_2浓度上升量只相当于45%的同期人类活动(主要是化石燃料燃烧和热带林破坏)释放的CO_2，而其剩余的部分被陆地生态系统和海洋所吸收，分别占30%和25%。

来自地面植被观测、大气CO_2浓度监测、卫星遥感信息、生态和大气模型的模拟等方面的研究均得出一个比较一致的结论：在过去的20年里北半球中高纬度的陆地生态系统是一个巨大的碳汇(carbon sink, 净吸收CO_2的生态系统)，固定了大部分全球碳循环中“去向不明”的CO_2。尽管如此，科学家对碳汇的大小及其具体位置仍存在很大分歧。例如，范（Fan）等[1]提出北半球碳汇大小为17 亿吨碳/年，主要分布在北美。但是，布斯凯（Bousquet）等[2]的研究显示，北美的碳汇大小只有5亿吨碳/年。大气浓度

观测资料的稀少、碳循环模型的不完善以及使用不同的资料和模型进行计算是造成这种差异的主要原因。

中国位于欧亚大陆的东部，是全球气候变化最为剧烈的地区之一，经历着较显著的气候变化；而迅速扩展的城市化和工业化、过度放牧等人类活动异常的突出，土地利用/土地覆盖发生了很大的改变。这些变化必将对我国陆地生态系统产生较大的影响。另外，我国是当今最大的工业CO_2排放国之一。那么，我国陆地生态系统在全球碳循环是碳汇还是碳源之一？如果是碳汇，它能在多大程度上抵消我国工业排放的CO_2？这是包括中国在内的各国科学家和国际社会普遍关注的重大环境问题。围绕这一科学问题，国内不少学者进行了相关的研究。然而以往的研究大都集中于森林生态系统的植被部分，而对森林植被以外的另两个重要部分，即①地下(土壤)碳库部分；②其他陆地植被部分(草地、灌木、农田、荒漠等) 所吸收的净碳量，我们不得而知。

近年来，我们利用已有的土地利用和资源清查数据、大气CO_2浓度观测数据、遥感数据以及气象数据，借助遥感、GIS和数据耦合 (data assimilation)等新技术的支持，并结合大气反演模型(atmospheric inverse model)和基于过程的生态系统碳循环模型，试图综合研究中国陆地生态系统碳汇/源的时空格局及其历史演变过程，探讨形成中国陆地生态系统碳功能时空格局的驱动力，分析评估不同方法所估算的中国陆地生态系统碳功能的不确定性。

研究结果表明，20世纪80～90年代，中国陆地生态系统平均每年净吸收1.9亿～2.6亿吨碳[3]，稍大于欧洲大陆的1.4亿～2.1亿吨碳[4]，但小于美国的3亿～5.8亿吨碳[5]。不同生态系统类型中，森林生态系统的碳汇量最大，占50%左右，其次为灌木生态系统，占我国陆地生态系统碳汇大小的30%左右。从空间分布来看，我国陆地生态系统的碳汇主要分布在东南和西南地区，而土地利用变化导致过去20年东北地区的陆地碳储量呈减少趋势。80～90年代，我国工业平均每年排放6.7亿吨碳。因此，中国陆地生态系统碳汇大小相当于抵消此间中国工业源CO_2总排放量的28%～37%，显著高于欧洲(7%～12%)，跟美国相近（20%～40%）。中国陆地生态系统的碳汇主要与我国人工林的增加、区域气候变化、大气CO_2浓度施肥效应促进植被生长以及植被恢复尤其是灌丛的恢复有关。此外，农作物产量提高和秸秆还田增加等农业管理措施也增加了我国农田生态系统土壤碳储量的积累。

这项研究不仅首次采用自上而下的大气反演模型和自下而上的过程模型及地面资料有机结合的途径，系统地分析了我国陆地生态系统碳汇大小及其机制，提高了对陆地生态系统在全球碳循环中作用的认识，而且阐明了中国陆地生态系统净吸收的CO_2量可以部分抵消工业源排放量，为制定CO_2的排放策略提供依据，并增加我国在联合国气候变化框架协议谈判中的砝码。

2009年4月出版的国际著名学术期刊《自然》发表了以上研究成果。《自然》杂志在同一期专门发表了一篇来自于著名碳循环专家哥尼（Gurney）博士的评述[6]，介绍和分析了我们论文中涉及的研究发现，并且展望了此项研究的重要性及其意义。他认为我们的研究对了解全球碳循环具有重大意义。《自然》杂志编辑认为“这份中国陆地碳循环的综合评估论文的发表填补了全球碳平衡中一个重要的空白地区”，而著名的全球变化专家马兰（Marland）在《自然》杂志的“一周新闻”栏目中评论说：“这是一篇令人印象深刻的文章。”

参考文献

1 Fan S, Gloor M, Mahlman J, et al. A large terrestrial carbon sink in North America implied by atmospheric and oceanic carbon dioxide data and models. Science, 1998, 282: 442～446

2 Bousquet P, Peylin P, Ciais P, et al. Regional changes in carbon dioxide fluxes of land and oceans since 1980. Science, 2000, 290: 1342～1346

3 Piao S, Fang J, Ciais P, et al. The carbon balance of terrestrial ecosystems in China. Nature, 2009, 458: 1009～1013

4 Janssens I, Freibauer A, Ciais P, et al. Europe's terrestrial biosphere absorbs 7% to 12% of European anthropogenic CO_2 emissions. Science, 2003, 300: 1538

5 Pacala S, Hurtt G, Baker D, et al. Consistent land-and atmosphere-based US carbon sink estimates. Science, 2001, 292: 2316

6 Gurney K. Global change: China at the carbon crossroads. Nature, 2009, 458: 977～979

The Carbon Balance of Terrestrial Ecosystems in China

Piao Shilong, Fang Jingyun, Huang Yao

The carbon balance of China is of large scientific and political concern because China is the world's most populous country and one of the largest fossil fuel CO_2 emitter. Here, we use three independent approaches, biomass and soil carbon inventories, biogeochemical models, and atmospheric inversions, to quantify the terrestrial carbon balance of China and its mechanisms. The three approaches produce robustly similar estimates of a net carbon sink in a range of 0.19～0.24 petagrams C per year, indicating that China's terrestrial biosphere has absorbed 28%～37% of its cumulated fossil carbon emission during 1980s and 1990s. The sink is mostly located in southern China, which is related to regional climate change, plantation programs, and shrub recovery.

北京大学城市与环境学院、北京大学地表过程分析与模拟教育部重点实验室以及中国科学院大气物理研究所大气边界层物理和大气化学国家重点实验室的研究人员首次采用自上而下的大气反演模型和自下而上的过程模型及地面资料有机结合的途径，系统地分析了我国陆地生态系统碳汇大小及其机制，提高了对陆地生态系统在全球碳循环中作用的认识，阐明了中国陆地生态系统净吸收的CO_2量可以部分抵消其工业源排放量，这为制定CO_2的排放策略提供了依据，对了解全球碳循环也具有重要意义。英国《自然》杂志发表了这一研究成果。

4.20　极地科学研究取得重要进展：揭秘南极冰盖的起源与演化

孙　波

（中国极地研究中心）

2009年6月4日出版的《自然》杂志发表了中国极地研究中心孙波研究员领衔的中外科学家合作团队的最新研究成果——甘布尔采夫山脉与南极冰盖的起源和早期演化[1]，文章聚焦南极冰盖科学前沿，运用雷达冰川学的研究手段，首次对南极冰穹A地区的冰下山脉进行探测，在研究南极冰盖的起源与演化方面取得了新突破。

文章一经发表，引起了英国广播公司（BBC）、《科学新闻》（*Science News*）、《新科学家》（*New Scientist*）、《泰晤士报》（*Times*）、《科学美国》（*Scientific American*）、《探索新闻》（*Discovery News*）等国际主流科技媒体的报道，《自然·中国》以“*Radar information reveals the landscape hidden underneath Antarctic's ice sheets*”为题，将此文章列为亮点成果，向世界展示中国科学家的研究成果，新华社、《人民日报》、《科学时报》等国内媒体也有广泛介绍。此项研究成果引起各国科学家的高度关注，显示出中国在南极冰盖科学研究领域的重要进展和独特贡献。

一、冰穹A研究直面南极科学前沿问题

在南极冰盖生成演化过程中，形成多个穹隆状地貌特征的冰穹区域，其中，位于南极高原的中央地带冰穹A（Dome Argus）是冰盖的最高区域。由于其独特的地质、地理和气候特征，冰穹A成为气候变化、冰芯科学、天文学、冰川学、大气科学、地质学、地球物理学和人体科学等领域的关注热点。自20世纪90年代开始，在国家南极“九五”、“十五”和

“十一五”计划和国家“极地十五能力建设”、“IPY中国行动计划”、“中国南极内陆建站”等大型项目的支持下，中国针对南极冰穹A地区的科学考察与研究工作全面展开。

在近年的南极冰穹A研究中，国际科学界主要关注的问题有：南极大陆地壳结构、南极冰盖起源与演化、南极冰盖对气候系统的影响、冰盖稳定性与海平面变化、冰下湖与冰下水系的生成演化机制、深冰芯研究与古气候环境重建、南极冰穹A天文学等[2~5]。

随着中国综合国力的增强和国家高层对于南极科学研究的大力支持，一批科学家、技术专家和支撑保障人员投入南极冰穹A科学考察工作[6]。他们依托中国南极内陆冰盖考察雪地车队的支撑平台（图1），在南极冰盖海拔最高的冰穹A地区，成功运用车载冰雷达探测手段完成了位于冰穹A下方的甘布尔采夫山脉(Gamburtsev mountains)地形的详细勘测和分析，绘制出900平方千米面积的三维高分辨率冰下地形图，在国际上首次揭示出南极冰层下甘布尔采夫山脉核心区域高山纵谷的原貌地形，系统积累现场科考数据并进行深度研究和国际合作交流，为人类探求南极科学奥秘而不懈努力；在国际上率先发表了揭示南极冰盖起源、早期扩张过程和气候历史情景的研究成果。

图1　中国南极内陆冰盖考察车队

上部：搭载于雪地车上的冰雷达系统；下部：冰雷达探测图像

二、孙波团队在南极冰盖起源与演化研究中取得的成果

孙波等在《自然》上发表的题为“甘布尔采夫山脉与南极冰盖的起源和早期演化”的文章，作者来自中国、英国和日本等3个国家的研究单位，中国极地研究中心为第一单位。取得的主要研究成果如下。

（1）对冰雷达探测数据的解析发现(图2)，冰穹A区域冰层厚度为1649～3135米，冰穹A冰下最高山峰海拔达2434米。冰层下的甘布尔采夫山脉记录着3个地质年代相应主要外营力作用而产生的神奇地貌：早期流水作用形成的溪谷河床群构成的树枝状地貌；之后经冰川作用叠加出冰斗状、刃脊状等地貌特征，在强烈冰川侵蚀作用下产生巨大U型主干谷地貌，谷底与谷肩的垂直落差高达432米；随后该地区被冰盖永久覆盖，冰下地貌原样封存至今。对比研究发现：冰穹A冰下地形所呈现出的高山纵谷交错的壮观景象，与包括冰穹C在内的南极冰盖其他区域较为平缓的冰下地形有着显著差异。

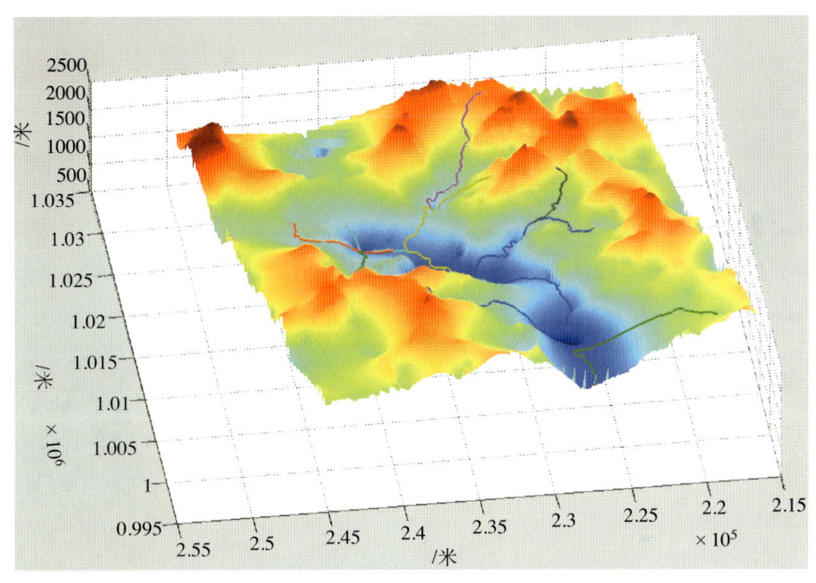

图2 南极冰穹A地区冰雷达探测出三维冰下地形图

（2）冰穹A 冰下地形雷达探测结果提供的直接证据表明，南极冰下甘布尔采夫山脉曾经存在发育完善的河流水系，距今3400万年前开始出现冰川，伴随地球轨道周期变化气候变冷，冰川覆盖区域渐次扩张。南极冰穹A下方的甘布尔采夫山脉成为南极冰盖的一个关键起源地，时间可追溯至距今3400万年前。

（3）甘布尔采夫山脉存在超大规模U型山谷地貌表明，距今3400万～1400万年间，该山脉经历了冰川运动强烈侵蚀作用，冰川动力模式计算表明，当时东南极中心区域夏季温度至少不低于3℃，才能呈现如此强烈冰川作用的地貌特征。

（4）研究揭示，南极现代冰盖可追溯至1400万年前。自过去1400万年以来，因冰盖规模快速扩张，山脉被冰层完全覆盖封存，冰层冻结在基岩上，冰下地貌特征得以保存至今。冰盖表现出超强的稳定性。

该文章对揭示南极冰盖的起源与演化机制具有突破性意义。其一，在于南极冰盖的起源与演化涉及“温室地球”向“冰室地球”演变的重大科学问题，该研究结果为研究南极冰盖演变、大气CO_2浓度及其温室效应与全球气候变化的关系提供了重要的研究依据和基础；其二，东南极冰盖一直保持到现在，这为研究冰盖演化与全球海平面变化等领域的研究提供新的参考数据；其三，在于人类迄今对覆盖于巨厚冰层下的甘布尔采夫山脉的认识甚少，研究冰下山脉核心区域原貌对于进一步揭示甘布尔采夫山脉的形成机制提供了重要信息。

该研究课题得到了国家自然科学基金委员会、科技部、国家发展和改革委员会、财政部和国家海洋局的资助支持。

参考文献

1 Sun Bo, Martin J Siegert, Simon M Mudd, et al. The Gamburtsev mountains and the origin and early evolution of the Antarctic Ice Sheet. Nature, 2009, 459(4): 690～693

2 Mayewski P A, Meredith M P, Summerhayes C P, et al. State of the Antarctic and Southern Ocean climate system. Reviews of Geophysics, 2008, 47: 1～38

3 崔祥斌，孙波，田钢等. 冰雷达探测研究南极冰盖的进展与展望. 地球科学进展，2009，24(4): 392～402

4 Zachos J C, Pagani M, Sloan L, et al. Trends, rhythms, and aberrations in global climate 65 Ma to present. Science, 2001, 292: 686～693

5 DeConto R M, Pollard D. Rapid cenozoic glaciation of Antarctica induced by declining atmospheric CO_2. Nature, 2003, 421: 245～249

6 孙波，崔祥斌. 2007/2008年度中国南极冰穹A考察新进展. 极地研究，2008, 20(4): 371～378

New Progress of Polar Science: The Origin and Early Evolution of the Antarctic Ice Sheet

Sun Bo

Sun et al., by using ice penetrating radar technology, made the first detailed radar survey of the Gamburtsev mountains in the region of Dome Argus, Antarctica. They revealed that Dome A is the point of origin of the Antarctic ice sheet, where ice appeared about 34 million years ago. The mean summer surface temperature was around 3℃ in the period of 34 million to 14 million years ago of Dome A region. Nothing has changed with climate change in the central region of the Antarctic ice sheet over the last 14 million years.

中国极地研究中心孙波研究员领衔的中外科学家合作团队聚焦南极冰盖科学前沿，运用雷达冰川学的研究手段，首次对南极冰穹A地区的冰下山脉进行探测，结果显示，南极冰盖在过去气候强烈变化的1400万年中，表现出超强的稳定性。这一研究对揭示南极冰盖的起源与演化具有突破性意义。英国《自然》杂志发表了该项研究成果。

4.21　植物考古学新方法在东亚旱作农业起源研究中的应用

吕厚远

（中国科学院地质与地球物理研究所）

农业起源是人类发展历史中最重大的变革之一，开创了人类控制和创造食物资源的新时代，为人类文明的诞生和现代社会的形成奠定了物质基础，是学术界长期关注的三大“起源”问题（人类起源、农业起源和文明起源）之一。

粟（谷子、小米）和黍（稷、糜子、大黄米）都是东亚半干旱-半湿润区最古老的旱作农作物，也是小麦、水稻在该区广泛传播以前古代人类最重要的食物，粟和黍的驯化、栽培对人类文明起源、特别是对中华民族文明发展进程产生过重大的影响[1]。粟和黍至今仍然是我国北方特别是西北干旱-半干旱区经常种植的粮食作物，也是气候干旱背景下重要战略作物资源。长期以来，有关粟、黍是如何起源的，在什么地点、什么时间起源等问题，吸引了诸多学者的研究目光[2]。

河北武安磁山文化遗址是中国北方重要的新石器早期遗址，我国考古学工作者自20世纪70年代以来，多次对该遗址进行了深入细致的发掘工作，特别是早期发掘的88个窖穴中，出土了约10万多斤腐朽的粮食[3]。但是，由于腐朽的粮食颗粒暴露到空气后迅速灰化成土，没有保存完整谷粒，使鉴定工作变得非常困难，根据发掘现场看到的颗粒形状，认为可能是粟。后来利用灰像法对灰化样品进行了鉴定，发现有粟的痕迹。从此，磁山文化遗址被认为是粟的起源地，《中国通史》、《中国农业百科全书》等典籍将这一观点传播到国内外学术界和公众。但是，由于当时国际上对鉴定腐朽灰化的粟、黍粉末样品还没有可靠的方法，磁山文化遗址窖穴中的遗存是否是粟，长期以来没有得到国际学术界和国内部分学者的认可[4]。

针对如何鉴定灰化成土的黍、粟粮食作物问题，我们首先对现代植物小穗不同部位植硅体（*Phytoliths*）形态进行详细的分析，利用相差和微分干涉显微镜观察、测量分析了27种现代黍、粟和其近缘草本植物花序苞片中的内外颖片和内外稃片的解剖学特征和硅质沉积结构，发现了5个能够明确区分黍、粟的植硅体形态特征，分别是：①颖片和下位外稃中植硅体的形态；②稃片中是否发育乳头状突起；③稃片表皮长细胞Ω型或η型纹饰；④稃片硅化表皮长细胞末端的形态；⑤稃片表面雕纹形态。综合考虑这5个特征，为利用植硅体区分黍、粟考古遗存提供了可靠的标准（图1）。

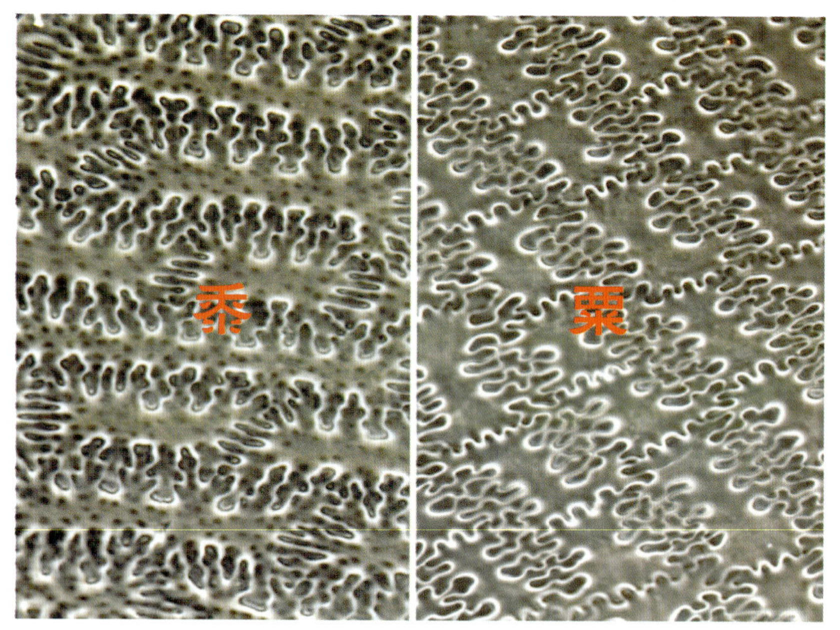

图1　黍、粟外稃植硅体形态

植硅体是在植物生长过程中充填到植物细胞中的二氧化硅矿物，不同植物细胞中植硅体的形态不一样，当植物死亡、腐烂以后，坚硬的植硅体可以保存下来，利用某些植硅体的特殊形态，可以比较精确地对部分植物进行分类和鉴定。植硅体研究作为一门新的微体生物化石学科，近年来逐渐被应用于古气候、古环境、农业考古等研究领域[5]。

利用植硅体分析方法，我们完成了对磁山文化遗址窖穴中腐朽灰化植物遗存的研究。通过对5个窖穴46个灰化样品和1个磁山博物馆馆藏灰化样品植硅体的系统分析，结合不同实验室9个^{14}C年代学测定结果，发现，距今约10 000～8700年，磁山文化遗址保存的农作物是黍，粟则在距今约8700～7500年少量出现。同时，将现代黍、粟和考古样品的分子生物学成分进行了对比分析，同样说明磁山文化遗址的农作物主要是黍。

进一步研究认为，在距今10 000～8700年的全新世早期，我国北方气候相对干旱，更适合黍的驯化和栽培。这项研究把东亚旱作农业起源的时间改写到10 000年以前，这一时间与西亚、墨西哥和南美洲农业起源的时间近似。为认识我国北方新石器早期文化演化提供了新视野。

我们分别在《公共科学图书馆·综合》(*PLoS ONE*)和《美国国家科学院院刊》(*PNAS*)发表了粟、黍植硅体鉴定在方法学上的突破[6]，以及在磁山文化遗址农作物鉴定和东亚旱作农业起源研究方面获得的进展[7]。论文发表后，被PLoS网站评价为是PLoS 7种系列刊物已经发表的与考古有关的论文中最有意义的创新性成果，为解决欧亚大陆粟、黍旱作农业起源、传播的许多长期未决的问题提供了可靠的研究手段。加拿大多伦多大学的克劳福德（Gary W. Crawford）教授，在同期的PNAS上发表了评论文章[8]，认为磁山文化遗址新的研究结果是对世界农业起源认识的一次重要修订，其长达3000年的粮食生产时间，在世界范围内也只有两河流域的叙利亚的阿布·呼雷拉（Abu Hureyra）遗址能够与之相比。

近年来，国际上在对考古遗存的农作物鉴定方面发展了许多新的研究方法和手段，不同的鉴定方法是互补的，目前还远没有建立起鉴定众多不同考古农作物以及野生植物的方法和标准，限制了对早期农业起源的研究。继续深入开展基础性的方法学研究，将会极大地促进农业起源研究。

参考文献

1 游修龄. 粟黍的起源及传播问题. 中国农史, 1993, 12(3): 1～13

2 Crawford G. East Asian plant domestication. In: Stark M T, ed. Archaeology of Asia. Malden MA: Blackwell. 2005. 77～95

3 佟伟华. 磁山遗址的原始农业遗存及其相关问题. 农业考古，1984，(1): 194～207

4 Zhao Z J. Domestication of millet-paleoethnobotanic data and ecological perspective. In: Institute of Archaeology Chinese Academy of Social Sciences, The Institute of Archaeology Swedish National Heritage Board eds. Archaeology in China and Sweden. Beijing: Science Press. 2006. 97～104

5 Piperno D R. Phytoliths: A Comprehensive Guide for Archaeologists and Paleoecologists. Oxford: Alta Mira Press. 2006

6 Lu H Y, et al. Phytoliths analysis for the discrimination of foxtail millet (*Setaria italica*) and common millet (*Panicum miliaceum*). PLoS ONE, 2009, 4: e4448

7 Lu H Y, et al. Earliest domestication of common millet (*Panicum miliaceum*) in East Asia extended to 10 000 years ago. PNAS, 2009, 106 (18): 7367～7372

8 Crawford G W. Agricultural origins in North China pushed back to the Pleistocene-Holocene boundary. PNAS, 2009, 106: 7271～7272

Phytoliths Analysis for Earliest Domestication of Millets in East Asia

Lv Houyuan

The origin of millet from East Asia has generally been accepted, but it remains unknown whether common millet (*Panicum miliaceum*) or foxtail millet (*Setaria italica*) was the first species domesticated. Nor do we know the timing of their domestication and their routes of dispersal, because identifying these two millets in the archaeobotanical remains are still problematic, especially the millet grains preserve only when charred. Here we report the discovery of husk phytoliths and biomolecular components identifiable solely as common millet from newly-excavated storage pits at the Neolithic Cishan site, China, dated to between ca. 10 300 and ca. 8700 years before present (cal yr BP). After ca. 8700 cal yr BP, the grain crops began to contain a small quantity of foxtail millet. Our research reveals that the common millet was the earliest dry farming crop in East Asia, which is probably attributed to its excellent resistance to drought.

中国科学院地质与地球物理研究所吕厚远研究员利用植硅体分析方法，完成了对河北磁山文化遗址窖穴中腐朽灰化植物遗存的研究，发现距今约10 000～8700年前，磁山文化遗址保存的农作物是黍，粟则在距今约8700～7500年期间少量出现。这为解决欧亚大陆粟、黍旱作农业起源、传播的许多长期未决的问题提供了可靠的研究手段，也是对世界农业起源认识的一次重要修订。美国《公共科学图书馆·综合》和《美国国家科学院院刊》分别发表了相关研究成果。

第五章

公众关注的科学热点

Science Topics of Public Interest

5.1　世界先进天文观测设备的发展

赵永恒
（中国科学院国家天文台）

1609年5月，意大利著名科学家伽利略研制成功了一架放大倍率为3倍的望远镜。他又经过反复试验，于1609年8月发明了世界上第一架能放大33倍的望远镜，这是人类历史上第一架按照科学原理制造出来的望远镜。伽利略把这架望远镜指向了天空。他发现了月亮上的环形山，将银河分解为恒星，发现了木星的四颗卫星、金星的位相变化、太阳的黑子与自转。他的观测最终使人类有了认识宇宙的全新视野，于是人们说："哥伦布发现了新大陆，伽利略发现了新宇宙。"

1609年是天文学史上重要的一年，正是有了天文望远镜这个工具，使得天文学家有了敏锐的眼睛，从而促进了天文学的巨大发展。为纪念伽利略首次用望远镜进行天文观测400年，2007年12月20日，联合国通过了将2009年定为"国际天文年"的决议。

400年来，望远镜一直是天文学中最重要的仪器。1847年安装于美国哈佛大学天文台的38厘米折射望远镜，为恒星的研究做出了杰出的贡献。到19世纪末，折射望远镜发展到了它的顶峰。美国克拉克父子制造的口径为91厘米的折射望远镜于1888年在里克天文台启用。随后，小克拉克又独立研制了1.01米口径的折射望远镜，于1897年在叶凯士天文台启用。

1668年，英国科学家牛顿制作了世界上第一架反射望远镜，并在1671年制作了另一架反射望远镜，它的物镜口径为2.5厘米，镜筒长15厘米，它的性能已经比得上当时口径相仿而焦距长达数米的折射望远镜。1781年，英国天文学家赫歇尔用他自制的口径为15厘米的反射望远镜发现了天王星。到1789年，赫歇尔制成了当时世界上最大的望远镜，一架口径为1.22米的巨型反射望远镜，用这架望远镜赫歇尔发现了土星的两颗卫星，并通过对恒星的观测研究了银河系的结构。英国的罗斯伯爵在1845年建成了口径达到1.83米的反射望远镜，他用这架望远镜发现了一些星云具有漩涡结构，50年后人们确认这些星云是旋涡星系。由于反射望远镜的优点，其口径从一开始就比折射望远镜大得多。20世纪以后，新建造的天文望远镜就基本都是反射望远镜了。

1917年，由美国的洛杉矶商人胡克出资建造的一架口径为2.5米的反射望远镜在威尔逊山天文台落成，这架望远镜就以投资者的名字命名，叫做胡克望远镜，它的冠军地位保持了30年。著名天文学家哈勃就是用这架望远镜确定了河外星系的存在，发现了我们的宇宙在膨胀。1948年，5米口径的巨型望远镜正式安装在美国帕洛玛天文台，这架望远镜叫海尔望远镜。海尔望远镜为天文学的发展做出了巨大的贡献，它的科学地位保持了40年。

到了20世纪80年代，计算机技术和自动控制技术在天文学中得到了广泛的应用。通过“主动光学”技术，就使望远镜的口径突破了5～6米的限制，在20世纪90年代以后成功建造了一大批口径为8～10米的大型望远镜。例如，美国两个口径为10米的凯克望远镜（图1），美国和德国的5个大学联合建造的9.2米赫特望远镜，日本国立天文台建造的8.3米昴星团望远镜，欧洲南方天文台建造的4个8.2米的甚大望远镜（图2），美国两个8.1米的双子座望远镜及两个6.5米的麦哲伦望远镜。到21世纪初，还陆续建成了10.4米口径的西班牙加纳利大望远镜，9.1米口径的南非大望远镜，两个8.4米口径的美国大双筒望远镜。

图1　美国凯克望远镜

图2　欧洲南方天文台甚大望远镜

1931年，德国光学家施密特发明了一种新型的望远镜——折反射望远镜（施密特望远镜），即在球面形状的反射物镜的前面加上一个特殊形状的改正透镜，以消除像差的影响，从而大大增加了望远镜的视场。施密特望远镜的视场一般可达到6度左右，比反射望远镜的视场增大了10多倍。

大视场望远镜对天文学中的巡天观测特别有用。美国帕洛玛天文台使用1.2米口径的施密特望远镜，分别在20世纪50年代和90年代对北半天空进行了照相底片的巡天观测。然而，施密特望远镜的改正镜是透镜，就像折射望远镜一样限制了它的口径的增

图3　美国“斯隆数字化巡天望远镜”

大，世界上最大的施密特望远镜是德国在1960年制造的，它的口径为1.34米。

科学家又想办法使更大口径的望远镜具有更大视场的能力。如英澳天文台的3.9米望远镜实现了2度的视场，而美国的“斯隆数字化巡天”项目所使用的2.5米望远镜实现了3度的视场（图3）。值得一提的是，美国“斯隆数字化巡天”项目所完成的成像巡天和光谱巡天观测，达到了前所未有的深度、广度和精度，极大地推动了宇宙的大尺度结构、星系的形成与演化等天体物理学的重大前沿课题的研究。

我国于2008年10月建成的“大天区面积多目标光纤光谱天文望远镜”（LAMOST）（图4），在世界上首次创新性地应用主动光学来产生一个传统方法不能得到的光学系统，从而突破了大视场望远镜不能兼有大口径的瓶颈，其主镜为6.67米×6.05米，反射施密特改正镜为5.72米×4.40米，成为世界上大视场兼大口径光学天文望远镜之最（视场5度，通光口径3.6～4.9米）；同时也突破了科学上天体光谱观测的瓶颈，实现了大规模光谱观测的开拓，在直径为1.75米的大焦面上放置了4000根光纤，可最多同时获得4000个天体的光谱，成为世界上光谱获取率最高、最有威力的光谱巡天望远镜，为大视场、大样本的天文学研究提供了有利的工具。

图4　我国已建成的大天区面积多目标光纤光谱天文望远镜

1990年4月25日，NASA发射升空了耗资15亿美元、历时11年制造的哈勃空间望远镜。这是第一架遨游太空的光学天文望远镜（图5）。

图5　哈勃空间望远镜

为了摆脱地球大气对光学观测的影响，天文学家们早在20世纪40年代就构想了空间望远镜。随着60年代空间技术的蓬勃发展，美国于70年代正式开始设计和制造空间望远镜，1990年用“发现号”航天飞机将2.4米的空间望远镜送入轨道后，就以美国著名天文学家哈勃的名字来为它命名，称为“哈勃空间望远镜”。

近20年来，哈勃空间望远镜为我们传回了许多高质量的精美图片，这些图片所展现的是我们似曾相识但更多是陌生的宇宙图景。正如哥伦布当年曾想寻找通往东方的道路，却意外地发现新大陆一样，今天的哈勃空间望远镜也意外地发现了许多人类未曾想象过的天文现象，它在天文发展史上展开了新的一页，使得人类对宇宙的认识有了新的飞跃。

在下一个10年中，天文学的观测手段将进一步向着高灵敏度、高空间分辨、高能谱分辨、高时间分辨和全自动化控制的方向发展。地面光学望远镜将从5～10米发展到30米。例如，美国的30米望远镜（TMT）是由492面1.4米的镜子所组成，美国24.5米的大麦哲伦望远镜（GMT）是由7个8.4米的镜面组成。欧洲南方天文台计划在智利建造的一台42米的欧洲极大望远镜（E-ELT），其主反射镜由近千个1.4米的小镜面所组成。而空间望远镜将从2.4米发展到6.5米的下一代空间望远镜。

当代天文学是一门观测手段与理论研究紧密联系的科学，必将极大地促进人类对天体起源、物质结构和生命进化三大基本问题的认识。当代天文学是现代科学与高新技术完美结合的典范，在更广和更深地认识宇宙的过程中，在对观测手段更加经济而实用的追求中，天文学把科学技术应用到了“极限”，成为新世纪高新技术发明创新的重要源泉，天文学将会极大地推进它所需要的宇航技术、空间技术、探测技术、信息技术和现代工业技术的发展。当代天文学也成为“大科学”和国家经济实力的标志，今天的美国、欧洲诸国、日本和俄罗斯等天文大国也是全球经济中的巨人。

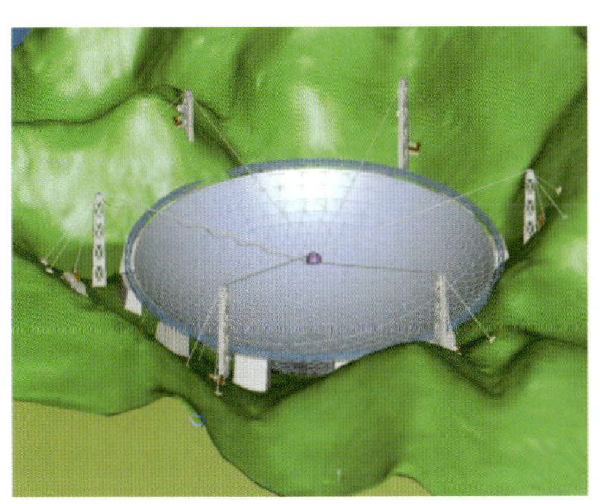
图6　我国在建的五百米球面射电望远镜（FAST）

随着中国经济实力的增强，中国天文设备也有了长足的发展。在地面光学方面，我国已建成LAMOST，已开始在青藏高原进行天文选址，为未来的大型地面光学望远镜寻找观测基地，同时准备在南极的最高点（Dome A）建设“南极天文台”，并准备加入到30米望远镜的国际合作中；在地面射电方面，我国已在贵州省开工建设“五百米口径球面望远镜”（FAST）（图6）；在空间天文学方面，我国开始了探月计划并提出了“硬X射线调制望远镜”（HXMT）和一些天文小卫星的计划。我们相信，曾经对古代天文学做出过辉煌贡献的中国必然会对当代天文学的发展做出自己应有的新贡献，也必将以崭新的面貌屹立于世界民族之林。

Development of Advanced Astronomical Telescopes in the World

Zhao Yongheng

In this paper, the history of astronomical telescopes is reviewed. The large ground and space telescopes from 1990s are discussed in detail. The prospect of large astronomical facilities in China, such as LAMOST, is described.

5.2 全球甲型H1N1流感病毒研究及疫苗和药物研制进展

蒋华良

（中国科学院上海药物研究所）

1918年，“西班牙流感”H1N1大流行，夺取了超过5000万人的生命；1957年，“亚洲流感”H2N2肆虐全球，200多万人遭遇厄运；1968年，“香港流感”H3N2骚扰了亚洲的所有国家；2003年以来，“禽流感”H5N1已导致全球400多人死亡。当前，从墨西哥爆发的甲型H1N1流感疫情正在全球蔓延，全球进入了流感大流行阶段。

一、甲型H1N1流感简介

当甲型H1N1流感病毒突然出现在公众视野中时，它曾被称为“猪流感”病毒。根据美国疾病预防和控制中心的检测，此次疫情的罪魁祸首甲型H1N1流感病毒含有来自4种不同流感类型的DNA基因片段——北美猪流感、北美禽流感、北美人流感、欧亚猪流感，是一种新型的杂交变异病毒。

甲型H1N1流感病毒只攻击人类，主要是青壮年，并在人与人之间传播。人群普遍易感，无症状感染者也具有传染性，主要通过飞沫经呼吸道传播，也可通过口腔、鼻腔、眼睛等处黏膜直接或间接接触传播，接触患者的呼吸道分泌物、体液和被病毒污染的物品亦可能引起感染。

甲型H1N1流感的潜伏期较流感、禽流感潜伏期长，潜伏期时长7天。早期症状与普通人流感相似，包括发热、咽痛、流涕、鼻塞、咳嗽、咳痰、头痛、全身酸痛、乏力，部分病例出现呕吐和腹泻，少数病例仅有轻微的上呼吸道症状，无发热。体征主要包括咽部充血和扁桃体肿大，可发生肺炎等并发症。少数病例病情进展迅速，出现呼吸衰竭、多脏器功能不全或衰竭。可诱发原有基础疾病的加重，呈现相应的临床表现，病情严重者可能导致死亡。

据卫生部通报，2009年12月28日至2010年1月3日，我国31个省份报告甲型H1N1流感确诊病例2935例，住院治疗801例，死亡67人。截至2009年12月31日，全国31个省份累计报告甲型H1N1流感确诊病例12万余例，已治愈11万例，死亡648例。据世界卫生组织2009年12月30日公布的最新疫情通报，截至2009年12月27日，甲型H1N1流感在全球已造成至少12 220人死亡，在最近一周内新增死亡患者704人，而出现甲流疫情的国家和地区超过了200个，疫情还在蔓延之中。

控制流感的策略主要有两条：一是利用流感疫苗进行预防，二是通过药物进行预防和治疗。

二、甲型H1N1流感的疫苗研制

及时地接种疫苗是预防甲型H1N1流感流行的有效手段之一。接种甲型H1N1流感疫苗后，可刺激机体产生针对甲型H1N1流感病毒的抗体，对该病毒所致流感可起到免疫预防作用，但普通流感疫苗无效。目前，甲型H1N1流感疫苗常见的副作用有：注射部位局部反应（疼痛、肿胀、发红）以及可能出现的一些全身性反应（发热、头痛、肌肉或关节痛）。几乎在所有甲型H1N1流感疫苗接种者中出现的这些症状都很轻微，具有自限性，持续1～2天。

我国在研制和防御甲型H5N1流感疫苗和药物的过程中，进行了技术储备，建立了科研队伍，这为我国成为世界上第一个完成甲型H1N1流感疫苗研发和注册使用的国家打好了基础。目前，我国已有10多家疫苗企业生产的甲型H1N1流感疫苗通过了国家食品药品监督管理局批准，按现有产能，预计到2010年第一季度可生产1亿人份。但是，对于13亿人口的大国来说，我国现有的流感疫苗生产能力十分有限，还不能满足所有国民的接种需求。

另外还存在一个重要的问题：流感疫苗只对已知的流感病毒亚型有预防作用，而对于由抗原性漂移或抗原性转换所产生的新型流感病毒无效。由于甲型H1N1流感病毒仍在人际传播，目前尚无法预测此病毒的变化，也无法预测变异后的病毒与目前病毒的相似程度。在密切、持续监测下，一旦发现病毒出现重大变化，还必须迅速采取应对措施，并研制新的流感疫苗来应对。

三、抗甲型H1N1流感的药物研究

甲型H1N1流感疫苗只起“预防”作用，而抗流感药物才具有“治疗”作用。

目前，国际上公认的临床抗甲型H1N1流感病毒药物主要有两种：瑞士罗氏制药公司生产的磷酸奥司他韦胶囊（Oseltamivir, 商品名“达菲”）和英国葛兰素史克公司生产的扎那米韦吸入粉雾剂（Zanamivir, 商品名“乐感清”或“瑞乐沙”）。它们通过干扰病毒表面神经氨酸酶保守的唾液酸结合位点，能够抑制新生的流感病毒离开宿主细胞，从而控制病毒在人体内的复制和传播。在病毒感染的早期或潜伏期使用，能够起到治疗流感的作用。

我国已批准了罗氏制药有限公司“达菲”的进口许可，同时该公司授权我国两家企业（上海医药集团，广东深圳东阳光实业发展有限公司）生产“达菲”。2005年，中国科学院上海药物研究所与南京先声东元制药有限公司、南京一方药物研发中心有限公司协作攻关，快速研制了“扎那米韦”原料药，并开发出吸入用“扎那米韦胶囊”新剂型，获得了葛兰素史克制药公司（GSK）授权。经国家食品药品监督管理局快速审批，“扎那米韦”原料药和“吸入用扎那米韦胶囊”获得了药物临床试验批件。在我国今年初批准GSK相同产品进口后，按照新类别要求，“扎那米韦”可直接进行新药上市申请。南京先声东元制药有限公司、中国科学院上海药物研究所和南京一方药物研发中心有限公司对“扎那米韦”重新进行了申报注册，目前，正在国家食品药品监督管理局审批阶段。如果通过申请，将不需再进行临床试验，因而会大大缩短国产“扎那米韦”上市的时间。

全球流感监测网络在世界卫生组织合作中心和其他实验室支持下进行的系统监测结果发现，发生了对“达菲”具有耐药性的甲型H1N1流感病毒的零星事件。迄今在世界各地共发现和鉴定了28个耐药性病毒。而随着进一步使用抗病毒药物，耐药性病毒的报道病例一定会有所增加。而“乐感清”是较好的“达菲”替代品，“乐感清”对于产生“达菲”耐药性的病毒仍然有效。“乐感清”的结构和“达菲”有所不同，病毒对其产生耐药性可能性小。但“乐感清”也有自身缺陷，作为喷雾式吸入药剂，它对某些有呼吸问题的患者并不适用，比如哮喘病人。

因此，随着甲型H1N1流感的疫情不断蔓延和甲型H1N1流感病毒可能出现的变异变化，治疗甲型H1N1流感病毒需要开发新型更有效的药物。目前全球已经有多种在研的抗甲型H1N1流感药物，部分药物的临床实验效果优于现有的“达菲”和“乐感清”。

上海药物研究所科研人员设计研制了“扎那米韦”鼻腔喷雾剂新制剂。该制剂使用便捷，给药后可迅速铺展并高浓度富集于呼吸道内，主要分布在鼻腔、喉部、气管等上呼吸道内，且药物在呼吸道黏膜表面可实现缓释，确保对甲型H1N1流感预防的持续作用，达到群防群治的效果。另外，针对危重患者缺乏急症治疗药物的问题，研发了“扎那米韦”注射剂。以上新剂型正在开展临床试验申报准备工作。

由中国军事医学科学院自主研发的注射剂“帕拉米韦三水合物”正开展Ⅲ期临床试验。该药主要采用静脉注射的方法给药，起效快、治疗方便，可用于抢救流感重症患者。

美国NEXBio生物制药公司开发的“流感酶”也即将进入临床研究。其主要成分是唾液酸酶融合蛋白，作用对象是细胞本身，使宿主细胞表面的唾液酸受体失去活性，流感病毒就无法与受体结合，也就无法附着细胞。

台湾高雄医科大学从含有难闻的气味而被称为“魔鬼之粪”的阿魏（*Ferula assa-foetida*）中提取化合物，发现了一些对流感病毒具有良好的抵抗力的化合物，有几种能杀死甲型H1N1流感病毒的强效抗病毒化合物，比目前应用的抗流感药物效果更佳。这种独特的植物中的倍半萜烯香豆素有望作为研制新药的主要成分，抗击流感。

另外，在甲型H1N1流感的预防方面，中医药也有其独到作用。中国国家中医药管理局日前发布了《甲型H1N1流感中医药预防方案》，针对不同人群提供了详细且简便易行的中医药预防方案，制定出了详细的药方。

四、应对措施

我国政府始终高度重视甲型H1N1流感防控与医疗救治工作，党中央、国务院正确决策，采取有效措施，严防严控、科学救治，有效延缓了流感疫情在我国内地的蔓延，这些防控措施也为制定科学有效的应对措施、药物的储备和疫苗的研发工作赢得了宝贵时间。经过前一阶段的积极努力，我国医务人员在甲型H1N1流感病例的救治工作中积累了宝贵经验，甲型H1N1流感重症病例的救治成功率较高，病死率也远低于国际上报告的平均水平。

但是，现在的甲型H1N1流感防控形势依然严峻，我们不仅要有技术手段、人才队伍和技术平台，还需要各方的共同协作和努力。

（1）重视甲型H1N1流感疫苗生产供应，加强组织疫苗生产供应的能力，并加强疫苗生产相关科研工作，未雨绸缪，最大限度地扩大产能，保障防控工作需要。

（2）流感病毒的变异存在很大的不可预知性，要密切监视和跟踪病毒的变异情况，时刻不能松懈。同时抓紧研制具有自主知识产权的、更为有效的新型抗流感病毒药物。

（3）养成良好的个人卫生习惯，充足睡眠、勤于锻炼、减少压力、足够营养；勤洗手，尤其是接触过公共物品后要先洗手再触摸自己的眼睛、鼻子和嘴巴；打喷嚏和咳嗽的时候应该用纸巾捂住口鼻；保持室内通风等。

（4）坚定信心，不要恐慌。随着过去90多年来的医学进步，这次流感不可能造成“西班牙流感”那样可怕的破坏。只要采取正确的预防和治疗措施，早发现、早诊断、早报告、早治疗，甲型H1N1流感仍然是可防、可控、可治的疾病。

流感病毒就像一个幽灵，飘荡在世界的各个角落，威胁着人类的生命。从古至今，科学技术和良好的生活习惯都是我们抵抗这个幽灵的武器。在与流感无休止的斗争过程中，科学家们积累了丰富的经验，但是，在充满信心的同时也绝不能放松警惕，抗甲型H1N1流感病毒的疫苗生产和新药研发都要加快速度，因为我们在和这个在进化的幽灵赛跑，时间就是生命。

Current Global Pandemic of Influenza A (H1N1) and Recent Development of Vaccine Production and Drug Research

Jiang Hualiang

The current pandemic of influenza A (H1N1) poses serious threat to the public globally. This article highlights the recent progress on the vaccine production and drug research against influenza A (H1N1), and proposes measures and responses to prevent and control influenza A (H1N1).

5.3 恶性肿瘤遗传学研究进展

于典科 林东昕

（中国医学科学院肿瘤医院肿瘤研究所）

在全球范围内，恶性肿瘤都是极大危害人类生命健康的重大疾病。过去20年来，我国恶性肿瘤发病率及死亡率一直呈上升趋势。在一些大中城市，恶性肿瘤已居死亡病因中的首位；而农村恶性肿瘤死亡率的上升速度要明显高于城市，恶性肿瘤高发区也多在农村，是当地农民因病致贫或因病返贫的重要原因，这对我国“以人为本”的社会经济可持续发展和全面实现小康社会的宏伟目标造成了严重影响。

目前，研究者普遍认为肿瘤是基因与环境相互作用，经过多阶段过程形成的一类极其复杂的疾病，环境因素是肿瘤发生的诱因，而遗传物质（DNA）的改变是所有恶性肿瘤的根结所在。肿瘤遗传学从研究内容上可分为遗传变异（先天性变异）研究和体细胞变异（体细胞突变）研究两个部分，前者的目的是筛查与肿瘤个体易患性相关的遗传因素，以期鉴别恶性肿瘤高危险人群和个体，进行有效预警和预防，对控制恶性肿瘤具有战略意义；后者的目的是明确肿瘤发生发展过程中体细胞的遗传学改变，以期最终阐明肿瘤发病机制，为早期诊断、个体化治疗以及预后提供依据。此外，研究遗传物质修饰而不是变异的表观遗传学，也是肿瘤遗传学研究的重要部分。近年来，随着DNA芯片及高通量测序技术的飞速发展，这些方面的研究都有重要进展。

研究者认为，维系细胞生命活动的基因都可能存在各种类型的遗传性变异，这些基因组的微小差异在肿瘤的发生、发展中起重要作用，它们可能导致一些携带变异体的个体对环境致癌因素格外敏感而易患恶性肿瘤。遗传变异具有显著的人种和民族特点。基因组遗传变异主要包括单核苷酸多态(SNP)和拷贝数变异(copy number variation, CNV)，SNP与肿瘤发生发展乃至治疗的关系，是近10多年来肿瘤遗传学研究领域最受关注的前沿科学问题之一。随着研究的深入和检测技术及方法学的进展，全基因组SNP关联研究（genome-wide association study）正在受到该领域科学家的重视。最近在《自然》、《自然·遗传学》和《新英格兰医学杂志》[1~3]等高端期刊发表的一些恶性肿瘤全基因组关联研究，揭示了多种恶性肿瘤的易患基因或致病位点。中国人群肺癌、食管癌全基因组关联研究已受科技部专项基金资助正在开展，这些研究对揭示恶性肿瘤的遗传奥秘以及基因-环境相互作用的贡献值得期待。遗传易患性研究的另一个热点是CNV。近几年来，随着DNA芯片和测序技术的成熟和进步，在人类基因组中发现了大量的超显微结构变异，变异类型包括缺失、插入或其他复杂变化，这种变异称CNV，这一发现极大地丰富了基因组遗传变异的多样性[4]。CNV在基因组中的分布更为广泛，作用更强，可通过影响基因的表达量和非编码RNA如miRNA的表达量，进而影响肿瘤的易患性[5]。目前，包括我国汉族人群在内的人类基因组CNV图谱已初步完成，为研究肿瘤遗传易患因素提供了另一平台。

恶性肿瘤的本质是由于外界环境因素诱发体细胞基因组突变而导致的恶性疾病，这是一个多因素、多阶段的过程。通常认为，当体细胞中癌基因、抑癌基因发生突变时，癌基因活化，抑癌基因失活就有可能使细胞恶变。此外，其他参与生命活动的重要基因突变的不断积累，在肿瘤的发生发展中也起重要作用。但哪些基因突变是癌症的起源，哪些突变只是伴随事件目前还不清楚。因此，寻找导致恶性肿瘤发生发展的突变基因与突变位点是本领域科学家多年来的目标所在。由于技术条件限制，虽然目前已发现了一些与肿瘤发生相关的突变基因，但仍无法全面解释各种肿瘤的发病机制。近年来，新一代测序技术的成熟，为解决这一难题提供了前景[6]。2005年底，美国科学家率先启动了癌症基因组剖析计划（TCGAP），该计划采用高通量测序技术，对多种肿瘤细胞的基因组突变进行分析，以期获得正常细胞、癌前病变细胞和恶性细胞的全面的DNA突变特征，确定所有与癌症的发生和发展有关的基因及其变异。中国科学家也在进行类似的研究工作。2007年10月，来自22个国家从事肿瘤与基因组研究领域的科学家决定成立国际癌症基因组协作组（ICGC），希望利用当前高通量测序技术，选择50种人类常见肿瘤进行研究，系统检测每种肿瘤的体细胞突变。这一系列研究计划的展开标志着恶性肿瘤体细胞突变的研究全面进入基因组时代。

2008年11月，美国科学家首次发表了一个急性髓性白血病患者白血病细胞的全基因组DNA序列，并与其正常组织相比较，确定了多个与该白血病发病相关的基因突变[7]。这一开创性工作证明，利用高通量测序方法揭开癌症的遗传学基础切实可行，是肿瘤遗传学研究中的一个新的里程碑。目前，在《自然》、《自然·遗传学》等高端杂志上已经发表了多种恶性肿瘤包括黑色素瘤、乳腺癌、肺癌等全基因组体细胞突变的测定结果[8~10]。这些研究及其将来的进展，必将揭示肿瘤发生、发展的遗传学机制，为肿瘤的早期诊断、个体化治疗和预后提供新的思路和新的方法。

参考文献

1 Hung R J, McKay J D, Gaborieau U, et al. A susceptibility locus for lung cancer maps to nicotinic acetylcholine receptor subunit genes on 15q25. Nature, 2008, 452: 633～637

2 Thomas G, Jacobs K B, Kraft P, et al. A multistage genome-wide association study in breast cancer identifies two new risk alleles at 1p11.2 and 14q24.1 (RAD51L1). Nat Genet, 2009, 41: 579～584

3 Zheng S L, Sun J, Wiklund F, et al. Cumulative association of five genetic variants with prostate cancer. N Engl J Med, 2008, 358: 910～919

4 Marioni J C, White M, Tavare S, et al. Hidden copy number variation in the HapMap population. Proc Natl Acad Sci USA, 2008, 105: 10067～10072

5 Conrad D F, Pinto D, Redon R, et al. Origins and functional impact of copy number variation in the human genome. Nature, 2009 (Epub ahead of print)

6 Mardis E R, Wilson R K. Cancer genome sequencing: a review. Hum Mol Genet, 2009, 18: 163～168

7 Ley T J, Mardis E R, Ding L, et al. DNA sequencing of a cytogenetically normal acute myeloid leukaemia genome. Nature, 2008, 456: 66～72

8 Pleasance E D, Cheetham R K, Stephens P J, et al. A comprehensive catalogue of somatic mutations from a human cancer genome. Nature, 2009 (Epub ahead of print)

9 Stephens P J, McBride D J, Lin M L, et al. Complex landscapes of somatic rearrangement in human breast cancer genomes. Nature, 2009, 462: 1005～1010

10 Pleasance E D, Stephens P J, OMeara S, et al. A small-cell lung cancer genome with complex signatures of tobacco exposure. Nature, 2009 (Epub ahead of print)

Recent Study Progress in Cancer Genetics

Yu Dianke, Lin Dongxin

Recent years have witnessed great progress in cancer genetics, including studies both on germline genetic variation and somatic mutation. Genome-wide association studies of human cancer have identified various susceptibility loci, and genome-wide sequencing of cancer cells has provided new insights into molecular mechanisms of tumorigenesis and cancer development.

5.4 中国人祖先起源研究的新进展

高 星 王春雪

（中国科学院古脊椎动物与古人类研究所）

目前，关于中国人祖先起源问题的研究热点在于以下两个方面：亚洲最初人类的来源和现代中国人起源。迄今为止，人类演化的最初两个阶段——南方古猿和能人的化石材料全部发现在非洲，在非洲以外没有发现早于200万年前的人类化石，因此国际人类学界普遍认为人类远祖起源于非洲。而关于现代人尤其是现代中国人的起源，存在着两种理论流派的交锋：一种主张非洲单一地区起源，另一种主张多地区连续进化。

一、中国乃至亚洲最早人类的来源

最早人类在中国乃至亚洲出现的时间还不十分确定。有学者根据亚洲南部出土的距今800万～600万年前古猿化石，认为这里可能是早期人类的发祥地。最近，有学者对出土于中国云南禄丰、元谋及开远等地的古猿进行新的研究，认为从化石形态特征看，禄丰古猿与非洲南方古猿有着一系列相似性，比其他古猿在形态上更接近于后者[1]。据此，禄丰古猿被认为是人科的早期成员，是先于南方古猿的从猿到人转变的早期过渡类型，是中国境内人类的早期祖先（图1）。持相反观点的学者认为，晚期禄丰古猿的生存时代已经和非洲发现的早期人科成员重叠，化石的形态特征也说明二者不是祖裔关系[2]。另外，截至目前在中国境内乃至非洲以外的其他地区还没有发现确切的南方古猿和能人的材料。因此，非洲目前被大多数学者认定是人类远祖的唯一起源地。

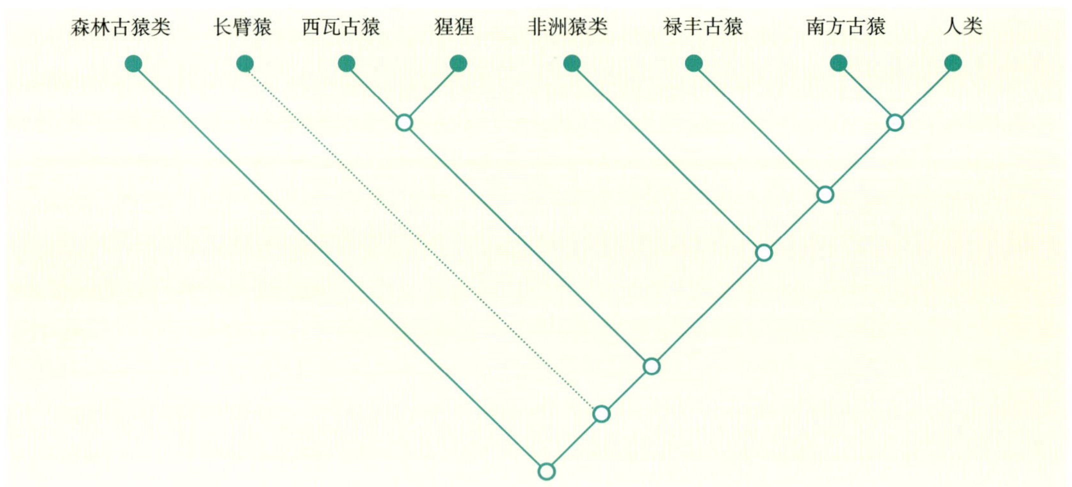

图1 主张禄丰古猿是早期人科成员的学者提出的人猿超科关系分支图[3]

二、中国直立人的来源与演化

化石和考古证据显示，远在早更新世早期，直立人就生活在中国这片土地上。迄今为止，出土早期直立人化石（包括疑似者）的地点有云南元谋上那蚌、重庆巫山龙骨坡、湖北建始龙骨洞、陕西蓝田公王岭、湖北郧县学堂梁子等多处。除此之外，还有一些地点发现早期人类的文化遗存，如安徽繁昌人字洞和山西芮城西侯度、河北阳原泥河湾等。在河北阳原泥河湾盆地发现一系列早更新世的古人类文化遗存，时代被推定为距今200万～160万年前，为了解早期人类在中国和东北亚地区的生存和扩散提供了珍贵的资料。对这些早期人类群体，多数学者主张他们是在约200万年前从非洲迁徙过来的，是能人的后代。但也有人主张直立人是东亚特有的人类，是本土起源的。该假说由于缺少本地距今600万～200万年间的人类化石和文化遗存证据的支持而不被广泛接受。一些学者寄望于通过调查和发掘获得新的材料以衔接东亚地区古人类演化的这一缺环，从而对人类起源的理论做重大改写。

年代学研究滞后是制约中国早期人类起源与演化的另一重要因素，近来有所突破。以北京猿人产出地周口店第1地点为例，20世纪曾用裂变径迹法、不平衡铀系法、古地磁法、电子自旋共振法等多种手段对遗址进行测年，建立起粗略的年代框架。2009年《自然》杂志刊登中美学者首次采用铝铍（$^{26}Al/^{10}Be$）埋藏测年法取得的成果，得出第7～10层的年代数据为距今（77±8）万年[4]，将北京猿人生活的年代提前了20多万年，引发了中外学术界的广泛关注和讨论，对相关学术问题的研究产生了巨大的推动。同时，该遗址在沉寂多年后又开始了系统的发掘，取得了重要的材料收获。

三、中国现代人的起源

20多年来，古人类学界在现代人类起源问题上一直存在针锋相对的两种假说的交锋[5]。一些西方学者根据线粒体DNA研究主张“非洲单一地区起源说”，即各地区的现代人都起源于距今大约20万～15万年前的非洲，以北京猿人为代表的东亚直立人是进化的绝灭旁支，不在现代人祖先之列。部分中国分子生物学家通过对东亚人类基因(Y染色体）的研究，支持西方学者的论断，认为现代中国人直接祖先是距今6万～5万年前经西亚到南亚、东南亚，然后由南向北迁入的。另一些学者主张“多地区连续进化说”，提出世界各地现代人类的直接祖先是各地区古人类（早期智人乃至直立人）在本土连续演化，进化成现代人类，但期间发生过少量外来人群与基因的融合和交流。

现代人起源的两种假说的关键争议在于古人类在亚洲和欧洲的进化是否中断过。从20世纪至今，在我国大荔、金牛山、马坝、丁村、许家窑、长阳、柳江、山顶洞、资阳等地相继发现不同时期的智人化石，表明古人类在中国的演化没有中断过。最近在广西崇左木榄山的一处洞穴发掘出具有现代人解剖特征初始状态的下颌骨化石，显示从早期人类向现代人类过渡的性状[图2(b)]。依地层对比、铀系测年和伴生的哺乳动物群属性判断，木榄山化石智人的时代为距今约11 万年的晚更新世早期[6]，对研究现代人起源及其环境背景具有非常重要意义。2003年，在周口店田园洞遗址发现早期现代人类化石[图2(a1,a2)]，年代为距今4.2万～3.85万年，是迄今在欧亚大陆东部所测出

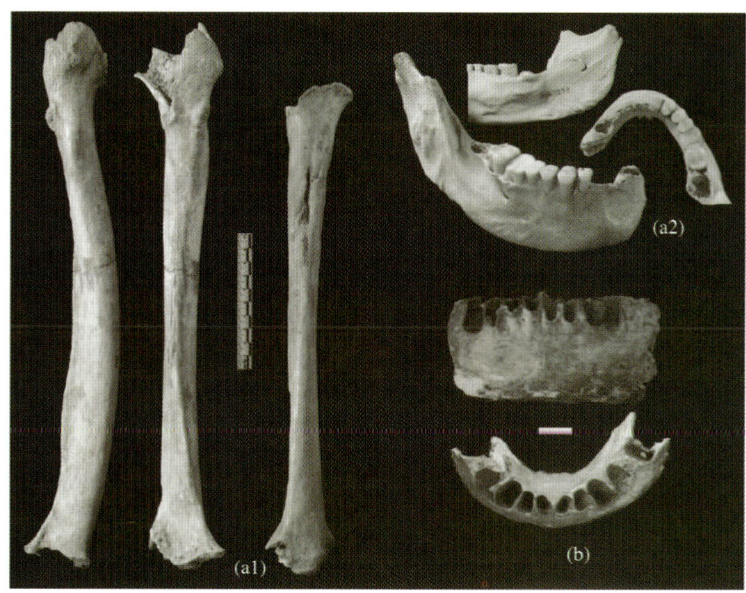

图2 古人类化石

(a1)、(a2)近年在北京周口店田园洞发现的古人类化石；（b）近年在广西崇左木榄山发现的古人类化石[6,7]

的最早的现代人类遗骸，其特征多与现代人一致，但有少数性状与较晚阶段的早期智人接近，其本身存在从西方和南方来的基因交流[7]。这些化石证据充分表明中国乃至东亚直立人与晚期智人是连续演化的，不同时代的人类化石之间有一系列共同特征，直立人与智人之间有形态镶嵌。同时个别化石上出现少量与同期西方人类接近而与本地人类有别的性状，被认为是基因交流的结果。据此，吴新智院士提出中国乃至东亚古人类“连续进化附带杂交”[5]的假说，西方很多人类学家也持相近的观点。

近年来，考古学对中国现代人起源研究也做出了重要贡献。从古人类技术和文化发展的角度看，中国乃至东亚的古人类在整个旧石器时代直至新石器时代早期保持了行为和技术的连续性和稳定性，在总体上继承多于创新，形成独特、渐变的演化格局，没有发生替代和中断。距今80万年左右，在华南、华中出现过与西方同期“阿舍利技术”相似的手斧等遗物，距今3万年左右在中国北方出现具有欧洲旧石器时代晚期文化特征的“石叶技术”，但它们都出现在局部地区且是昙花一现，没有对本土主流文化产生重大影响。据此，学者提出中国乃至东亚更新世主体人群一直生生不息，延绵不绝，其文化有着强大的生命力，呈现前后承继的演化关系；间或少量的外来人群带来“异族”文化，但很快在主流文化的强势面前消弭于无形。原因之一是这里的人类在长期的适应生存过程中找到了一整套适合本地区生态特点的生存方略，即“综合行为模式”[8]，核心是因地制宜，与生存环境保持和谐与友好，以不断的迁徙移动实现对环境资源的浅程度开发，并对间或渗透的外来文化产生改造和同化的作用。

目前有关中国这片土地上最早的人类的来源和现代中国人的起源两大问题还没有定论，研究与争论还在进行之中。要在这一国际学术界关注的重大领域取得突破并达成科学的共识，急需获得新的、更有价值、更有说服力的材料，也急需提高和改进科技平台，提取出化石和相关材料中的关键性的科学信息。因此，政策上（包括打破地方化石及古文化资源的封锁和垄断）和资金上更大力度的支持和对相关学科的扶持是极其重要的。

参考文献

1 徐庆华，陆庆武. 禄丰古猿——人科早期成员. 北京：科学出版社，2008. 172

2 吴新智. 20世纪的中国人类古生物学研究与展望. 人类学学报，1999, 18 (3): 165～175

3 徐庆华，陆庆武. 禄丰古猿——人科早期成员. 北京：科学出版社，2008. 171

4 Shen G J, Gao X, Gao B, et al. Age of Zhoukoudian *Homo erectus* determined with ^{26}Al/^{10}Be burial dating. Nature, 2009, (458): 198～200

5 Wolpoff M H , Wu X, Thorne A. Modern *Homo sapiens* origins: a general theory of hominid evolution involving the fossil evidence from East Asia. In: Smith F H , Spencer F. The Origins of Modern Humans.

New York: Alan R Liss Inc, 1984. 411～483

6 金昌柱，潘文石，张颖奇等. 广西崇左江州木榄山智人洞古人类遗址及其地质时代. 科学通报，2009，54(19): 2848～2856

7 Shang Hong, et al. An early modern human from Tianyuan Cave, Zhoukoudian, China. Proc Natl Acad Sci USA, 2007, 104(16): 6573～6578

8 高星，裴树文. 中国古人类石器技术与生存模式的考古学阐释. 第四纪研究，2006, (4): 506～513

New Advances in Chinese Ancestor's Origin Studies

Gao Xing, Wang Chunxue

This article discusses some new advances in Chinese ancestor's origin studies, from the aspects of early human origin, origin and evolution of *Homo erectus* and origin of modern human. According to plentiful evidence of ancient human fossils and Paleolithic remains, we think that ancient human originated in local place and evolved continuously in China. This supports the "Continuity with Hybridization" model for the origins of modern human in East Asia.

第六章

科技战略与政策

S&T Strategy and Policy

6.1　发挥科技支撑作用，促进经济平稳较快发展*

孙福全
（中国科学技术发展战略研究院）

2009年3月，国务院发布了《关于发挥科技支撑作用　促进经济平稳较快发展的意见》（以下简称《意见》），围绕“加强重大专项、支撑产业振兴、支持企业创新、发展高新产业、深入基层服务、促进人才建设”，提出了科技支撑措施和政策保障条件。各地方、各部门和科技界认真贯彻《意见》的精神和要求，积极推进科技支撑各项措施的落实，使科技创新在应对国际金融危机、实现“保增长、扩内需、调结构”的目标中发挥了重要支撑作用。

一、各部门和地方按照《意见》分工积极行动部署

科技部牵头召开科字口部门（单位）联席会议，研究提出了科技界落实《意见》的共同行动方案。教育部制定了发挥高校科技支撑作用的意见。中国科学院提出了面向企业开放研发资源、组织服务团队等一系列措施。中国工程院拓展了“院士行”等活动。国家自然科学基金委员会与企业和地方政府共同设立了支持技术创新的联合基金。中国科学技术协会在企业深入开展了“讲理想、比贡献”活动。科技部会同国家发展和改革委员会、财政部加快了重大专项实施的调整工作。工业和信息化部、卫生部、农业部等各重大专项牵头单位，以及《意见》确定的45项任务的牵头单位，积极落实配套支撑条件，加快推动各项任务的启动实施。

各地方也高度重视，把落实《意见》精神和各项措施作为本地区应对国际金融危

* 此文参考了科技部部长万钢在2009年全国科技工作会议上的讲话和有关材料并在此基础上形成。

机的重要举措和重点任务，结合自身的科技、资源和产业优势，运用财政税收、金融等政策加大对自主创新的支持力度。一些地方专门制定了本地“关于发挥科技支撑作用 促进经济平稳较快发展的意见”。

二、加快重大专项的实施步伐

实施重大专项是培育和发展我国战略性新兴产业的重大举措，对于应对国际金融危机，实现经济社会可持续发展和提高国家整体竞争力具有重要作用。按照《意见》要求，调整了重大专项的实施计划，加快了三类任务的实施。一是有较好基础，能够充分利用多年自主创新的成果；二是市场前景较好，两三年内能实现产业化，对当前产业发展和扩大内需具有重要作用；三是对未来经济社会发展有重大影响的重大关键技术和产品开发。2009年民口9个专项共启动2597个项目/课题，安排中央财政经费518亿元。专项的实施已初见成效，形成了TD-SCDMA增强型试验芯片、3000米深水半潜式钻井平台、新型流感药物等一批阶段性成果。

2009年11月，国务委员刘延东主持召开了国家科技重大专项（民口）组织实施推进会，对重大专项的组织实施起到了重要的指导、推动和督促作用。在各方面的努力下，重大专项组织实施机制进一步完善，建立了第一行政责任人和专职技术责任人制度。产业技术创新联盟和技术标准组织参与机制正在积极推进，企业在实施重大专项中的牵头作用更加突出。

三、积极促进重点产业振兴

《意见》确定的“高速铁路装备技术”等45项先进技术的研发和推广，是科技促进重点产业振兴和拉动内需的重点任务。科技部会同各项任务的牵头组织部门，逐步明确目标任务，制定细化落实方案，以产业技术创新联盟等方式推动产学研用结合，加快组织实施和推广应用。同时，结合重点产业振兴的科技需求，集中力量，加大了重点产业关键技术和共性技术的攻关力度并取得重大进展。“新一代可循环钢铁流程工艺技术”取得突破，依托曹妃甸工程建立了洁净钢生产平台，实现了转炉功能的优化组合，每条生产线平均每年节约50万吨标准煤。建成了世界上第一套20万吨级煤制乙二醇工业示范装置，形成具有自主知识产权的成套技术，实现用煤替代石油乙烯生产乙二醇。

四、大力培育战略性新兴产业

为调整优化经济结构，保持经济社会可持续发展，加大了培育战略性新兴产业的力度。一是突破了一批核心技术。在新能源领域，解决了风电机组整机自主设计和关键零部件瓶颈技术问题，攻克了非晶硅薄膜太阳能电池组件等技术。在电动汽车方面，攻克了大容量锂离子动力电池关键技术，取得了新一代整车控制器等一批成果。在生物医药领域，组织工程皮肤已获得我国第一个产品证书，开始进入产业化阶段。在生物育种领域，转基因水稻已完成相关安全性审批，标志着我国生物育种取得重大进展。二是启动了“十城千辆”、“十城万盏”、“金太阳”等一批科技应用示范工程。财政部、科技部、国家发展和改革委员会、工业和信息化部正式启动了“十城千辆”工程，电动汽车已在北京、上海、重庆和杭州等13个城市的公共服务用车领域进行推广示范应用。2009年12月，国务院决定进一步扩大示范应用范围，将示范城市扩大到20个，并选择5个城市开展对个人购买电动汽车进行财政补贴的试点。启动了“十城万盏”半导体照明规模化应用工程，目前已启动21个城市的试点工作。科技部联合财政部、国家电网公司、南方电网公司等单位，启动实施了“金太阳”工程，加大了对光伏发电系统规模化推广应用和光伏相关产品开发的支持。这些工程的实施，对于拉动市场对自主创新技术和产品的需求，培育新的经济增长点产生了积极作用。

五、积极推进技术创新工程的实施

为引导和支持创新要素向企业集聚，促进产学研用有机结合，《意见》提出加快推进技术创新工程，建设产业技术创新联盟，促进产学研用紧密结合、大中小企业创新联动，建设产业链，整合资源，建设开发技术支撑和服务平台，提升企业自主创新能力和综合竞争力。按照《意见》要求，科技部联合有关部门出台《国家技术创新工程总体实施方案》，加快了技术创新工程的实施步伐。

一是重点推动产业技术创新联盟的建设，探索以企业为主体的产学研合作创新模式。目前，国家已认定了钢铁可循环流程、煤化工、半导体照明等20个联盟，地方构建的区域性产业技术创新联盟已超过100个。

二是加大创新型企业的建设力度，引导企业成为技术创新的主体。国家级试点企业已达469家，各地方创新型试点企业达到3000多家，形成了中央和地方联动发展的良好局面。

三是加快面向企业的技术创新服务平台建设，为企业技术创新提供支撑服务。集成电路、纺织、藏医药产业的技术创新服务平台建设取得积极成效。

四是深入实施“科技人员服务企业行动”，帮助企业解决技术难题，加大对企业的技术创新服务。科技部会同有关部门和单位出台了《关于动员广大科技人员服务企业的意见》，启动了“科技人员服务企业行动”。目前，该项行动已在全国范围内全面展开。广东实施了“百校千人万企省部企业科技特派员工程”，甘肃省启动实施科技人员服务企业“百团千人”行动。据统计，全国将有10万以上的科技人员深入企业服务。

六、着力满足改善民生的科技需求

改善民生既是扩大内需、促进内生增长的内在要求，也是和谐社会建设的内在要求。在人口健康、节能减排、公共安全等民生领域重点部署了一批重大技术及产品的研究开发和推广应用。例如，在世界上率先研制出甲流疫苗，对有效防控甲流发挥了重要作用。启动了科技特派员农村科技创业行动，已有约11.6万科技特派员深入农村，围绕73个科技特派员创业链，开展创新创业，为社会主义新农村建设做出了突出贡献。成功举办了节能减排技术推广应用，增强了应对国际金融危机、振兴经济的信心。

七、各项政策落实取得实质性进展和成效

一是加大了财政支持力度，调整了财政科技投入结构。在保证基础研究支持强度的基础上，2009年和2010年国家科技计划经费的80%集中支持产业振兴、高新技术产业发展和技术创新工程等任务。二是支持企业自主创新的税收、金融、政府采购、创业投资等政策取得重要进展。企业研发费用加计扣除政策的实施细则正式出台，对企业研发费用加计扣除这项政策的落实起到了很大的推动作用。新的《高新技术企业认定管理暂行办法》已经实施，全国新认定的高新技术企业15 000多家，加上原有高新技术企业已达近5万家。《国家自主创新产品认定管理办法》正式实施，首批认定的240多项国家自主创新产品已经公布，涉及大量产业振兴、民生改善、扩大内需的创新产品。加快首台套政策的落实，财政部、科技部、国家发展和改革委员会正在研究系统的配套落实细则，加速《首台（套）重大技术装备试验、示范项目管理办法》的落实工作。加快推进多层次的资本市场建设，重点支持科技型中小企业融资的创业板已推出。三是一些自主创新产品推广应用的财政补贴政策开始执行。《节能与新能源汽车财政补贴经费管理暂行办法》已经出台，对公共交通使用节能与新能源汽车给予财政补贴。半导体照明的公共照明试点已纳入财政对节能照明灯具的补贴范围。风能、太阳能光伏发电等的上网补贴政策也在积极推进。

综上所述，在各方面的共同努力下，《意见》的各项政策的落实已初见成效。在新的一年里，科技工作要深入贯彻落实科学发展观，全面落实科技规划纲要的战略任务和应对国际金融危机的科技支撑措施，以提高自主创新能力为中心，以支撑发展方式转变和经济结构调整为主线，着力突破核心关键技术，着力培育战略性新兴产业，着力发展民生科技，着力推进国家创新体系建设，更好地发挥科技的支撑引领作用，推动我国经济社会发展走上创新驱动、内生增长的科学发展轨道。

Let Science and Technology Play Supportive Role and Promote Steady and Relatively Fast Growth of the Economy

Sun Fuquan

In order to implement the essence and requirement of "suggestions on bringing into play the supportive role of science and technology and promoting steady and relatively fast growth of the economy" announced by the State Council in March 2009, every region, section, and science and technology circles in our country have actively promoted the implementation of all measures for science and technology to play supportive role, and achieved substantial progress and effectiveness, allowing scientific and technological innovations to play an important supportive role in coping with international financial crisis, realizing the destination of maintaining growth, expanding domestic demand, and regulating structure.

6.2 2009年世界主要国家科技与创新战略新进展

汪凌勇[1] 叶小梁[1] 胡智慧[1] 黄 群[1]
邱举良[2] 任 真[1] 林 曦[1]

（1中国科学院国家科学图书馆，2中国科学院国际合作局）

2009年，面对全球金融危机和经济危机的严峻形势及在能源与环境、卫生以及安全等领域的共同挑战，美国、日本、德国、法国、英国、韩国和俄罗斯等国家相继推出新的创新与发展战略大纲，制定经济复兴和科技促进计划，增加科技投入，完善和革新科研体系，采取一系列鼓励与刺激措施，以增强科技创新能力，并通过科学技术实现促进经济社会发展的目标。

一、美 国

2009年是奥巴马总统宣誓就职的第一年。奥巴马的创新政策主要包括创造就业、营造鼓励私营部门投资的良好环境以及将科技创新作为国家优先领域3个方面。在这一年里，奥巴马发布了《美国创新战略：促进可持续增长和高质量就业》报告，主张通过政府直接参与以促进某些市场有可能失效的重要领域的科技创新；签署了《2009美国复兴与再投资法案》，对联邦科技计划提供重点支持；提出新的年度预算，在《2009美国复兴与再投资法案》的历史性投资基础上再增加了对研究的投资；将发展新能源作为战略重点，基于对创新在开发生产、使用和节约能源的新技术方面重要意义的认识，任命物理学家朱棣文为能源部部长，并在能源部推出若干重大改革举措。

（一）确立以科技为基础的、旨在促进可持续增长和高质量就业的创新战略

2009年9月，美国总统奥巴马、白宫科技政策办公室和国家经济委员会联合发布了《美国创新战略：促进可持续增长和高质量就业》的报告，强调投资于美国创新的支撑基础和促进有利于刺激创新企业家精神的竞争性市场，特别主张通过政府直接参与以促进某些市场可能失效的重要领域的科技创新，催化在国家优先领域的可能突破。

在投资美国创新的支撑基础方面，该报告提出首先要确保美国的经济获得创新成功所需的一切必要条件，从研究与开发投资到进行研究和转移创新成果所需的人力资源、实物资本和技术资本。具体目标和措施包括：恢复美国在基础研究方面的领先地位；建立世界级劳动力队伍，并用21世纪的知识和技能教育下一代；建立领先的物质基础设施；发展先进的信息技术生态系统。

在促进刺激创新企业家精神的竞争市场方面，提出必须建立一个鼓励企业创业、创新和勇于承担风险的成熟环境，以使美国企业在全球创意和创新交流中具有国际竞争力。通过竞争市场，创新可以在产业间和全球范围扩散和升级。具体包括：推动美国的出口；支持能够将资源分配给有前景的最富创意的开放的资本市场；鼓励能够促进高经济增长的创新型企业；促进公共部门创新，支持社区创新。

在催化国家优先领域的可能突破方面，提出在某些对国家异常重要的领域，市场本身并不能产生令人满意的成果，因此政府在这些市场有可能失效的重要领域和产业中可以发挥自身的作用。具体包括：发动清洁能源革命；支持先进车辆技术；推动医疗卫生信息技术的创新；利用科学与技术应对21世纪的重大挑战。

（二）大幅度增加科技领域和相关计划的投资

奥巴马总统在其签署的《2009美国复兴与再投资法案》和提出的2010财年联邦预算申请中，大幅度增加了对重要联邦科研机构和相关科技计划的投资，以兑现其在竞选期间提出的《科学与创新规划》中对国家科学基金会（NSF）、国家标准与技术研究院和能源部科学办公室至2016财年预算加倍的承诺。

2009年1月，奥巴马宣布了《美国复兴与再投资计划》。2月15日，美国正式出台了《2009美国复兴与再投资法案》，投资总额达到7870亿美元。该法案意图通过管理和发掘科学与技术创新的力量和潜能来重建美国经济。法案对相关科学计划提供了

支持，承诺在发展替代能源方案、提高能源效率和加速寻找新的医疗诊断与治疗方法的同时创造更多的就业机会。根据该法案，政府将提供215亿美元作为科学活动附加投资。该项投资将同时支持生物医学和物质科学领域的研究，既支持能够提供短期经济效益的项目，也支持能够带来长期科学红利的项目。根据该法案，国立卫生研究院（NIH）将得到一次性的增量投入104亿美元，这一数值甚至超过了NIH 290亿美元标准年度预算的1/3，具体分配如下：82亿美元用于支持优先领域的科学研究，其中74亿美元用于NIH研究所、中心和共同基金，这些资金将按照一定的百分比来分配，8亿美元（不包括共同基金）用于院长办公室，该项资金的主要目标是支持与该法案总体目标相一致的额外科学研究相关活动；10亿美元用于支持墙外建设、维修和改造，该项资金分配给国家研究资源中心，以用于支持NIH资助的研究所；3亿美元用于共享设施和其他基础装备；5亿美元用于NIH建筑与设施；4亿美元用于相对有效性研究（指临床有效的研究）。NSF将得到大约30亿美元，以资助已通过同行评议的项目，支持科学、技术、工程与数学教育计划，以及用于购买装备和建设基础设施。能源部科学办公室将得到其急需的16亿美元，以推进一系列重要的绿色能源项目。能源部科学办公室还将得到4亿美元附加投资，以支持新建立的能源先进研究计划局（ARPA-E）。国家航空航天局将得到10亿美元，国家海洋大气局将得到8.33亿美元，美国地质勘探局将得到1.4亿美元。

2009年5月，奥巴马总统公布了2010财年联邦预算提案。根据该提案，2010财年NIH的预算将在2009财年基础上增加1.4%，增加到310亿美元（不包括104亿美元经济刺激资金）。能源部科学办公室的预算从48亿美元提高到49亿美元，其中包括一份2.8亿美元的资金，用来建立8个能源创新中心。NSF预算为70.7亿美元，比其2009财年的65亿美元增加了8.5%，其中包括：潜在革新性研究9200万美元，主要用于从根本上改变对现有科学与工程概念或教育实践的理解的思想、发现和工具；支持新员工和年轻研究者2.038亿美元；研究生研究奖学金计划，2010财年将提供1654个新的研究奖学金岗位；先进技术教育计划6400万美元，主要支持学术机构和用人单位之间的合作，以改善科学与工程技师教育；气候变化教育计划1000万美元；研究生教育与研究培训计划6888万美元；气候研究1.97亿美元，重点支持多学科研究；网络与信息技术研发计划11.1亿美元；国家纳米技术计划4.23亿美元；重大研究设备与设施建设1.17亿美元等。

2009年8月，白宫科技政策办公室和管理预算办公室发布了2011财年美国科技预算优先领域备忘录，提出了联邦机构预算四大重点目标：利用科技战略驱动经济复兴、创造就业和促进经济增长；发展创新能源技术以减小对能源进口的依赖，在创造绿色就业和新企业的同时减缓气候变化影响；应用生物医学技术和信息技术帮助美国人获得更长寿、更健康的生活，同时降低美国的卫生保健成本；确保美国拥有所必需的技术以保护公民和国家利益，确保国家安全。

除了直接增加联邦研发投入，奥巴马的预算还提出对研究和实验税收实行永久抵免，这一政策也将间接支持美国的科技研发活动。奥巴马认为，美国的复兴不能仅仅由政府来推动。它是一项从实验室延伸至市场的工作，而这项税收抵免政策可帮助企业减少为支持创新想法、研发新技术和新产品而常需承担的高昂成本，使每花1美元就能为经济带来2美元的回报。

（三）推出若干重大革新性能源政策与举措

奥巴马认为，能够领导21世纪全球清洁能源的国家将能够领导21世纪的全球经济。为此，奥巴马政府密集出台了一系列直接或间接针对能源与气候创新的新的政策和改革举措。总统的预算方案提出在10年内投资1500亿美元用于可再生能源及提高能源效率，新政府任命科学家朱棣文担任能源部部长，并成倍增加了对能源部科学办公室的投资。

《2009美国复兴与再投资法案》开启了能源部新纪元。该法案将发展可再生能源等新能源作为重要内容，并为未来几年美国生产可再生能源的能力翻倍提供了包括生产税收抵免、提高贷款担保以及为刺激投资提供资金等刺激措施。能源部对根据该法案拨付的387亿美元资金的大部分用途做了规划，重点将发展可再生能源、能源效率、智能电网、环境清洁、碳捕获以及科学研究等。其中能源部能源效率和可再生能源局获得168亿美元，是2008财年拨款（17亿美元）的近10倍。能源部还制定了分配复兴法案资金的计划，所有受资助人要继续得到资助都必须符合一定的绩效基准，每一个项目都有具体的影响指标，以便能源部能够据此评估复兴与再投资法案的直接经济与环境影响。朱棣文部长还致力于增进申请者和能源部之间的透明度和交流，能源部如今在项目申请早期即开始同项目申请者合作，以使他们的项目提案能够符合国家能源需求。

成立能源先进研究计划局。2009年4月27日，奥巴马在美国国家科学院年会上宣布成立能源先进研究计划局，并通过复兴与再投资法案为其拨款4亿美元。该机构将按照国防先进研究计划局的模式运行，以支持能源领域的高风险、高回报变革性研究。

建立46家能源前沿研究中心。4月27日，奥巴马宣布将在5年内投资7.7亿美元成立46个能源前沿研究中心，这些中心将聚集全美顶尖科学家和工程师，同国内的大学、国家实验室、非营利机构和私人公司协力合作，解决当前实现清洁能源和能源安全所面临的难题。

支持下一代清洁能源创新人才培养。4月27日，奥巴马还宣布将由能源部和NSF共同发起“重新占领能源科学和工程前沿”计划，该计划旨在培养学生投身于清洁能源相关领域。在提交给国会的2010年预算案中，奥巴马为该计划提出了首付金额为1.15亿美元的能源部预算。该计划不仅涵盖能源部下属的国家实验室，而且还将进入更广泛的学术界，支持从小学到博士后研究的科学教育。

资助清洁能源领域的前沿研究。2009年10月，能源部宣布投资15.1亿美元，由能源部能源先进研究计划局向由大学、企业与国家实验室组成的37个研究团队提供资助，支持它们开展能源前沿技术变革性研究。每个项目平均获得资助经费400万美元，最长资助周期为3年，资助规模远高于能源部普通的能源基础研究与应用研究项目。第一批项目研究主题涉及：能够直接利用太阳光生产汽油类燃料的共生性细菌；全液态金属电池，可提供大规模电网能源储存，并可广泛应用于可再生能源；利用感应器和软件向用户实时提供准确的能源使用信息，提高建筑使用效率的项目等。

二、日　本

强大的科研能力是推动日本经济发展的最重要动力之一，日本政府将保持科研优势作为应对未来挑战的主要手段，但2008年底暴发的经济危机重创日本经济，对日本科技事业也造成不小的影响，而一些发展中国家科技实力的增强也给日本科技界带来了压力。在危机和压力面前，日本政府进行了反思，并开始推出一系列政策，希望能扭转不利局面。

（一）出台应对经济危机的新经济刺激方案

新经济刺激方案的指导方针是：①从长期的角度推进民间投资、人才投资和研发投资等计划；②尽可能柔性对待世界上的突发事件；③各阶层国民积极发挥日本的强项。

雇佣对策：扩充雇佣调整补助金；支持再就业以及职业能力开发；创造新的就业岗位；增加就业基金；为失业和无住处的劳动者提供住房援助和相应的生活资助。

金融对策：促进金融中介机构的协调作用；对中小企业进行资金支持；对大中型企业进行资金支持；对日本企业的海外事业进行资金支持；灵活利用银行等机构；对股市的应急措施，包括对市场价格调控中产生的重大障碍，实行临时、特例的措施，政府相关机构从市场中收购股票的措施；以亚洲为中心的日资企业进入发展中国家的相关支持政策等。

长期应对举措：从中长期发展的角度，为了实现新的经济增长战略，实施“低碳革命”、“健康长寿与育儿”和“加强基础设施建设”。

（二）科技预算以政策任务为导向

2009财年日本政府科技总预算达35 550亿日元，其中占政府科技总支出的47.5%属于“政策任务导向研究”。在2009财年，以政策任务为导向的研发的总预算的28%将分配到62个战略科技优先领域中，它们在2006财年仅占到16%。然而，具体的战略科技优先领域在预算的规模和编制上都有着很大的差别，其中一些项目未能获得有效预算。其中的5项为国家关键技术项目，其在2009财年的预算占到了整个科技战略优先领域预算的35%，其中包括：快中子增殖反应堆、火箭、海洋与地球观测系统、超级计算机以及X射线自由电子激光器。临床和转化型研究以及下一代网络技术等项目也获得了大笔预算。

政策任务导向研究包括“战略科技优先研究领域”，这部分约占政府科技总支出的13%，占政策任务导向研究的28%。战略科技优先研究领域在第三期科学技术基本计划中是核心部分，与第二期科学技术基本计划相比，这是新的发展。日本科学技术综合会议在2009年科学技术预算政策的重点推进报告中对其优先选择工作采取了新的措施，并确定了5个“最重要的政策问题”：变革性技术、低碳技术、科技外交、以科技促进区域发展、可促进社会回馈的探索项目。这充分反映了公众日益关心的问题，即把对科技的投资转化成为能够解决社会问题、创造经济增长的创新。

（三）发布《技术战略路线图2009》

自2005年3月制定并公开发布《技术战略路线图2005》以来，日本每年都要对“技术战略路线图”进行修订和公开发布，将技术动向、市场动向及研发成果等换成最新信息。《技术战略路线图2009》内容分八大类项目，小项目此次在已有的“半导体”、“线性内存”等之上，新增了“计量及计测系统”，总共有30个技术领域。

通过“技术战略路线图”及其制定过程，以实现以下3点主要目标：①完善产业技术政策的研发管理方法。在掌握主要产业技术领域的技术动向和市场动向的同时，在国家层面以及民间开展重要技术预测，为研发项目的策划制定建立完善的政策基础。②在产学官中实现知识的共享以及综合能力的汇集。为了与专业技术、多样化的市场需求和社会需求相对应，在促进不同领域和不同行业间的合作、技术融合以及关联政策整体实施的同时，汇集产学官的综合能力。③促进国民对“技术战略路线图”的理解。灵活运用“技术战略路线图”，适时制定正确的项目。同时，在项目实施过程中要不断地进行验证，促进国民对经济产业省的研发投资项目的想法、内容以及成果等的理解。

（四）组织实施吸引人才的专项计划

2009年2月，日本文部科学省发布《科学技术人才综合计划2009》，该计划预算为1975.63亿日元，其政策要点包括：①充实下一代承担理科和数学教育的青年教师；②加强培养大学人才以及培育产学合作人才；③加强支持承担创新活动的青年人员以及女性研究人员；④加强国民对科学技术的理解与科学意识。

2009年10月，日本综合科学技术会议发布了青年研究人员培养制度新调整试行方案。该方案提出，国家应该以为青年研究人员提供自立与活跃的机会为长期目的，实行对长期聘用制的机构给予资助，并继续加强对机构和组织的支持，加大力度招募和吸引国内外优秀青年研究人员。该方案探讨了在人事费与研究经费等方面进行新的调整的制度，阐明了长期聘用制的意义。根据该方案，将为作为研究支撑人员的青年研究人员提供在教授指导下独立进行研究的环境；所遴选出的青年研究人员如果在规定的期限有一定的研究成果，其所在研究机构要考虑将其转为任期制。新制度的意义在于使青年研究人员树立使命感，并可从任职机构遴选出具有国际水平的、高素质的青年研究人员。

（五）发布新增长战略

2009年12月，日本经济产业省发布了《新增长战略（基本方针）》报告。新增长战略指明未来的使命即发展经济，提出了在环境与能源、健康以及支撑增长的平台三大领域的发展目标。①环境与能源领域。2020年的目标是：建立50万亿日元以上的新市场；新增就业人员140万；温室气体减排13亿吨。主要措施包括：固定价格买断制度及对可再生能源加大支持力度；革新技术开发；面向生态社会形成集中投资。②健康领域。2020年的目标是：根据需求培育产业和创造就业岗位；建立约45万亿日元的新市场，新增就业人员280万。主要措施包括：医疗与护理等与健康相关研究的产业化；革新医疗技术，医药品、器械的研究开发向实用化推进；促进亚洲等海外市场的拓展。③支撑增长的平台。一是科学技术立国战略，主要措施包括：加速大学与研究机构的改革以及创新的制度及规则的改革；二是就业与人才战略。为了实现持续增长，日本认为需要从长期的角度出发来制定战略。

三、德　　国

为了应对世界金融和经济危机的严峻挑战，2009年初，德国研究与创新专家委员会在向联邦政府提交的《2009研究、创新和技术能力鉴定报告》中提出了5点关键性政策建议。联邦政府采纳了该专家委员会的建议，并迅速出台了一系列相应的创新政策和促进措施。

（一）明确当前国家研究与创新政策的核心任务

2009年初，德国发布了政策咨文《2009研究、创新和技术能力鉴定报告》，报告指出了当前国家研究与创新政策的核心任务。

(1) 教育、研究与创新——当下经济衰退时期中的优先权。当务之急就是进一步加大教育、研究和创新投入。首先，继续推进教育系统的调整，必须重塑创新友好的税制，并在创新融资方面给予特殊且必需的刺激；其次，还必须考虑藉由创新为应对全球气候变化挑战和向可持续经济过渡做出决定性贡献。

（2）有吸引力的框架条件对科学劳动力市场是必需的，诸如加强大学和大学外研究机构的自主性与自主权；对科学家的收入等不再适用《公务员法》的限制性规定；改革各州的《高校法》，调整教授的额定授课工作量，使他们享有更大的自由度和更多的灵活性；联邦和各州政府有目的地为后备人才培养提供更加充足的财政经费，并通过提供在大学教学的机会、留居国外资助和确保个人所需的研究经费等来改善人才环境和条件等。

（3）强化和改进知识与技术转移，为公私合营的知识与技术转移机构提供必要的支持；采用专利法中关于“宽限期”的规定；创建科学家以及技术转移部门员工业绩取向的激励制度；发展并定期评估与其他“验证研究”——研究结果可供商业应用的证明——有关的资助手段；促使高等院校和研究机构能够顺利地创办公司；坚定地把创办公司的培训内容融入所有大学的教学课程之中。

（4）提高中小企业的创新能力；进一步简化中小企业现有“项目资助计划”申请程序并提高其透明度；为年轻创新公司提供免税优惠；大力把中小企业融入知识和技术转移过程之中，并加强专科学院在转移过程中的作用。

（5）利用知识密集型服务的创新与增长潜力，在创新与经济政策和外贸促进中要更多地考虑高值的知识密集型服务；有目标地支持扩大产品伴随服务领域的贸易；加强公共服务部门的创新及多样性，改进官方统计范围内有关服务活动数据的统计方法和途径。

（二）提出创新与增长新政策八点纲领

2009年5月，德国联邦政府提出了创新与增长政策八点纲领，作为今后国家创新战略的核心。

（1）进一步增强教育体系。为了提高德国教育体系的能力，联邦政府将继续大力推进2008年10月德累斯顿教育峰会商定的目标与措施。首先，为“使教育系统适合当前发展的需要”而增加必要的推动力，增加政策与相关促进措施的透明性与普及率，以使教育迅速崛起；其次，要为每个年轻人提供教育与培训机会，并大大提高高水平专业力量的比例；第三，要尽力提高德国教育体系的国际竞争力——通过拆除各种流动障碍和增加更多的可比性来证实德国教育的水准，证明作为欧洲重要的教育区位，德国能够培养出高质量的高校毕业生。

（2）继续执行《研究与创新公约》、《高校公约》和《杰出计划》三项公约。在2011～2015年，联邦和各州政府为德国四大科学组织提供的经费将每年增加5%；同时，在2020年之前，政府还要为高等院校增加大学新生数量提供专项资助经费。诸项合计，在2011～2018年，德国联邦和州政府将共同为高等院校和研究机构提供总额高达180亿欧元（22.5亿欧元/年）的“追加财政经费”。

（3）继续贯彻执行“高技术战略”。重点放在健康/营养、能源/气候保护以及安全、流动性和通信等领域。“高技术战略”使经济界和公共部门对研究和发展的投入有了明显提高；同时，在就业方面也取得了非常积极的进展。经验表明，“高技术战略”是提高创新能力并确保未来发展的有效手段。

（4）大力推动德国东部的创新。首先是增加新联邦州的创新促进措施。德国联邦议院已经批准在今后几年内继续追加资助经费，以便继续扩大新联邦州的尖端研究与创新。随着哈勒“国家科学院”和以气候与可持续研究为方向的波茨坦“可持续发展研究所”的诞生，在国际政策及国际影响方面，新联邦州的尖端研究正在逐渐显示出其重要地位。同时，在2013～2019年对科研基础设施的扩建，对于加强新联邦州的创新型企业将是更为重要的。

（5）建立创新友好的税收制度。新的《联盟协议》要求推动有益于促进创新的税制建设。为此，德国政府正在草拟一项总公约，除了对企业税进行改革和对关于风险投资的股份投资框架条件的现代法则进行修订之外，还必须采用研究与发展税收资助手段，诸如引入税收抵免制度等。此外，为了大大加强创办新企业对经济增长和就业的积极影响，新型创新公司启动阶段的社会公共福利税也有望被彻底免除。

（6）促进专业技术人才移居德国。德国人口的变化迫切需要吸引世界各地的优秀人才。默克尔就任德国联邦总理后采取的第一个重要措施，就是藉由修改《移民法》降低了高级人才移居德国的门槛——其收入底线已经降到了5万欧元/年，并坚持对执行情况进行检查和评估。德国迫切需要保持对世界各地优秀人才的吸引力。此外，科学劳动力市场的吸引力也将决定未来德国是否仍然对受过大学教育的学者具有吸引力。

（7）加快《科学自由法》的立法进程。德国联邦政府已于2009年初出台了《科学自由法》的立法宗旨和基本原则，从而迈出了重塑高等院校和研究机构框架条件的重要一步。

（8）积极参与欧洲创新战略。随着国际科技竞争的日益加剧，国际科技合作的重要性也更加突出了。因此，德国必须尽快将研究嵌入“跨大西洋关系”和“国际发展合作”之中，大力参与《欧洲高科技战略》的高、尖、重项目，并推进其他国际化步骤；同时，还将利用“国际科学年”，使德国有目的地深化与国际伙伴间的合作关系。

（三）推出《研究与创新公约》、《高校公约》和《杰出计划》具体促进措施

2009年6月，联邦与州政府正式批准了关于“继续执行《高校公约2020》以及促进高等院校尖端研究的《杰出计划》和促进大学外研究机构建设的《研究与创新公约》的建议”。该建议要求在2019年之前，联邦和各州政府至少要为上述3项计划投入总

额为180亿欧元的财政资助。①通过《杰出计划》给予高校尖端研究以更加明确的前景；使大学外研究机构享有必需的活动余地，从而得以继续生气勃勃地发展。除此之外，德国还将为后备研究人员指明职业前景。②根据新通过的《高校公约2020》，在2011～2015年，联邦和各州政府将从财政上满足额外增加27.5万名高校新生的需求，对每个编外新生的资助额从现在的2.2万欧元提高到2.6万欧元，其中联邦政府提供1.3万欧元；各州政府在保障提供高等院校总经费的基础上，将为每个大学新生再额外增加4000欧元的资助经费。③根据《研究与创新公约II》，德国博士生的人数每年将增加约10%。联邦和各州政府将共同为德国公益性研究机构以及德国研究联合会提供稳定的财政支持，并承诺在2011～2015年对这些研究机构的资助经费每年递增5%。同时与科学界达成共识，确立了下述目标：发展有强度的科学系统；提高效率并继续推进德国科学系统的联网；制定和执行国际合作新战略；建立科学与经济界之间可持续的伙伴关系；不断地为德国赢得最优秀的人才。德国科学与研究组织将采取相应的促进措施，力求实现上述研究政策目标，并为进一步提升德国科学系统的国际竞争力做出贡献。

（四）研究制定新的能源技术战略

2009年5月，在联邦经济技术部主持下，“2050年能源技术研究联合研究组”依据当前的政策导向，提出了两个可选方案。第一个方案以欧盟关于“到2020年使温室气体排放量减少20%、能源效率提高20%”的目标为标准。而另一个以气候保护为标准的预案则根据“气候目标”预计到2050年使二氧化碳排放量减少80%，其中在2030年要实现减少50%的目标。

然而，从资源角度看，化石能源（石油和天然气）已经面临枯竭，紧随其后的是煤炭。所以，鉴于迄今一些重要的研究成果，研究组提出了以下6条行动建议。

（1）由于电仍然是最重要的动力，因此，要大力推动节电的空调或暖气技术。

（2）蓄能器和电网的意义还将进一步突出。其一，可再生能源正在日益扩大，增加了相关的能源供应。其二，日益分散的和现有的中央集中供应结构的结合与能源需求的增长，要求供应基础设施进一步现代化，尤其要推动基础设施的扩建，并使之能被广泛、灵活地应用。

（3）工业和家庭的可再生能源以及能源的经济利用课题意义重大，其研究成果能确实有效缓解气候变化和资源短缺。可再生能源方面提出的重点研发课题相对广泛，特别侧重于风力、光电、太阳热能和生物质能的利用；产业部门的课题重点则聚焦于资源的效能方面：用于交通的轻质结构、能源密集型材料的回收利用，开发能源密集型过程工业中新的生产过程和横向技术；在建筑物方面，建筑技术、建筑物技术装备都是公共研发政策的重点。

（4）在化石能源的基础上，必须继续重点发展提高能源效率的技术。在这方面，开发新材料具有极为重要的意义。同时，为了能达到广泛减少引起温室效应的气体排放，二氧化碳的储存与分离技术也将发挥关键作用。

（5）蓄能器与电网方面的研究与发展重点课题：中期课题有压缩空气的储存技术等；长期课题有能量巨大的氢储存技术以及分散的蓄电池和热储存器技术。智能电网项目的目标是建立欧洲联合电网，并更好地组合可再生能源新系统。

（6）交通部门要为气候保护目标做出重要贡献，“氢发生器与运输”课题对于实现缓解资源短缺和保护气候两大目标均具有重要的意义。零碳排放技术、无氢生产技术以及高效率电解槽技术等都是重要的研究课题。

四、法　国

2009年，全球金融危机和经济危机影响深重，气候变化、新生疾病、能源、环境和安全等成为全球关注的重点。法国政府积极应对这些挑战，推出一系列经济振兴计划和科技促进计划，始终把科研与创新放在绝对优先位置，加大科研投入，大胆改革创新体系，采取一系列激励措施，在增强创新能力、提升科技竞争力方面取得了一定的成效。

（一）坚定不移地实行创新体系改革

2009年，大学自治和公共研究机构调整的改革步伐在阻力中前行，并有所突破。

1. 大学自治改革取得重要进展

法国政府2007年通过的《大学自由与责任法》吹响了大学改革的号角，改革的目标是赋予大学在财政和人事方面更多的自主权，引入竞争机制，加强科研工作，密切与科研机构和企业之间的联系，逐步确立大学在国家创新体系中的位置。

尽管这项改革招致了多方面的批评，甚至在多所大学引发了数月之久的反对浪潮，但法国高等教育与科研部（简称教研部）依法对于实施改革的18所大学拨出专项经费予以实质性支持，为大学注入了新的活力。

2. 公共研究机构改革稳步推进

法国的公共研究机构在国家创新体系中有着举足轻重的地位，但是由于体制机制原因，机构臃肿、效率不高、机构之间存在隔阂、与生产脱节等弊端越来越严重，已经很难适应当今世界科技创新发展的挑战。因此，优化组织结构和提高效率便成为公共研究机构改革的主要内容，要求按“主题领域为基础”组建国家研究所，负责协调全国在相关科学领域的研发活动。这项改革措施涉及国家科研中心、原子能委员会、国家健康与医学研究院、农业科学院和国家信息与自动化研究院等众多国立科研机构。

2009年，这项改革在重重阻力下按既定方针积极推进，并取得积极进展，国家科研中心和国家健康与医学研究院等主要研究机构已完成以主题领域为基础组建国家研究所的工作。譬如，改革后的国家健康医学研究院拥有10个国家研究所，承担起国家生物医学相关领域在发展战略、科研活动和产学研相结合等方面的协调责任。

此外，2009年还成立了“国家生命科学与健康研究联盟”和“国家能源研究协调联盟”，以便制定共同的科学规划，加强基础设施、技术平台和实验室管理以及在欧盟和世界范围开展国际合作政策等方面的协调，以进一步提高研发效率。

（二）出台多项前瞻战略和技术发展计划

1. 国家研究与创新战略

2009年7月，法国政府制定了第一个《国家研究与创新战略》，提出到2012年实现研发投入占国内生产总值3%的目标，并确定三大优先领域：健康、福祉、食品与生物技术；环境、健康、安全等领域重大突发事件的应对技术；信息、通信和纳米技术。对太阳能、海洋能源、光纤、纳米技术和生物技术等“明日科技”领域进行前瞻部署，以期形成创新引领未来的发展新模式。

2. 人才发展战略

2009年，法国政府在鼓励年轻人从事高等教育和科研工作、吸引海外人才回国和国外优秀人才在法从事科研工作方面采取了多项措施。

防止优秀人才流失。法国政府将讲师的报酬提高了25%，鼓励有博士学位的年轻人从事教学工作。每年有130个特别资助名额，与优秀的年轻教师和科研人员签订为期五年的合同，提供配套科研经费50万～100万欧元和每年6000～15 000欧元的奖金。

“博士后招聘计划”由国家科研署启动，每位应聘者在3年内可获得60万～70万欧元的经费，用于组建自己的科研团队和开展科研工作。

推出新移民政策。由法国驻外使领馆直接发放“技术人才居留证”，一次性获得3年的留法居留证，之后可续延一次或根据一定条件转成长期居留的“绿卡”，持证者家属也可在法国生活工作。

3. 大型国债计划

2009年底，法国政府宣布将发行350亿欧元的“大型国债”，为国家的经济发展筹备资金，重点支持高等教育研究与创新（160亿欧元）、创新型中小企业（20亿欧元）、生命科学（20亿欧元）、低碳能源与资源利用效率（35亿欧元）、未来城市建设（45亿欧元）、未来交通（30亿欧元）和数字社会（20亿欧元）7个具有战略意义的优先领域。

4. 纳米创新计划

2009年，法国投入7000万欧元实施《国家纳米创新计划》，成立“纳米创新计划指导委员会”，将原有5个纳米技术研发平台整合为萨克莱、格勒诺布尔和图卢兹3个研究集群，力图打造法国的纳米技术产业高地。国家科研署还从振兴计划中拨出1700万欧元用于纳米基础技术研究项目招标。该计划不仅将对微电子行业产生重大影响，同时也将促使材料科学、医学或生物技术发生革命性变化。

5. 生物智能计划

2009年，法国政府投入4630万欧元启动了《生物智能计划》，由创新署负责组织国家健康与医学研究院、国家信息与自动化研究院、索菲亚生物系统公司和基因科学园等单位联合开发生物信息软件平台，从而提高生物研究的效率，加快新药物分子的筛选工作。

6. 生态技术发展计划

生态技术发展计划涵盖所有生态技术领域（水、空气、土壤、海岸带等），围绕减少资源使用量，开展工业、城市废气及农业废物处理技术的研发，促进生态技术的推广应用。

（三）努力提升科技竞争力

1. 继续加强“竞争力集群”的建设

“竞争力集群”的建设自2005年起步以来，已进行9轮招标。目前已发展到71个，园区内研究人员总数已超过10 000名，创新型企业5000多家，其中国外创新型企业500多家，共实施创新项目2000多个，总投入超过50亿欧元，其中一半资金来自法国政府，研发项目投入近40亿欧元。“竞争力集群”发展计划已成为法国创新战略和工业政策的重要内容。法国政府已决定实施“竞争力集群2期”计划（2009～2011年），将增加15亿欧元投入用于支持集群内创新项目。

2. 大力扶持企业增强竞争能力

法国创新署一如既往，通过共同投入、提供流动资金、提供银行贷款担保等，为创新型企业提供资金（总额高达55亿欧元），支持中小型企业的技术创新活动，受惠企业22 000家。

2009年初，法国政府斥资200亿欧元创建“战略投资基金”，面向创新型中小企业和中型重点企业，支持企业的创新活动，为未来发展积累技术储备。计划到2012年具有战略优势的中型企业（雇员500人以上）达到2000家，以此增强法国企业的竞争力。

3. 注重节能减排技术的开发

根据2005年通过的《能源政策法》，法国政府于2009年8月通过《环境保护法之一》，明确了节能减排领域的研发重点：建筑、交通、能源、生物多样性、环境和垃圾管理等。政府制定可再生能源发展规划，并出台“汽车环保奖惩机制”、“旧车报废奖励制度”、“房屋节能修缮无息贷款计划”、“电动汽车公共采购”以及即将开征的“碳税”等多种措施，预计到2020年实施节能减排的总投入将超过4000亿欧元。

4. 建设先进技术平台

2009年，国家科研中心与巴黎第十一大学共同装备了超级电子显微镜，又与国家原子能委员会联合建造“透射电镜和原子探测器”技术平台，为纳米科学研究提供了先进的基础设施和研究手段。

5. 加强农业及食品加工技术的研发

法国政府非常重视食品安全和农业创新体系建设，在71个竞争力集群中，与农业及食品加工相关的就有21个，它们正在积极推广生物、机械、化学、电子等技术在农业生产中的应用，从而提升农产品技术含量。

四、英　国

2009年，英国政府在经济衰退尚未结束、复苏尚未开始之际，已着手制定复苏后的长远发展战略，力争在全球经济复苏之后占据发展制高点。英国政府多次强调后危机时代的发展和竞争问题，提出要利用英国良好的经济和科技基础尽早取得有利发展和竞争地位，要使英国的经济从以金融服务为重点转向以科学和创新为重点，并制定和推出了一系列重要创新战略和措施。

（一）成立新的商业、创新与技能部

英国政府在2009年6月的内阁改组中，将成立仅两年的英国创新、大学和技能部

（DIUS）与商业、企业和管理改革部（BERR）合并，组成新的商业、创新与技能部（BIS）。政府将有关科学、高等教育、继续教育、技能、创新以及企业的政策制定与实施统一归口BIS。原商业、企业和管制改革部大臣彼得·曼德尔森爵士被任命为新组建部的大臣。

曼德尔森在上任后的首次公开演讲中表示，新成立的部门将继续把科学作为政府振兴经济和未来可持续发展的核心。政府将采取一系列行动：将政府战略与具体政策统一起来，增强科学与创新、企业与监管、技能与研究等方面的竞争力，确保英国能在新的全球产业竞争中赢得就业和市场；在成功的世界级大学和继续教育系统的基础上，为人们提供一个在全球竞争经济环境下终身学习的机会；创造一个推动创业和创新以及赋予消费者权利的商业环境；保持英国卓越研究地位，继续维护科学的独立性和科学家的独立思考；帮助英国在未来的关键行业、市场和技术方面取得区域性和全球性的成功，帮助更多的创新型小企业实现高增长。

（二）提出《建设英国的未来》规划

2009年4月，英国政府发布了《建设英国的未来》纲领性报告，该报告提出了政府投资国家经济和工业未来的战略规划和应立即采取行动并进行改革的重要领域，确保政府实现其长期经济目标，使经济保持稳定，把英国建设成为一个更加公正、强大和繁荣的社会。

报告确定需要立即采取行动和改革的重要领域包括：确保增长较快、创新能力较强的部门得到足够的资金支持，帮助中小企业成长；英国贸易投资总署和出口信贷担保署要发挥更积极的作用，为出口企业提供更多支持；将技术战略委员会建设成世界级的领导者，确保高校研究人员的成果有机会获得最大的经济效益，更好地支持知识转移；提高英国对获得未来成功所需技能的识别能力，并确保教育和培训系统能满足这种需要；一个了解财富创造重要性的更明智、更联合的政府更能从所面临的重大公共挑战中，识别经济机会，并利用其购买力支持创新与技能；制定连续性的战略，确保英国具备现代化的基础设施和网络；政府要清除经济发展的障碍，采取协调一致的行动，支持处于市场竞争中优势地位的关键行业的企业，包括医药、航空、核能、商业服务、生命科学、塑料电子行业的企业。

（三）制定低碳产业战略

2009年3月，英国商业、企业和管制改革部发布《低碳产业战略远景》。这是英国政府委托多家研究机构对“低碳经济”产业化进行深度研究以后提出的，认为全球在向低碳经济转型的过程中，将会创造巨大的商业机会和就业。制定该战略既是英国走出当前经济低迷状态的重要措施，也是英国抓住目前全球经济转型、着眼未来的战略决策。《低碳产业战略远景》包含4个方面的重要内容：①通过提高能源效率，减少商业、消费者以及公共服务成本；②重视英国在可再生能源、核能、碳捕获和封存技术、输电网络等方面的能源基础设施建设；③使英国成为全球低碳汽车开发和生产领先者；④通过提供技能、基础设施、采购、研究和开发以及示范和政策的部署，使英国成为发展世界低碳商业中心。

2009年6月，英国的几个政府部门联合制定了《英国低碳产业战略》，对英国低碳产业的现状和未来机遇及战略进行了详细分析和总体构想。这一战略指出，全球未来将向低碳经济过渡，这将改变整体经济结构，也将改变英国的工业面貌、商业供应链和人们的生活、工作方式。该战略的目标是：确保英国企业最大限度地抓住这一发展机遇，同时将经济成本降至最低。而政府则将在经济转型中确保总体经济资源和利益的公平分配。《英国低碳产业战略》提出，英国将重点发展本国优势产业，包括海洋风力发电、潮汐发电、民用核电、超低排放汽车研制以及可再生建筑材料和化工产品等，并将就此制定具体发展计划。首批投资重点包括低碳产业和先进绿色制造业。包括在康沃尔海岸建设重要的示范和试验设施——波枢纽；在英国西南部建立第一个低碳经济区；建立一个核先进制造研究中心；扩大制造业的咨询服务；加快电动车充电基础设施的部署；研究和建设海上风力发电行业的基础设施等。除此之外，该战略选定的低碳经济机会还包括：碳捕获和封存、低碳建筑及建造、低碳航空业、相关化学品与工业生物技术、低碳电子、信息和通信技术、相关的商业与金融服务以及碳市场。

2009年7月，英国皇家学会出版了《走向低碳未来》报告，呼吁各界致力于应用新科技来开发可用能源，发掘有潜力的新能源，以长期取代化石燃料。该报告还提出了以科技支持减碳发电的近期、中期和长期计划。短期计划包括，完善再生能源的使用，如风能、潮汐、生物质能源等；开发碳捕获和封存技术；在核废料的安全问题得到妥善解决的前提下，应用核能发电。中期计划包括，发展开发新的海洋能源、生物能和太阳能的尖端科技；应用合成燃料；大规模使用碳捕获和封存技术。长期计划包括，利用能源储存和传输的先进科学技术来支援风、海洋和太阳等间歇性能源的使用；发展核聚变发电技术。

（四）推行“数字英国”战略

数字经济是英国后危机发展战略的又一重点。2009年6月，英国政府发布了《数字英国》报告。《数字英国》报告概述和分析了英国当前数字经济状况、领先优势、发展前景，以及英国未来在互联网与通信传播产业方面广泛的战略计划。

《数字英国》中提出的具体发展目标如下。

1. 在通信基础设施方面，要提高英国的数字化基础设施，实现现代化，以加强英国的竞争力，保持全球领先地位

到2012年，要让英国所有人口都能使用宽带，要创造平等机会和公平的数字未来，保证英国所有人口都可享有至少2Mbps的基本宽带网络；设立基金，投资下一代超高速宽带，确保向全国提供使用。在提供基本宽带网络的同时，铺设下一代高速光纤网络；到2015年全面升级数字广播。在2015年取消中波，调频将仅用于小区域电台广播；促进现有的和下一代移动服务的覆盖范围与服务的发展；建议电信与媒体监管机构英国通信办公室每两年对英国的通信基础设施进行全面的评估。

2. 在数字参与方面，要确保每个人都能够分享“数字英国”带来的好处

制定为期3年的改善数字参与的国家计划；制定用于公共服务领域的《英国数字切换计划》；调整第四频道与英国广播公司的数字职权与重要作用；确保未来3年有针对性的市场营销与推广的资金。

3. 在数字内容方面，使英国成为世界上主要的创造性资本国家之一

完善打击数字盗版的强有力的法律与监管框架；建立数字化试验台，以促进围绕数字内容的创建与货币化的创新、试验和学习；对于电视许可费要进行竞争与协商，主要是为了确保获取国家、地区和当地的新闻；第四频道一个新的方向是在所有数字媒体中宣传新的人才；指导说明并澄清媒体合并制度，加强监管者在当地兼并过程中的见证作用；支持独立筹资的新闻联盟。

（五）调整重点研究领域

2009年，英国研究理事会通过调整重点领域，将资源集中在对英国经济和社会发展最具影响的研究方向，以这样的方式帮助国家应对困难的经济形势。4月，英国研究理事会举行了名为“为了我们的未来而研究”的专题研讨会，主要讨论了英国未来科学研究的方向以及这些研究对社会经济发展的影响问题。该研究理事会认为，在目前具有挑战性的经济时期，重要的是将投资集中在最有可能使英国经济受益的关键研究领域。会后，英国研究理事会宣布将向一些跨研究理事会的多学科研究项目投资1.06亿英镑，其中包括5个将有可能使英国经济增长和增强英国人民的健康与福祉的重点研究领域——绿色经济、生命科学（包括健康和食品）、数字经济、高附加值的制造系统与服务、文化及创意产业。对这些关键领域的投入将在2010～2011财政年度开始执行。

2009年10月，英国研究理事会发布了《未来框架：具有影响力的卓越研究》报告，展示了该理事会的成就、影响与未来构想。英国研究理事会将未来研究目标概括

为促进生产性经济的研究、促进健康社会的研究和促进可持续世界的研究三个方面。促进生产性经济的研究涉及的优先领域包括干细胞、食品安全、语义网、家畜疾病防治、犯罪、对内投资等；促进健康社会的研究涉及的优先领域包括心脏与精神健康、流感、生活质量、免疫系统、独立生活支持、更快乐更健康的英国等；促进可持续世界的研究涉及的优先领域包括环境、能源派生公司、气候变化、照明、环境友好型创新产品、行为预测和防洪等。

六、韩 国

2009年，韩国科技与创新政策引人注目的主要动向包括继续加大研发投入、培养新增长动力产业以及出台应对金融危机的“绿色新政”等几个方面。

（一）继续加大研发经费投入

受国际金融危机影响，韩国的部分民间企业减少了2009年的研发投资。2009年4月，韩国总统李明博在召开国家科学技术委员会会议时强调，发展科技是韩国克服国际金融危机的核心战略之一，国家尽管面临经济困难，政府仍要增加技术研发预算，还要支持各类研究机构尽可能从国外招聘科技人才。为了早日克服危机和拓展国家的发展潜力，韩国政府考虑到民间研发投资的萎缩情况，决定2009年将政府研发投资提高至12.3万亿韩元，比2008年增加了11.4%。

（二）培养新增长动力产业

2009年1月，韩国总统李明博主持召开国家科学技术委员会及未来企划委员会联合会议时确定了国家《新增长动力前景及发展战略》，将以下17个产业确定为引领未来发展的新增长动力产业：可再生能源、低碳能源、水处理、LED应用、绿色运输系统和高科技绿色城市等6个绿色技术产业；广播通信综合技术、IT综合系统、机器人应用、新材料及纳米综合技术、生物制药及医疗器械、高附加值食品产业等6个高科技融合产业；全球医疗服务、全球教育服务、绿色金融、产业软件、旅游会展等5个高附加值服务产业。

2009～2013年，韩国政府将为以上17个新增长动力领域注入24.5万亿韩元。在2010年度政府预算中17个新增长动力产业相关预算为2.9万亿韩元，比2009年的预算增加11.0%，高于2010年的政府总支出增幅（2.5%），可见政府对新增长动力产业的重视程度。韩国政府预计，如果成功推进新增长动力产业的发展，其产值将从2008年的222万亿韩元增加到2018年的700万亿韩元。

（三）出台应对金融危机的“绿色新政”

为克服当前的世界性金融危机，韩国政府在技术领域选择绿色产业为突破口，即大力发展节能环保技术，开发新能源，目标是使韩国成为该技术领域的引导者，而且，通过可持续性的绿色增长可以增加就业人口，并有利于减少贫富差距，使“绿色增长”成为韩国的下一个国力竞争点。

2009年初，韩国政府公布了《低碳绿色增长基本法》，提出了“绿色新政”，包括：整治国内四大江河；建立绿色交通系统；普及绿色汽车和绿色能源；扩增替代水源以及建设中小规模的环保型水库。《低碳绿色增长基本法》提出要成立绿色金融和绿色基金，培育和资助绿色技术产业提高国际竞争力并创造就业岗位，降低对煤炭、石油燃料的进口依赖度，实施减少温室气体排放量的目标管理制度，制定排放权交易制度，推进环保税制等内容。政府还专门成立了推进和实施《绿色增长国家战略》的组织机构，由直属于总统的绿色增长委员会总管该项计划。

2009年7月，韩国绿色增长委员会举行了由总统李明博主持的第四次报告会议，制定了作为低碳绿色增长基本方针的《绿色增长国家战略》，以及绿色增长五年计划。韩国政府计划在2020年前，在绿色技术、绿色产业、应对气候变化、能源自立和能源福利等绿色竞争力方面进入全球七大绿色大国行列，在2050年前进入全球五大绿色大国。为此，韩国政府计划在未来5年内每年将GDP的2%左右用于绿色投资，累计投资达107万亿韩元，以实现182万亿～206万亿韩元的生产诱发效应，并创造156万～181万个就业岗位。这是联合国提倡的绿色投资（GDP的1%）的两倍。

此次会议还制定了绿色增长三大战略和十大政策方针。战略一：应对气候变化及能源自立，包括：有效减少温室气体；摆脱对石油的依赖，增强国家的能源独立性；增强应对气候变化的能力；战略二：创造新的增长动力，包括：开发绿色技术；现有产业的绿色化，并培育新的绿色产业；产业结构升级；建设绿色经济基础；战略三：改善生活质量和提升国家地位，包括：建设绿色国土和绿色交通；生活的绿色革命；成为绿色增长的全球典范国家。

（四）建设科学城

为了将韩国相对薄弱的基础科学领域提升至世界水平，并借鉴外国“科学城”模式，2009年1月，韩国国家科学技术委员会公布了由韩国教育科学技术部、知识经济部、国土海洋部等3个部委共同制定的以“解决未来国家生计”为口号的《国际科学商业区综合计划》。2009～2015年，韩国将为该计划投入35 487亿韩元。

该计划提出“通过基础科学的突破性振兴，创造新的增长引擎，并创建世界一流国家”的愿景，以及未来将达到的3个目标：建设世界一流的基础科学研究基地；通过科学与商业的交叉融合，创造未来新产业；实现低碳绿色增长的成功模式。

该计划提出今后将重点推进以下五大课题：成立世界一流的基础科学研究院；建造重离子加速器等大型研究装置；构建可持续发展城市所需的商业平台；创造科学与文化、艺术相融合的国际化城市环境；建设基础科学研究基地，并与区域性研究基地实现网络化。

该计划介绍了基础科学研究院的开放型研究机制，提出该研究院的各个研究部门将与大学、政府资助研究机构等韩国国内主要研究主体的研究力量相联合，并鼓励国外高级科研人才的积极参与，其中，国外优秀研究人员所占比例在该院建设初期将达到20%，中长期将达到30%。2010～2015年，该研究院计划建设25个网络实验室和25个本院实验室，规模达到3000人左右。

（五）重组科技领域的多个研发管理职能机构

为了响应韩国政府对机关进行现代化改革的政策，2009年6月，韩国教育科学技术部对其下属的韩国科学与工程基金会、研究基金会、国际科技合作基金会整合后成立韩国研究基金会（NRF）和韩国奖学金基金会（KOSAF）。新成立的NRF负责支持理工、人文、交叉等各个领域的学术活动、科技研发和国际合作研究项目，其2009年的预算为2.7万亿韩元；而KOSAF则负责国内的奖学金和学生贷款业务。

此外，2009年5月，韩国知识经济部对其下属的韩国产业技术评价院、产业技术财团、技术交易所、零部件与材料产业振兴院、信息通信研究振兴院、设计振兴院、国家清洁生产支援中心等7个研发管理职能机构进行改组合并之后，新成立了韩国产业技术振兴院（KIAT）和韩国产业技术评价管理院（KEIT），前者负责实施知识经济部主导下的中长期计划、成果分析与产业化等，后者负责该部主导下的各项国家政策的起草、评价与管理。

（六）加强国际科技合作

2009年3月，韩国教育科学技术部正式启动《韩国全球奖学金计划》，目的是与国际知名的学术组织和机构加强沟通，建立人才交流与合作的良好关系。该计划包含以下两类交流计划：一类是学生的交流，另一类是研究人员的交流。韩国政府将为外国教授、研究人员和公职人员提供财政支持，邀请他们参与韩国大学和科研机构的研究工作及培训，以便增进相互之间的了解。

2009年7月，韩国教育科学技术部正式启动《世界一流研究中心》计划，目的是通过为政府资助的研究机构引进优秀的国外学者，构建开放型的研究体系，增强全球化的研究力量，并通过扩大青年研究人员在国外研究机构的出国交流与培训的规模，培养优秀的科研人才，促进基础科学、原创技术、绿色技术、高风险研究等领域的国际合作。该计划首批将成立两个“世界一流研究中心”，每个中心的年资助规模约25亿韩元，资助期限5年。中心主任必须为世界一流的外籍学者，任期至少两年，每年至少在韩国居住4个月。平均每个中心的科研人员为12人左右，其中，国外优秀学者的比重将超过40%，来自所挂靠的政府资助研究机构的国内人才不超过30%，来自韩国其他的大学和科研机构的国内人才约占30%。

七、俄 罗 斯

2009年，在国际金融危机和油价暴跌的双重夹击下，俄罗斯过去9年来保持高速增长的经济大幅放缓。面对金融危机的深刻影响，俄罗斯更加坚定地走科技创新之路，继续实施联邦专项科技计划，制定新的科技创新计划及政策，贯彻科技创新措施。2009年俄罗斯中央财政对民用科技拨款为2085亿卢布，占中央财政预算总支出的1.36%，占GDP的0.88%，其中，应用研究1320亿卢布，基础研究765.6亿卢布。

（一）制定国家科技创新战略

2009年，俄罗斯制定了包括联邦、地区、部门、行业等多层次的发展战略及相关文件。这些战略文件对俄罗斯在世界经济、科技中的地位、与发达国家的差距、存在问题等做了客观评价和分析，提出了国家发展的目标，确定了发展政策和措施。

1. 2020年前国家安全战略

2009年5月由总统批准。该战略进一步明确了科技在国家安全战略中的基础性作用，确定了科技国家安全战略目标和任务。主要目标和任务：①完善国家创新和国防工业政策，确定技术安全作为国家中期发展重点之一；②确定基础科学、应用科学和教育作为发展创新型经济的重中之重；③为抵御科技、教育领域的威胁，国家安全力量的配备要与公民社会制度的建立相配合，保障国家和法律对科学、教育和高技术产业的协调；④保障国防、国家和社会安全、国家稳定发展战略任务及研究的系统协调。

2. 俄罗斯联邦至2030年能源战略

2009年11月由政府批准。该战略共分为3个阶段实施：2013～2015年克服危机后果，为发展创造条件；2015～2022年提高能效；2022～2030年实现能源的高效利用并向非燃料能源转化。到2030年总的能源出口将从2008年的8.83亿吨标准煤增长到9.74亿～9.85亿吨标准煤，并计划将东部的出口比例提高到22%～25%。战略还提出将天然气在总需求中的比例从52%降低到47%，而将非燃料能源的比例从目前的10%提高到14%。

3. 长期科技发展预测

2009年先后推出了3个版本的《长期科技发展预测（草案）》，以作为制定精确科技战略的前提。一个是由总统直接委托俄罗斯科学院完成的《俄罗斯至2030年科技发展预测》，已经提交政府审议。另两个是由教科部组织多个权威机构共同完成的《2025年前科技发展预测》，都是包括多领域的综合性科技预测。以上这3个版本的“预测”使用了不同的预测方法，其内容分别侧重于基础研究、科技创新和市场分析。

4. 俄罗斯国家创新体系和创新政策报告

2009年11月由俄罗斯教科部组织制定。该报告分为3部分，包括：俄罗斯国家创新体系的主要方面及特征；国家经济和创新发展的主要趋势；国家创新体系和政策。该报告阐述了提高国家竞争力的3个关键方向：一是人力资源和经济结构的发展，二是能源、原材料及运输基础设施现有竞争优势的巩固和发展，三是多样化经济的发展和综合科技能力的提升。

5. 俄联邦气候学说

2009年12月由总统批准。该学说是俄罗斯气候战略与政策的基础性文件，提出了俄联邦在气候领域的原则、内容、政策目标、任务和措施。其中目标包括：实施国家气候技术装备计划，建立气候变化观测系统；建立创新项目实施过程的经济、社会和生态综合评估机制。主要任务包括：加强气候变化的基础和应用研究，全面增强科技潜能；确保获取气候状况、人类活动对气候影响、未来气候变化及其后果等的准确、完整信息。主要措施包括：采取长期措施，抑制人类活动对气候的影响，适应未来气候变化；调整国家经济结构，建立自然资源合理利用和节能机制，扩大可再生资源生产，更有效发挥自然资源系统功能。

（二）推出激励科技创新和科技促进经济社会发展的政策举措

2009年，俄罗斯政府在科技促进经济社会发展和科技创新方面主要有以下激励举措。

1. 允许国有科研、教育机构创办科技型企业

2009年8月，俄罗斯总统批准了《俄罗斯联邦预算内科研、教育机构开办科技成果转化经济体的法律修正案》。之后，两个月内有200多所高校确认将筹办的企业约2500家。该法律旨在增强科研与生产的联系，推动实现政府倡导的创新经济发展模式。

2. 扶持中小企业创新

2009年扶持中小企业措施比过去有突破：一是从抽象的国家利益向切实保护私有制、公民和企业利益转变；二是从单纯强调企业研发生产向完善技术标准、提高能效、保护环境转变；三是更加注重科技与经济相结合。

2009年6月，政府颁布了《应对金融危机措施纲要》，其中重点任务之一是大力扶持中小企业的发展。2009年俄罗斯直接用于扶持中小企业发展的资金共405亿卢布，是2008年的11倍。

2009年11月，俄罗斯议会通过了《修改科学和国家科学技术政策法》修正案。其中规定，具备一定科研条件的民营企业机构，可申请获得政府授予的国家科学中心的地位。此举不仅有利于鼓励民营企业扩大自主研发，也显示对民营企业的公平。

3. 实行科研机构评价新体系

2009年4月，俄罗斯政府批准了由教科部主持制定的《科研机构绩效评定办法》，并出台了《科研机构绩效评定标准》和《绩效评定委员会章程》。这3个文件构成了俄罗斯科研绩效评价的新体系，其中包括加大评审中的创新指标当量。

《科研机构绩效评定办法》采取分类评价、关键指标评价等方法，将评审对象分为国家科学院研究机构，政府各部、署、局研究机构，国家科学中心，高校研究机构四大类，3个等级，每5年评定一次。评价结果将作为确定重点研究领域、分配预算资金、优化科研体系的参考依据。

（三）继续实施联邦专项科技计划及国家科学院基础科学研究计划

1. 联邦科技专项计划

2009年俄罗斯继续实施12项联邦科技专项计划：①2001～2011年全球卫星导航系统计划；②2002～2010及2015年民用航空技术计划；③2002～2010年电子俄罗斯计划；④2006～2015年联邦航天发展计划；⑤2006～2015年航天发射场建设计划；⑥2007～2010及2015年核工业发展计划；⑦2007～2010年完善空间探测系统计划；⑧2007～2012年科技重点领域研究开发计划；⑨2007～2011年技术基地建设计划；⑩2008～2010年纳米产业基础设施建设计划；⑪2008～2015年电子元器件及无线电电子产业计划；⑫2009年～2013年创新科学教育人才计划。

上述计划中的后5项由教科部制定，科学创新署实施。其中最重要的是《2007～2012年科技重点领域研究开发》计划，它涉及生命科学、纳米产业及材料、信息通信系统、自然资源合理利用、能源和节能等重点领域。在科技专项计划调整中，缩减了部分远期项目与基础性项目，增加了技术与产品开发项目及吸引青年人才的项目。

2009年12月，俄罗斯政府决定，2010年度实施的联邦专项计划为54个，总拨款为8017亿卢布。在科技领域，继续实施上述12项专项计划，还新增《新一代核能源技术开发计划》。

2. 2008～2012年国家科学院基础科学研究计划

该计划由俄罗斯科学院、农业科学院、医学科学院、建筑科学院、教育科学院、艺术科学院实施。整个计划的中央财政预算拨款为2531亿卢布，主要通过招标方式进行资金分配。按年度分为：2008年为467亿卢布，2009年为494亿卢布，2010～2012年为523亿卢布。俄罗斯科学院是这项计划的主要承担者，获得计划经费总额的82.7%。2008与2009年拨款均已到位，各执行单位实际获得的资金均分别超出计划规定的当年数字的2%～16%不等。

参考文献

1　President Obama，OSTP，and National Economic Council Launch Strategy for American Innovation. http: //www.ostp.gov/

2　President Signs Recovery Act with Unprecedented Commitment to Science & Technology. http: //www.ostp.gov/cs/news/news_detail?pressrelease.id=259

3　National Science Foundation Requests $7.045 Billion for Fiscal Year 2010. http: //www.nsf.gov/news/

4　Building a Sustainable Energy Future. http://www.nsf.gov/

5　战略科学技人材合プラン.2009. http: //www.mext.go.jp/a_menu/jinzai/seisaku/08082716/001.pdf

6　若手独立研究者育成のための新たな仕组みについて（试案）. http: //www8.cao.go.jp/cstp/project/kiso/haihu8/siryo5-1.pdf

7　平成21年度の科学技振整费の配分の基本的考え方. http: //www8.cao.go.jp/cstp/output/kettei081225.pdf

8　平成21年度概算要求における科学技施策の重点化の推进について. http: //www8.cao.go.jp/cstp/siryo/haihu77/haihu-si77.html

9　新成战略（基本方针）～辉きのある日本へ～. http: //www.meti.go.jp/topic/data/growth_strategy/pdf/091230_1.pdf

10　技术战略マップ. 2009. http: //www.meti.go.jp/topic/data/growth_strategy/pdf/091230_1.pdf

11　Gutachten zu Forschung.Innovation und Technologischer Leistungsf?higkeit. 2009. http: //www.e-fi.de/

12　Sonderprogramme Kommen. http: //www.gwk-bonn.de/fileadmin/ Pressemitteilungen/pm2009-16.pdf

13　夏奇峰. 2009年度法国科技发展综述报告. 2009-12-14

14 英努力占据危机后发展制高点. http: //www.moe.edu.cn/edoas/kejiwei/level3.jsp?tablename=1008&infoid=1251332786820459

15 英应对危机新措施 低碳产业成核心. http: //www.istic.ac.cn/TechInfoArticalShow.aspx?ArticleID=86939

16 王春明编译.英国发布《数字英国》白皮书. http: //www2.cas.cn/html/Dir/2009/07/08/16/38/99.htm

17 姜涛译.英国研究理事会重新定位五个重点领域.科技战略与政策专辑，2009，(14)：6～7

18 Building Britain's Future. http: //www.hm-treasury.gov.uk/bud_bud09_repindex.htm

19 Excellence with Impact Key for Future Funding of UK Research and Prosperity of Nation. http: //www.rcuk.ac.uk/

20 신성장동력 비전 및 발전전략. http: //nstc.go.kr/index.html

21 녹색성장 국가전략 및 5개년 계획. http: //www.now.go.kr/IssueAnal/nation/issue_v_ k.jsp?tableName=BOARD_ISSUE_PAPER&nowPage=1&recordPerPage_=10&uno=148&sch=

22 국제과학비즈니스벨트 종합계획(안). http: //nstc.go.kr/index.html

23 Осипов Ю.Об итогах реализации в 2008 г.Программы фундаментальных научных исследований государственных академий наук на 2008 - 2012 годы. http: //www.ras.ru/scientificactivity/

24 Энергетическая стратегия россии на период до 2030 года.Утверждена распоряжением Правительства Российской Федерации от 13 ноября 2009 г

25 Владимиров С.От экономических потрясений нас спасет только наука.Комсомольская правда. 2009-02-17

26 La Stratégie Nationale de Recherche et d'Innovation. 23 juillet. 2009. http: //www.enseignementsup-recherche.gouv.fr/pid20797/la-strategie-nationale-de-recherche-et-d-innovation/html

27 Point d'Etape de la Réforme de la Recherche, 15 octobre. 2009. http: //www.enseignementsup-recherche.gouv.fr/cid49226/point-d-etape-de-la-reforme-de-la-recherche/html

28 Le Soutien de l'ANR aux p?les de compétivité. http: //www.agence-nationale-recherche.fr/poles

New Progress in S&T and Innovation Strategies of Major Countries Around the World

Wang Lingyong, Ye Xiaoliang, Hu Zhihui, Huang Qun, Qiu Juliang, Ren Zhen, Lin Xi

In a bid to tackle the global financial and economic crisis,major developed countries around the world including USA, Japan, Germany, France, UK, Korea, and Russia have put forward a series of science, technology, and innovation (STI) policies, strategies and practices for enhancing STI capacity and promoting social & economical development. In this article, these policies, strategies and practices are briefly summarized.

第七章

中国科学发展概况

Brief Accounts of Science Developments in China

7.1 2009年科技部基础研究工作主要进展

沈建磊　周文能　张延东

（科技部基础研究司）

2009年科技部基础研究司（基础司）以党的十七大精神为指导，深入贯彻落实科学发展观和党的十七届四中全会精神，认真落实《国家中长期科学和技术发展规划纲要》(下称《规划纲要》）部署的战略任务，围绕提高自主创新能力、建设创新型国家和科技应对金融危机的各项要求，以提升原始创新能力为核心，进一步加强“973”计划、国家重点实验室、野外科技工作及ITER国际大科学工程等，取得了显著成效，推动我国基础研究迈上新的台阶。

一、深入学习贯彻党的十七届四中全会精神，开展基础研究发展战略研究

针对今后一段时期科技工作的方向性、全局性、战略性重大问题，科技部基础司开展了“面向‘十二五’我国优势前沿科学领域发展战略重大问题研究”的调研工作。调研针对我国前沿优势科学领域发展现状，围绕农业、能源、资源环境、生命、材料、信息、纳米、工程科学交叉、科研条件与装备等领域，深入分析了我国基础研究的发展现状、国际前沿科学领域发展态势及未来科技发展可能的突破点，研究“十二五”期间我国科学前沿领域面临的重大战略问题，编写完成了《面向“十二五”我国优先发展科学领域重大战略问题研究》。

二、加强面向国家重大需求的基础研究工作

1. 开展“973”计划、“十二五”规划战略调研

科技部基础司先后采取文献调研、召开座谈会、实地考察等多种方式，深入

到高等院校、科研院所和部分重点企业，做了大量的调研工作，广泛了解各领域“十二五”发展的重大战略需求和各单位的研究基础，认真分析国家需求中需要基础研究解决的重大科学问题，并听取教育部、农业部、卫生部、中国科学院、国家自然科学基金委员会、国家林业局等有关部门代表的意见建议，形成“十二五”战略研究报告初稿。

2．完成“973”计划2009年立项部署

2009年，“973”计划继续落实《规划纲要》的部署，加强面向国家战略需求的基础研究工作，在农业、能源、信息、资源环境、人口与健康、材料、综合交叉和重要科学前沿领域进行了重点部署，共批准了85个重大项目立项。2010年项目的部署，坚持战略性和前瞻性定位，充分体现贯彻落实《规划纲要》的要求，紧紧抓住我国社会经济发展对基础研究的迫切需求，强调与重大专项、“863”计划等的协调衔接，特别加强了在节能减排、气候变化、环境保护等方面的支持力度。

3．加强过程管理，完成2009年项目验收工作

根据“973”计划管理办法的要求，2009年继续加强对在研项目的过程管理，实行领域专家咨询组责任咨询制和领域联络员制度，及时跟踪了解在研项目的进展情况、存在的问题，同时为项目研究积极排忧解难。2009年9～11月，组织对“973”计划2004年立项的34个项目进行了结题验收。

4．继续推进重大科学研究计划的布局

加强战略调研，完成“十二五”战略调研报告初稿，初步明确重大科学研究计划未来发展目标和重点部署内容；完成2009年项目指南制定和发布、项目立项评审工作，共有39个项目立项。加强对项目的管理，督促项目召开年度学术交流和工作会议，组织项目间的学术交流，部署对委托基地的考察工作。针对2010年第一批项目将结题的新情况，开展项目结题验收考核指标的研究工作。

三、加强国家（重点）实验室建设

1．成功召开“国家重点实验室工作会议”和“全国野外科技工作会议”

（1）召开首次全国野外科技工作会议。2009年6月，科技部召开了首次全国野外科技工作会议。国务委员刘延东出席会议并讲话。来自18个部门的领导和有关代表共300余人参加会议。会议全面总结了我国60年来野外科技工作取得的经验和成绩，充分

肯定了野外科技工作的重要意义及其对推动我国科技发展的巨大作用，表彰了20名突出贡献者、192名先进个人和46个先进集体，出版了记录我国野外科技工作者奋斗历程的《足迹》。会议的召开使野外科技工作者和科技界倍感温暖和巨大鼓舞，在科技界引起强烈反响。

（2）国家重点实验室工作会议。2009年11月召开了国家重点实验室工作会议，有关部门和实验室近500人参加会议。会议总结国家重点实验室发展现状与成绩，分析面临的发展机遇和形势，深入探讨国家重点实验室今后发展思路、组织模式创新、专项经费管理相关措施等问题并做相应工作部署。此次会议的召开在科技界产生了广泛的影响，对加强国家实验室的建设管理与运行、提高自主创新能力具有重要意义。

2. 国家实验室的建设工作取得重要进展

科技部基础司会同条财司和财政部教科文司加强了国家实验室的顶层设计，形成了《国家实验室建设与运行实施方案》和《关于〈国家实验室建设与运行实施方案〉的说明》征求意见稿，同时总结试点实验室工作经验，下一步将重点做好规划布局。

3. 稳步推进国家重点实验室新建工作

（1）在首批企业国家重点实验室成功实践的基础上，为进一步促进国家技术创新体系建设，2009年科技部又完成了第二批56个企业实验室的建设工作。

（2）完成了依托国防科研机构建设宇航动力学、激光与物质相互作用、航天医学基础与应用3个国家重点实验室的各项建设工作，在军队系统特别是总装系统产生了重要影响。

（3）2009年在香港地区新批准建设了4个重点实验室伙伴实验室，总数达到9个。积极推进在澳门地区建设国家重点实验室伙伴实验室的工作。

4. 顺利完成“千人计划”重点实验室平台的引才工作

组织开展了2009年第一批、第二批“千人计划”重点实验室平台申报评审工作。第一批向中共中央组织部推荐了50位候选人，最终有39位申请人获得批准；第二批提出116位推荐人选建议。这些海外高层次人才的引进，将对提高国家（重点）实验室自主创新能力产生重要影响。

5. 充分发挥国家重点实验室的科技支撑作用，积极应对金融危机

4月，科技部组织召开国家重点实验室发挥科技支撑作用座谈会并印发了《加强国

家重点实验室工作进一步发挥科技支撑作用应对国际金融危机的通知》，号召国家重点实验室通过聘用博士后人员、围绕产业振兴开展关键技术研究、加大向企业开放等措施发挥科技支撑作用。

6. 完善国家（重点）实验室管理

（1）2009年我部对25个化学领域国家和部门重点实验室组织了评估，其中6个优秀，2个限期整改，19个良好。2009年国家（重点）实验室资助经费29.17亿元。

（2）启动了第一批企业国家重点实验室的验收工作。已完成种苗生物工程、先进成形技术与装备2个国家重点实验室的验收，为企业国家重点实验室验收工作提供示范。

（3）完成了2005年在科技基础条件平台中立项支持的生态环境、特殊环境和大气本底、材料腐蚀等3个国家野外站建设项目验收。

四、稳步推进科学数据共享工程和科技基础性工作

1．稳步推进科学数据共享工程

继续组织实施科学数据共享工程，开展对气象、地震、海洋、农业、林业等科学数据共享中心和地球系统科学、医药卫生、先进制造、交通等科学数据共享网等10个项目验收，进一步完善基础科学、材料、水文3个领域数据共享项目的实施方案，并获得财政经费支持。推动“973”计划资环领域新立项目开展数据汇交计划的制定工作。

2．继续组织实施科技基础性工作专项

强化科技基础性工作专项管理。加强科技基础性工作专项的顶层设计，进一步完善科技基础性工作专项布局，完成2009年科技基础性工作专项的立项工作。改进科技基础性工作专项的管理，使专项项目所取得的科学数据、科技资料等更好地为科技界提供服务。

五、积极推进ITER计划

ITER计划专项国内配套研究工作全面启动。全面开展2008年底立项的采购包国内预研，完成ITER计划专项2009年国内配套研究项目评审、立项工作并启动实施，开展ITER计划专项国内配套研究2010年项目的申报评审工作。

六、加强国际合作

继续推进大亚湾反应堆中微子实验、大型强子对撞机（LHC）、欧洲自由电子激光装置（E-XEFL）和大型反质子和离子研究装置（FAIR）等国际合作。积极推进在欧盟第七框架下蛋白质研究的国际合作工作，继续推动中加合作实验室第二期计划。

Primary Progress in Basic Research of MOST in 2009

Shen Jianlei, Zhou Wenneng, Zhang Yandong

The primary progress in basic research of Ministry of Science and Technology(MOST) in 2009 is summarized from six aspects: (1) In-depth study and implementation of essence of the Fourth Plenary Session of the 17th Central Committee of Chinese Communist Party, and carrying on the study on the development strategy for basic research. (2) Strengthening the basic research geared to the national important needs. (3) Enhancing the construction of state key laboratories. (4) Steadily boosting scientific data sharing programme, and science and technology groundwork. (5) Actively promoting the ITER project. (6) Intensifying international cooperation.

7.2　2009年度国家最高科学技术奖概况

赵保京

（国家科学技术奖励工作办公室）

中共中央、国务院于2010年1月11日上午在北京隆重举行国家科学技术奖励大会。2009年度国家最高科学技术奖授予中国科学院院士谷超豪和中国科学院院士孙家栋。现将两位获奖人科技成就简要介绍如下。

谷超豪，男，1926年5月出生，浙江省温州市人，1948年毕业于浙江大学，1959年获苏联莫斯科大学物理-数学科学博士学位，1980年当选为中国科学院学部委员（院士），曾任复旦大学副校长、中国科技大学校长，现为复旦大学数学研究所名誉所长。

谷超豪是著名的数学家，在当今核心数学前沿最活跃的3个分支——微分几何、偏微分方程和数学物理及其交汇点上做出了重要贡献。

谷超豪早期从事微分几何的研究，是苏步青教授所领导的中国微分几何学派的中坚，在一般空间微分几何学的研究中取得了系统和重要的研究成果。他的博士论文“无限连续变换拟群”被认为是继20世纪伟大几何学家嘉当之后，对这一领域做出的第一个重要推进。

图1　谷超豪

20世纪50年代后期，谷超豪敏锐地注意到与高速飞行器设计相关的数学理论研究既是国防建设的需要，也是数学发展的重要方向。他将主要精力转向偏微分方程的研究，为解决超音速空气动力学中的若干重要数学问题做出了先驱性的工作，所提出的方法和技巧为后续的研究提供了重要途径。

在混合型方程研究中，他首先发展了弗里德里希斯所提出的正对称方程组的高阶可微分解的理论，并将其应用于多个自变数的混合型方程，发现了一系列重要的新现象，深刻地揭示了混合型方程的本质，把多元混合型方程的理论推进到一个崭新的阶段。

杨振宁和米尔斯提出的规范场理论是物理学中一项极为重要的成果。1974年，谷超豪在与杨振宁合作时，他最早得到经典规范场初始值问题解的存在性，对经典规范场的数学理论做出了突出贡献。后来，谷超豪又给出了所有可能的球对称的规范场的表示；谷超豪还首次将纤维丛上的和乐群理论应用于闭环路位相因子的研究，揭示了规范场的数学本质，并应邀在著名数学物理杂志《物理报告》上发表专辑。

刻画规范场及基本粒子的σ-模型是闵科夫斯基空间到黎曼流形的调和映照。1980年，谷超豪用独特的微分几何技巧，证明了1+1维调和映照整体解的存在性。揭示了：若1+1维σ-模型在某一时刻没有奇性，则在过去和未来均不会有奇性。他的这一突破性的工作引发了众多国际顶尖数学家的关注和后续研究，形成被国际学术界称为“波映照”的研究方向。

谷超豪发表数学论文130篇（其中独立发表100篇），与国际著名出版社斯普林格（Springer）合作出版专著两部。曾获国家自然科学奖2项和何梁何利基金科技成就奖。在2002年国际数学家大会上，国际数学家联盟主席帕利斯教授把谷超豪列为培育中国现代数学之树的极少数数学家之一。

谷超豪一贯坚持教学与科研相结合，在教书育人方面也做出了重要贡献。几十年来，他为我国培养了一批数学人才，其中有三位先后当选为中国科学院院士。

孙家栋，男，1929年4月出生，辽宁省复县人，1958年毕业于苏联儒可夫斯基空军工程学院飞机设计专业，1991年当选为中国科学院院士，历任七机部五院（现中国空间技术研究院）副院长、院长，七机部总工程师，航天部副部长，航空航天部副部

图2　孙家栋

长，现任中国航天科技集团公司高级技术顾问。

孙家栋是我国著名的航天技术专家，是我国人造卫星技术和深空探测技术的开创者之一，为我国突破卫星基本技术、卫星返回技术、地球静止轨道卫星发射和定点技术、导航卫星组网技术和深空探测基本技术做出了重大贡献；为创建和发展我国人造卫星总体技术、卫星航天工程管理技术和深空探测技术做出了系统的、创造性的成就和贡献。

孙家栋主持完成了我国第一颗人造卫星、第一颗返回式卫星和第一颗静止轨道试验通信卫星的总体设计，领导卫星研制和发射的技术管理工作，在解决重大工程技术问题上发挥了指导和决策作用，使我国成为少数几个拥有相关技术的国家。

孙家栋担任“东方红三号”通信广播卫星、“风云二号”静止气象卫星、中巴资源卫星等3个我国第二代应用卫星航天工程的总设计师，负责3个工程大系统的总体设计、技术决策和技术协调，主持解决了一系列重大工程技术问题，3个卫星航天工程均取得圆满成功。

孙家栋担任我国“北斗”卫星导航系统一代和二代工程总设计师，做了多项重要决策，主持解决多项重大工程技术问题。“北斗”卫星导航系统一代工程实现了三颗卫星组网应用。目前，“北斗”卫星导航系统二代工程正在部署中。

孙家栋是我国月球探测的主要倡导者之一，提出了2020年前我国月球探测工程分3个阶段的实施方案，明确了我国月球探测的发展方向、目标和路线图。他担任月球探测一期工程的总设计师，提出了工程研制的指导思想，确定了工程目标和工程总体方案，对工程各大系统的技术途径做出重要决策，主持解决了多项关键技术问题。“嫦娥一号”月球探测卫星成功发射，在一年工作寿命内实现了全部工程目标与科学目标，并实现可控撞月。我国月球探测一期工程获得圆满成功。

孙家栋曾获2项国家科学技术进步奖特等奖，1999年荣获“两弹一星”功勋奖章。

50年来，孙家栋倾注于中国的航天事业，参与创造了中国航天史上多个第一的辉煌，为我国航天事业做出了重大贡献，现在仍继续活跃在我国航天技术的前沿领域。他为人正直，顾全大局；十分重视人才培养，通过航天工程实践，培养了一批优秀的航天科技人才。

参考文献

1　2009年度国家科技奖励获奖情况.2010-01-18. http://www.most.gov.cn/mostinfo/xinxifenrei/gjkjjlsj/201001/t20100118_75547.htm

Summary of the 2009 National Top Science and Technology Award

Zhao Baojing

The 2009 National Top Science and Technology Award of China was granted to two distinguished Chinese academicians, mathematician Gu Chaohao and space scientist Sun Jiadong, for their outstanding achievements in their respective fields. Gu is a famous mathematician, from differential geometry to partial differential equations, from partial differential equations to mathematical physics, Gu has dealt with the abstruseness and abstraction of mathematics his entire life. Sun played a leading role in designing the first Chinese satellite, the first recoverable remote-sensing satellite, the first geostationary communication satellite and China's lunar exploration program.

7.3 2008年度国家自然科学奖奖励情况综述

张婉宁

（国家科学技术奖励工作办公室）

根据2008年12月29日《国务院关于2008年度国家科学技术奖励的决定》，2008年度国家自然科学奖共授予34个项目。具体获奖项目及其完成人情况如表1[1]。

表1 2008年度国家自然科学奖获奖项目目录

一等奖（空缺）				
二等奖（34项）				
序号	编　号	项目名称	主要完成人	推荐单位
1	Z-101-2-01	均匀试验设计的理论、方法及其应用	王　元，方开泰	中国科学院
2	Z-101-2-02	人工边界方法与偏微分方程数值解	余德浩，韩厚德	中国科学院
3	Z-101-2-03	电磁材料结构多场耦合非线性力学行为的理论研究	郑晓静，周又和	教育部
4	Z-101-2-04	固体的微尺度塑性及微尺度断裂研究	魏悦广，王自强，陈少华	中国科学院
5	Z-102-2-01	通过恒星丰度探索银河系化学演化的研究	赵　刚，陈玉琴，张华伟，施建荣，梁艳春	中国科学院

续表

序号	编　号	项目名称	主要完成人	推荐单位
6	Z-102-2-02	量子开系统研究及其在量子信息的应用	孙昌璞，全海涛	中国科学院
7	Z-102-2-03	原子分子操纵、组装及其特性的STM研究	高鸿钧，宋延林，时东霞，张德清，庞世瑾	中国科学院
8	Z-103-2-01	化学反应过渡态的结构和动力学研究	杨学明，戴东旭，王秀岩，任泽峰，邱明辉	辽宁省、中国科学院
9	Z-103-2-02	功能纳米材料的合成、结构、性能及其应用探索研究	李亚栋，王　训，彭　卿，孙晓明，李晓林	北京市
10	Z-103-2-03	碳硼烷及其金属碳硼烷的合成、结构和反应	谢作伟	香港特别行政区
11	Z-103-2-04	新型规则纳米孔材料的分子工程	裘式纶，朱广山，李晓天，张宗弢，方千荣	教育部
12	Z-104-2-01	晚中新世以来东亚季风气候的历史与变率	安芷生，周卫健，刘晓东，刘卫国，刘　禹	中国科学院
13	Z-104-2-02	寒武系和奥陶系全球层型剖面和点位（金钉子）及年代地层划分	彭善池，陈　旭，戎嘉余，林焕令，张元动	江苏省
14	Z-104-2-03	生命与环境协调演化中的生物地质学研究	殷鸿福，谢树成，杨逢清，童金南，王永标	教育部
15	Z-104-2-04	中国湿地生态系统温室气体（CH_4和N_2O）排放规律研究	蔡祖聪，邢光熹，徐　华，颜晓元，丁维新	中国科学院
16	Z-104-2-05	中国第四纪冰川与环境变化研究	施雅风，崔之久，李吉均，郑本兴，周尚哲	中国科学院
17	Z-105-2-01	精子在附睾中成熟的分子基础研究	张永莲，陈小章，刘　强，胡远新，李　鹏	上海市
18	Z-105-2-02	中国苔藓植物研究	高　谦，曹　同，黎兴江，吴玉环，张光初	中国科学院
19	Z-105-2-03	抗生素代谢工程的基础研究	邓子新，白林泉，周秀芬，孙宇辉，陈　实	上海市
20	Z-105-2-04	血糖调节相关的调控型分泌的分子机理研究	徐　涛，徐平勇，陈良怡，吴政星，瞿安连	中国科学院
21	Z-105-2-05	华南热带亚热带森林生态系统恢复/演替过程碳、氮、水演变机理	周国逸，闫俊华，张德强，莫江明，唐旭利	广东省

续表

序号	编 号	项目名称	主要完成人	推荐单位
22	Z-106-2-01	雌激素和三苯氧胺诱发妇科肿瘤的分子机制	尚永丰，张 华，伍会健，尹 娜，易 霞	中华医学会
23	Z-106-2-02	肿瘤细胞的泛素调节机制研究	张学敏，李爱玲，沈倍奋，李慧艳，周 涛	总后勤部
24	Z-106-2-03	介导肝脏损伤与再生的天然免疫识别及其调控机制	田志刚，魏海明，孙 汭，张 建，郑晓东	安徽省
25	Z-107-2-01	鲁棒控制系统设计的参数化方法与应用	段广仁，关新平，刘国平，张焕水，高会军	黑龙江省
26	Z-107-2-02	国际通用Hash函数的破解	王小云，于红波	教育部
27	Z-107-2-03	复杂非线性系统镇定控制的理论与设计	程代展，洪奕光，席在荣，王玉振	中国科学院
28	Z-107-2-04	非经典计算的形式化模型与逻辑基础	应明生	教育部
29	Z-107-2-05	混沌反控制与广义Lorenz系统族的理论及其应用	陈关荣，吕金虎，周天寿，陆君安	香港特别行政区
30	Z-108-2-01	非平衡晶界偏聚动力学和晶间脆性断裂研究	徐庭栋	专家推荐
31	Z-108-2-02	用于纳电子材料的碳纳米管控制生长、加工组装及器件基础	刘忠范，张 锦，朱 涛，吴忠云	教育部
32	Z-109-2-01	电力大系统非线性控制学	卢 强，梅生伟，孙元章，刘 锋	教育部
33	Z-109-2-02	煤的结构特征及其与反应性的关系和调变	谢克昌，李文英，冯 杰，王宝俊，卢建军	教育部
34	Z-109-2-03	热喷涂涂层形成机制、结构与性能表征的应用理论研究	李长久，王卫泽，李京龙，李文亚，王豫跃	陕西省

注：按照现行国家科学技术奖学科分类代码，101代表数学与力学学科组、102代表物理与天文学学科组、103代表化学学科组、104代表地球科学学科组、105代表生物学学科组、106代表基础医学学科组、107代表信息科学学科组、108代表材料科学学科组、109代表工程技术科学学科组。

2008年共产生34项国家自然科学奖二等奖获奖项目（一等奖空缺），这些项目是从当年受理的161项科研成果中评选出来的，获奖率为21.12%，比2007年下降4个百分点。近5年来，自然科学奖受理项目不断增加（图1），获奖项目呈现出若干显著特点，从中反映了我国基础科学研究的发展现状。

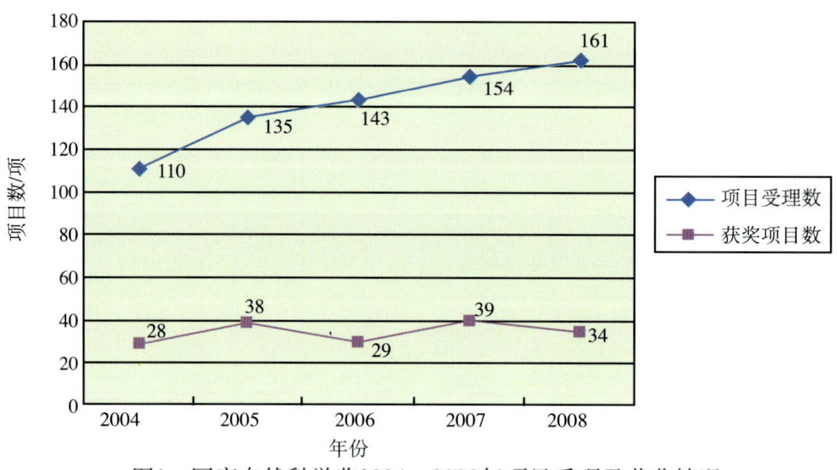

图1　国家自然科学奖2004～2008年项目受理及获奖情况

1. 获奖项目表明我国原始创新能力进一步提高

2008年度国家自然科学奖获奖项目代表性论文多发表在国际相关学科的重要刊物上，SCI他引次数平均达到800次，这些项目体现了较高的原始创新能力。

2. 海外留学归国人员成为从事基础研究的有生力量

2008年，海外留学归国人员在获奖项目完成人中继续占据了重要地位，成为我国科研队伍中不可忽视的重要力量，在我国科学技术的发展中发挥了积极作用。据统计，在34个获奖项目所有第一完成人中，留学归国人员的比例高达67.65%；在全部的137位完成人中，该比例亦达到41.18%。

3. 年轻科研人才不断涌现

2008年度国家三大奖获奖项目主要完成人年龄分布统计显示，45岁以下的占56.43%，35岁以下的占12.64%，30岁以下的占3.38%；具体到自然科学奖，第一完成人在60岁以下的占64.71%，主要完成人在35岁以下的占16.91%，55岁以下的比例高达75%。例如，上文提到的“国际通用Hash函数的破解”项目完成人王小云教授获奖时仅42岁，项目第二完成人于红波仅28岁。

4. 自然科学奖获奖项目完成人所在单位折射了我国基础研究的布局特点和实力分布

在2008年度国家自然科学奖34个获奖项目第一完成人中，50%来自研究院所，47.06%来自高等院校。在所有完成人中，仅有1人来自企业，其他均来自于高等院校或研究院所。

5. 获奖项目受到国家各主体科技计划以及国家自然科学基金的支持，基础研究领域国际合作逐渐增加

2008年度国家自然科学奖全部获奖项目均得到过国家的资助，其中23个项目受到“973”计划的支持，6个项目获得“863”计划的支持，33个项目受到国家自然科学基金的支持。需要特别指出的是，其中还有7个项目受到过海外科学基金的支持。

国家自然科学奖是对我国基础研究及其应用水平的检阅。2008年，我国原始创新能力继续提高，青年科技人才不断涌现。但我们也要清醒地认识到，重大原始性创新成果的产生需要经过很长时间的积累，世界级科学家、科技领军人物的涌现也不是一蹴而就的。这不仅需要国家各部门、地方给予基础研究工作大力的投入和支持，也需要科技工作者能够刻苦钻研，克服浮躁情绪和急功近利的思想，在基础研究领域长时间踏实、扎实地工作。

参 考 文 献

1 国家科学技术奖励工作办公室. 2008年度国家自然科学奖获奖项目目录.国家科学技术奖励公报，2008：10～13

Summary of the 2008 National Natural Science Awards

Zhang Wanning

On Jan 9, 2009, National Science and Technology Awards Conference 2008 was held in the Great Hall of the People, in which Thirty Four Projects were Horored with the Secord Prize of National Natural Science Awards. Of these Projects, most were Supported by National Scientific Plan and National Nature Science Fund.

7.4 国家自然科学基金2009年度资助情况

杨惠民

（国家自然科学基金委员会计划局）

2009年是“十一五”发展规划实施的关键一年，国家自然科学基金委员会继续强调：突出激励创新，稳定支持和超前培养科技创新人才的资助模式，确立了研究项目、人才项目和环境条件项目，3个资助系列项目的定位各有侧重，相辅相成。其中，研究项目系列以获得科研创新成果为主要目的，并通过创新性科学研究培养科技人才，促进学科均衡、协调和可持续发展，提高基础研究水平；人才项目系列立足于提高未来科技竞争力，着眼于长远发展，关注基础研究后备人才队伍的培育、青年学者初涉独立科研的支持、欠发达地区科研人才的稳定、学术带头人及其团队培养等；环境条件项目系列主要着眼于支持科研环境与条件的改善等。

2009年，国家自然科学基金委员会集中接收期间共收到各类项目申请97 794项，因非注册单位申请、过期申请及缺少电子或纸质申请书等原因不予接收的申请有39项，实际接收97 755项申请，比2008年同期增加17 896项，同比增长22.41%，其中，青年科学基金项目申请仍保持较大增长，同比增长34.98%；面上项目申请同比增长16.67%；地区科学基金项目申请量增长幅度最大，同比增长44.46%。国家杰出青年科学基金等类别项目的申请量与上一年基本持平。经审查后，公布不予受理的项目申请3935项，占申请总数的4.0%，与2008年基本持平；正式提交复审申请395项，经审核受理337项，其他58项由于手续不全等原因不予受理复审申请。复审结果认为原不予受理决定符合事实、予以维持的318项，其他19项认为决定有误继续进行评审，占正式受理复审申请的5.6%，比2008年有较大幅度下降。

2009年国家财政对自然科学基金投入继续增加，国家自然科学基金委员会资助计划投入总额约为71.96亿元，比2008年增长约为10.76%。本年度共资助面上项目10 061项（比2008年增加1137项），批准资助经费约33.05亿元，资助率为17.49%，平均资助强度为32.85万元/项；重点项目资助391项，资助经费约7.2亿元；重大项目11项，资助经费1.1亿元；重大研究计划项目328项，资助经费约为3.32亿元；联合资助基金项目281项，资助经费约1.8 亿元。为加大人才培养力度，青年科学基金项目和地区科学基金项目持续大幅度提高，其中青年科学基金项目从2008年的4757项增加到6079项，增加1322项，资助经费从2008年的9.40亿元增加到12.03亿，比2008年增加27.98%，资助率为21.31%，平均资助强度与2008年基本持平，约为19.79万元/项；地区科学基金项目922项，比2008年增加248项，资助经费约2.22亿元，同比增长30.59%，平均资助强度24.06万元/项，资助率为19.09%；国家杰出青年科学基金资助179人，资助经费3.5 亿元；海外及港澳学者合作研究基金资助77人，资助经费约0.15 亿元；创新研究群体资助28个，资助经费约1.37亿元；延续资助29 个，资助经费1.28 亿元；科学仪器基础研究项目35项，资助经费0.5亿元；重大国际合作项目47项，资助经费0.51亿元；国际合作协议项目469项，资助经费0.83 亿元。此外，其他国际合作与交流项目和各类专项共计约4亿元。

2010年既是落实“十一五”规划最后一年，也是编制“十二五”规划工作的关键一年。国家自然科学基金委员会在深入学习实践科学发展观的活动中，继续贯彻落实

《国家自然科学基金条例》精神，不断探索、完善和发展自然科学基金的资助体系和管理模式。

Projects Granted by National Natural Science Fund in 2009

Yang Huimin

This article gives subsidy situation of National Natural Science Fund in 2009.The total amount of funding is about 7196 million yuan, and funding statistics for various kinds of projects are listed.

7.5 国家重点实验室评估

孙晓兴
（国家自然科学基金委员会计划局）

根据科技部颁发的《国家重点实验室评估规则》，国家自然科学基金委员会受科技部的委托，组织专家对国家重点实验室进行评估。在评估中应用评估指标体系，对实验室的研究水平与贡献、队伍建设与人才培养、开放交流与运行管理等方面进行综合评价，充分肯定成绩，明确指出实验室存在的问题，提出改进建议和今后努力的方向，对实验室的建设和发展起到了积极的促进作用。

评估中遵循“依靠专家、发扬民主、实事求是、公正合理”的原则，经过20年的工作积累，不断总结经验，对实验室的评估基本上做到了科学化、规范化、有序化。实践证明，实验室评估是促进实验室更好地贯彻“开放、流动、联合、竞争”的运行机制、促进实验室整体水平提高的一项重要措施，是实验室管理的重要环节。实验室评估的主要目的是：检查实验室5年的整体运行状况，引导实验室的定位和发展方向，促进实验室建设与发展，并为国家相关管理部门的决策提供依据。对实验室的评估可以反映国家重点实验室在我国社会、经济和科技发展中所发挥的作用及我国基础研究的现状和发展规律，对促进科技创新和科学发展、提高我国在国际上的科技竞争力起到了积极的促进作用。

从2009年开始，对于国家重点实验室进行的新一轮（评估周期为5年）评估，国家自然科学基金委员会对评估规则和指标体系进行了修订，强调对实验室进行整体评估和突出对实验室代表性成果和学术水平的评估，最终由专家评出的结果分为优秀、良好和较差三类。国家有关部门将根据评估结果对参评实验室给予不同强度的自主选题研究、科研仪器设备更新费和开放、运行经费的支持。

2009年对化学科学领域的实验室进行了评估，共有25个实验室参评，其中国家重点实验室22个，部门重点实验室3个。在2004～2008年的评估期内，化学科学领域的实验室瞄准国际前沿和围绕国家目标，在解决国民经济、国防建设和科技发展中的关键科学问题上发挥了重要作用，取得了高水平、高质量的研究成果（表1、表2）。这些都表明化学科学领域国家和部门重点实验室坚持本学科前沿领域的积极探索和多学科交叉渗透，坚持科研工作的长期积累和系统集成，坚持科研服务于国家重大战略需求，并充分发挥自身优势，在化学和化工领域为国民经济的发展和科技进步做出了突出的贡献。

表1　2009年化学科学领域实验室承担国家任务数据统计

承担课题	国家任务			
	"863"计划	"973"计划	国家自然科学基金	国际合作项目
项数	181	181	1060	221

表2　2009年化学科学领域实验室研究成果数据统计

国家级奖项和成果	国家自然科学奖		国家科技进步奖		国家技术发明奖		省部级奖	论文/篇	专著/部		发明专利/项	
等级和类别	一等奖	二等奖	一等奖	二等奖	一等奖	二等奖	一等奖	SCI	外文	中文	国外	国内
项数	—	10	—	14	—	13	67	15 497	8	71	34	1753

队伍建设和人才培养始终是实验室创新和发展的关键，参评实验室都十分重视团队建设和人才培养，积极采取各种有效措施，吸引和稳定了一大批学术思想活跃、基础知识扎实、踏实勤奋、富于拼搏精神、高素质的研究队伍，并为年轻优秀科研人才的培养营造良好的学术氛围和创造发展空间。与此同时，实验室更加注重团队的创新精神和团结协作能力的培养，加强了优秀团队的建设。5年来，实验室基本形成了以年轻学术带头人为核心、青年科研骨干为主体的研究队伍，展现了年轻研究人员面向国际竞争、勇挑科研重担的喜人局面，对确保各项科研任务的完成和实现实验室的总体目标起到了至关重要的作用。

化学科学领域的实验室和上一轮评估相比，整体科研水平有了长足的发展，取得了许多国际水平的成果；但实验室的基础科学研究成果在不同程度上创新性不足，学科前沿理论创新和研究工作的系统性还不够，在国际上领先的重大原创性成果尚不多。因此，国家重点实验室仍需进一步开展系统、深入的研究工作，特别是注重原创性的研究工作，减少跟踪，探索新领域、新学科、新思路，真正提升国家重点实验室在国际上的学术影响，做出引领国际潮流的研究工作。

参评实验室在吸引和培养优秀年轻人才、凝聚和稳定高水平科技研究队伍方面发挥了重要的作用，但优秀人才仍然不能满足实验室长远发展的需求，有国际影响的学术带头人总体上依然缺乏。面临当今激烈的国际竞争，人才是科技事业跨越发展的关键。实验室作为国家科技创新体系的重要组成部分，应采取更加强有力的措施，吸引和凝聚国内外高层次优秀人才，把培养和造就创新型科技人才和领军人物作为实验室长期发展的关键问题。

2009年化学科学领域有6个实验室被评为优秀实验室(其中2个免评)（表3），18个实验室被评为良好实验室，2个实验室评估结果待定，1个实验室被评为较差。

表3　2009年度化学科学领域优秀实验室名单

实　验　室　名　称	依　托　单　位
催化基础国家重点实验室	中国科学院大连化学物理研究所
分子反应动力学国家重点实验室	中国科学院大连化学物理研究所
高分子物理与化学国家重点实验室	中国科学院长春应用化学研究所
固体表面物理化学国家重点实验室*	厦门大学
金属有机化学国家重点实验室*	中国科学院上海有机化学研究所
精细化工国家重点实验室	大连理工大学

注：排名不分先后；* 本次评估免评。

Evaluation of State Key Laboratories

Sun Xiaoxing

The article introduces the evaluation of the state key laboratories by the National Natural Science Foundation of China as a trustee, and the evaluation results of the state key laboratories of chemical sciences in 2009.

7.6　2009年度中国科学院院士增选情况

申倚敏

（中国科学院院士工作局）

根据《中国科学院院士章程》的规定，中国科学院增选院士每两年进行一次，每次增选总名额不超过60名。经国务院有关部委，中国科学技术协会，国务院有关直属机构，中国人民解放军四总部，各省、自治区、直辖市等归口部门初选和院士推荐，2009年共产生有效候选人296名。经过推荐、公示、通信评审、会议评审和选举等环节，最终选举产生35名新院士，其中数学物理学部6名，化学部8名，生命科学和医学学部5名，地学部5名，信息技术科学部4名，技术科学部7名。

此次新当选的35名院士中年龄最大的73岁，最小的42岁，平均年龄54.1岁。其中，60岁（含）以下的27名，占77%，女性科学家5名。经过此次增选，中国科学院院士总人数为714名。

院士制度是国家为促进科学技术事业发展而设立的重要制度之一，院士是国家设立的科学技术方面的最高学术荣誉称号，院士增选的质量直接关系到中国科学院学部和院士群体的声誉，更关系到我国科技事业和科技队伍的健康和谐发展。在2009年院士增选工作中，中国科学院学部主席团强调，增选必须有利于保证质量，有利于遴选的公平公正，有利于院士群体的结构优化，有利于将符合院士标准的优秀科学家选进院士队伍。因此，在2009年增选的各个环节中，院士们从国家科技事业发展的全局出发，全面、准确、严格地遵循《中国科学院院士章程》规定的院士标准和条件，坚持科学、客观、公正、公平的原则，注意优化年龄和学科结构，更加关注在科学研究中做出系统性创造和重大实际贡献、符合院士条件的优秀中青年科技人才，更加关注新兴学科和交叉学科的院士候选人，更加关注在工程技术和临床医疗科技创新中做出实际重大贡献的院士候选人，重视考察候选人的实际贡献以及科学道德和学风情况，为确保增选院士的质量、确保增选工作的公正性和严肃性、确保院士群体学术活力、确保院士队伍的声誉做出了不懈的努力，力求评审和选举结果能够经得起实践、社会和历史的检验。

The 2009 Selection of CAS Members

Shen Yimin

The election of CAS members is held every two years, and the total number of newly elected members in each selection should not exceed 60. In 2009, a total number of 35 prominent Chinese scientists were elected into CAS. Among the new CAS members, six are mathematicians or physicists, eight chemists, five life scientists, five geologists, four information scientist and seven engineers. The oldest of the newly elected is 73 years old and the youngest 42. Among the 35 newly elected CAS members, 27 of them are under the age of 60, 5 of them are female scientists.

7.7 2008年SCI收录我国作者论文和被引用情况分析

张利华
（中国科学院自然科学史研究所）

一、SCI检索系统我国作者论文产出及其影响

2008年主要反映基础研究状况的SCI收录我国作者论文为11.67万篇，比2007年增长23.10%，所占世界份额上升到8.12%，按论文篇数排序，排在世界第2位。其中收录我国内地作者的论文9.55万篇，比2007年增长了7.18%，占世界总数的6.64%，排在世界第4位。前3位的国家依次是美国、英国、德国。表1给出了我国1999～2008年SCI收录我国内地作者论文占世界份额的情况。

表1 1999～2008年SCI收录我国内地作者论文情况

年 份	1999	2000	2001	2002	2003	2004	2005	2006	2007	2008
占世界论文份额/%	2.50	3.15	3.40	4.18	4.48	5.43	5.30	5.90	7.03	6.64
国别排序	10	8	8	6	6	5	5	5	5	4

SCI数据库统计数字显示，1999～2009年我国科技人员共发表论文64.97万篇，排在世界第5位；论文被引用340万次，排在世界第9位，比1998～2008年的统计提前了1位；平均每篇论文被引用5.2次，低于世界平均值10.06次。表2给出各10年段SCI收录我国作者论文被引用次数的世界排名。

表2 各10年段SCI收录我国作者论文被引用次数的世界排名

时间段	1994～2004	1995～2005	1996～2006	1997～2007	1998～2008	1999～2009
世界排名	18	14	13	13	10	9

1999～2009年，发表科技论文累计超过20万篇的国家有14个，按平均每篇论文被引用次数排序，我国排在第12位，为5.24次。排在前面的国家为：美国、荷兰、英国、加拿大、德国、法国、澳大利亚、意大利、日本、西班牙、韩国。

二、我国国际合作论文的学科分布及其影响

根据SCI数据库统计，表3和表4分别给出2008年我国学者为第一作者的国际合作论

文较多的6个学科和我国学者参与的国际合作论文较多的6个学科。

表3　2008年我国学者为第一作者的国际合作论文较多的6个学科

排　　序	学　　科	论文数/篇	占本学科论文比例/%
1	化　　学	1620	6.4
2	生 物 学	1605	13.3
3	物 理 学	1548	10.3
4	地　　学	830	20.5
5	临床医学	756	8.9
6	基础医学	702	11.8

表4　2008年我国学者参与的国际合作论文较多的6个学科

排　　序	学　　科	论文数/篇	占本学科论文比例/%
1	生 物 学	1453	12.1
2	基础医学	1114	18.7
3	临床医学	1111	13.1
4	物 理 学	1074	7.2
5	化　　学	1035	4.1
6	数　　学	616	10.0

表5给出了最近10年我国各主题学科论文的影响力与世界平均水平的比较。其中A/B表示相对优势：当$A/B<1$，低于世界平均水平；当$A/B>1$，高于世界平均水平；当$A/B=1$，相当世界平均水平。

表5　1999～2009年我国各学科产出论文和被引用情况与世界平均水平比较

学科领域	论文数/篇	被引用次数/次	被引用次数世界排序	我国论文篇均被引用次数A/次	篇均被引用世界水平B/次	相对优势A/B
工程技术	69 896	244 045	2	3.49	4.18	0.83
材料科学	75 699	311 486	3	4.11	6.09	0.67
化　　学	158 668	931 016	4	5.87	10.10	0.58
数　　学	26 438	70 239	4	2.66	3.17	0.84
物 理 学	102 515	535 008	6	5.22	8.45	0.62
计算机科学	20 995	40 017	6	1.91	3.25	0.59
综 合 类	1 687	4 003	7	2.37	4.48	0.53

续表

学科领域	论文数/篇	被引用次数/次	被引用次数世界排序	我国论文篇均被引用次数A/次	篇均被引用世界水平B/次	相对优势A/B
地　　学	21 156	129 234	8	6.11	8.91	0.69
药理学与毒理学	10 036	57 984	8	5.78	11.32	0.51
环境、生态学	14 016	81 367	10	5.81	10.10	0.58
社会科学	6 030	20 621	10	3.42	4.26	0.80
农　　学	6 810	30 457	11	4.47	6.40	0.70
植物与动物学	23 158	108 335	12	4.68	7.16	0.65
生物学与生物化学	25 722	169 784	13	6.60	16.35	0.40
空间科学	6 167	38 328	15	6.22	13.52	0.46
微生物学	5 638	42 669	16	7.57	14.98	0.51
临床医学	48 915	380 145	17	7.77	12.14	0.64
分子生物学与遗传学	9 163	90 063	18	9.83	24.71	0.40
神经科学与行为科学	6 969	57 073	18	8.19	18.29	0.45
神经、心理学	2 862	20 264	19	7.08	10.21	0.69
免 疫 学	3 050	21 763	20	0.80	20.66	0.04

表5显示，与1998～2008年相比，我国各学科的篇均被引次数总体有所上升，其中与国际平均水平最为接近的为数学、工程技术和社会科学。

三、一些国际组织的评述

2009年11月2日，汤姆森路透集团发布报告《全球科研报告：中国》（*Global Research Report: China*）称，中国的科研产出量近年来发生了爆炸性增长。自2004年以来，中国的科研产出发生了翻番，以这一速度发展下去，中国的科研产出量将会在下一个10年赶上美国。

中国大量的科研投入集中在核心技术和与之相关的物理学，其中一些领域占有特殊的份额，如材料科学。某些国家对这些领域的科研投入已经降低，由于它们已经转移到围绕生物技术科研领域的高附加值的工业，而中国控制创新材料或许有着深远的影响，现在很难预见未来中国工业部门的发展所利用的技术不是直接或间接来自中国以外科研所获得的知识。

中国现在发展了一些新的研究领域。汤姆森路透集团的数据显示，中国的生物科学和医学科学领域的发展速度之快是过去从未有过的。如果这个发展速度是实质性的、富有成效的，如同他们在基因和蛋白质领域的工作一样给人以深刻的印象，其方法创新一定具有很深的造诣和渗透性，欧洲和北美的研究机构也会加入其中。

2009年1月，经济合作与发展组织(OECD)发表了科学技术工作系列报告，其中关于中国的报告题为“测度中国的创新系统”(*Measuring China's Innovation System*）。这份报告提供了OECD对于中国创新政策的评价。

报告认为，在过去的10年间，中国的R&D支出迅速增长，R&D支出规模已经使中国成为全球竞争者，以PPP计算，紧随美国和日本之后。然而，中国的研发力度，特别在关键高技术工业领域还是十分落后的，要想接近OECD国家的水平，对中国来讲仍然是一个挑战。在基础研究、应用研究、试验发展3项R&D活动中，中国的基础研究和应用研究所占份额大大低于OECD国家。这在某种程度上反映出其R&D活动的技术集成水平对促进中国商业部门作为R&D执行者的作用越来越多。

报告认为中国面临结构性的挑战，主要有两方面：

（1）知识和技术扩散的挑战。S&T成果的商业化和工业化进行知识和技术的扩散，正是中国国家创新系统所面临的主要挑战之一。目前，它受制于创新能力的不足和市场效率的低下。

（2）S&T发展和区域发展。中国在S&T发展整体水平出现较好局面的同时，区域的发展却极不平衡，其R&D活动也一样面临一系列严重的挑战，主要表现为人力资源、高技术工业和区域经济开放度的极大差距。中国当局已意识到这些问题，但还需要连续运用科技政策和政府的其他政策使差距缩小。

除此之外，中国面临着S&T指标系统的挑战，至少涉及三方面：第一，站在方法论的角度，改进S&T指标系统的质量和可操作性是一项非常费时、费力的任务。第二，用现行指标系统作为政策分析的基础，很多应涉及的指标是欠缺或薄弱的。例如，尽管需求和供给对于拉动S&T发展同样重要，但现行的指标框架内很少涉及与需求相关的指标；现行指标框架内有许多投入的指标，而产出指标只涉及出版物和专利，却没有更直接相关的经济发展和改善生活标准的测度；现行的指标系统框架内没有具体体现政府政策工具运用在S&T系统和R&D的绩效表现。最后，快速发展的S&T环境，特别在全球化的背景下，出现一些新的发展领域。中国需要考虑S&T指标系统的进一步发展，使它更适应前瞻性政策制定的需要，包括中国以兼并或并购形式的外向型R&D投资，发生在公共领域的国际化的R&D，中小企业在国际化R&D中的绩效以及未来S&T人力资源的供给与需求相关信息等。

四、结 束 语

最近10年来，我国科技人员发表SCI论文的数量和质量都有所提高，与大幅度增长的论文数量相比，衡量论文质量的主要指标“篇均引用次数”仍居世界平均水平之下，这一现象值得认真分析与对待，我国现行的S&T指标系统急需调整与改进，以促进提高自主创新能力和建设创新型国家的实现。

参 考 文 献

1　中国科学技术信息研究所. 2008年度中国科技论文统计结果. 2007

2　Schaaper M. Measuring China's innovation system: national specificities and international comparisons. OECD Science, Technology and Industry Working Papers. 2009/1. OECD Publishing. http://www.oecd.org/sti/working-papers

3　Jonathan Adams, Christopher King, Nan Ma. Global Research Report China: Research and Collaboration in the New Geography of Science. 2009/11. Thomson Reuters Publishing. http://www.casted.org.cn/upload/news/Attach-20091103112806. pdf

Analysis of SCI Papers Authored by Chinese in 2008

Zhang Lihua

SCI publication and citation statistics of 2008 indicate that, compared with 2007, SCI Papers authored by Chinese scientists in 2008 are improved to a great extent considering both the quantity of these papers and their impact. The number of SCI papers by Chinese authors has increased 23.10% during this one year period, now accounting for 8.12 percent of the world total. Statistical analysis results also tell us that during the 10-year period of 1999～2009, China ranks 9th place in the world with regard to the total citation numbers of SCI papers, but the impact of Chinese SCI papers is still lower than world average level in major scientific disciplines.

第八章

中国科学院辉煌60年

The Glorious 60 years of CAS

8.1 纪念中国科学院建院60周年*

路甬祥
（中国科学院）

2009年11月1日，在全国人民依然沉浸在庆祝新中国60华诞喜庆之际的金秋时节，中国科学院迎来建院60周年。中共中央总书记、国家主席胡锦涛同志为我院建院60周年发来贺信，国务院总理温家宝同志视察我院并发表了重要讲话，国务委员刘延东同志出席我院60周年纪念会并发表重要讲话，对我院60年的发展与贡献给予了高度评价，对我院今后的改革创新发展提出了更高的要求，指明了前进的方向。这充分体现了党中央和国务院对我院的亲切关怀和殷切期望，使我们备受鼓舞，我们将认真学习、深刻领会、全面贯彻到我院各项工作中去。

60年前，在新中国筹建之时，以毛泽东同志为核心的党的第一代中央领导集体高瞻远瞩，将发展新中国科技事业放在重要位置，做出了建立中国科学院以集中全国科技力量加快科技发展的战略决策。60年来，中国科学院从新中国建立之初的艰苦创业，到向科学进军的快速发展，从拨乱反正、改革开放迎来“科学的春天”，到实施知识创新工程，始终与祖国同行，与科学共进，已成为国家自然科学最高学术机构，在科学技术方面的最高咨询机构，自然科学与高技术综合研究发展中心。

抚今追昔，我们更加缅怀开创中国科学院的郭沫若、李四光、吴有训、竺可桢、钱三强等老一辈科学家；更加缅怀领导中国科学院不断开拓创新的胡耀邦、方毅、张稼夫、卢嘉锡等老领导。向在中国科学院60年发展中发挥重要作用的张劲夫、周光召、钱学森、李昌、严东生等老领导致以崇高的敬意；向60年来为中国科技事业做出重大贡献的杰出科学家和在各个岗位上辛勤耕耘、无私奉献的广大科技人员和干部职工致以崇高的敬意；向60年来关心、支持和帮助中国科学院建设、改革发展的国家有

* 本文源自2009年10月30日中国科学院建院60周年纪念大会上路甬祥院长的讲话。

关部门、社会各界和国际同行表示衷心的感谢。

60年来，中国科学院始终得到党和国家领导人的指导、关怀和支持。1956年，毛泽东同志在中南海召集千人大会，听取中国科学院报告我国科技发展状况，其后中央做出了制定国家十二年科技发展远景规划《1956—1967年科学技术发展远景规划》的决策。周恩来同志指示，要“集中最优秀的科学力量和最优秀的大学毕业生到科学研究方面。用极大的力量来加强中国科学院，使它成为领导全国提高科学水平、培养新生力量的火车头”。陈毅、聂荣臻同志亲自指示和支持中国科学院成立高技术研究所。

1975年，邓小平同志指派胡耀邦等到中国科学院进行治理整顿，尽最大可能纠正“左”的错误，解决困扰科技工作者的实际问题，为“科学的春天”的到来提供了重要的思想基础和实践基础。1977年，邓小平同志委托中国科学院和教育部组织了科教工作座谈会，做出了全面恢复科研秩序和恢复高考等重大决策。1979年，在中国科学院建院30周年茶话会上，邓小平同志发表重要讲话，要求中国科学院“创造一切条件培养、发现、使用人才”，表示要“继续当大家的后勤部长”，并亲自关怀黄昆、陈景润等科学家的工作和生活。邓小平同志亲自为北京正负电子对撞机奠基，并在建成之日发表了“过去也好，今天也好，将来也好，中国必须发展自己的高科技，在世界高科技领域占有一席之地”的著名论断。

1994年，江泽民同志为中国科学院建院45周年题词，要求“努力把中国科学院建设成为具有国际先进水平的科学研究基地、培养造就高级科技人才的基地和促进我国高技术产业发展的基地”。1998年，江泽民同志在中国科学院提交的《迎接知识经济时代，建设国家创新体系》战略研究报告上作了重要批示，其后中央做出了建设国家创新体系，支持中国科学院先走一步、开展知识创新工程试点的重大决策。1999年，江泽民同志视察知识创新工程进展时再次题词，要求中国科学院“攀登科学技术高峰，为我国经济发展、国防建设和社会进步作出基础性、战略性、前瞻性的创新贡献”，进一步明确了中国科学院的战略定位。

2004年，胡锦涛总书记视察中国科学院知识创新工程进展时发表重要讲话，要求“科学院作为国家战略科技力量，要站在抓住世界新一轮科技革命和产业革命带来的难得发展机遇的战略高度，提高把握世界科技发展态势的能力，要坚持以追赶世界先进水平谋划科技创新，以提高国际竞争力推进技术创新，努力在我国科技事业发展当中发挥骨干作用、引领作用”，并要求中国科学院“不仅要创造一流的成果、一流的效益、一流的管理，更要造就一流的人才”，进一步指明了中国科学院的发展目标和方向。

2009年，胡锦涛总书记在致我院建院60周年贺信中，要求我院“以解决关系国家全局和长远发展的基础性、战略性、前瞻性的重大科技问题为着力点”，“在建设创新型国家进程中进一步发挥‘火车头’作用”。温家宝总理视察我院建院60周年展览并发表重要讲话，指示我院“继续深入实施知识创新工程，着力突破带动技术创新、促进产业革命的前沿科学问题；着力突破提高健康水平、保障改善民生的重大公益性科技问题；着力突破增强国际竞争力、维护国家安全的战略高技术问题”。

60年来，中国科学院始终坚持将国家战略需求与世界科技前沿有机结合。建院之初，根据新中国建设的需要，中央确立了中国科学院以“培养科学建设人才，使科学研究真正服务于国家的工业、农业、保健和国防事业的建设”的基本方针。在十二年科技发展远景规划期间，中国科学院提出了“抓尖端科学技术，抓国民经济的重大科学技术问题，抓基本研究”的战略部署。在改革开放的新形势下，中央书记处明确了中国科学院“大力加强应用研究，积极而有选择地参加发展工作，继续重视基础研究”的办院方针。在科技体制改革中，提出了“把全院主要力量动员和组织到为国民经济和社会发展服务的主战场，同时保持一支精干力量从事基础研究和高技术创新”的办院方针。在实施知识创新工程中，确立了“面向国家战略需求，面向世界科学前沿，加强原始科学创新，加强关键技术创新与系统集成，攀登世界科技高峰，为我国经济建设、国家安全和社会可持续发展不断作出基础性、战略性、前瞻性的重大创新贡献”的新时期办院方针。

60年来，中国科学院不断前瞻，凝练科技目标，逐步形成具有特色和优势的科技布局。建院之初，迅速组建了一批自然科学和哲学社会科学研究机构，成立了中国科学院学部，初步形成了自然科学基础学科相对齐全的布局。围绕“四大紧急措施”，开创了我国计算技术、半导体技术、无线电电子学、自动化等具有关键作用的新技术领域，形成了我国高技术领域的系统布局。改革开放之初，恢复和重建“文化大革命”中受到严重破坏的学科体系，逐步形成了学科齐全、侧重基础、侧重提高的科技布局。

知识创新工程以来，进行了建院以来涉及面最广、意义最为深远的科技布局调整。按照更加适应我国经济社会发展战略需求和世界科技发展趋势的思路，重点加强重要前沿与交叉领域、多学科综合和战略高技术领域、人口健康研究、资源生态环境研究与监测，调整、优化、新建研究机构设置，培育新的科技生长点。以提升科技创新能力为主线，重点建设科技创新基地，发挥综合优势，集中力量做大事。重点领域方向从以学科为基础的科技布局，逐步聚焦到关系我国当前和长远持续发展的战略必争领域；科技创新目标由跟踪为主向原始创新为主转变，由模仿为主向自主创新与系统集成为主转变；科研组织模式由分散研究为主向加强跨学科、跨所力量的组织与凝聚转变，形成了矩阵式网格化科技创新活动组织新模式。化学、物理学、材料、数学、地学等主流学科已经进入世界前列，生命科学、信息科技、空间科技、交叉前沿等领域发展迅速，在先进功能晶体、激光物理、高温超导、生命进化、有机分子簇集、量子信息、神经科学、基因组测序、纳米科技等方向进入世界前沿。加强了大科学工程、科研装备体系、国家科学图书馆、科研与管理信息化、野外台站网络、植物园体系、标本馆、种质资源库等科教基础设施建设，园区环境发生巨大变化。

60年来，中国科学院尊重知识，尊重人才，立足科技创新实践，凝聚培养优秀科技创新人才。建院初期，广揽海内外优秀人才，汇聚了新中国绝大部分科技领军人物。在“科学的春天”中，率先落实知识分子政策，恢复专业技术职称评审与晋升，恢复学部活动，率先向国外派遣访问学者和留学生。在科技体制改革中，实行了优秀青年科技人才晋升职称的特批制度，率先出台了我国第一个面向海外以吸引和培养跨世纪高层次学术带头人为目标的人才计划——“百人计划”。知识创新工程以来，实施了新时期人才战略和人才系统工程，遵循科技人才成长规律，以激发创新活力、提供创新舞台为重点，大力培养青年人才；以建议和承担科技任务、提升战略眼光为重点，放手使用中年科技骨干；以带队伍指方向、培养青年人才为重点，充分发挥资深科技专家作用；用创新事业和发展机会，大规模吸引和凝聚海内外优秀人才。

建院以来，全国先后有900余位科学家当选为中国科学院院士，他们是新中国科技工作者的杰出代表。在中国科学院汇聚和造就出一大批为新中国科技事业做出重大贡献的科学家，其中代表人物有“两弹一星元勋”于敏、王大珩、王希季、王淦昌、邓稼先、朱光亚、孙家栋、任新民、吴自良、陈芳允、陈能宽、杨嘉墀、周光召、赵九章、钱骥、钱三强、钱学森、郭永怀、屠守锷、黄纬禄、程开甲、彭桓武，国家最高科技奖获得者吴文俊、王选、黄昆、刘东生、叶笃正、吴孟超、李振声、闵恩泽、吴征镒、徐光宪，新中国主要学科的奠基人和开拓者华罗庚、苏步青、吴有训、周培源、严济慈、庄长恭、曾昭伦、张钰哲、竺可桢、贝时璋、童第周、冯德培、钱伟长、李薰、周仁等，还有冯康、王应睐、陈景润等一批勇攀世界科技高峰的杰出科学家。更为可喜的是，知识创新工程以来，培养造就了近千名新一代科技领军人物和科技尖子人才，形成了一支高水平的科技创新队伍。他们中有600位国家重大科技任务的首席科学家或主要带头人，近700位国家杰出青年基金获得者，53个国家自然科学基金创新群体，900人在重要国际科学组织担任重要职务。向社会输送了大批高素质创新创业人才。成建制向国防部门、工业部门、行业、地方、大学等输送了大批科技人才，有力支持了我国科研体系的形成与发展。涌现出一批高科技企业的创业者和企业家。

积极探索科技创新与人才培养紧密结合的新模式。率先建立研究生制度，成立中国科学技术大学，建立新中国第一家研究生院，率先实行学位制，率先建立博士后制度。知识创新工程以来，高质量规模化发展研究生教育，形成了以中国科学技术大学和中国科学院研究生院为核心、覆盖全院研究所的教育体系，形成了独具特色的两段式研究生教育模式，研究生教育质量不断提高。

60年来，中国科学院始终发挥科技体制探索和改革先行者的作用。十二年科技发展远景规划时期，向工业、国防和地方成建制转移了大批科研机构，形成了以中国科学院为学术领导核心，中国科学院、部门研究机构、高等学校和地方研究机构共同组成的我国科学研究工作体系。1964年，中央讨论通过了国家科委和中国科学院提出的《科学十四条》并以中央文件下发，确立了我国科研工作的基本制度，被誉为“科学宪法”。科技体制改革以来，率先设立了面向全国的科学基金，率先建立了开放实验室制度，率先实行了所长负责制，创办了新中国第一家高新技术企业、第一个科技工业园区，发展孕育出以联想集团等为代表的规模化高技术企业。

知识创新工程以来，大幅凝练提升科技目标，分期分批推动研究所进行知识创新工程试点。以人事制度改革为突破口，率先实行“按需设岗、按岗聘用、竞争择优、合同管理”的岗位聘用制度，建立岗位聘用、项目聘用和流动人员相结合的用人制度，建立体现绩效优先、以“三元结构工资”为主体的分配制度，形成了竞争择优的机制。改革科技创新活动的组织管理，按重大项目、重要方向和领域前沿三个层次组织实施科技创新活动。改革资源配置制度，坚持目标引导、宏观调控、择优支持，基本形成了符合定位、导向明确、分类管理、鼓励竞争、注重绩效的资源配置体系，鼓励有效集成社会创新资源，从根本上扭转了科技投入不足、创新资源短缺的局面。改革科技评价与奖励制度，重视质量、重视实质性贡献，建立了综合反映绩效、态势和需求的多信号反馈的评价体系，从奖励成果为主调整为奖励做出重大科技创新的个人与团队为主。改革经营性国有资产管理，基本实现院所投资企业股权多元化。制定了《中国科学院章程》和《中国科学院研究所综合管理条例》，发布了《关于科学理念的宣言》和科研行为规范，基本建立了“职责明确、评价科学、开放有序、管理规范”的现代科研院所制度。

60年来，中国科学院始终坚持联合合作，不断扩大对外开放。建院后，在中国工业化进程中，与有关部门通力合作，孕育和支持发展我国电子工业、原子能工业、石油工业、化学工业、钢铁工业、国防工业等国家基础和支柱产业。改革开放以来，随着社会主义市场经济体制的确立，面向国民经济主战场，组织力量，全面开展与企业的合作，解决生产中的科技问题，促进产学研结合。随着建设国家创新体系的深入实施，全面加强与国家创新体系各单元的联合合作，支持产业结构升级、发展高新技术产业，组织实施西部行动计划、东北振兴计划和科技援藏、科技支新等工程。与地方共建研究机构、区域技术转移转化中心和科技园，与企业共建联合实验室或工程中心，与大学共建国家重点实验室、联合研究中心，联合培养研究生、联合承担国家基础研究项目等。

不断扩大对外开放。建院初期，重点开展了与苏联和东欧国家的科技合作。1974年，开展与德国马普学会的合作，开启了我国与西方国家科技合作的大门。1979年，邓小平同志访美期间，中国科学院与美国签订了两国高能物理合作等协议，打开了中美科技合作的窗口。知识创新工程以来，合作对象不断拓展，从科研机构为主拓展到重要国际科技组织、研究型大学和跨国公司；合作方式不断丰富，从常规的交流互访发展到联合建立研究机构、联合组织重大国际科技合作项目和构建战略合作伙伴关系，形成了全方位、多层次、高水平、宽领域、重实效的国际科技合作新格局。中国科学院已成为国际科技界一支十分活跃和有影响力的科研团体。

60年来，中国科学院充分发挥国家科学思想库作用。中国科学院学部和广大院士，团结带领全国科技工作者，围绕国家经济建设、社会发展、国家安全和科技进步的重大问题，开展科技咨询和评议，有力地支持了国家宏观决策，充分发挥了国家在科学技术方面最高咨询机构的作用。例如，组织和动员全国科学家制定国家十二年科技发展远景规划，参与历次国家科学技术发展规划的研究制定和咨询工作，提出建立科学基金制度、跟踪研究外国战略性高技术发展、建立中国工程院、发展我国先进核能、建设可持续能源体系等一系列重大建议。

知识创新工程以来，中国科学院构建了学部与实体有机结合的战略研究体系，持续深入分析世界科技发展大势，前瞻思考中国经济社会发展和科技进步，提出了《迎接知识经济时代，建设国家创新体系》、《创新促进发展，科技引领未来》、《创新2050：科学技术与中国的未来》系列战略研究报告及18个重要领域科技发展路线图，在国家发展的关键时期提出了应对挑战的系统科学建议和系统解决方案，从而引领了中国科技发展的方向。

60年来，中国科学院做出了彪炳史册的重大创新贡献。在基础研究、战略高技术研究、可持续发展相关系统研究方面硕果累累。解决了一批国家重大任务中的关键核心科技问题，例如，“两弹一星”关键核心科技问题，载人航天和探月工程应用系统与有效载荷等任务，应用卫星系列有效载荷等。国防科技创新方面成果丰硕。取得了一批关系国家竞争力的重大自主创新成果，如曙光超级计算机、龙芯系列通用芯片、单精度千万亿次超级计算系统、无线传感器网络、高档数控技术与工业机器人、高性能晶体材料、顺丁橡胶工业生产新技术、煤制乙二醇技术、甲醇制烯烃技术、煤合成油技术等。取得了一批关系可持续发展的重大创新成果，例如，沙坡头流沙治理，青藏铁路冻土路基关键技术，塔里木沙漠公路筑路技术和防护林建设，全国自然资源综合科学考察，黄淮海中低产田改造，青蒿素、丹参多酚酸盐、盐酸安妥沙星、希普林等创新药物，生物农药与生物制剂，全国粮食产量预测，可持续发展评价，主体功能区划，全球气候变化应对研究等。取得了一批世界领先的科学成果，如人工合成牛胰岛素、哥德巴赫猜想证明、数学机械化证明、有限元方法、人类基因组1%测序、水稻基因组与功能基因测序、铁基超导体、量子中继器、iPS干细胞全能性证明等。60年来，作为第一完成单位共获得国家科技奖励1080项。其中，获得国家自然科学奖一等奖19

项，占总数的59%；国家科技进步奖特等奖4项、一等奖30项；国家发明奖一等奖4项。

伟大的事业育成伟大的精神。一代又一代中国科学院人，团结奋斗，奋勇攀登，形成了“科学民主、爱国奉献”的光荣传统，“唯实求真、协力创新”的优良院风，“以创新为民为宗旨、以科教兴国为己任”的科技价值观，建设了具有时代特征的创新文化，这些宝贵的精神财富不断积淀、结晶、升华，成为中国科学院独特的文化特质，我们可以称之为“科学院精神”。概括起来主要是：

——服务国家、造福人民的精神。把国家的利益和人民的重托放在首位，把个人的聪明才智和人生价值实现融入服务国家富强、人民幸福和科技进步之中。

——追求真理、勇攀高峰的精神。坚持实践是检验真理的唯一标准，坚持在真理面前人人平等，敢于质疑现有理论，敢于提出新的问题，敢于开辟新的方向。

——自强不息、艰苦奋斗的精神。能吃苦、能攻关，不因困难而放弃，不因挫折而气馁，敢于知难而进，敢于啃硬骨头，敢于奋力创新攻坚。

——淡泊名利、团结协作的精神。甘于寂寞、潜心致研，客观评价自我，尊重合作伙伴，不争名、不逐利，不忽悠、不浮躁，团结共进，协力创新。

——实事求是、科学民主的精神。诚实守信，严谨求实，提倡学术争鸣，尊重学术自由，信守科研道德，尊重知识产权，自觉遵守人类社会的基本伦理，尊重自然系统的演化规律。

60年的创新实践，使我们深刻认识到，必须始终坚持面向国家战略需求，面向世界科技前沿，以发展先进科技生产力为中心，以提升自主创新能力为主线，着力开展基础性、战略性和前瞻性的科技创新工作。必须坚持以人为本，以事业的发展凝聚人，以正确的价值观引导人，以良好的创新环境吸引人，以合理的待遇激励人，以创新实践培养造就人，充分发挥科技人员的主动性和创造性。必须坚持改革创新，认知发展规律，顺应发展要求，立足中国国情，借鉴国际经验，大胆革除一切阻碍解放和发展科技生产力的壁障，不断革新体制机制，创新管理。必须坚持对外开放，以开放的心态对待人类创造的一切新知识，与社会各类创新要素有机结合，有效利用全球科技创新资源，在联合合作中共同发展。必须高举科学旗帜，解放思想，与时俱进，科学前瞻，引领未来。发展科学文化，鼓励科学原创，弘扬科学精神，倡导科学方法，传播科学知识。

回首过去，我们完全有理由为已取得的成就而自豪。今天，我们已站在实现跨越发展的新起点上，正处于最好的发展时期！

展望未来，中国正向全面建设小康社会、基本实现现代化的宏伟目标迈进。在这一伟大历史进程中，我们面临着世界政治经济格局大调整大变革、提升产业结构、转变发展方式、培育战略性新兴产业等紧迫的战略任务，面临着能源资源、生态环境、人口健康、传统与非传统安全等诸多方面的严峻挑战。中国未来的发展不可能再沿袭传统的无节制耗用不可再生资源的经济增长方式，迫切需要开发新的资源来源，创新发展模式和发展途径，创建新的生产方式和生活方式。这对我国科技创新提出了更加重大而紧迫的需求。

当今世界科技呈现出群体性突破的蓬勃之势，正处在革命性变革的前夜。在今后的10～20年，很有可能发生一场以绿色、智能和可持续为特征的新的科技革命和产业革命，科技创新与突破将创造新的需求与市场，将改变全球产业结构和人类文明的进程。围绕新科技革命，一场占领未来发展制高点的新的国际竞争正在全面展开。我国必须为新科技革命的到来做好准备，及早统筹谋划科技发展战略。依靠科技创新，加快构建我国可持续能源与资源体系、先进材料与绿色智能制造体系、普惠泛在的信息网络体系、生态高值农业和生物产业体系、普惠健康保障体系、生态与环境保育发展体系、空天海洋能力创新拓展体系、国家与公共安全体系等八大经济社会基础和战略体系。不断明晰影响我国现代化进程的重大科学问题、关键核心技术问题及解决的途径，走中国特色自主创新道路，前瞻布局，重点突破，抓住新科技革命的历史机遇，赢得发展先机、优势和主动权。

在新的历史时期，中国科学院作为国家战略科技力量，要致力解决关系国家全局和长远发展的基础性、战略性、前瞻性的重大科技问题，致力培养适应国家发展要求的高水平科技创新与创业人才，致力促进科技成果转移转化与规模产业化，致力发挥国家科学思想库作用，致力提升中国科学技术国际竞争力，引领我国自主创新和科技进步，支撑我国科学发展与和谐发展。

到2020年，中国科学院将在关系我国经济社会发展全局的战略必争领域实现创新跨越；培育形成一批对未来发展影响重大的前沿交叉新兴学科生长点，在若干前沿交叉新兴方向与领域发挥先导作用；一批研究所率先实现跨越发展，成为国际同领域具有重要影响和地位的一流研究机构；凝聚培养一大批德才兼备、国际一流的科技尖子人才和科技领军人物，拥有结构合理、动态优化的高水平科技创新团队，形成具有强烈创新意识和市场意识的科技产业化领衔人才群体，向社会输送一大批高素质人才；创造的社会经济效益大幅增长；大幅提升对国家宏观决策的科技支持能力；总体实现“创新跨越、布局合理、四个一流、和谐有序、开放合作、持续发展”目标，将中国科学院建设成为高水平、可依靠的“三个基地”和科学思想库，成为改革创新和谐奋进的中国科学院，在我国科技事业发展中有效发挥骨干引领和示范带动作用，成为面向世界、面向未来、支撑科学发展、服务现代化的科技创新基地，成为在世界上有重要影响的一流国家研究机构。

当我们伟大祖国基本实现现代化的时候，中国科学院将迎来百年庆典。我们希望并坚信，当我们的后人回首这段历史的时候，每一个中国科学院人都能够自豪地说，在中华民族伟大复兴的历史进程中，中国科学院留下了更加坚实、更加辉煌的足迹，做出了无愧于历史、无愧于人民、无愧于时代的重大贡献，中国的科学技术重新登上了世界之巅！

我们正处在一个伟大的时代。时代的进步、国家的需要在召唤和激励着每一个科技工作者。让我们紧密团结在以胡锦涛同志为总书记的党中央周围，以邓小平理论和“三个代表”重要思想为指导，深入贯彻落实科学发展观，增强实现创新跨越的自信心、紧迫感和责任感，解放思想，奋勇前进，提升自主创新能力，不断做出基础性、战略性、前瞻性的创新贡献！

Commemorating the 60th Anniversary of CAS' Founding

Lu Yongxiang

The year of 2009 marked the 60th anniversary of the founding of the Chinese Academy of Sciences (CAS). In this article, the historical development of CAS and the evolution of its role in the past 60 years were reviewed, the great achievements in various fields and path-breaking contributions made by CAS to economic development, national security and social progress of China were introduced, and a prosperous and sustainable future for CAS was envisioned. As a R&D locomotive in China, CAS has always persisted in exploring world S&T frontiers in line with national strategic demands, gradually formed its unique features in disciplinary structure and research priorities with foresighted objectives, attracted and trained a large number of talented scientists in its science and technology innovation practices, taken a pioneering role in exploring and reforming scientific research systems, expanded science and technology cooperation with other sectors in China and the rest of the world, and fully exerted its effectiveness as the nation's major think tank.

8.2 中国科学院数学与系统科学研究院成果鸟瞰

杨 乐
（中国科学院数学与系统科学研究院）

中国科学院成立后不久，即于1950年6月着手筹建数学研究所。1952年7月，中国科学院数学研究所（简称数学所）正式成立，华罗庚被任命为所长。

20世纪60年代中期，数学所已发展为包含数论、代数、几何与拓扑、函数论、泛函分析、微分方程、概率论与数理统计、运筹学、力学、理论物理与计算机研制等学科的综合性研究所。后经10年“文化大革命”，在改革开放之初，根据中国科学院的决定，除保留数学研究所，其中部分人员组建了应用数学研究所与系统科学研究所。此外，中国科学院还建立了以计算数学为研究对象的计算中心（90年代中期改为计算数学与科学工程计算研究所）。

1998年，中国科学院实施第一期知识创新工程，要求上述四个研究所整合为数学与系统科学研究院，调整结构，转换机制，凝练目标，努力创新。

近60年来，虽然走过了十分曲折的道路，尤其是10年“文化大革命”期间被严重摧残与破坏，数学与系统科学研究院全体同仁勤奋努力，刻苦攻关，取得了一系列十分优秀的成果。现在，按照各个学科作一简要介绍（事实上，仅能举述部分代表性的研究工作）。

一、数论与代数

在华罗庚的带领和指导下，数论研究获得了很大的发展，修订的《堆垒素数论》和《数论导引》问世，成为经典名著。20世纪50年代中期，王元证明了每个充分大的偶数均可表为两个正整数之和，它们的素因子个数分别不超过3与4，简称为“3+4”。接着，证明了“2+3”。稍后，王元与潘承洞又对此做了重要改进，在广义黎曼猜想成立的前提下，证明了“1+3”。1973年，陈景润证明了每个充分大的偶数均可表为一个素数与素因子个数至多为2的整数之和，即“1+2”。这个成果在国际上被公认为是对哥德巴赫猜想的重大贡献，是筛法的光辉顶点。

改革开放以来，贾朝华在小区间中哥德巴赫数的例外集问题，小区间中的三素数定理等，徐飞在齐性空间的整点问题，局部域的最大阿贝尔（Abel）扩张塔等都获得了优秀成果。近年来，田野在BSD猜想的研究有所进展，并解决了一类广义的费马（Fermat）问题。

华罗庚与王元对高维积分的数值计算创造了“华-王”方法；王元和方开泰合作提出均匀设计方法，在国内外许多应用领域发挥了重要作用。

中国科学院数学与系统科学研究院的代数研究是在华罗庚领导下从研究典型群开始的，颇具影响。代表性工作有：华罗庚与万哲先解决了典型群结构和自同构方面的一系列问题以及万哲先关于正交群和酉群的换位子群的刻画及其商群结构等。

改革开放以来，中国科学院数学与系统科学研究院的代数方向已集中于主流数学，如李理论、代数几何等，取得了许多优秀成果。代表性的成果有：席南华提出仿射A型外尔（Weyl）群证明了娄斯狄格（Lusztig）关于双边胞腔的基环的猜想，确定了德灵-朗兰兹(Deligne-Langlands)关于仿射赫克（Hecke）代数的猜想成立的充要条件；孙笑涛获得代数簇上的向量丛在弗罗贝尼乌斯 (Frobenius) 映射下的性质、模空间的性质等；徐晓平和赵开明关于李代数及其在数学物理和微分方程等领域的应用也是颇有意义的研究工作。

二、拓扑、几何与复分析

吴文俊在拓扑学上建立的示性类和示嵌类被称为“吴示性类”和“吴示嵌类”，他导出的示性类之间的关系被称为“吴公式”。

李邦河发展了微分流形的浸入理论，给出n维流形到$2n-1$维欧氏空间浸入的完全分类；在四维流形的最小亏格问题上获得优秀成果。

段海豹解决了希尔伯特 (Hilbert) 第15问题的核心问题：舒伯特(Shubert)簇的乘法问题。美国“数学评论”称段海豹解决了相交理论的一个根本性问题，是对相交理论的重要贡献。

华罗庚在国际上率先开创了多复变函数关于典型域上调和分析的研究，他解决了典型域上完备规范正交基、伯格曼 (Bergman)核、泊松 (Possion) 核显式构造的基本问题，建立了它们的表达式。华罗庚与陆启铿建立了典型域的调和函数理论，并解决了对应的拉普拉斯-贝尔特拉米 (Laplace-Beltrami) 方程的狄利克雷 (Dirichlet) 问题。

陆启铿在多复变与数学物理中关于施瓦兹 (Schwarz)引理、规范场与主纤维丛联络的关系等方面有优秀研究成果。

钟家庆分别与莫毅明、杨洪苍等合作，解决了复流形紧化、紧对称空间曲率刻画及特征值估计等几个重要问题。

博戈留波夫 (Bogoliubov) 等在回答希尔伯特第六问题时，在20世纪50年代建立了公理化量子场论并提出了扩充未来光管猜想。周向宇经过长期努力彻底解决了该猜想，他在全纯包单叶性上也获得了优秀成果。

在熊庆来、关肇直等的影响下，中国科学院数学与系统科学研究院的学者在复分析、调和分析、泛函分析等领域开展了很好的研究工作。例如，李炳仁在C*代数、许以超在典型域的例外域的研究上、龙瑞麟在鞅论，王跃飞、崔贵珍、尚在久在动力系统，李树杰、丁彦恒在非线性分析的研究中均有优秀成果。

三、偏微分方程

对于空气动力学方程组，黎曼 (Riemann) 在研究等熵流时构造了一种特殊初值问题的弱解。以后经过许多数学家的研究，其数值求解取得了进展。20世纪50年代解决了单个守恒律方程的一维问题，80年代初期，对一维等熵气体动力学方程组在绝热指数γ是一些离散点的情形取得了进展。1985年，丁夏畦等对一般等熵气流，当$1<\gamma\leqslant 5/3$的情形，证明了弱解的整体存在性。黄飞敏与其合作者，证明了等温（$\gamma=1$）流弱解的整体存在性。

王光寅与吉敏在黎曼流形上对单连通共边极小曲面建立了多解性理论。肖玲在双曲型方程与守恒律、张同在黎曼问题上有系统的研究工作。

三维不可压缩纳维-斯托克斯(Navier-Stokes) 方程光滑解的存在性问题可用于描述气象学中艾克曼 (Ekman)边界层附近气体的状况，张平与其合作者，引进了新的彼肃夫－索伯列夫(Besov-Soblev)型的函数空间，并发现了此方程一个新的结构。特别在高频振荡初值的情况下，证明了三维各向异性勒威－斯托克斯方程的整体光滑解的存在性和唯一性。

关于普朗特(Prandtl)方程解的存在性问题，1963年苏联科学院院士欧伦尼克(Oleinik)证明了解的局部存在性，整体解的存在性难度要大得多。1986年，鄂维南和恩库斯特(Enquist) 等给出例子证明，一般说来整体解是不存在的。张立群及其合作者，在压力是有限的条件下，证明了整体解的存在性。

曹道民在带奇异扰动的非线性椭圆型方程的单峰解及多峰解个数等方面取得了优秀成果；黄飞敏与王振解决了长期悬而未决的“含真空等温气流柯西 (Cauchy) 问题弱解的整体存在性”的问题。

四、概率论与数理统计

在概率论的研究方面，马志明等建立了拟正则狄氏型理论，完整地解决了一个多年的公开问题；严加安给出了一类随机变量的集的刻画，被称为“Kreps-严定理”。近年来，巩馥洲等证明了环路空间上对数索伯列夫不等式和庞加莱 (Poincar)不等式，解决了格罗斯 (Gross) 猜想。

在数理统计学方面，张里千完满解决了拟合优度检验中的柯尔莫哥洛夫(Kormogelov) 统计量的精确分布的问题。成平、李国英、朱力行等在多种投影寻踪拟合优度统计量尾概率的估计，投影寻踪主成分分析取得了优秀成果，在水文、气象、医学等方面得到了应用。安鸿志等在时间序列分析方面、方开泰等在多元分析方面有一系列的研究工作，王启华在生存分析与缺失数据统计上有优秀成果。

五、运　筹　学

在运筹学研究方面，20世纪60年代华罗庚就带领一批科研人员到全国推广统筹法和优选法，做出了显著贡献。有关科研人员还在排队论、非线性规划、组合优化等方面的研究中，解决了一些长期未解决的问题，诸丁柱、范更华等在组合数学与图论的研究方面也有优秀成果。许国志、越民义等对我国运筹学科的创立与发展也起了重要作用。

近年来，张汉勤等在徐光辉工作的基础上排队网络逼近等研究中取得了优秀成果；章祥荪等将最优化理论和方法应用于生物信息学和系统生物学研究，在基因调控网络的推断、蛋白空间结构的比对、疾病分析和药物靶点设计的优化模型及算法研究方面，有一系列研究成果。

在运筹学的应用方面，王毓云在黄、淮海流域农业配置布局优化方面取得了优秀成果。刘源张长期致力于质量控制的研究与推广工作；陈锡康提出了投入占用产出技术并用于我国粮食预测，其预测报告受到了有关部门的重视。汪寿阳、陈锡康、杨翠红等在我国进出口预测、外汇汇率、经济与金融有关问题上也有许多研究成果。

六、控 制 论

中国科学院数学与系统科学研究院的控制论研究曾对我国航天事业做出了贡献。关肇直曾率领卫星轨道组首创多站多普勒独立测轨法；关肇直与宋健提出了细长飞行器弹性振动的闭环控制模型。

郭雷等完整解决了自校正调节器的全局稳定性、最优性和对数律等问题；解决了非最小相位随机系统自适应极点配置问题；提出了定量研究“反馈机制对付不确定性的最大能力”这一控制理论的框架，并对几类基本不确定性系统发现了反馈机制最大能力的临界值。陈翰馥等对随机逼近方法做了深入研究，并应用于通信与信号处理及线性随机系统迭代学习控制，发展了高效算法。

近年来，张旭发展了一套关于无限维系统能观性估计的直接方法，姚鹏飞在双曲系统的控制中引进黎曼几何乘子法。

七、计算机科学

20世纪70年代，吴文俊大力倡导数学机械化的研究，他提出了平面几何定理用计算机证明的方法，建立了符号求解非线性方程组的点消元法。

陆汝钤和金芝在基于知识的软件工程方面，陆汝钤和张松懋在计算机动画自动生成方面，取得了优秀成果。万哲先是我国最早从事编码学和密码学研究的数学家之一，在伪随机码和移位寄存器序列做出系统工作，并在我国国防部门发挥了重要作用。张景中、高小山等提出“消点法”，对一大类几何命题发展了完整消去理论，首次实现了自动生成可读证明。李洪波等建立了共型几何代数与经典几何高级不变量理论，提供了统一表示与高效计算方法。

八、计 算 数 学

20世纪50年代末与60年代初，冯康在解决大型水坝计算问题的集体研究实践的基础上，独立于西方创造了一套求解偏微分方程问题的系统的计算方法，即现在国际通称的有限元方法。他于1984年首次提出基于辛几何计算哈密顿 (Hamilton) 体系的方法，即哈密顿体系的保结构算法。

石钟慈于20世纪80年代提出了一种新的判别非协调有限元收敛性准则，证明了一些工程界有重要应用价值的单元的收敛性，这是非协调有限元研究领域的深刻成果。林群对微分方程的特征值问题建立线性有限元的外推展开式。崔俊芝揭示了接触体内的应力状态与加载路线的相关性，运用增量理论和变分不等式发展了一套逐步线性化算法，并研制了相应的软件。

袁亚湘针对非线性最优化信赖域方法中具有广泛应用的球内二次函数极小问题，提出并且解决了陀因特-斯太厚 (Toint-Steihaug) 截断共轭梯度方法所得到的非精确解使得目标函数下降至少可以达到最大可能下降的一半；与合作者提出了一个新的非线性共轭梯度法（Dai-Yuan方法）。余德浩发展了自然边界归化理论和自然边界元方法，提出了边界元与有限元的自然直接耦合法。陈志明首次提出波动散射问题的自适应完全匹配层方法，解决了完全匹配层方法在实际应用中的参数选取问题，建立了非线性对流扩散问题的有限元后验误差估计，发现自适应方法对求解发展方程的最优计算复杂性；在非均匀介质中流动问题的计算方面，与合作者提出保持质量守恒的多尺度混合有限元方法和适用于机井奇性的高效多尺度有限元方法。

以上只是一个十分简要的概述，很不完整。例如，数理逻辑学科冯琦在集合论的优秀成果，数学史学科李文林、袁向东的研究工作均未能提到。其他各领域许多学者的大量成果也是挂一漏万，敬请见谅。

A Bird's-eye View of Scientific Results in the Academy of Mathematics and Systems Science of CAS

Yang Le

During the last sixty years, the Institute of Mathematics, Institute of Applied Mathematics, Institute of Systems Science, Institute of Computational Mathematics and Scientific/Engineering Computing had been successively established by the Chinese Academy of Sciences. In 1998, as part of the Knowledge Innovation Program of CAS, these four institutes were merged into the Academy of Mathematics and Systems Science. Our colleagues have made achievements in the number theory, algebra, geometry, topology, analysis, differential equations, probability, mathematical statistics, operations research, control theory, computer mathematics and computational mathematics etc even in harsh working and living conditions. The present paper gives a very short description.

8.3 中国科学院物理学辉煌的60年

吴岳良

（中国科学院理论物理研究所）

1949年，中国科学院伴随着新中国的成立而诞生。经过60年的不懈奋斗，中国科学院已经发展成为一个具有国家竞争力并代表中国科技发展水平的综合研究与发展中心。60年来，中国科学院物理学的发展更是令人振奋，取得了一批重大成果，有的已位居世界前列。

中国科学院物理学的发展与新中国科技的发展同步共进，并经历了具有标志性的重要发展时期。最早的一个重要发展时期可追随到1956年，当时，党中央发出“向科学进军”的伟大号召，制定了新中国第一个科技发展十二年规划。在这期间，中国科学院的物理研究曾围绕“两弹一星”等国家重大战略需求展开，许多物理学家积极投身于这个特殊的重大项目，默默无闻地进行攻关，为“两弹一星”的成功实现，充分发挥理论先行的龙头作用，紧紧依靠理论与实验紧密结合，突破了一系列科研难题和一大批核心技术。他们主持和参与研制出许多中国第一的重大科研仪器设备和实际应用装备，如中国第一座核反应堆、第一台回旋加速器、第一台激光器、第一台电子管计算机、第一个晶体管、第一台晶体管计算机、第一台受控热核反应装置“托卡马克”……，为我国的原子能事业、国防事业和科技发展做出了一系列载入史册的贡献。

在物理学基础研究方面，也取得了一批重要成果，例如，中国科学院物理研究所成功地拉制出中国第一根硅单晶；王淦昌与他的研究组在苏联杜布纳联合研究所发现了“反西格马负超子”，这是人类第一次观察到带电的负超子；当时同在苏联杜布纳联合研究所中国组的周光召首次提出粒子的相对论性螺旋态，是著名的轴矢流部分守恒（PCAC）理论的创始人之一，他还最先在重子衰变中证明了电荷－宇称（CP）对称性破坏的一个定理，最早注意到K介子和π介子之间的对称关系；朱洪元、胡宁、何祚庥、戴元本等39人组成的北京基本粒子理论组提出粒子物理

"层子模型"，开辟了强子内部结构更深层次理论研究的新领域；作为物理学与生物学的成功结合，北京胰岛素晶体结构研究组开展了我国第一个生物大分子晶体结构的测定，确定了猪胰岛素的晶体结构，使我国跨入了国际蛋白质晶体学的研究行列……。这些成果为我国物理学及相关研究领域的发展奠定了基础，为我国科技发展培养了一大批优秀和杰出人才。

之后的重要发展时期起始于1978年，全国科学大会召开。伴随着"科学的春天"的步伐，中国科学院率先在科技界恢复和新建了大批科研机构，尤其是邓小平关于"科学技术是第一生产力"等重要论断极大地鼓舞了知识分子为科学献身的热情，一大批科学家重新回到科研岗位，迎来了中国科学院发展的新起点，拉开了中国科学院改革开放的序幕。特别是1985年关于《深化科技体制改革的决定》的发布实施，使得科研环境得到极大改善，科技政策有了很大调整；使得物理学作为科技发展的基础科学渗透到各个领域，极大地促进了科技的发展。1988年10月24日，邓小平同志在视察北京正负电子对撞机工程时说："过去也好，今天也好，将来也好，中国必须发展自己的高科技，在世界高科技领域占有一席之地。"这句话一直激励着中国科学院的科学家们拼搏在世界科技前沿。1995年提出的"科教兴国"战略，开启知识经济时代，中国科学院于1998年率先实施"知识创新工程试点"，探索具有中国特色国家创新体系的发展道路。2004年12月29日，胡锦涛总书记在视察中国科学院时发表重要讲话，并强调指出："中国科学院作为国家战略科技力量，不仅要创造一流的成果、一流的效益、一流的管理，更要造就一流的人才。"几十年来，中国科学院的创新能力大幅提升，重大成果不断涌现，在国家创新体系建设中发挥了骨干引领和示范带动作用。在物理学基础研究和大科学工程装置方面，如高温超导、新颖材料、正负电子对撞机、兰州重离子加速器、激光物理、量子信息、物质结构探索等领域取得了丰硕成果。

以钕铁硼永磁材料产业化为代表的物理学成果直接促进了国民经济的发展。钕铁硼被称为"永磁王"，它将自然界最丰富且自发磁性最强的铁和能够使铁的磁性固定在同一个方向的稀土钕相结合，形成由2个钕原子14个铁原子和1个硼原子组成的四方对称的晶体结构，其磁性强度能吸起比自身重量重1000倍的铁块。1984年，中国科学院的科学家成功研制开发出了稀土钕铁硼永磁体，性能指标超过美国的同类成果，处于世界领先水平，引起了国际磁学界的轰动。该成果1988年获得国家科技进步奖一等奖。钕铁硼永磁体作为一个重要的新材料，它的作用已渗透到国民经济的各个领域，广泛应用于家电、通信、能源、交通、机械、医疗等行业。例如，小到音响、手机、影碟机，大到汽车、机电设备、磁悬浮列车等。

1986年铜氧化合物超导体的发现，掀起了全球高温超导研究的热潮，中国科学院的科学家在液氮温区高温超导体的发现中做出了杰出的贡献，成功合成了起始温度高于100 K，中点温度为92.8 K的钇钡铜氧超导材料，在超导研究领域中做出了中国科学家应有的贡献。“液氮温区氧化物超导体的发现及研究”这项成果在1989年获国家自然科学奖一等奖。

中国科学院科学家研制的PBR-II型铷激射器原子频率标准，是世界上首例达到实用化的铷激射器频标，其稳定度、输出功率、Q谱线等指标达到当时国际先进水平。成为我国国家频率稳定度计量标准，被用于应用工程任务的各种精密频率源的检定测试和精密雷达的准确同步，实现对飞行体的位置、速度等参数的精密测量与控制。该成果荣获1985年国家科技进步奖一等奖。

1984年，中国科学院科学家在高温合金相中发现五重旋转对称的电子衍射图，1985年在Ti2Ni合金中发现了二十面体准晶，还先后发现了八次、十次对称准晶以及一维和立方准晶，引起了国内外的瞩目。准晶体的发现，打破了长期以来关于晶体必须具有周期性，不可能存在五重旋转对称的信条，对晶体学的发展起到了重要的推动作用，在准晶晶体学和合金学的形成和发展中做出了中国科学家的突出贡献。该成果于1987年获国家自然科学奖一等奖。

1987年中国科学院科学家建成激光12号实验装置（“神光Ⅰ”），成为当时我国规模最大、国际上为数不多的大型激光工程，输出功率达2万亿瓦。1990年，“神光Ⅰ”获得国家科技进步奖一等奖。2001年建成了“神光Ⅱ”装置，目前“神光Ⅱ”装置成功突破100万亿瓦大关，输出峰值功率达到120万亿瓦/36飞秒。这种极端的物理条件，只有在核爆中心、恒星内部和宇宙黑洞边缘才能存在。它的建成标志着我国激光惯性约束实验已经真正跃上了一个短波长、大功率激光打靶的新阶段，为我国进行世界前沿领域的激光物理实验提供了有利的手段。

在大科学装置方面，中国科学院先后建成北京正负电子对撞机、兰州重离子加速器、HT-7超导托卡马克实验装置等专用大装置，以及上海光源，北京、合肥同步辐射装置等平台大装置，这些重大科技基础设施的建成，极大提升了我国的创新能力和国际科技竞争力。大科学工程在众多前沿学科领域取得大批原创性成果，在国际上占据了重要的一席之地。例如，北京正负电子对撞机取得了以τ子轻子质量精确测量、*R*值精确测量为代表的、具有重要国际影响力的成果，对精确检验粒子物理标准模型和探测新物理有着至关重要的意义；北京谱仪在实验中观测到一个新粒子X(1835)，对粒子物理强作用理论的发展具有重要的意义。近代物理研究所兰州重离子加速器在5个核区首次合成和研究了25种新核素，特别是两种超重新核素，使我国跨入该领域国际前列。等离子体所利用HT-7和EAST装置，开展了对受控核聚变前沿物理问题的探索性实验研究，将为未来稳态、高效的商业聚变堆提供物理和工程技术基础，同时在将等离子体技术应用于生物、环境等方面，取得了重要进展。

大科学装置面向国内外开放共享，为多学科的交叉研究提供了强大的支撑。例如，北京同步辐射装置和合肥同步辐射装置每年支持国内外上百家科研机构的课题研究，近年来在《自然》、《科学》等杂志上发表了一批具有重大国际影响力的成果：菠菜捕光膜蛋白结构测定确定了第三种具有光合作用功能的膜蛋白结构；SARS病毒主蛋白酶结构测定有助于揭开SARS病毒的秘密；燃烧实验中首次发现一系列不完全氧化过程的重要中间体——烯醇，对燃烧化学研究带来深远影响；贵州瓮安前寒武纪具极叶结构的磷酸盐岩胚胎化石的研究结果，填补了达尔文生物演化链条中缺失的一环；获得了第一个细菌效应蛋白AvrPto和植物中对应的抗性蛋白Pto的复合物晶体结构；进行的化学反应动力学研究，证明了波恩－奥本海默近似在F+D2重要化学反应中失效。大科学工程基础研究与国家战略需求结合，对与国家经济社会发展相关的关键技术起了引领、带动和辐射作用。例如，为满足高能物理国际合作的要求，中国科学院高能物理研究所于1986年建成了我国第一条国际计算机通信线路，通过国际互联网，进行科学数据交换，为我国信息高速公路的发展做出积极贡献。20世纪90年代初，又率先应用和推广了WWW网页。通过粒子物理的国际前沿实验研究和大科学装置建设，开发了大量高技术（如超导、低温、真空、微波、精密磁铁制造等），并将许多高新技术应用拓展到核医学仪器、无损检测、环境保护、食品辐照加工等领域。中国科学院高能物理研究所基于加速器技术的工业CT，无损地展示被检测物内部结构及缺陷状况，广泛应用于材料、航天航空、军工、国防等产业领域。中国科学院近代物理研究所在重离子束治癌临床试验方面取得重大进展，目前已治疗100多例手术、化疗、常规放疗无效或复发的浅层肿瘤患者，疗效显著，最近又成功地实现了深层肿瘤重离子治疗。中国科学院上海应用物理研究所研制成功了烟气净化用超大功率电子加速器示范应用的系列样机，建立了碱性氧化物超细粉末节能脱硝技术新工艺。

在物质结构探索等基础科学领域，更是硕果累累。例如，中国科学院科学家提出了一套有效的格林函数理论表述方案，可用来统一地描述平衡与非平衡体系，并应用于临界动力学、非线性量子输运和无序系统等具体问题中，澄清了一些重要的理论问题，并得到了一系列重要的新结果；首次在国际上得到量子场论规范不变有效作用量的量子“反常”的正确形式和拓扑起源，导出广义陈-Simons示性类和超度公式的一般形式，这对理解描述自然界基本相互作用力的规范场的大范围整体拓扑性质有着重要的意义；发展直接法处理晶体结构分析中赝对称性问题的理论和应用技术，并用于蛋白质晶体结构分析，测定高温超导材料的非公度调制结构；首次研究了长碳纳米管束的热学、力学、光学等性质，制备出最细内径为0.5纳米的多层碳纳米管，与理论极限仅差0.1纳米，并指出通过制备最细碳纳米管可实现其结构的控制生长，向解决碳管结构控制生长的问题前进了重要的一步，开拓了这一领域的研究。事实上，从改革开放以来涌现了一大批重要成果，这些成果涉及物理学的各个领域和相关交叉前沿方向。例如，生物膜形状的液晶模型理论研究，实用符号动力学及其在耗散系统混沌研究中的应用，电荷－宇称对称性破坏和夸克－轻子味物理的理论研究，量子开系统研究及其在量子信息的应用，线聚焦激光与等离子体相互作用研究，复合泵浦X射线激光，自组织生长量子点激光材料和器件研究，半导体纳米结构物理性质的理论研究，超强激光与等离子体相互作用中超热电子的产生和传输，原子尺度的薄膜/纳米结构生长动力学的理论和实验，求解光学逆问题的一种新方法及其在衍射光学中应用，高温超导体磁通动力学研究，微小晶体结构测定的电子晶体学研究，原子分子操纵、组装及其特性的STM研究，碲镉汞红外焦平面光电子物理的应用基础研究，若干新型光功能材料的基础研究和应用探索。这些研究成果都先后获得了国家自然科学奖奖励。还有更多的研究成果不能在此一一列举，它们都是中国科学院物理学发展的重要组成部分。

近年来，以超导材料、量子通信为代表的前沿学科领域取得原创性成果，显著提升了我国基础研究水平和国际影响。2008年，一种具有全新机制的铁基超导材料的发现，被列为美国《科学》杂志2008年度十大科学进展。中国科学院物理研究所的3个研究组和中国科技大学在短时间内分别制备出铁基超导材料，并很快将材料的临界温度提升至55K以上的国际纪录，在机制研究方面也取得了一系列开创性进展，引起了全世界的高度关注。美国《科学》、《今日物理》(*Physics Today*)等杂志相继报道，并给予高度评价。量子信息科学已经成为物理学和信息科学领域最活跃的研究前沿之一，势必会推动整个信息产业的技术革命，对国家信息安全具有重大的战略意义。中国科学技术大学在量子信息技术、量子通信、量子计算、量子模拟、冷原子量子存储等方面取得了一系列国际领先的原创性成果，研究成果曾多次被欧洲物理学会和美国物理学会评选为年度物理学重大进展。

中国科学院物理学走过了辉煌的60年，所取得的科研成果和获得的迅速发展不仅凝聚了中国科学院物理学家的艰辛努力，也离不开全国物理学家的支持和合作。然而我们应该看到，尽管中国科学院乃至全国物理学已取得了一系列重要成果和重大的进展，但我国作为世界大国和文明古国，还远远没有在这个最基本的学科领域做出我们应有的更大贡献。目前，世界科技发展突飞猛进，我国的科技发展正处在一个新的黄金时期。正如周光召在第七届中国科学家论坛上向《瞭望》新闻周刊表示："中国目前正处在科技发展物质条件最好的时期，如果能够迅速创造一个好的人文环境，选好科学前沿的发展方向和领军人才，吸引一批最优秀的青年，中国科学的起飞指日可待。"物理学作为构成自然科学的基础，研究对象涵盖了宇宙的基本组成要素：物质、能量、空间、时间和它们的相互作用和基本结构及其运动规律。20世纪，物理学被公认为科学技术发展中最重要的带头学科，21世纪科技发展、人类文明和社会进步仍然面临着各种新的挑战，如宇宙的起源、暗物质的本质、暗能量问题、天体的形成、引力波的检验、时空概念和统一理论、新物态和新材料、复杂动力学体系、量子计算、基因学和意识学、物理学与环境科学包括全球变暖和能源环境等，物理学中的许多规律还有待于在更小或更大的尺度上进行检验。为此，进一步提高认识自然和改造自然的能力仍将是人类探索和研究自然界的共同目标，物理学在21世纪仍将继续起着重要的引领作用，显示其独特优势。

目前，中国科学院已确立了“面向国家战略需求，面向世界科学前沿，加强原始科学创新，加强关键技术创新与系统集成，攀登世界科技高峰，为我国经济建设、国家安全和社会可持续发展不断做出基础性、战略性、前瞻性的重大创新贡献”的新时期办院方针。基础研究是科学原始创新的源头，也是人才培育的摇篮。加强基础研究是提高我国原始性创新能力、积累智力资本的重要途径，是跻身世界科技强国的必要条件，是建设创新型国家的根本动力和源泉。基础研究的每一个重大突破，都会对科学技术的创新、高新技术产业的形成产生巨大的、不可估量的推动作用。人类技术文明发展史上大的革命，大多是由基础研究上的突破，引起了技术上开创性的革命和变化，进而带动工业技术的发展。物理学作为基础科学的基础，随着我国经济的蓬勃发展和社会的不断进步，我国物理学家完全有信心抓住这世纪难遇的机遇，在物理学这个最基础科学领域做出原创性工作，为整个世界的科技发展、人类文明与社会进步做出我国科学家应有的可载入科学史册的贡献。

参 考 文 献

1 路甬祥. 中国科学技术进展. 载：中国科学进展. 北京：科学出版社，2003. 1～18

2 路甬祥. 改革创新 跨越发展 走中国特色自主创新道路——中国科学院30年改革开放的实践与启迪. 载：2009科学发展报告. 北京：科学出版社，2009. 216～222

3 万钢. 创新驱动 科学发展 谱写民族复兴新篇章. 光明日报，2009-09-23

4 詹文龙. 中国科学院基础科学研究六十年. 2009. http://www.cas.cn/10000/10010/10005/10010/2009/135170.htm

5 中共科学技术部党组. 新中国成立六十年来科学技术发展的成就与启示 辉煌的历程 伟大的实践. 科技日报， 2009-10-22

6 赵亚辉. 创新路上“火车头”——中科院60年推进科技发展纪事. 人民日报，2009-10-31

7 孙英兰，王楠楠. 新中国科技事业发展60年 正向“创新型国家”迈进. 瞭望新闻周刊，2009-09-28

Illustrious 60 Years in Physics at CAS

Wu Yueliang

It is briefly introduced the rapid developments and illustrious achievements of physics during the past 60 years in the Chinese Academy of Sciences. It is also briefly reviewed some significant contributions of physics in several basic research areas for the most important two periods. It is shown that CAS has played the leading role in promoting the development of sciences in China for the basic researches in physics, such as in the frontiers of sciences and interdisciplinary studies, the large-scale scientific facility, the exploration of basic structure of matter. The developments of the sciences in the 21st century face a new challenge and a great opportunity, so that physics as the foundation of the basic research sciences will remain playing an important leading role.

8.4 化学发展一甲子岁月峥嵘，科学创新新纪元风光无限

——中国科学院化学发展60年简记

万立骏

（中国科学院化学研究所）

化学科学研究物质的性质、组成、结构、变化和应用，是自然科学的核心和基础学科之一。化学科学中又可分为无机化学、有机化学、物理化学、高分子化学、分析化学和化学工程学等几大二级学科。近年来，随着化学学科的不断发展及与数学、物理学、天文学、地学、生物学、医学、材料学、环境科学等学科和研究领域的相互交叉，许多分支学科和研究方向从中繁衍而生，化学知识已经渗透并应用于自然科学的多个研究领域，化学科学也成为与科学发展及人类社会进步等密切相关的一门令人瞩目的重要科学，正在世界科学研究前沿和国民经济建设中发挥着不可替代的作用。

中国化学科学发展源远流长，在中华文明史上占有重要地位，曾为中华文明的辉煌发展做出过重要贡献。1949年，伴随着新中国的诞生和中国科学院的成立，中国化学科学事业的发展进入了一个新的历史时期。60年来，中国科学院的几代化学工作者在中国共产党的英明领导下，为新中国化学科学和化学事业的发展艰苦创业，辛勤耕耘；殚精竭虑，锲而不舍；无私奉献，顽强拼搏；用心血和汗水，用智慧和成就写成了中国科学院化学科学的创业、奋进、发展史。

一、艰苦创业，向化学进军（1949～1966）

1949年，中国科学院对民国时期遗留下来的中央研究院、北平研究院以及部分高

等院校和地方上的一些研究机构进行改组整合，建立了第一批院属研究所。其中化学类的有上海有机化学研究所和物理化学研究所；至1956年，化学类研究所增加至4所：有机化学研究所（上海），应用化学研究所（长春），工业化学研究所（大连）和化学研究所（北京）；到1966年，中国科学院化学类研究所已发展至遍布全国各地的10余所。化学科学的二级学科已基本建立齐全，汇聚了一批海外归来及国内优秀的学术带头人，为新中国成立初期化学研究的发展提供了人才和组织保障。

新中国成立初期，国家建设百废待兴，中国科学院以服务于国家建设及国民经济恢复为主要指导方针开展工作；1956年，国务院制定了《1956—1967年科学技术发展远景规划》，部署了化学领域的重点研究方向，极大地推动了我国化学学科的发展。

无机化学：我国稀土元素蕴藏丰富，稀土固体化学、配位化学及新材料的合成应用等研究开展广泛。在无机合成如晶体生长理论及技术方法研究方面也开始了系统的研究。以中国科学院化学研究所为主的多方面研究人员深入青海柴达木盆地进行考察，创建中国科学院青海盐湖研究所，开始了盐湖化学的系统研究。这一时期，还开展了同位素化学理论研究、同位素技术的应用研究，以及配位化学理论研究等工作。

分析化学：20世纪50年代以后，国家建设事业的蓬勃发展及物理技术的进步带动了分析化学光、电、色谱分析及其仪器分析技术的发展。中国科学院的多支分析化学研究队伍结合国家任务，投入到包头白云鄂博铁矿和围岩全分析及稀土、稀有元素的分析研究中。这一时期，还开展了气相、液相色谱理论、新技术发展及应用研究，有机、无机化合物及铂元素的极谱分析等电分析化学研究。

有机化学：这一时期，中国科学院在天然有机化学研究如天然植物药物化学、抗生素研究、甾族化合物、糖化合物以及蛋白质研究方面都取得一定的成果。中国科学院上海生物化学研究所、上海有机化学研究所联合北京大学的研究人员自1959年开始结晶牛胰岛素化学全合成研究，至1965年创造了世界上第一个化学全合成的、有生物活性的结晶蛋白质，成为这一时期我国科学界最卓越的成就，获得1982年国家自然科学奖一等奖。此外，在有机化学合成反应、有机反应机制、元素有机化合物、有机分析等领域也开展了研究。

物理化学：中国科学院在早期成立的综合类化学研究所中均布局了物理化学方面的研究方向，成立了以催化动力学为主的大连、兰州化学物理研究所；以结构化学为主的福建物质结构研究所；化学研究所、大连化学物理研究所等在热化学领域开展了一系列工作；大连化学物理研究所等还开展了用于炼制石油和煤、天然气利用方面的催化剂的研究；长春应用化学研究所等开展了电化学的基础与应用研究；成立兰州石油研究所（后来的兰州化学物理研究所）和山西太原煤炭化学研究所，培养了一支工业催化化学及动力学的研究队伍。结构化学方面，虽然我们国家开展得较晚，但这一时期猪胰岛素的结构测定成果已达到当时的世界先进水平。

高分子科学：中国科学院在我国的高分子科学领域做出了开创性的贡献。1954年，中国科学院联合中国化学会召开了第一次全国高分子学术会议；1958年中国科学技术大学在世界上率先建立了高分子科学系（下设高分子物理和高分子化学两个专业）；1960年中国科学院化学研究所组建了我国第一个高分子物理研究室。此外，上海有机化学研究所完成的有机玻璃和锦纶的试制与工业化数据研究，开拓了中国早期的高分子工业。中国科学院化学研究所、上海有机化学研究所及应用化学研究所合作研发了氟橡胶；长春应用化学研究所则开展了丁苯橡胶的研制以及合成橡胶结构表征、黏弹性和加工等工作。

这一时期，中国科学院在化学工程、量子化学、海洋化学、环境化学等交叉学科领域也布局了科研力量，开展了工作。面向国防事业，围绕“两弹一星”的国家任务，各有关的化学研究所积极承接了许多相关的科研课题。中国科学院上海有机化学研究所、化学研究所开展了有机氟及氟高分子方面的工作；大连化学物理研究所主持开展了火箭推进剂燃烧及中空纤维反渗透膜等重大研究项目；长春应用化学研究所在低聚物合成、性质和固化，以及火箭液体、固体推进剂等方面取得系列重大成果，并成功在我国“两弹一星”中得到实际应用。中国科学院的化学研究工作在基础研究、国民经济及国防现代化建设中的作用逐渐体现出来。

二、拨乱反正，迎来化学的春天（1966～1997）

1966～1976年的10年“文化大革命”，使我国的科技发展遭受了沉重的打击，科学研究的发展放慢了前进的脚步。中国科学院的化学工作者，利用有限的科研条件，做出了重大科研成果。例如，福建物质结构研究所联合多方面力量坚持开展的生物固氮模型的研究，在短时间内进入世界先进行列；1965年底至1975年，兰州化学物理研究所、长春应用化学研究所研究出“顺丁橡胶工业生产新技术”，成功应用于实际生产，获1985年国家科技进步奖特等奖；围绕国防及信息技术的发展，上海硅酸盐研究所在复合材料的研究中，为我国第一代洲际导弹提供了关键材料和部件等。

1976年“文化大革命”结束，中国科学院开始从重创中恢复。1978年的全国科学大会提出“科学技术是第一生产力”，迎来了“科学的春天”。一方面，中国科学院按照这一时期“侧重基础，侧重提高，为国民经济和国防建设服务”的办院方针，进行学科的调整和布局，在加强原有学科的基础上，及时发现和捕捉新分支交叉学科和新生长点，并迅速安排力量投入研究，尽快缩小与国际先进水平的差距。例如，1978年化学研究所建成了有机固体研究室，成立了一支有机导电体及有机光导体科研队伍，在这一交叉领域做出了大量成果。20世纪80年代末到90年代，化学研究所通过对纳米表征技术的引入和深入研究，在纳米科技领域形成独立的分支学科，实现了中国科学院纳米科学研究领域的从无到有。80年代，大连化学物理研究所、化学研究所开展了化学反应动力学研究，并于90 年代成立了依托于两所的分子反应动力学国家重点实验室。中国科学院的化学科研人员在生物无机化学、金属有机化学、胶体界面化学等交叉研究领域也都开始了大量的研究工作。

另一方面，早期积累的一些科学研究得到继续开展，开始收获成功的果实。中国科学院上海有机化学研究所及化学研究所诱导效应指数和同系线性规律两项研究成果获1982年国家自然科学奖二等奖；上海生物化学研究所、上海有机化学研究所等单位完成的人工合成酵母丙氨酸转移核糖核酸研究获1987年国家自然科学奖一等奖；上海有机化学研究所联合其他力量，1982年完成天然青蒿素的人工合成，这项成果及其后续工作，获1987年国家自然科学奖二等奖等。从建院至1997年，中国科学院化学类研究所以第一完成单位获得国家自然科学奖一等奖2项，二等奖18项。应用研究方面，化学研究所成功开发了丙纶细旦丝，使我国丙纶制造技术跻身世界先进水平，获1989年国家科技进步奖一等奖；福建物质结构研究所制备出BBO和LBO晶体，其中LBO晶体获1991年度国家发明一等奖。从建院至1997年，中国科学院化学类研究所以第一完成单位获得国家科学技术进步奖特等奖1项，国家科技发明奖一等奖3项。

三、知识创新，实现跨越发展（1998～2009）

1998年6月，国家科教领导小组正式批准中国科学院开展知识创新工程，作为建设国家创新体系的试点。知识创新工程的推出顺应时代发展的潮流，使中国科学院的科研工作踏上了新一轮世界科技革命、产业革命的快速轨道，极大地促进了各领域科研工作的飞速发展。对于中国科学院化学科研工作来说，以世界科技前沿及国家战略需求为导向，各研究所及时调整战略定位与研究布局，凝练科学目标。一方面更加重视和深化基础研究，加强原始创新，从根源上提升国家的科技水平；另一方面，面向国家战略需求，有重点地开展国家急需的高新技术创新研究；在化学与化学交叉学科的各领域里，从事基础性、战略性和前瞻性科技创新工作，取得了卓越的成就。

目前，中国科学院包括化学在内的一些主流基础学科的研究已经进入世界前列。化学与生命科学交叉领域，纳米科学技术，新材料研究与应用，化学与环境、能源、健康、社会可持续发展方面的交叉研究等成为化学学科的发展重点。化学研究已经不再仅仅是模仿与追赶，在一些领域，如分子纳米结构与纳米技术、有机光电功能材料、先进功能晶体、有机分子簇集等的研究已经进入世界前沿。例如，中国科学院化学研究所在高分子凝聚态的基本物理问题方面取得了若干国际前沿性研究成果，提出并论证了高分子链的凝聚缠结、动态接触浓度、GOLR态、固化诱发条带织构、分子链浓度和链单元浓度的区分等新概念，开辟了高分子单链凝聚态研究的新领域。该所还在单分子物理化学、分子纳米结构及分子组装与调控等研究方面进行了卓有成效的研究，产生的纳米结构表征技术和分子科学理论在国际科学领域产生了重要影响。上海有机化学研究所选用有机分子簇集和自卷现象作为研究疏水亲脂相互作用的简单和基本模型，提出了溶剂促簇能力、解簇集、静电稳定化簇集体等一系列重要的创新概念。理化技术研究所研究证明了在超分子体系中可以发生光诱导远程分子内电子转移和能量传递，并提出利用超分子体系的微纳米结构为微反应器控制化学反应的方向来提高选择性。大连化学物理研究所在化学反应量子过渡态及共振态动力学研究中，澄清了$H+HD—H_2+D$过程中量子共振现象的机制，发现了$H+D_2—HD+D$双原子分子反应中的量子干涉效应，揭示了量子化反应过渡态对反应截面的影响，使量子态分辨的态动力学研究提高到新的水平。重大原始创新性成果层出不穷。1999～2009年，中国科学院化学类研究所获国家自然科学奖一、二等奖35项，占化学类一、二等奖总数的60%；特别是在国家连续几年空缺国家自然科学奖一等奖之后，2002年中国科学院的一项化学类科研成果即“物理有机化学前沿领域两个重要方面——有机分子簇集和自由基化学的研究”获此殊荣，成为1997年后在化学领域的唯一的国家自然科学奖一等奖，这也充分体现了中国科学院的化学研究在我国化学领域的举足轻重的地位。据中国科学院基础局及国家科学图书馆的统计，1999～2009年，中国科学院发表化学方面的论文32 205篇，发文量和总被引频次世界排名均列第一位，表明中国科学院化学基础研究的产出率呈现良好的发展态势；此外，在科技部科学研究机构论文产出统计中，2006～2009年中国科学院化学研究所在发表SCI论文数、被引数上均排名第一。2000～2009年，中国科学院在《科学》、《自然》上发表论文272篇，其中化学类的为35篇，占13%。此外，由于在分子科学前沿、功能材料领域取得了一批重要成果，2008年国际著名期刊《先进材料》（*Advanced Materials*）为化学研究所出版了专集，这是该学术期刊首次为一个独立科研机构出版学术专刊。在人才队伍建设方面，截至2007年底，中国科学院化学类研究所共有中国科学院院士49人，占化学部院士总数的38%；国家“973”项目首席14人，占化学领域首席总数的38%；共有国家基金委员会化学部创新群体15个，占化学部创新群体总数的46%；共有国家自然科学基金委员会化学学部杰出青年119人，占化学部杰出青年总数的41%。据教育部学位中心“2006年全国学科评估结果”，中国科学院化学研究所在化学学科排名中列全国第一，充分体现了中国科学院化学科学研究在全国的引领作用。

在基础研究取得辉煌成就的同时，中国科学院的化学科研人员面向国家战略需求，用化学知识分析和解决如能源、环境、健康与社会可持续发展等重大问题。例如，化学研究所新型醋酸催化剂相关专利获中国专利局与世界知识产权组织联合颁发的中国专利金奖，并成功将该催化剂应用于工业化生产醋酸，标志着我国醋酸和醋酐工业已进入世界先进国家的行列。在研究微/纳结构导致亲/疏水性可控转换材料的基础上，化学研究所实现了纳米材料的直接打印制版。该技术彻底省去了目前制版技术中必不可少的感光环节，大幅度减少了污染并降低了成本。这一自主创新的绿色制版技术的成功研发，有望使印刷业“告别污染，走向光明”。福建物质结构研究所在系统研究纳米化的异相催化剂的基础上，成功实现了“煤制乙二醇”工业化示范；大连化学物理研究所以甲醇制取低碳烯烃（DMTO）工业化试验技术，与中国神华集团签订了年产60万吨烯烃的DMTO技术许可合同；兰州化学物理研究所研制的固体润滑材料及特种润滑油和润滑脂已被应用于航天、航空和国家安全等领域。诸多贡献，难以枚举，中国科学院的化学研究为国民经济发展和国防建设做出的贡献可见一斑。

回顾中国科学院化学发展60年的光辉历程，数辈化学科研人员，在各个发展时期，面向世界科学前沿和国家战略需求，辛勤耕耘，艰苦创业，献身化学，献身科学，为我国的科技事业和国家建设做出了不可替代的贡献。正是从他们取得的累累硕果中，彰显了中国科学院在国家创新体系中的引领作用和骨干作用。当前，和其他领域的科学工作者一道，化学领域的研究人员正在为产生更多重大科学原创性成果和关键核心技术，不断提高系统科学认知能力和重大系统集成创新能力而努力奋斗。相信下一个60年，定是化学科学大发展的新时代，广大化学科学工作者，以实际行动迎接化学科学发展的新纪元，定将为科学发展和科技进步，为伟大祖国的繁荣昌盛做出更大的贡献！

由于文章篇幅有限，中国科学院化学研究60年的历史难以概述全面，且时间仓促及作者水平有限，文中描述不当之处在所难免，又因来源不一，数据也可能有不准确之处，恳请化学界前辈和各位同仁海涵，并请不吝指正。感谢中国科学院、国家自然科学基金委员会等有关部门领导提供的宝贵资料，中国科学院化学研究所孙姝娜博士为资料整理和文章形成做了大量工作，在此一并感谢。

参考文献

1 中国化学会. 中国化学五十年1932—1982. 北京：科学出版社. 1985

2 赵匡华. 中国化学史 · 近现代卷. 南宁：广西教育出版社.2003

3 白春礼. 中国化学的发展与展望. 大学化学，2000，(2)：1～10

4 詹文龙. 中国科学院基础科学研究六十年. 中国科学院院刊，2009，(3)：217～229

5 熊国祥. 50年来中国化学在基础研究方面取得的重大成就——国家自然科学奖化学类一、二等奖项目综述. 中国科技史料，1999，(4)：294～309

6 中国科学院化学研究所. 中国科学院化学研究所五十年，2006

A Review of Chemical Science Development at CAS

Wan Lijun

In this report, the development and achievement of chemistry in Chinese Academy of Sciences (CAS) is briefly reviewed from 1949 to 2009. During the past sixty years, the chemists at CAS have contributed themselves to chemistry and made great effort on chemistry in both fundamental research and economic application. Several typical examples on the success in CAS are presented, showing the key role of chemistry in natural science and constructing of sustainable society.

8.5 继往开来，再创辉煌

——中国科学院天文学研究60年

严 俊

（中国科学院国家天文台）

中国天文学有着十分悠久的历史，对人类文明曾经做出过重大的贡献。但自欧洲文艺复兴特别是望远镜发明以后，西方天文学逐步完成了日心说战胜地心说的革命。到20世纪中叶，照相术和分光术的成熟，5米光学望远镜的落成，以及射电望远镜的问世，不仅使人类的视野从银河系扩展到更加广阔的河外星系世界，而且对宇宙的认识，也以恒星演化理论和大爆炸宇宙模型建立为标志，产生了又一次革命性飞跃。令人遗憾的是，由于长期封建社会的桎梏，中国基本上脱离了近代天文学这一蓬勃发展的潮流，直到20世纪30年代，60厘米望远镜落户南京紫金山，中国才有了第一个近代意义的天文台。

一、山穷水复，柳暗花明（1949～1978）

1949年中华人民共和国成立，开启了天文学在中国恢复发展的新时期。在中国科学院领导下，紫金山天文台在迅速发展自己的同时，抽调骨干力量，陆续接收或组建了青岛观象台、佘山观象台、徐家汇观象台、天津纬度站、北京天文台筹备处等一批机构，发挥了“中国现代天文摇篮”的作用。根据1956年制定的《1956—1967年科学技术发展远景规划》(以及后来的《1962—1972年全国科学技术发展规划纲要》），中国科学院发展天文学的目标，一是针对国家需求，发展编历及相关计算方法的研究，授时及由之发展的地球自转和纬度变化研究，与子午天文、基本星表、天文常数有关的天体测量研究，太阳服务和由之发展的太阳活动监测及其物理现象研究，等等。另一个目标是针对当代天文学主流的天体物理学做出安排，包括从1958年开始陆续在多个单位启动射电天文研究，在北京地区和西南地区开展选址，建立以天体物理为主的观测基地。这些决策是1958年建立北京天文台，1962年合并佘山观象台和徐家汇观象台建立上海天文台，1964年建立南京天文仪器厂，1966年建立陕西天文台，以及1975年建立云南天文台，1978年在中国科学技术大学成立天体物理研究室的出发点。加上1957年以后为人造卫星观测研究建立的广州、长春、乌鲁木齐等一批人造卫星观测站，形成了一个布局基本合理的全国天文观测研究网络。

到20世纪60年代，我国已经全面摆脱了长期对“洋历”的依赖，自行编算出版《中国天文年历》及有关历书；世界时测定的准确度达到并保持了国际先进水平；小行星、变星和密近双星的光电测光初战告捷；光学、磁场和射电等多种太阳观测资料也积累了起来。“文化大革命”期间，少数联系特定“任务”的工作（如长波授时、人卫观测、古天文调研等）得以幸存，而大多数天文工作（如2.16米望远镜的研制）则受到干扰甚至陷于停顿。由于同一时期国际天文学在观测技术（如综合孔径射电望远镜、甚长基线干涉仪（VLBI）、轨道天文台、X射线卫星等）和重大科学发现（如宇宙微波背景、脉冲星、类星体、星际分子）方面又有了迅猛的发展，“文化大革命”结束时，中国天文学与世界的差距拉得更大了。

二、改革开放，接轨国际（1979～1998）

从1979年开始，中国天文学随国家的改革开放进入与国际接轨的发展时期。1977年制定的《1978—1985年天文学科发展规划》采取了从基础做起的决策，聚焦于设备和人员两个方面。在设备方面：要求在如期完成原已进行的各种太阳、人造卫星、时间、纬度等小型观测设备的同时，着手研制以2.16米光学望远镜为代表，能够进入国际前沿课题的“最低可及”设备，包括米波综合孔径望远镜、1.56米天体测量望远镜、用于甚长基线干涉的两台口径25米射电望远镜和13.7米口径毫米波射电望远镜等。在人才方面，有计划地分批派遣天文学各分支学术骨干到欧洲、美国、澳大利亚进修或合作研究一两年，使他们的专业研究逐步与国际接轨。1985年成立的中国科学院天文委员会，在12年中作为一个咨询和协调机构，对全院范围内天文学科的整体布局，配合各单位的改革调整，协助建立和支持光学和射电天文两个联合开放实验室，集中管理具有全国意义的重要观测设备，并统筹大型观测设备的建设和完善，支持各分支学科研究的均衡发展等方面发挥了积极作用。

从20世纪80年代中叶到90年代初，中国自行研制的一些小型天文设备，由于在技术、方法上有所创新而具备了国际竞争力。小一些的如Ⅱ型光电等高仪，大一些的如太阳磁场（后发展为多通道）望远镜，在各自领域中由于实现了“点上的突破”而取得为世界同行瞩目的成果。经技术改造的兴隆60/90厘米施密特望远镜，成为中美合作大视场中波段多色CCD测光巡天项目的主力设备；2.16米光学望远镜的落成，使我国天文学家有了观测超新星及河外天体光谱演变及恒星高分辨光谱的能力；1.26米红外望远镜的建立为我国红外天文播下第一颗种子，上海和乌鲁木齐25米天线的联网增强了我国在国际VLBI网中的地位，13.7米毫米波射电望远镜在德令哈建成使我国天文学家得以首次窥视掩埋在尘埃深处的恒星形成区；密云米波综合孔径望远镜的运行编制出我国第一个高分辨米波射电源表。这些进步显示我国开始了融入国际天文学发展主流的征程。

三、锐意创新，急起直追（1998～2009）

在世纪之交，中国科学院知识创新工程启动，院属天文机构被列入首批启动的创新基地之一。原北京天文台、云南天文台、南京天文光学技术研究所、乌鲁木齐天文站、长春人造卫星观测站合并为中国科学院国家天文台，陕西天文台更名为中国科学院国家授时中心。紫金山天文台、上海天文台由于历史悠久，承担着国家重大科技项目，并在国际上已有较大影响，继续保留院直属单位，其主要学科方向、大型设备的运行和观测基地的建设受国家天文台宏观协调和指导。中国科学院天文创新基地的布局由此初步完成。

该基地面向国家战略需求和世界科学前沿，从事天文观测和理论以及天文高技术基础研究。主要领域是：宇宙大尺度结构、星系形成和演化、天体高能和激发过程、恒星形成和演化、太阳磁活动和日地空间环境、天文地球动力学、太阳系天体和人造天体动力学、空间天文观测手段和空间探测、天文新技术和新方法。重点支持五大观测基地，即河北兴隆站（2.16米望远镜）、北京怀柔站（多通道太阳磁场望远镜）、乌鲁木齐南山站和上海佘山站（两台25米口径射电望远镜）、青海德令哈站（13.7米毫米波射电望远镜）以及南方天文观测基地（云南高美古2.4米光学望远镜和抚仙湖1米近红外太阳塔）；此外，还建设发展了密云站50米射电望远镜、长春净月潭站60厘米卫星激光测距望远镜以及阿根廷圣胡安激光测距观测站等。在技术发展方面设立了空间天文技术（北京、南京）、天文光学及红外探测器（北京）、毫米波和亚毫米波（南京）、大射电望远镜（FAST）技术（北京）、大天区面积多目标光纤光谱天文望远镜（LAMOST）工程技术（北京）、甚长基线干涉测量（VLBI）技术实验室（上海）、南京天文光学新技术实验室（南京），负责运行公共实验室，并进行相关天文高技术的研究、发展和技术储备，为天文学发展服务并承担国家战略需求任务和课题。国家天文台作为我国绕月探测工程地面应用系统的承担单位，将发展为我国月球以至未来行星科学的研究基地。

在天文观测技术和装置建设方面，近10年来，在原有基础上有了重大发展，尤以集多项技术创新为大成的LAMOST最为突出，它的建成，使我国成为少数几个掌握了现代大型天文望远镜建造技术的国家之一。国家大科学工程建设项目——LAMOST，是一台应用了拼接镜面和主动光学等国际先进技术、可同时获得4000个天体的光谱的4米级中星仪式反射施密特望远镜，经过10年努力于2009年在兴隆站建成，将成为世界上获取天体光谱效率最高的设备。目前已在贵州开工建造的另一个国家大科学工程，有多项技术创新的500米球冠状主动反射面望远镜落成后，将成为世界最大单口径射电望远镜。中国第一颗空间天文卫星——硬X射线调制望远镜卫星（HXMT）已被正式列入中国《“十一五”空间科学发展规划》，发射升空后，它将实现最高灵敏度和最佳空间分辨率的硬X射线巡天。第二颗空间天文卫星——用来探测太阳磁场变化和太阳风暴的1米太阳空间望远镜也在精心准备之中。利用商业通信卫星实现转发式卫星导航定位的CAPS系统，作为中国二代导航系统的一部分，已列入《国家中长期科学和技术发展规划纲要》。这些发展对于提升我国在天文学科领域的自主创新能力有重要的意义。与此同时，在望远镜、焦面仪器和探测器技术方面也有长足进步，如我国自主的30米级光学红外望远镜设计、光谱仪研制、CCD探测器以及自适应光学实验，射电望远镜后段设备，多谱线频谱仪、脉冲星接收机、太赫兹接收设备等均有重要建树。一方面使得现有中小型望远镜的性能指标大为提高，得以运行在国际水平，促进了它们的科学产出；另一方面为下一步的发展奠定了基础，做好了准备。

在科学前沿课题的研究方面，中国科学院天文单位主持了6项国家重点基础研究发展计划（“973”）：“21世纪重大天体物理问题：星系形成与演化”、“太阳剧烈活动与空间灾害天气”、“基于通信卫星的卫星导航系统的基础研究和理论探索”、“宇宙第一缕曙光探测阵（21CMA）”等项目，以及国防科工委“空间碎片监测预警工程一期”项目，取得了可喜成果。在宇宙物质分布、暗物质粒子性质、星系形成与演化的数值模拟、银河系磁场的测量、银河系化学演化、恒星结构和演化以及太阳磁场的结构和演化研究等前沿领域做出了具有国际影响的工作，特别是在暗物质和宇宙大尺度结构领域的一系列工作，如2008年发现宇宙电子谱在高能段超过理论预计，可能成为人类第一次发现暗物质粒子湮灭的证据；利用数值模拟和观测统计方法揭示星系和宇宙大尺度结构的形成和演化特性以及描述暗物质晕的物质分布和演化规律的研究工作获得很高的科学论文引用率；利用引力透镜效应并结合高能X射线等观测资料研究暗物质在宇宙中的分布，揭示了宇宙中最大的引力束缚体星系团内部的物质层次和结构；圆满地完成“嫦娥一号”卫星的VLBI精密测控、探测数据的接收和处理任务，获得我国第一幅月面图像及全世界最清晰的全月球三维数字地形图等。这些大多产生在近10年的工作使我国现代天文学研究的国际影响达到了前所未有的高度。

中国科学院天文学科的发展与南京大学、北京师范大学、北京大学、中国科学技术大学等高校天文单位多年的支持与合作密不可分，近年来通过组织联合研究中心，这种合作更有了新的活力。中国科学院天文单位与国外天文机构的交流与合作与日俱增，“马普伙伴小组”、“中法联合实验室”等都取得互利的效果；还通过办杂志（如《中国国家天文》），办天文夏令营、“动手学天文”、纪念望远镜发明400年等活动，广泛利用报纸、电视、网络等传媒做科普工作，扩大天文学在公众和青少年中的影响，为我国天文学的可持续发展准备后劲。

尽管60年来中国天文学的发展超过了过去数百年，但要赶上国际天文学汹涌澎湃的潮流仍然是一个十分艰难的任务。中国天文学家通过调研和思考得出的初步共识是：利用南极独具的优越条件开展天文研究，逐步在昆仑站建设南极天文台，这将极大地提高我国天文观测的水平，还可吸引国际天文学界参与，形成以中国主导的国际天文中心，具有重要的国家战略意义；积极参与地面30米光学/红外望远镜国际合作，在地面光学/红外观测能力方面实现跨越式发展，改变目前我国没有10米级望远镜和红外探测能力的落后状况；有步骤地发展空间天文技术，实现我国天文卫星零的突破，使我国天文学家能够获得宇宙的全波段信息，为我国天文学事业开辟新的、更为广阔的发展前景。

参 考 文 献

1 王绶琯. 20世纪中国天文学. 载：20世纪中国学术大典·天文学·空间科学. 福州：福建教育出版社，2002

2 艾国祥. 世纪之交的中国天文学. 载：路甬祥主编. 中国科学进展，北京：科学出版社，2003. 184～193

3 詹文龙. 中国科学院基础研究60年. 中国科学院院刊，2009，(3)：217～229

Astronomical Research at CAS

Yan Jun

The past 60 years since the establishment of the Chinese Academy of Sciences (CAS) have witnessed great advances in astronomical studies at CAS, especially in the last decade since Knowledge Innovation Program was initiated. The observatories and institutes of CAS have made significant progresses in constructing and operating major national facilities, conducting cutting-edge astronomical research, and developing astronomy-oriented state-of-the-art technology. Representative examples and outlook are showcased in this report.

8.6 创新发展，开创生命科学研究新局面

——纪念中国科学院建院60周年

李家洋

伴随着共和国的诞生和成长，2009年中国科学院迎来了60周年华诞。我院广大生命科学领域的工作者，在60年的科学研究实践中经历了学科创建时期的艰辛、“文化大革命”徘徊时期的坎坷、改革开放时期的振兴与知识创新时期的跨越。经过几代人的不懈努力与求索，发扬“大胆创新，严谨求实”的精神，组建了涵盖生命科学领域大部分学科的研究机构，建立了大科学装置、重点实验室、生物资源保护体系和生物信息情报中心等系统科学研究技术支撑平台，优化了研究队伍的结构，为完善传统生物学理论和发展现代生物学理论做出了突出贡献。特别是1998年开展知识创新工程试点和提出“面向国家战略需求，面向世界科技前沿”的新时期办院方针以来，我院生命科学研究紧密围绕21世纪我国国家创新体系建设、新时期中国科学院的战略选择和国家战略需求，在人口健康和新药创制、战略生物资源保存与可持续利用、现代生态农业和工业生物技术等领域，取得了累累硕果，大幅度增强了创新意识，显著提高了创新能力。

在人类历史进入到新世纪的今天，在充分享受科技发展带给人们方便生活的同时，环境恶化、能源短缺、耕地锐减、金融危机、社会老龄化加速等重大经济社会问题又给人类社会带来前所未有的压力，人类社会的发展陷入必须在农业革命、工业革命、信息革命之后寻求新的核心技术突破的复杂局面。以生命科学与生物技术为核心的生物经济革命正在来临，它必将为应对世界范围内日益尖锐的社会、环境乃至金融、经济危机提供新的途径。这是生命科学工作者必须面对的挑战，也是生命科学发展的重大机遇，是历史赋予的光荣使命。我们必须坚定信念，贯彻落实科学发展观，深入开展战略谋划，积极应对，努力实践，开创我院生命科学研究的新局面。

一、60年来我院生命科学发展历程

伴随着新中国的诞生，中国科学院于1949年11月1日正式成立，中国的科学事业发展由此进入了新纪元。生命科学作为基础学科在过去的60年中经历了共和国和我院历史的各个阶段，取得了历史性的突破与发展。

1. 创建时期（1949～1956）

1949～1956年是中国科学院各学科的创建时期，生命科学经历了发展的最初阶段：中国科学院在上海与北京等地正式成立了第一批生物学研究机构，包括中国科学院上海生理生化研究所、上海实验生物学研究所、昆虫研究室（后扩充为昆虫研究所）、上海水生生物学研究所（后迁址武汉）、北京植物分类研究所、动物标本整理委员会（后扩建为动物研究所）等。至1955年底，中国科学院已拥有15个独立的生物学研究机构，标志着中国的生物学研究进入了新的历史阶段，为新中国生物学研究的体系化建设奠定了基础。

2. 发展时期（1956～1966）

1956～1966年是中国科学院发展的第一个时期。在《1956—1967年科学技术发展远景规划》中有关生物学研究机构的布局得到了充分的重视，基本上建成了学科门类比较齐全，地区布局基本合理的研究体系。到1966年“文化大革命”前夕，我院拥有33个生物学研究所，为重要科技成果的取得奠定了基础。1965年，上海生物化学研究所、有机化学研究所与北京大学化学系多位科学家，在王应睐先生领导下经过六年半努力合作，在世界上第一次用人工方法合成了具有生物活性的蛋白质——牛胰岛素，标志着我国在多肽和蛋白质合成领域进入了世界先进行列。

3.“文化大革命”时期（1966～1976）

“文化大革命”10年动乱中，我院生命科学研究受到极大挫折，一批研究机构被撤销或下放。在艰苦条件下，我院生命科学领域的科技工作者始终坚持科学研究的职责和道德操守，在极度困难的情况下维持了部分科研工作。1974年，由上海有机化学研究所、上海药物研究所研制的青蒿乙素、类青蒿素及青蒿素衍生物被世界卫生组织列为治疗凶险型疟疾的首选药，后于1995年被列入世界药典。在此期间，上海生物化学研究所成功进行了对花粉管通道转基因的理论和技术研究，为实现分子定向育种开辟了新途径；遗传与发育生物学研究所、植物研究所和上海植物生理研究所等研究所在花药、花粉与原生质体培养和植株再生等领域取得了一批领先于当时世界水平的科技成果，为推动和发展我国的植物组织培养和生物工程研究奠定了基础。

4. 恢复与振兴时期(1977～1984)

1978年全国科学大会隆重举行，中国科学院生命科学领域也迎来了科学研究的春天，及时调整和恢复了正常的科研体系。随着办院方针的连续调整，我院生命科学研究以“大力加强应用研究，积极而有选择地参加发展工作，继续重视基础研究”为主线展开。1979年陈世骧先生发表了“生物的界级分类”，对生物进化理论做出了突出贡献；1979年，《中国高等植物图鉴》和《中国高等植物科属检索表》的出版，填补了我国系统介绍植物资源的空白。

5. 改革发展时期（1984～1998）

随着改革开放不断深化，我院进入了科技体制改革的转型期，生命科学研究不断探索新的发展模式，不断拓展新的前沿领域，竭力培育新的年轻人才，赋予生命科学研究新的活力。1985年，我院生命科学领域建立生物物理研究所分子酶学等首批17个院开放实验室，得到院重点稳定支持。上海生物化学研究所的分子生物学实验室于1986年通过验收，成为我国第一个国家重点实验室。1994年，我院实施“百人计划”引进人才，有力地推动了科技人员的结构调整。这一时期，生命科学在微观和宏观研究领域的学科调整，新的前沿研究课题的拓展取得了明显的效果，1987年，“丙氨酸转移核糖核酸的人工全合成”等三项成果获得国家第二届自然科学奖一等奖。与此同时，围绕国家粮食生产需求，1986年我院承担了黄淮海平原中低产地区综合治理开发任务，为该地区农业可持续发展做出重大贡献。

6. 知识创新时期（1999至今）

1999年至今是中国科学院学科建设进入快速发展期的10年，在新时期办院方针指引下，我院生命科学领域调整科技布局，夯实发展基础，以机制体制创新为保障，以优化区域性布局、凝练和突出学科重点为切入点，形成了北京、上海、中南、西部的区域性学科发展布局，构建了人口健康与医药、农业生态、战略生物资源、先进工业生物技术等主要研究方向。其中最有代表性的是，1999年中国科学院上海生命科学研究院在整合沪区生命科学领域八大研究机构的基础上正式成立，成为我院生命科学领域整合一批研究所，组建若干具有多学科综合优势的大型研究机构理念的重要体系。同时，以文献信息支撑体系、大科学装置、国家重点实验室、国家植物园创新体系及战略生物资源技术支撑体系为主要内容的平台建设成果显著。科技创新人才培养与引进力度进一步加强，至2008年底，我院生命科学与生物技术领域拥有两院院士68人；“国家杰出青年科学基金”获得者119人；“创新团队”13 个，形成了以45岁以下中青年为主要创新力量、学科布局全面、人才素质精良、人员结构合理的创新人才梯队。

二、知识创新工程以来我院生命科学领域的主要进展

自1998年实施“知识创新工程”以来，我院在生命科学领域锐意进取，取得了一系列重要成果。

1999～2008年，我院生命科学与生物技术领域共获48项国家科技奖励，其中国家最高科学技术奖2人，国家自然科学奖二等奖26项，国家技术发明奖2项，国家科技进步奖二等奖18项。10年来，我院生命科学领域研究人员在《科学引文索引》（science citation index，SCI）所收录的期刊中共发表论文15 275篇，占全国生命科学领域SCI发文量的16.7%；其中，在《自然》上发表50篇，在《科学》上发表34篇，在《细胞》上发表11篇，分别占我国发文量的44.6%、27.6%和28.9%。与此同时，我院在人口健康与医药、现代农业科学、工业生物技术和战略生物资源四大领域开展了深入研究，取得了一系列优异科技成果，一批关系国家民生问题的重要研究投入应用阶段。

1. 人口健康与医药领域

在人类基因组研究领域，参加“国际人类基因组研究计划”，相继完成1%人类基因组测序和10%人类基因组单体型图的构建任务，使我国基因组科学研究跻身于世界先进行列；在蛋白质科学领域，解析了如线粒体膜蛋白复合物II等重要生物大分子的晶体结构，标志着我国科学家在结构生物学这一前沿领域占有一席之地；神经科学研究中持续取得一系列有国际影响力的一流成果，如神经元迁移导向信号传递新机制的发现等，为发育性神经系统疾病的防治、中枢神经发育和损伤后修复等提供了重要的理论基础；认知科学获得了原创性研究成果，提出和全面系统地发展了“大范围首先”的拓扑性质知觉理论；干细胞研究在证明iPS细胞的发育全能性和维生素C促进成体细胞重编程等方面取得突破性进展；由我院研发并在市场上销售的药物有120种，其中产生了一批有重要影响的新药，如我国首个氟喹诺酮类创新药物“盐酸安妥沙星”等；另外，我院充分发挥长期研究的积累和人才优势，在SARS的防控、诊断、治疗和“5·12”汶川大地震后的心理援助等方面，为应对国家重大突发事件，保障社会稳定做出了重要贡献。

2. 现代农业科学领域

水稻基因组与功能基因研究处于国际先进水平，先后完成了水稻（籼稻）基因组工作框架图和水稻（粳稻）“日本晴4号”染色体全长序列的精确测序；在重要农作物功能基因研究方面，先后克隆了分蘖控制基因*Moc1*等一大批具有自主知识产权的水稻重要农艺性状功能基因，并深入阐明了相关的生物学功能和作用机制；在植物新品种培育方面，小麦育种研究取得了重要突破，用长穗偃麦与小麦进行杂交培育出“小偃”系列高产、抗病、优质小麦品种，其中仅“小偃6号”就累计推广达1.5亿亩，增产80亿斤；此外，猕猴桃与葡萄的新品种培育及产业化也获得成功，猕猴桃新品种“金桃”于2001年首次实现我国自主产权果树新品种全球范围专利转让，而“京秀”、“北玫”等20多个抗寒、抗病酿酒葡萄新品种已经推广70多万亩，年创效益40亿元；在生物农药方面，已成功研发昆虫病毒类4种原药和9种农药产品，8个产品获得农药登记证和市场准入，具有年产病毒原药5吨，制剂200吨，使用面积3000万亩次的能力。

3. 工业生物技术领域

我院在工业生物技术领域的布局涉及生物能源、生物材料、生物基产品和酶制剂等领域，在生物炼制、代谢工程、生物催化与生物转化等关键技术上获得了重要进展，目前已有多项研究成果通过鉴定，如“生物转化法生产木糖醇新工艺”、“生物质资源的汽爆机梳分级新技术”和“生物柴油生产关键技术及创新材料的研究”等；在生物基产品领域，生物转化法生产木糖醇新工艺取得进展，与山东威龙工业集团有限责任公司合作进行工业性试验，生产出纯度99%以上的木糖醇，新菌种的获得和新工艺的建立使生物法可望取代化学法成为今后木糖醇生产的主要方法；生物技术成果的产业化顺利推进，多拉菌素的规模化生产技术打破了跨国企业的长期垄断；生物发酵法生产长链二元酸项目一期工程已经投产，形成了1万吨的年生产能力，项目全部完工后将成为世界上产量规模最大、技术最先进的长链二元酸生产和研发基地。

4. 战略生物资源领域

生物多样性资源保护与开发利用成绩斐然。至2008年底，作为国家重大科学工程项目的中国西南野生生物种质资源库，共采集整理野生植物种子约150科4000余种22 000余份。“三志编研”取得重要进展，《中国植物志》是一部全面总结中国维管束植物系统分类的巨著，共计80卷126分册，是目前世界上篇幅最大的植物志，已于2004年10月全部出版完成；《中国动物志》截至目前共出版125卷；《中国孢子植物志》截至目前共出版66卷册；此外，气候变化生物学效应研究也取得了一系列重要进展。

三、生命科学发展面临的挑战与战略性思考

（1）随着社会的进步与发展，人类创造了辉煌的现代文明，但同时也面临着越来越严峻的挑战。就生命科学的范畴而言，这些挑战主要表现在随着老年化社会的来临以及人们生活方式的转变，老年疾病、慢性疾病、新生疾病与传染性疾病对人类健康威胁日益严重；随着城镇化快速推进，耕地面积减少和粮食需求的不断增长带来巨大的粮食安全问题；由于能源短缺，迫切需要开发利用新型清洁和可再生能源；人类活动带来的全球气候环境变化对自然生态和社会、经济系统产生巨大的压力等。为了应对上述挑战，迫切需要生命科学和生物技术在医药、农业、能源和环境等方面，取得更大的进展与突破，解决影响人类生存与发展的重大问题。

（2）随着科学不断的进步，生命科学显现出新的时代特征。第一，由20世纪50年代开始的分子生物学时代步入了后基因组时代。科学家更多地应用基因组、蛋白质

组、代谢组和生物信息学的概念和手段，揭示生命复杂体系的活动规律。第二，生命科学越来越依赖于多学科交叉、渗透和相互促进。当今生命科学难题的突破不仅需要生命科学各分支学科的紧密交叉与整合，而且也迫切需要数学、物理学、化学、信息科学等多学科的交叉。第三，生命科学研究的伦理道德问题日显重要。近年来，干细胞技术、动物克隆技术和转基因技术以及合成生物学等快速发展，面对生命科学这些重大突破对社会伦理道德的冲击，我们应从国家安全、社会和谐和生态安全方面，密切关注，谨慎应对。

（3）深入了解当今生命科学领域发展的大趋势，分析思考我国经济建设和科学发展对生命科学创新提出的新要求，审时度势，应对挑战。在知识创新工程形成的良好发展态势和雄厚科技基础上，努力寻求生命科学与生物技术领域的新突破，加快重大科研成果产出，为经济社会发展和科技进步做出更多的贡献，这是我们当前和今后一段时期的工作目标。为此，应努力做好以下几方面工作：面向未来，加强战略研究与规划；优化科技布局，加强科研基地建设；建设一支高素质、高水平的科研队伍；探索实践新型科研活动组织模式，促进学科联合与技术集成；完善公共科研平台，加快技术支撑体系建设，全面提升科研实力；推进与地方合作的深度与广度，全面实施生物产业科技创新联盟。

回顾中国科学院生命科学60年来的发展历程，特别是近12年知识创新工程的实施，我们在生命科学前沿、重大应用领域研究、人才队伍、科技体制改革以及在基础建设方面取得了令人瞩目的成就。展望未来，我们将充满信心与希望，再接再厉，为国家经济社会发展和生命科学进步做出重大的贡献，无愧于时代的殷殷期盼，无愧于中华民族的伟大复兴。

Life Science: Innovation and Prosperity —Commemorating the 60th Anniversary of CAS

Li Jiayang

This article includes three parts: (1) History of CAS life sciences in the past six decades, summarizing six developmental phases involving establishment, development, the Cultural Revolution, rehabilitation and revitalization, reform and development, and the Knowledge Innovation Program. (2) Major progress in CAS life sciences since the implementation of the Knowledge Innovation Program, in the fields of health and medicine, modern agriculture, industrial biotechnology, and strategic biological resources. (3) Challenges and strategic thinking of life science.

8.7　中国科学院资源环境领域60年科研进展概述与展望

丁仲礼　范蔚茗
（中国科学院）

资源环境科学与技术，是实现人类经济社会可持续发展的重要基础，是现代科学技术的重要组成部分，研究涉及地质学、地球物理学、大地测量学、地球化学、大气科学、海洋科学、地理学、环境科学、资源科学、空间科学、生态学等学科领域。

中国科学院始终把资源环境领域的综合研究置于科技体系整体发展的战略地位。建院60年来，我院资源环境领域的广大科技人员为国家经济社会建设、国防建设和资源环境科学与技术的发展做出了重要贡献，在基础理论创新，新学科、新领域的开拓，新技术、新方法的应用，人才队伍的建设与培养，科技平台建设等方面，始终发挥着骨干与引领作用。特别是知识创新工程实施以来，我院资源环境领域通过持续开展战略研究，不断深化创新基地建设，建议与承担国家重大科技任务，加强人才队伍建设，加强科技支撑体系建设，促进重大成果产出，综合实力与整体竞争能力显著提高。

一、中国科学院资源环境领域的主要进展与突出贡献

（一）固体地球科学

1. 古生物及地层学研究

我院科学家在“寒武纪大爆发”和翁安生物群研究为代表的早期生命起源、演化研究中，取得了系列研究成果，再现了5.3亿年前海洋动物世界的真实面貌，极大地丰富了人类对早期生命演化历史的知识，使人类对早期生命起源的研究向前迈进了一大步。通过热河生物群的系统研究，在早期鸟类、早期哺乳类、恐龙、翼龙、两栖类和鱼类等类群的研究中取得了一系列重要发现。在全球地层界线层型剖面和点位（“金钉子”）研究中，建立了我国完整的地层系统。迄今为止，在我国境内相继建立的9颗“阶”和“系”级别的“金钉子”中，7颗为我院完成。

2. 大陆动力学和地球深部过程研究

近20多年来，随着探测技术手段的进步，我院的大陆动力学和地球深部过程研究得到了快速发展。例如，在超高压变质带和大陆深俯冲作用研究中，通过对大别-苏鲁造山带的系统研究，论证了大陆地壳物质能够俯冲到大于200千米的深度，论证了大规模的大陆地壳整体深俯冲和快速折返，发现了超高压变质岩存在的显著的氧、氢和碳同位素异常和不平衡。在岩石磁学与古地磁场研究领域，开拓了新的实验技术和方法，对岩石剩磁机制进行了深入的研究，为沉积盆地定年提供了突破点；发展了地磁极性转换场形态学理论，并将古地磁学研究范畴拓展到认识地球深部动力学过程。

3. 青藏高原隆升及其对东亚环境的影响研究

我院从20世纪60年代初开始，在刘东生、施雅风、孙鸿烈等老一辈科学家带领下进行青藏高原科学考察，在青藏高原－喜马拉雅隆升的时代和幅度、高原隆升对亚洲季风－内陆干旱环境形成演化的影响、黄土高原形成演化与青藏高原隆升的关系、青藏高原与全球变化等领域取得具有重大国际影响的成果。

4. 油气资源研究

早在20世纪中叶，我院老一辈地质学家在摘掉中国“贫油国”的帽子、发现大庆油田的工作中做出过重要贡献。1960年以后，我院油气研究队伍在对西北地区陆相盆地详细研究的基础上提出“陆相潮湿坳陷成油理论”，为在中国陆相地层中找油提供了理论依据。改革开放以来，我院科学家力主油气资源二次创业，针对前新生代油气资源及火山岩油气藏勘探，形成了一套针对复杂地质体油气资源勘探的理论、方法和实用技术，在发现大庆大气田、富台油田的研究工作中发挥了重要作用；为普光大气田、通南巴大气田等大型海相层系油气田的发现提供了理论指导。

5. 矿产资源研究

建院60年来，在以涂光炽等为代表的老一辈矿床学家的率领下，我院在国家紧缺的战略矿产资源、稀有金属、稀土、贵金属矿产资源研究和勘查中做出了重要贡献。我院率先开展中国层控矿床的系统研究，提出层控矿床成因分类，深入研究了矿床的物质来源、介质条件、热液运移机制、矿床定位因素、地球化学特征与规律、成矿作用与矿物和元素共生组合，论证了矿床多成因、多来源、多阶段的观点，突破传统成矿理论，形成一套层控矿床成矿理论。率先开展了分散元素矿床和低温矿床成矿作用研究，确立了分散元素可以形成独立矿床的理论体系，提出了分散元素矿床的分类、成矿专属性和找矿方向。

（二）地理科学

我院先后组织了数十个综合科学考察队和专题科考组赴黑龙江流域、青藏高原、黄土高原、南方山区等地进行综合科学考察和专题科学考察；系统开展了中国自然地理环境分异规律的研究，基本揭示了中国自然条件的宏观和中观地域差异；对大气水—地表水—土壤水—地下水转化过程、土地利用/土地覆被变化过程、冰冻圈过程等地理过程开展了综合性、系统性的研究；组织开展了中国土地与水资源现状与承载能力的综合性研究；建立了以“点轴系统和地域功能”为核心的中国地域空间开发理论体系，形成了地域空间开发状态评价、过程诊断、前景规划的现代经济地理学技术方法，完成了包括《京津冀都市圈区域规划》、《长江三角洲地区区域规划》、《东北地区振兴规划》、《国家汶川地震灾后重建规划》中“资源环境承载能力评价”专项规划在内的多个重点规划；组织了腾冲航空遥感试验、京津渤环境遥感试验和二滩水能开发遥感试验等我国著名的遥感“三大战役”，在高光谱遥感、微波遥感、红外遥感、激光雷达测高等领域取得了多项原创性理论进展和技术创新，引领了我国遥感科技的发展。

（三）大气科学

1950年，我院与军委气象局合作组建了联合天气分析预报中心和联合资料室，并开展了气象业务和研究工作。开创和发展了天气预报方面的相关研究，奠定了中国天气预报的认识基础，并进一步对气候数值模式，气候系统圈层相互作用，大气化学过程、机制与模拟及大气环境等方面进行深入研究，取得了一系列具有国际影响力的研究成果，为我国政府编制提交联合国的农田温室气体排放清单提供了科学依据，其中部分研究成果被国内外研究机构广泛长期采用。

（四）海洋科学

在海洋生物资源研究方面，自20世纪50年代开始，我院先后开展了紫菜、海带、中国对虾、南美白对虾等海洋生物养殖研究，创新养殖模式，培育和引进海洋生物新品种，实现了工厂化育苗和规模化养殖，发明了海洋生物资源精深加工和高值化利用的若干新技术。

在物理海洋研究与海洋地质研究方面，我院科学家首次提出了浅海跃层的研究方法和太平洋海洋环流指数，开创和发展了我国海洋沉积学研究，建立了中国大陆架的沉积模式，编绘了第一幅较完整的中国海陆架沉积类型分布图。同时积极参与并主持一系列国际合作研究计划，取得具有国际影响力的学术成就。

在海洋观测与调查能力建设上，结合科考船开放航次断面观测和雷达、卫星遥感观测逐步形成了点、线、面相结合的近海海洋观测研究网络，具备了近海调查、观测与专项研究于一体的综合能力。

（五）生态与区域农业

组织全国力量，开展了中国土壤的系统研究，对事关农业发展、水土流失的关键性问题进行深入研究。积极进行生态恢复、区域农业技术研究与示范，取得了明显的生态与社会效益。组织开创的中国综合农业区划研究，对我国农业生产发展条件、特点、水平、潜力及地域差异进行了综合分析，对商品粮基地建设和山区综合开发进行总体规划，为国家农业发展做出了重要贡献。

建立了中国生态系统研究网络（CERN），提升了生态系统定位和综合观测研究水平。基于CERN，中国农田生态系统养分平衡和循环的联网实验研究、中国陆地生态系统通量观测研究网络、中国陆地生态系统样带综合观测和实验研究等专项平台的建立为揭示生态、环境、全球变化等领域的综合性重大科学问题发挥了不可替代的重要作用。

（六）环境科学与技术

面向国家环境状况等治理问题，针对持久性有机污染（POPs），水污染控制技术、土壤污染控制技术、大气污染监控与控制技术以及铬盐清洁生产技术等方面的关键课题攻坚克难，建立了相应的示范应用工程，其中大气监控技术与铬盐清洁生产技术已满足产业化要求。相关研究取得了丰硕的成果，为我国履行《斯德哥尔摩公约》、安全保障奥运环境提供了重要科技支撑。

开展了长江水系水环境背景值研究，针对京津渤、珠江三角洲等重点区域开展了多学科、多层次、多手段的区域环境质量、污染规律和污染防治研究，综合分析了区域环境质量状况、污染过程、控制因素以及净化功能等，为区域环境保护与经济开发提供了科学依据。

（七）全球变化研究

中国是最早参与全球变化研究计划的发起国之一，我院科学家于20世纪80年代以来提出了一系列影响全球变化研究方向的重大科学问题，推动了全球变化科学的发展，丰富了全球变化的研究内容。例如，在计划的酝酿阶段，我院科学家提出了“全球变化要以气候变化研究为核心”；1988年与英国科学家同时提出了“土地利用是另一类重大的全球变化问题”；90年代，又提出“有序人类活动”；21世纪初，提出了“亚洲季风系统”问题，引起了“地球系统科学伙伴计划”的关注，并发展成为其重要的区域合作研究项目——季风亚洲集成研究等。

经过长期的研究积累，我院在若干领域取得了一批国际一流科研成果。例如，在过去全球气候变化方面，建立了可与深海（大西洋607孔）氧同位素变化相媲美的黄土-古土壤沉积及其粒度与磁化率序列，证实2.4MaBP（240万年前）以来的气候变化在万年尺度上存在明显冷干—暖湿旋回；通过石笋资料揭示了东亚季风千年尺度冷暖循环变化特征；利用史料重建了过去2000年中国东部地区温度变化高分辨率序列，揭示中国20世纪并非过去2000年中最暖世纪。在青藏高原和西北地区，通过冰芯、树轮和湖泊沉积等自然证据重建了若干具有国际影响的长尺度、高分辨率气候变化序列；全球变化模式（全球和区域）模拟方面，发展了多种全球和区域气候模型，参加了国际气候模式的比较研究，开展了气候变化过程、机制与预测研究，进行了气候变化的模拟与预测试验；全球碳循环方面，建成了中国碳通量观测网络，发展了多类生态系统碳循环模型，开展了碳循环的驱动因子和影响碳循环的生物、物理、化学过程研究，初步计算并分析了中国陆地和近海碳通量的时空分布格局和固碳潜力。

二、中国科学院资源环境领域的发展展望

随着我国全面建设小康社会和工业化进程的推进，资源和环境的瓶颈约束，对经济社会的发展、生态环境保护和人民生活质量已产生重要影响，成为我国经济社会发展的主要矛盾之一。通过科技创新，实现资源的集约利用，提高资源对经济社会发展的保障程度，保证经济、社会和生态环境的协调与可持续发展，为资源环境科学与技术的发展提出了新的挑战，也提供了重要的机遇。面对新的形势，我院资源环境领域下一步拟加强以下几个方面的工作。

（一）面向国家战略需求，为经济社会可持续发展提供科技支撑

我院资源环境领域应面向国家经济社会可持续发展的战略需求，并结合自身的特色，重点开展以下领域的研究：应对气候变化国家谈判的关键问题，退化生态系统恢复与试验示范，区域环境污染界面过程与效应，重大自然灾害区域风险评估与灾后重建规划，重要成矿域和特色成矿系统理论与勘查技术，油气资源勘探理论与关键技术，水资源综合评价与高效利用，近海生物资源变动的关键生态与环境过程，地表过程集成系统，等等。

（二）面向国际科技前沿，在有特色的学科与领域取得国际领先地位

我院资源环境领域要不断加强基础研究，促进各分支学科的深入发展和协同发

展，充分利用我国在自然地理和地域条件方面拥有的特色和研究优势，取得能够在国际上产生重大影响的高水平研究成果。下一步应重点开展以下领域的研究：全球变化，深部过程与岩石圈演化，青藏高原，气候系统和地球系统模式，生命的起源与演化，深海海洋极端环境生命过程，等等。

（三）加强学科交叉与集成，为地球系统科学发展做出贡献

近年来，全球气候变化和环境问题的产生，以及对地观测技术的发展，促进了对地球各圈层相互作用的研究和对地球系统整体认识的形成，我院资源环境领域必须要以高新技术为先导，加强各分支学科的交叉综合，加强与生命科学、数理科学、化学、信息科学、社会科学等学科的交叉，在促进各学科深入发展的同时，积极开展对地球系统的交叉集成研究，为地球系统科学的发展做出应有的贡献。

（四）加强科研条件与能力建设，构建系统高效的资源环境科技平台体系

资源环境科学研究依赖于长期系统性的观测、探测和实验资料的积累与数据信息系统的建立，因此，系统高效的资源环境科技平台体系是我院资源环境研究与发展的重要保障。我院资源环境领域应进一步加强中国生态系统研究网络、特殊环境与灾害监测研究网络、近海海洋观测研究网络、日地空间环境观测研究网络等野外台站网络平台的建设，加强国家重点实验室、院重点实验室等实验平台的建设，加强海洋观测探测平台、对地观测平台的建设，加强仪器设备的自主研发，全面提升科技创新能力。

（五）加强人才队伍建设，培养造就一批国际顶尖人才

科技创新的关键是人才。我院资源环境领域应进一步加强人才队伍建设，在充分利用国家及我院各种人才引进与培养计划吸引优秀人才的同时，应注意发现、培养有良好学术发展潜力的青年人才，充分重视技术支撑队伍的建设，同时要克服在培养和吸引优秀人才方面的制约因素，为优秀人才创造良好的学术和文化环境，提倡团队协作精神，最终培养造就一批国际顶尖人才。

Summary and Prospect of Sixty Years' Scientific and Research Development in Resources and Environment of CAS

Ding Zhongli, Fan Weiming

The researches in the field of resources and environment have been playing an important and strategic role in the science and technology innovation system of CAS.

Over the past sixty years, the CAS scientists made significant contributions to Chinese development of economy and society and progress of resources and environmental science and technology. This paper summarizes the CAS major achievements and outstanding contributions in the areas of solid earth science, geographical science, atmospheric science, marine science, ecology, regional agriculture, environmental science and technology, and global change researches and looks into the CAS future development of the science and technology in the field of resources and environment.

8.8　中国科学院空间科学发展历程回顾与展望

吴　季

（中国科学院空间科学与应用研究中心）

空间科学是以航天器为主要工作平台，研究发生在日地空间、行星际空间乃至整个宇宙空间的物理、天文、化学及生命等自然现象及其规律的科学。空间科学探索人类未知的世界，进行从宏观的天体到极端条件下原子与分子基本规律的探寻，揭示客观世界的物质规律，是当今世界自然科学发展的重要前沿。空间科学卫星与应用卫星的主要区别是它要求有知识的产出，而应用卫星的产出主要是为了提供某种特定的服务。

中国科学院的空间科学事业始于1958年。1957年10月4日苏联第一颗人造地球卫星发射之后，中国科学院力学研究所钱学森和地球物理研究所赵九章立即提出我国也要研制和发射人造卫星的建议。1958年5月17日，毛泽东主席在中共八大二次会议上指出："我们也要搞人造卫星。"[1]之后，中国科学院立即启动人造卫星项目，成立了"581"组，钱学森任组长，赵九章任副组长，并为此建立了第一个以研制人造卫星和开展空间科学探测为主要任务的研究所，也就是现在的空间科学与应用研究中心的前身，赵九章任所长。当时国家的经济基础相当薄弱，加上苏联的封锁，开展人造卫星的研制实际上非常艰难。为了较快起步，1959～1965年这段时间主要是以发展火箭探空和开展短期的空间试验为主。这一阶段发射了大量的探空火箭，对高层大气、电离层和宇宙射线开展了直接的探测和研究，同时还进行了一系列的空间材料和生命科学的试验[2]。

1965年，我国的远程运载火箭取得了成功，再次启动人造卫星研制的时机已经成熟。1965年10月，中国科学院受国防科学技术委员会的委托，召开第一颗人造卫星方案论证会，正式启动了我国第一颗人造卫星的研制，同时对我国应用卫星的发展做出了规划。1968年空间技术研究院正式成立，接手卫星的研制工作，并于1970年4月24日，成功发射我国第一颗人造卫星“东方红一号”。“东方红一号”的发射成功，标志着我国的空间科学从初期的起步阶段正式进入了在空间开展探测和试验的搭载试验阶段。

1971～2000年，科学家先后在4颗“实践”系列卫星（图1）和多颗返回式卫星上开展了大量的科学探测和试验。在“实践”系列卫星上，对高空磁场、X射线、宇宙射线和外热流等空间物理环境参数进行了测量，探测了地球辐射带中高能带电粒子及其粒子效应，探测了磁层和电离层中的等离子体及其充电效应，获得了较为完整的地球辐射带高能质子、电子、α粒子和重离子的空间分布以及质子和电子的能谱分布；初步获得当地磁扰动、磁层亚暴、磁暴时，地球辐射带高能电子、高能质子分布的变化；初步获得磁层等离子体的分布；还进行了空间高能带电粒子环境及辐射剂量测量；获得了近地轨道单粒子翻转率及空间分布；检验了单粒子事件的对策措施。在返回式卫星上，开展了地球资源调查、地图测绘、地质调查、铁路选线和考古研究等方面的试验，同时为国内外用户进行了100多项微重力和空间环境条件下的材料、生命科学实验，以及农作物种子搭载试验等，均取得可喜成果。1987年，中国科学院半导体研究所、物理研究所与空间技术研究院合作，在空间微重力环境中生长出优质的砷化镓单晶，性能达到国际领先水平。1996年，在第五次利用返回式卫星进行空间材料科学实验时，成功生长出直径为20毫米、长为100毫米的半绝缘砷化镓单晶，用空间生长的砷化镓单晶制作了模拟开关集成

图1 “实践一号”卫星

（图片来源：国家航天局网站）

电路和低噪声场效应晶体管，这些用空间材料制作的器件和电路的性能均优于用地面材料制作的相同器件和电路，研究结果发表在国际著名学术刊物《应用物理快报》上[3]。

为了进一步发挥卫星探测的空间优势，中国科学院在20世纪70～80年代，积极推动国家发展地球资源、灾害监测卫星。1987年我国第一个遥感卫星地面站建成运行，利用国外对地观测卫星数据开展了大量地球系统科学研究。

在我国通过搭载和试验开展空间科学探测和试验的同时，国际上空间科学探测发展迅速。从1958年开始，美苏两个超级大国发射了大量的空间科学卫星和深空探测器，不但发现了地球辐射带，探测了地球磁层整体结构，还实现了载人登月、无人月球着陆和样品返回、金星环绕和着陆探测、火星环绕和着陆探测，以及对哈雷彗星、水星、木星、土星、天王星、海王星和冥王星及它们的部分卫星的飞越探测。太阳系八大行星的近貌已经基本展现在我们面前。与此同时，在空间平台上开展天文观测也发展迅速，1990年美国发射了迄今为止孔径最大的空间光学望远镜——哈勃空间望远镜。自发射以来，哈勃空间望远镜已经发现了大量的宇宙奥秘，将人类的视界推进到了137亿光年的距离，与其他观测结合确认了宇宙大爆炸理论，以及暗物质和暗能量的存在[4]。俄罗斯的“和平号”空间站和之后的美国可重复使用的航天飞机，为人类在空间开展大量的微重力科学试验提供了平台，新的成果不断涌现。在项目组织和实施方面，美国、欧洲、日本和俄罗斯分别建有相对独立的政府机构NASA、ESA、ISAS和IKI主持发展空间科学卫星计划。

相比国际上空间科学的飞速发展，中国作为一个航天大国，也面临着在具备了研制和发射应用卫星之后，如何进一步利用空间技术为人类科学研究和认识自然做出

图2 返回式卫星仿真图

（图片来源：国家航天局网站）

贡献的问题。中国科学院在20世纪90年代陆续提出了一些独具创新的空间科学卫星计划，如空间太阳望远镜、硬X射线望远镜、"嫦娥"计划、地球空间双星探测计划等。从80年代中期开始，我国的载人航天计划开始论证，并于1992年正式立项，为我国科学家开展较大规模的对地观测、空间微重力和生命科学试验带来了曙光。我国的空间科学正在从搭载试验阶段进入到搭载和自主发展相结合的新阶段。

2000年12月，中国政府发布了《中国的航天》白皮书[5]。其中将我国的航天活动划分为空间技术、空间应用和空间科学。首次将空间科学放在了与空间技术和空间应用平起平坐的地位。

2001年2月，地球空间双星探测计划正式启动。该计划着眼地球磁层空间的宏观动态特征，用两颗大椭圆轨道的小卫星覆盖地球空间中最重要的赤道区域和极区，并与欧洲空间局的星簇（CLUSTER）计划合作，形成人类历史上第一次对地球空间的"六点"联合探测[6]。

"双星"计划赤道区卫星(TC-1)和极区卫星(TC-2)分别于2003年12月和2004年7月成功发射，在空间分别连续运行了3年10个月和4年3个月，远远大于1年半和1年的设计寿命，获取了超过500GB的探测数据，取得了多项重要科学发现和技术成果。"双星"计划是我国第一个根据科学目标进行轨道设计、卫星设计和载荷设计的空间科学卫星计划，具有里程碑式的意义。利用"双星"计划探测数据的科学研究成果，已在国际核心期刊上出版了两本专刊，SCI收录的论文已经超过100篇。《"探测二号"发射成功，"双星探测"计划

图3　哈勃空间望远镜

（图片来源：NASA HST网站）

实现》还在2005年被两院院士评选为“2004年中国十大科学进展新闻”。

在太阳系探测领域，我国第一颗月球探测卫星——“嫦娥一号”2004年1月正式立项。实际上在20世纪90年代初期，中国科学院就牵头开始了我国第一个月球探测计划的论证。至2004年，对月球开展探测的科学目标已经逐步凝练为：获取月球表面三维影像，分析月球表面有用元素含量和物质类型的分布特点，探测月壤厚度，探测地月空间环境。科学探测有效载荷包括：CCD立体相机、干涉成像光谱仪、激光高度计、伽马射线谱仪、X射线谱仪、微波探测仪、太阳高能粒子探测器、太阳风粒子探测器[7]。

“嫦娥一号”月球探测卫星于2007年10月24日在西昌卫星发射中心搭乘“长征三号甲”运载火箭顺利发射升空，标志着我国自应用卫星、载人航天之后，航天技术发展的第三个里程碑——进入太阳系深空。

“嫦娥一号”探测器目前已经取得了一些显著的成果，包括获取了我国第一幅月球全球的可见光图像和人类第一幅月球全球的四波段微波辐射图像。大量的科学数据分析工作还在进行当中。

与此同时，我国科学家也开始了对火星探测科学目标的论证。2005年，开展我国第一次火星探测的机会出现了。在中俄航天合作的框架下，我国获得了搭载俄罗斯火卫一探测器飞往火星的机会。中国科学院再一次提出了具有创新性的科学目标，将我国第一次火星探测计划——“萤火一号”探测器的目标瞄准人类探测火星的薄弱领域——火星的大气、电离层和空间环境。“萤火一号”探测器将随俄罗斯“火卫一”

图4 地球空间双星探测计划与欧洲空间局星簇计划形成对地球空间的“六点”联合探测

(图片来源:中国科学院空间科学与应用研究中心)

土壤返回计划的探测器于2011年底一同飞往火星。进入火星轨道后，“萤火一号”将与俄罗斯探测器分离，开展自主的探测和与俄罗斯探测器的联合探测，研究火星表面至高空大气和电离层，以及空间环境的特性[8]。

进入搭载与自主发展相结合的新阶段以后，微重力科学和空间生命科学计划也获得了更多的试验机会。2005年9月，利用我国第22颗返回式卫星回收舱开展了三项微重力科学实验和一项生命科学实验，进行了微重力环境中沸腾传热、多气泡热毛细迁移和相互作用、金属材料的接触角以及空间细胞培养等问题的研究。2006年9月，我国发射了“实践八号”育种卫星，在回收舱搭载了近300千克生物种子的同时开展了包含微重力流体、燃烧、生物等领域共9项空间微重力实验研究。这两次空间实验任务取得了一系列新研究成果，发表了一批高水平论文，并由《微重力科学与技术》（*Microgravity Science and Technology*）国际期刊在2008年以专刊的形式出版。欧洲空间局、法国空间研究中心和德国宇航中心均已正式向中国航天局提出返回式卫星实验的合作项目，日本宇宙航空研究开发机构也表达了积极合作意向。

相比地球空间的探测、深空探测和微重力科学，我国空间天文卫星的发展稍微滞后。目前有数个空间天文卫星计划正在论证中。其中中国科学院在20世纪90年代提出的硬X射线望远镜计划有望成为我国第一颗天文卫星，在“十二五”期间发射，填补我国空间天文卫星的空白，并在揭示黑洞的形成、成长和活动规律，以及恒星与星系的起源和演化方面有可能做出重大突破。

在空间地球系统科学方面，我国目前也仍然依靠国外卫星数据，我国的对地观测卫星仍然以气象、海洋的预报服务为主。在全球变化研究日趋迫切的形势下，中国的科学家也渴望能够利用自己的卫星，发现新的全球变化现象和要素，为人类控制和保护地球做出贡献。

可见，进入21世纪以后，我国的空间科学已经进入了一个搭载与自主发展相结合的阶段。空间科学对基础研究的重大突破作用，对航天和高技术的重大牵引作用，以及对人类生存发展的重大应用作用正在逐渐地显现出来。在这个基础上，我们将迎来空间科学的一个更大的发展阶段——跨越发展阶段。

从2006年开始，中国科学院组织全国空间科学领域的专家，开展了我国空间科学发展中长期规划研究。2009年出版了《中国至2050年空间科技发展路线图》，对我国空间科学未来几十年的发展进行了深入的研究。在今后的跨越发展阶段，我们将针对两大基本科学问题提出和设计空间科学卫星的研究目标：其一是关注物质的本质，也就是宇宙和生命的起源，以及物质的基本运动规律；其二是人类和太阳系的关系，也就是太阳的活动、太阳和太阳系（包括地球系统）的关系，以及地球的演化。在这两大科学主题之下，数十个科学卫星计划的建议被提了出来。但是，要更好地利用空间科学卫星这个平台，我们还要对这些建议的科学目标的重大性、技术要求的科学性和对航天技术的带动性进行更深入地论证，遴选出最好的项目推荐给国家立项。

中国在太空中的地位对应着她在地球上的地位。一个国土、人口、经济大国，必然也应该是一个航天大国、科技大国。空间科学就像航天科技领域这个皇冠上的明珠，没

图5　“嫦娥一号”探测器获取的中国第一幅全月图

（图片来源：国家航天局网站）

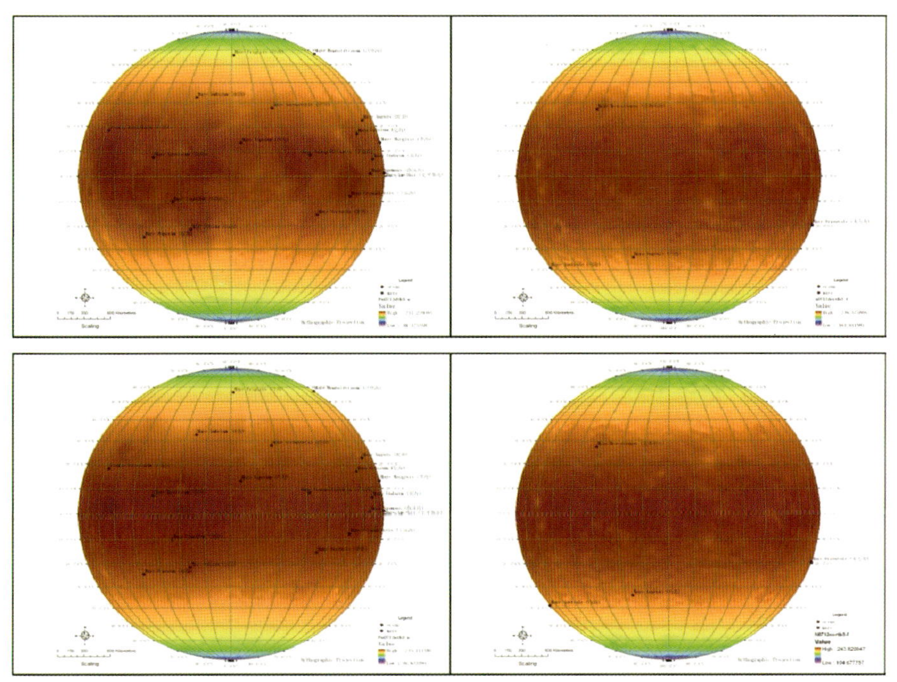

图6　“嫦娥一号”探测器获取的人类第一幅四波段微波全月图

（图片来源：中国科学院空间科学与应用研究中心）

有了通过航天技术开展的科学探索活动，就像皇冠上缺少了一颗明珠；而一旦这颗明珠开始闪耀，就将为整个皇冠，以及佩戴这个皇冠的主人带来无限的光辉和荣耀。

参考文献

1 侯深渊. 钱学森与中国卫星事业. 中国空间科学技术，2002，(1)：1～3

2 伍科. 中国探空火箭的发展历程. 航天返回与遥感，1998，(3)：41～43

3 林兰英，张绵，钟兴儒等. 太空生长半绝缘砷化镓单晶及其应用. 中国科学（E辑），1999，(5)：400～403

4 何绍改. 巡天遥探宇宙魂——聚焦哈勃太空望远镜. 国防科技工业，2008，(6)：65～68

5 中华人民共和国国务院新闻办公室. 中国的航天（白皮书）. 2000. 引自中华人民共和国国家航天局网站. http: //www.cnsa.gov.cn/n1081/n7484/98354.html

6 刘振兴. 中国空间科学的进展和展望. 中国科学进展. 北京：科学出版社，2003. 194～208

7 欧阳自远. 月球探测进展与我国的探月行动. 自然，2005, 27 (5)：253～257

8 吴季，朱光武，赵华等. 萤火一号火星探测计划的科学目标. 空间科学学报，2009, (5)：449～455

A Review and Prospect of Space Science Carried Out by CAS

Wu Ji

Space science is a comprehensive frontier field which has emerged since the first artificial satellite was launched. In the paper readers will find a systematic review of the development phases of space science that the Chinese Academy of Sciences has experienced since its start in 1958, and a description of the scientific exploration results and experimental results achieved in different phases. The paper also points out that space science is bringing about more and more significant breakthroughs in fundamental research and playing a leading role in the development of space technology and high technology, and its applications are becoming more and more important to human society in the 21st century. The paper ends with a conclusion that with the importance attached by the government and its support, a series of scientific satellite programs will be implemented and Chinese space science will enter upon a new historic stage, hereafter contributing more to development of human civilization.

第九章

科学家建议

Scientists' Suggestions

9.1 应对气候变化，应构建以确定“未来排放配额”为出发点的国际责任体系

丁仲礼
（中国科学院地质与地球物理研究所）

刚刚结束的哥本哈根气候变化大会，最终没有达成具有法律约束力的协议，因此需将达成最终协议的谈判延后。其实，有关人士在会议举办前，就普遍预测哥本哈根谈判不可能取得实质性成果，摆在明面上的理由似乎只有一条，即各国或各国家集团间的利益诉求存在着巨大差别，不可能通过两周的谈判予以弥合。当然，一个不能明说的疑问肯定存留在很多国家代表的脑海中，即CO_2排放对气候变暖的影响到底有多大？产生这样的疑问也非常正常，毕竟过去150年来，气温只上升了0.7℃左右，而CO_2当量浓度则至少上升了150ppm（百万分之一）。为何要在防止升温2℃的目标下，今后大气CO_2当量浓度只允许升高65ppm（2008年大气CO_2浓度为385ppm）呢？在哥本哈根谈判的两周中，怀疑温室效应被某些利益集团夸大了的声音一直没有停歇，但也始终没有形成主流，因为各国代表都将主要精力集中在利益博弈上了。

必须指出，在发达国家掌握了话语权的现实下，这个利益博弈在起点上就是不公平的。其不公平性具体表现在五个方面：①谈判的主要议题是“减排”，而不是“未来排放权”分配。一提减排，语义不言自明，即各国都要以不同的形式减少CO_2排放。但它可以在很大程度上模糊不同国家间在历史时期形成的巨大排放差别，也可以很少顾及当前人均排放量之巨大差别，当然更不会考虑历史、现实排放都很少的各发展中国家今后需要排放多少。而“未来排放权”分配则不同，它意味着要“好好算算账”，拿出一个可被所有主要国家接受的、公平合理的方案来。因此谈判议题的设置对发达国家有利。②发达国家在谈判前，已经精心设计了一系列的“减排方案”。以政府间气候变化专业委员会（IPCC）方案为代表，它们都“暗暗”分配给发达国家数倍于发展中国家的未来人均排放权。由于研究不够，发展中国家对这些方案背后的“陷阱”

并没有深入理解，当然发展中国家也没有“勇敢地”考虑提出旨在捍卫自己发展权的全球性解决方案，从而形成话语权的不对称。③发展中国家根据“共同但有区别的责任”原则，要求发达国家每年拿出4000亿美元（约合发达国家年GDP总量的1.5%）帮助发展中国家减缓、适应气候变化，并在低碳技术上消除壁垒，但发展中国家没有说明这4000亿美金“气候债”的计算依据，从而使发达国家掌握了主动，“气候债”演变为“援助”，并在数额上大幅缩水，由此形成“道德高度”的不对称。④发达国家威胁要用碳关税手段，来对不合其减排要求国家的产品课以重税，而发展中国家对此只能表示强烈反对，并不能拿出有力的依据对碳关税的不正当性予以批驳，更拿不出有力的手段予以反制，从而形成对谈判破裂担忧程度的不对称。⑤原则上说，哥本哈根谈判最大的利益主体可分为发展中国家和发达国家，但发展中国家内部不同集团间的利益诉求有很大差别，比如说，小岛国最担心的是海平面上升，对严格控制碳排放的方案最为执著，这又与发展快的新兴国家和排放高的能源出口国家的谈判目标有抵牾。又比如，一些发展程度非常低的贫困国家可能对未来排放权分配不甚关注，而更为重视的是今后资金援助问题。由于这些差别的存在，要在发展中国家内部协调出一套完整的谈判目标与谈判策略，显然是有很大难度的，这就为发达国家分化发展中国家提供了条件。

哥本哈根谈判的主要成果是什么？如果从政治层面回答，可有多个答案，因为不同国家对此会有不同的理解。如果仅仅从技术层面分析，则有两个重要“成果”：①形成了2℃共识；②美国又回来参加这个“游戏”了。这两条可以说是欧盟的成果，因为它们为欧盟制定今后谈判策略做了铺垫。众所周知，欧盟通过IPCC，一直在推动“450ppm CO_2当量浓度目标”，即要在2050年前，将大气CO_2当量浓度控制在450ppm之内。它们同时提出全球2050年减排50%，其中发达国家减排80%的方案（以下简称“50%和80%”方案）。IPCC报告中有一重要结论，即如果要把工业革命以来的全球增温控制在2℃以内，大气CO_2当量浓度就不能超过450ppm。实际上，“2℃增温”未必有多少科学性，但它具有价值判断的意味，公开反对“2℃增温”将引来政治、道德上的巨大风险，更何况小岛国联盟还强烈要求将增温幅度控制在1.5℃之下。因此，这次哥本哈根谈判形成“2℃增温”共识，实属势所必然。

但“450ppm CO_2当量浓度目标”里面有一“陷阱”：如果这个目标一旦确立，到2050年，人类可通过化石能源利用及水泥生产排放的CO_2将在220吉吨碳左右，或者大约8000亿吨CO_2，如以2005年不变人口计算，每人每年可排的CO_2为0.8吨碳，而目前全球人均排放的CO_2约1.3吨碳，其中美国约5吨碳，经济合作与发展组织（OECD）国家平均约3吨碳，中国约1.4吨碳。显然，在低碳技术发展推广必须假以时日、发展中国家需脱贫发展的现实下，“450ppm CO_2当量浓度目标”是难以达到的，更何况世界人口到2050年有可能从现今的65亿上升到90亿左右。更有甚者，发达国家提出的“50%和80%”方案，隐含了一个更大的“陷阱”，即在总的8000亿吨CO_2排放空间中，发达国家将占用其中的40%以上，尽管其人口不到全球总人口的15%。这样在未来排放权分配上，发达国家人均排放将是发展中国家的3.5倍以上，而在过去（1900～2005年）排放上，发达国家的人均已是发展中国家的7.5倍以上。由此可见，利益上的巨大差别与精心算计是不可能用“拯救地球”这类温情脉脉的语言所掩盖的，更何况发展中国家的谈判代表已经识别出隐藏在发达国家提出的各减排方案中的巨大不平等，这也是这次哥本哈根谈判最终没有接受“50%和80%”方案的部分原因。

在国际社会必须抛弃发达国家制定的已有减排方案（如IPCC方案、G8方案、OECD方案、UNDP方案等）的现状下，如何为今后谈判达成一致并制定新的公平的方案，已经成为摆在我们面前急需解决的问题。显然，新的方案必须遵循国际关系中的公平正义准则，更要符合《京都议定书》确立的“共同但有区别的责任”原则，当然，也要考虑到各国的实际情况。从本质上说，设立控制大气CO_2浓度方案，也是建立一种国际责任体系的过程，或者说是将这个共同责任分解后，落实到各责任主体（国家或地区）的过程。一个不可回避的事实是，谁承担责任多，谁付出的代价就大，这个代价影响到发展、福祉等根本性问题。因此，尽可能减小自己的责任，必定会成为各国国际政治外交博弈中的共同意识，如果这个责任体系不能保证在公平性上的无懈可击，达成有法律效力的国际协议势必会成为一句空话。

本文作者认为，IPCC等方案的根本缺陷存在于它们的逻辑起点中，即通过“减排”而不是通过确定“排放配额”来分配未来排放权。事实上，在大气CO_2浓度目标确定后，未来可排放的总量就随之而定，无论是“减排”，还是“确定配额”都只是这个有限的未来排放空间的分配。但在操作层面上，二者有很大不同。“减排”要以某年为基准，今后逐年减少排放。这就会在国家间产生激烈的交锋：不同国家的减排目标定多少合理？不同国家应从哪一年起开始减排？过去形成的巨大排放差异是否需要补偿，如何补偿？类似问题均难以取得一致意见，最终只会把“谈判”演变成“闹剧”。而“排放配额”分配则不然，它指的是一个国家在一段时期内应获得的排放总量，至于在此时段内某国如何保证不超额排放，则可根据其发展阶段、产业结构等因素，在“损失最小化”的原则下灵活掌握。把确定“排放配额”作为控制大气CO_2浓度的国际责任体系的逻辑起点，显然比把“减排”作为起点要优越与合理得多。

接下来的问题是：如何公平地确定各国的未来“排放配额”？唯一的答案肯定是“人人平均”。“人人平均”是首先承认排放权就是生存权和发展权，即是基本人权的一个组成部分。工业革命以后，才有人为CO_2气体的大量排放，并且主要排放都是在工业化、城市化过程中产生的；一些国家完成工业化、城市化之后的高排放在很大程度上又同其奢侈型、享乐型的生活方式密不可分。大量数据表明，一个国家的排放，同它的建设一样，是逐步累积、逐步提高的，也就是说，当今的生活水平、福利水平是同上一代或上几代的排放量直接相关的。正因为有这样的认知，一些中国科学家提出要用“人均累积排放”为指标，分配各国今后的排放权。人均累积排放被定义为：在一个时段内，某国或某地区逐年人均排放的总和。在具体计算时，只需获知某国或某地区历年的人口数和历年通过化石燃料使用及水泥生产排放的CO_2总量。至于未来人均累积排放空间的计算，主要取决于两个因素，一是在某一CO_2浓度控制目标下全球总的未来排放空间，二是今后人口的数量。前者可用简单方法计算获得；后者则有两个选择：一是以当前某一年的人口为常数计算，二是根据以后的逐年预测人口计算。总之，在各种数据已经齐备的情况下，这是一个较易算清的指标。

我们曾在“470ppm CO_2当量浓度目标”下，计算了全球30万人口以上国家和地区的排放权，所选择的时段是1900～2050年。结果表明，全球所有国家可分为四大类。第一类为“已形成排放赤字的国家”，共有30个，主要为发达国家和产油大国，如美国、德国、英国、沙特阿拉伯等，这些国家的人口占世界总人口的14%左右。所谓“已形成排放赤字”，指的是它们已超额用完2050年前的排放空间。第二类为“排放总量需降低的国家”。这些国家还有一定的未来排放空间，但如果照它们在2005年的人均排放水平继续排放，则其2006～2050年的排放量将超过其2050年前应得的排放配额。这些国家占世界总人口的9.6%左右，韩国、日本、意大利、西班牙等位列其中。第三类可称之为“排放增速需降低国家”。这类国家如保持2005年的排放水平，则到2050年，排放总量将小于其排放配额，但如果保持其1996～2005年的排放增速，则排放量将大于排放配额，即如果要保证其2006～2050年的实际排放不超过排放配额，其排放增速需逐年降低。这类国家有中国、印度尼西亚、墨西哥、尼日利亚等，占世界总人口的35%左右。第四类为“可保持目前排放增速的国家”，即它们即使继续保持1996～2005年的排放增速，到2050年，亦不会超过其应得的排放配额。印度、巴西、巴基斯坦、肯尼亚都在此列，它们占世界总人口的40.8%左右。

“用人均累积排放作指标来分配未来排放配额”这一思路的实行，面临的最大难点是：从哪一年起开始计算此指标？可以想见，如从1990年开始计算，估计不会引起多大的争议，因为《联合国气候变化框架公约》尽管在1992年签署，但谈判是从1990年开始的。如果将起点年前移得太多，如到1900年，发达国家一定会强烈反对；如果不前移，发展中国家一定会不满，因为那将抛弃“共同但有区别的责任”原则。不管怎么样，这是一个可以“讨价还价”的议题，也是一个比较容易达到平衡的议题，其复杂性远比确定各国的减排比例要小。

一旦这个平衡点经过谈判后确定，人均累积排放指标的优越性就能发挥出来，具体表现在以下几个方面。①各国可根据其实际情况，在总的未来排放配额内，自主安排其减排或减缓的目标与路径，从而可以避免在“减排”方案下硬性调整能源结构和产业结构乃至发展方式所产生的损失。②各国都将尽最大的努力来控制排放。在一个高标准的CO_2控制目标下，排放配额是有限的，分配到各国后，必定要通过经济手段调节余缺，这样一来，排放配额就具备了稀缺商品的属性，控制排放自然会成为各国的自觉行动。③碳关税问题将被消解。碳关税设立的主要理由无非是：如果我严格减排，而你不减排，你我在产品竞争上就不再公平，故我要收你的产品的关税来重新达到平衡。这其实是一个似是而非的理由，因为低人均排放国家可能会觉得它们更有理由向高人均排放国家征收碳关税。不管如何，在全球各国通过分配未来排放配额而共担控制大气CO_2浓度的制度安排下，碳关税问题就会被自然消解，从而可以避免不该发生的贸易战。④资金、技术转移议题可获得定量计算依据。在“减排”话语下，发达国家向发展中国家提供资金与技术，被认为是一种“援助”。但在“排放权分配”议题下，这就变成了“等价交换”，即发展中国家可用其节省下来的配额去交换发达国家的资金和技术，而发达国家由于历史高排放和人均高排放，其配额肯定不敷其用，必须做此交换。⑤可为脆弱国家的适应预做准备。不管人类如何努力，在今后较长一段时期内，化石能源还是主力能源，全球的能源需求还会随着人口的增加和生活水平的提高而快速增长，这是由经济社会发展的内在规律推动的，将不以人的意志而转移。这样，一个严酷的事实是：大气CO_2浓度还会快速增高。如果气温对CO_2浓度的敏感性真有IPCC估计的那样高的话，气温升高、海面上升将不可避免，这将在脆弱地区产生气候移民问题，人类必须为解决此问题提供大量资金。在分配排放配额这个情景下，就可以通过适当的制度安排，将配额交换所产生的某个比例的资金交由一定的机构管理，预作脆弱国家和地区的适应基金。⑥将促进生态建设。生态系统有强大的固碳能力，因此生态建设是部分抵消大气CO_2浓度升高的有效手段。在构建控制气温升高的全球责任体系过程中，必须将提高生态系统的固碳能力作为一个组成部分，也就是说，在人为政策调控下的生态系统对CO_2的“额外吸收”应作为配额的一个组成部分。这样的制度安排，必将促进全球生态的改善。⑦有利于促进健康的生活方式。毋庸讳言，人类消费主义的生活方式不必要地消耗资源，同时造成高排放。在本文倡导的全球责任体系中，显然要有一定的制度安排，抑制这种生活方式在全球蔓延，从而使质朴、健康的生活方式得以回归。

总之，要达成应对气候变化的全球协议，需解构目前以“减排”为逻辑起点的责任体系，而应构建以分配“未来排放配额”为出发点的全球责任体系。

Urgent Need to Establish an International Responsibility System Based on Allocation of Future CO_2 Emission Rights in Combating Global Warming

Ding Zhongli

The author points out in the article that the failure in the Copenhagen climate summit could be caused mostly by the negotiation theme itself, i.e. reduction of CO_2 emissions from baseline year in the earliest future for all the countries regardless of the enormous difference of socio-economic development and historical emissions among them. Equity and fairness must therefore be taken as the uppermost important value in the future climate negotiation if the international community pursuits to reach a binding treaty. The author believes that only cumulative emission per capita, an index combining the current per capita emissions with historical emissions, is used as the basic criterion in allocating the limited future CO_2 emission amount, can a fair and efficient international responsibility system be constructed in combating global warming. An international treaty based on allocation of future emission rights also merits the calculation of obligated mobilization of finance and low-carbon techniques from high-emitted to low-emitted countries, and essentially undermines the legislative basis for carbon-tariff that is now under discussion in some high-emitted countries.

9.2 高影响天气气候事件对我国可持续发展的影响和对策

中国科学院地学部咨询组

与人类生存息息相关的天气和气候总在随时变化，有时甚至发生极其显著的异常情况，给人类社会发展和生存带来极大影响和威胁。近年来，在全球变暖大背景下，大范围气候灾害和突发性强烈天气灾害有更为频发的可能，若不采取必要应对措施，将会对国民经济和人民生命财产造成严重损失，对我国经济社会可持续发展产生重大不利影响。

所谓高影响天气气候事件是指可能造成严重灾害，从而对社会有重大影响的天气气候现象或异常。干旱、洪涝、暴雨和台风等气象灾害每年都会给我国带来不同程度的影响。随着社会发展和进步以及人们生活水平的提高，过去不太为人们重视的天气气候事件也可能成为高影响气象灾害。例如，在农耕时代雾和霾一般不会造成严重灾害，但在现代社会，较为严重的雾霾天气往往会对社会尤其是在交通运输方面造成极大影响。再如，随着城市化发展，特别是大的城市群的出现，会对天气气候造成一定影响，从而出现特有的城市气象灾害。根据我国具体情况，结合致灾的严重性，中国科学院地学部咨询组分别对我国的暴雨洪涝、干旱酷暑、台风、沙尘暴、严重雾霾、雨雪冰冻和城市气象灾害等重大高影响天气气候事件进行了深入调研和系统总结，对全国的灾害情况和预测、预报情况作了系统介绍，同时也分别对不同的高影响事件提出了有针对性的应对和防范措施及建议。

目前，针对各种气象灾害既采取预测、预报和防御等共同的方法和措施，也因不同类型天气气候灾害发生背景和条件不同，致灾形式和影响对象有很多的不同之处。咨询组根据高影响天气气候灾害的类别，重点描述发生机制、影响途径和致灾情况，同时也按照高影响天气气候灾害的不同类别提出了相应的防御措施及建议。

1. 加强高影响天气气候事件的机制和发生规律研究

高影响天气气候事件是全世界面临的难题，其发生往往是小概率事件，目前对其认识不深，更难做出准确的预测、预报。因此，建议国家有关部门加强组织研究力度，搞清其形成机制和发生规律。

2. 提高天气预报和气候预测准确率

目前，我国已建立了密度较高的气象观测网，气象卫星应用进入业务运行阶段，雷达探测网已基本形成；全国已建立了包括全球中期预报、全国降水预报、区域细网格天气预报、热带气旋路径预报、短期气候（月）预报等较完整的预报业务体系，建议各级气象部门进一步加强天气气候预测技术的研究开发，特别要努力提高对高影响天气气候事件及其灾害的预测、预报水平，为防灾减灾做好服务保障。

3. 建立健全气象灾害监测预警系统，开展气象灾害评估业务

为应对高影响天气气候事件的发生、有效预防和减轻灾害损失，建议进一步建立健全气象灾害监测、预警系统，尤其是地市和县级的气象灾害监测、预警系统。应依据综合观测资料，开展气象灾害综合分析，确定灾害范围、等级；同时建立和发展灾害影响评估模型，实现灾害影响的定量化评估，为政府、决策部门和公众提供灾害监测、预警信息及减缓灾害影响的技术措施。

4. 建立防御高影响天气气候事件灾害的工程性措施

目前，气象部门已研制了人工增雨机载监测新技术，筹建了国家人工影响天气业

务和重点地区的人工影响天气作业基地，建立了现代防雷科学高新技术体系和现代雷电灾害防御保障体系等，建议国家进一步加强其他方面的工程性建设，如建设台风活动的飞机探测系统，以获取台风内部结构资料，大幅提高台风预报精度，特别是对台风强度和路径等关键要素的预报；加深对台风登陆过程的认识，进而改进台风预报模式的性能。

另外，在洪涝高发地区应特别加强水利工程建设；在暴雨、泥石流高发地区除加强监测之外，还要进行必要的工程建设；在“三北”地区除继续进行防护林建设之外，还应进行必要的固沙工程建设；在大城市和城市群建立综合环境监测系统，为高影响天气气候事件及其他突发环境事件的预测、预报提供基本信息。

5. 提高全民对高影响天气气候事件的防范意识

在全球气候变暖的背景下，高影响天气气候事件发生几率增大，对经济社会的发展造成的影响和损失增大，因而提高全民防范意识尤为重要。目前我国预测、预报水平还很低，提高全民防范意识可以对防灾减灾效果起到一定的有益补充。

6. 预防次生灾害的发生

高影响天气气候事件所造成的灾害，大部分是与高影响天气气候事件相伴发生的次生灾害。例如，2008年1月发生在我国南方的雨雪冰冻灾害，不仅是持续雨雪冰冻天气造成的，而且在一定程度上来自与雨雪冰冻天气相伴发生的电网倒塌、交通瘫痪等次生灾害。虽然这些次生灾害的发生与雨雪冰冻天气的出现有关，但工程设计和施工的标准以及工程和所用材料的质量也是重要原因。要预防和减轻高影响天气气候事件的影响和灾害损失，对城市、交通和能源等的建设工程一定要有科学的规划，设计时必须考虑气象环境条件，提高必要的工程设计标准，确保工程质量，以减少次生灾害的发生。

Effect of Highly Influential Weather and Climate Events on Sustainable Development of Our Country and Its Countermeasure

Consultation Group of Academic Division of Earth Science, CAS

In the near future, extensive climate scourge and abrupt, violent weather disaster could possibly come about more frequently against the background of global warming. Based on their in-depth survey on and systematic summary of varied types of major highly influential weather and climate events in our country, the authors put forward six recommendations: enhance the study of the mechanism and occurrence rules of highly influential weather and climate events; advance the accuracy rate of weather forecast and climate forecast; establish and perfect the early warning system of all weather disaster monitoring; launch meteorological disaster assessment; develop engineered measures for protecting against the calamity from highly influential weather and climate events, etc.

9.3 关于重视技术科学对建设创新型国家的作用的建议

中国科学院技术科学部咨询组

一、背景与意义

1957年，钱学森同志在《科学通报》上发表“论技术科学”，指出技术科学是人类知识的一个新部门，“它是从自然科学和工程技术的互相结合中所产生出来的，是为工程技术服务的一门学问”。

中国科学院学部自成立以来就设立技术科学部(自2004年开始分设信息技术科学部)。1959年，依据学部委员张光斗等科学家的建议，由中国科学院技术科学部严济慈主任主持制定了《技术科学远景发展规划》，得到了国务院批准，作为《1956—1967年科学技术发展远景规划》的一部分。20世纪60年代,《技术科学发展远景规划》曾进行两次修订。1978年，在国家科学技术委员会领导下，张光斗院士等再组织制定《1978～1985年全国技术科学发展规划纲要(草案)》，执行两年就中止了。2001年，庄逢甘、郑哲敏院士主编的《钱学森技术科学思想与力学》和钱令希院士的《钱学森与计算力学》，分别以自己从事工程力学和计算力学研究与应用实践的亲身经历，进一步阐发了钱学森的技术科学思想。2002年，由王大中、杨叔子院士主编，中国科学院技术科学部组织编写了《技术科学发展与展望——院士论技术科学》一书。该书重新刊登了钱学森先生的“论技术科学”、“现代科学技术的特点和体系结构”，王大中、杨叔子院士对钱学森的思想做了精辟介绍，王大珩、师昌绪、张光斗、罗沛霖和郑哲敏等院士论述了技术科学及其发展展望。特别是郑哲敏先生的“论技术科学和技术科学发展战略”一文，从技术科学发展的历程、范畴，对社会进步、国防建设、国民经济建设的作用，我国技术科学发展的经验与教训、面临的机遇与挑战、发展战略的初步设想、技术科学工作者的素质等问题都作了相当系统的论述。

当前，国际形势继续发生深刻而复杂的变化，机遇和挑战并存的情况，不仅表现在经济、政治、文化等领域，也突出地表现在科学技术领域。我国也已经到了必须更多依靠增强自主创新能力和提高劳动者素质等来推动经济发展的历史阶段。要增强自主创新能力，需要发展和依靠以吸收基础研究理论成果，又为工程技术提供共性基础的技术科学。技术科学是提升自主创新能力的重要载体，在引进重大技术的同时，要实现我们自主创新能力的提高，必须依靠技术科学。技术科学帮助工程技术人员不仅知其然，还知其所以然，从而为再创新提供基础。技术科学是培养和造就高水平的科技队伍与创新大军的重要基础，它的基础性使得掌握技术科学知识的人适应面宽且创新活力大，它的应用性使得学习掌握技术科学知识的人实事求是且富有责任感，而且工程实践所依据的规范往往是基于技术科学研究而制定的。

胡锦涛总书记在2006年中国科学院和中国工程院院士大会上指出："要高度重视技术科学的发展和工程实践能力的培养，提高把科技成果转化为工程应用的能力。"这是继1957年毛泽东同志关于领导干部要学习马克思主义、学习技术科学、学习自然科学的号召之后，中央领导再次把"技术科学"放在了突出的位置。我们必须从建设创新型国家的战略愿景着眼，高度重视技术科学的发展。国家着力发展技术科学，是健全国家创新体系、提升自主创新能力的需要，是合理布局科学技术结构、完善研究开发体系的需要，也是造就科技领军人才、提高工程技术队伍素质的需要。在国家发展规划中，根据技术科学的特点，给予技术科学在基础研究、高技术研究和基础产业现代化研究各领域以足够的重视和发展空间，并分别制定相应的政策，意义十分重大。

二、技术科学的基本特征

钱学森于20世纪中期提出了系统完整的"技术科学"概念，明确提出"自然科学、技术科学和工程技术"三层次观点。我国"两弹一星"的研制成功，国际学术界"新巴斯德象限"理论的提出，促使我们重温钱学森的技术科学思想，进一步概括技术科学的特点，揭示其基本性质和学科地位。

技术科学的中介性与独立性。钱学森明确指出，技术科学是介于自然科学与工程技术之间的一门独立的门类，也可称之为桥梁，它是从自然科学和工程技术的互相结合中所产生出来的，是为工程技术服务的一门学问。正是技术科学的中介性而导致三层次学科在互动中各自相对独立的发展。由于技术科学的独立性，技术科学具有不同于自然科学和工程技术的评价标准。

技术科学的基础性与应用性。技术科学是关于人工自然过程的一般机制和原理的学科，它以基础科学理论为指导，研究多门工程技术中具有共性的理论问题，技术科学研究的成果往往可以应用于多个工程技术领域，从而成为工程技术的科学基础。工程技术问题的解决往往需要综合多门技术科学的研究成果。

技术科学的纵深性与广谱性。由于技术科学的中介过渡特征，自然科学的发展和工程技术的进步都推动技术科学的内涵不断深化，外延不断扩展，出现新兴、前沿和交叉的技术学科领域。

技术科学的研究对象、研究方法、成果形式和评价系统既不同于基础理论，也不同于工程技术。因此，如何用科学发展观指导科技领域的全面协调和可持续发展,是我们工作的重要出发点。而二层次观点抹杀了技术科学的特点，基于二层次的观点的科技发展战略和评价系统，严重影响技术科学的发展，最终也影响基础理论和工程技术的发展。

三、技术科学对建设创新型国家的作用

技术科学的基本特征，决定了技术科学不仅具有一般科学的广泛社会功能，而且具有引领前沿技术、促进自主创新、支撑工程教育和推动生产力发展的独特战略功能，对于实施科教兴国战略、人才强国战略，以及建设创新型国家都有着不可估量的作用。

1. 技术科学引领前沿技术发展的功能

技术科学的首要战略功能，在于它的研究成果揭示了多门工程技术共性的规律与原理，其研究前沿能够引领前沿技术的发展。我们结合《国家中长期科学和技术发展规划纲要》，选择人们普遍关注的三个重要技术科学领域，即电子信息技术、纳米科学技术和环境科学技术，运用科学知识图谱的理论和方法进行计量分析，得出三点共同的结论：一是技术科学具有引领前沿技术发展的强大功能，技术科学既是前沿技术的生长点，也是前沿技术研发的基础，只有重视技术科学研究，才能进入前沿技术领域并取得重大进展；二是这些前沿技术热点与《国家中长期科学和技术发展规划纲要》中有关前沿技术的战略布局一致或相近，这论证了我国依靠同行专家做出前沿技术总体规划与战略布局的正确性；三是必须充分发挥技术科学引领前沿技术的功能，培育和支持大批活跃在前沿技术各个领域的技术科学研究团队，在技术科学基础上实现前沿技术的突破与创新。

2. 技术科学促进自主创新的功能

基础科学与基础研究并不能直接导致技术创新，而仅仅在工程技术或产业技术的经验层次上又难以实现技术的自主创新，唯有在技术科学领域以及作为工程技术知识

形态的工程科学领域，一方面通过技术科学前沿研究获得前沿技术的新成果，另一方面借助一系列技术科学的协同作用，才可能实现前沿技术的自主创新。

（1）**技术科学的原始创新功能**。在技术科学前沿领域，把理论导向的应用研究和应用导向的基础研究结合起来，一方面可以在充分利用国内外现有基础研究成果的基础上，进行既有理论背景又面向国家需求的研究，占领前沿技术的制高点，另一方面可以针对工程技术的共同理论基础开展研究，从而在把握技术科学原理的基础上取得前沿技术的重大突破和原创性发明，并进而实现前沿技术的原始创新。

（2）**技术科学的集成创新功能**。技术科学的研究方法在采用还原论的同时重视整体论，一门技术科学覆盖了多门专业工程技术。以技术科学理论和研究方法为基础，有助于实现关键技术及相关技术的集成创新，在此基础上，由一系列技术的集成创新引发以关键技术为核心的技术创新集群，带动基于创新集群的替代产业和新兴产业的集群式发展。

（3）**技术科学的二次创新功能**。只有从技术科学层面上全面剖析引进技术，才能揭示和把握引进技术及产品设备的结构与功能、设计与工艺、材料与加工的原理与方法等，最终在工程科学层次上实现引进技术的二次创新，走上自主创新的道路，而不陷入“引进—落后—再引进—再落后”的怪圈。

（4）**技术科学的潜在创新功能**。技术科学的创新功能不仅表现在上述显性的现实功能上，而且还表现出某些难以直接显示的潜在创新功能，一方面通过技术科学理论的技术预见，展望前沿技术的发展态势与潜在创新的可能前景；另一方面特别体现为以技术科学反哺基础科学而存在的战略技术储备功能。

3.技术科学支撑工程教育的功能

我国理工科大学，特别是研究型大学，是造就科学技术人才和培养科技领军人才的教育基地。其中，技术科学在理工科大学的学科建设与科学研究中具有支柱地位，它支持工程学科领域的教学和知识更新，也是改革和发展我国工程教育、提高我国工程教育质量的重要支撑。技术科学基础的加强必然扩大培养口径，有助于培养和造就基础好、应用能力强的科技领军人才，对我国建设创新型国家起到战略支撑作用。

国际工程教育研究前沿的知识图谱分析彰显了国际工程教育领域重视全面素质教育、注重社会技术科学教育、强调工程教育本身改革与工程实践教育、加强技术科学教育等方面的发展趋势。比较几个典型的中美两国高等学校机械工程类专业课程设置，可以发现中美两国在高等工程教育制度上的差异。美国更加重视基础性的教育，特别是重视技术科学基础教育，而我国更注重专业化教育，对技术科学重视不够，培养只能从事特定一门工程技术的“专才”，这不得不引起我们的重视。

四、技术科学强国战略对策

所谓技术科学强国战略，就是高度重视技术科学的发展，充分发挥技术科学对我国增强自主创新能力，建设创新型国家、科技强国和经济强国的战略作用。为此，依据技术科学的基本特征和战略功能，提出实施技术科学强国战略的如下几项政策性建议。

1. 明确确立技术科学的战略地位，制定和实施技术科学发展战略

理论和经验都表明技术科学是具有重要地位的独立门类。研究技术科学需要各级政府及其职能部门摈弃简单化的“自然科学和工程技术”的二层次观点，对技术科学的战略地位取得共识，形成稳定持续的政策支持技术科学的发展。我们建议国家有关部门重新确立技术科学在发展科学技术和提升自主创新能力中的战略地位，赋予技术科学作为一个独立门类所应有的战略规划和资金投入计划等。在此基础上，适时重新制定“技术科学发展战略”，确定技术科学发展的重点学科、前沿领域和实施办法，并纳入国家科技规划和各项科技计划中加以落实。

2. 适时制定国家技术科学发展规划，加大对技术科学的稳定投入

当前，我国政府设立了国家自然科学基金支持广大科技人员的科学研究，此外，还设立了多项科技计划，包括国家重大基础研究计划（“973”计划）、高技术研究发展计划（“863”计划）、科技支撑计划、重大专项等，这些计划所支持的项目已经覆盖了技术科学相当多的研究领域。我们建议适时制定国家技术科学发展规划并通过多种途径加大对技术科学的稳定投入：适时调整现有的科技计划，确保能更全面恰当地覆盖应该得到国家支持的技术科学重要领域，形成技术科学均衡发展的局面；扩大国家自然科学基金对技术科学重要领域的支持；中央财政、地方财政和企业联合筹措资金，针对特定技术科学重要领域，设立行业联合研究基金，支持行业内企业联合开展技术科学项目攻关，解决行业或企业的技术科学共性关键问题，为面向行业的规范标准规程的制定和完善开展基础研究。

多渠道多元化的投入有利于稳定科技政策，确保不同层次、不同领域的科技投入，确保对不同类别的科学研究实施不同的评价体系，有利于形成百花齐放的局面。

3. 健全技术科学研发体系，加强自主创新基础能力建设

建立健全技术科学的研发体系，是加强自主创新基础能力建设的重要内容。建议在国家自主创新支撑体系的科学布局中，根据国家重大战略需求，在新兴、前沿、交叉领域及我国特色与优势领域中，依托具有较强研究开发和技术辐射能力的转制科研

机构或大企业，集成高等院校、科研院所等相关力量，加强建设和增加一批属技术科学范畴的国家研究机构（国家研究所、重点实验室和/或国家实验室），形成国家技术科学研发体系。各产业部门，应以行业的共性技术和核心技术为重点，建立自己的行业技术科学研发中心；在重点产业领域建设大企业集团技术科学研发中心；鼓励科研院所、高等院校、大型企业集团与海外研究开发机构联合建立国际技术科学研发中心，大力推进国际交流与合作。

4. 改进科学技术成果评价体系，正确、合理评价技术科学成果

实践证明，科技成果评价和奖励制度直接影响科技和科研人员的发展。摈弃简单化的“自然科学和工程技术”的二层次观点，明确“自然科学、技术科学和工程技术”三层次观点，要在科技成果评价体系上得到落实。正确认识和把握技术科学的创新特点，建立一套适应技术科学发展的成果评价体系。针对技术科学特点，设立既不同于基础科学又不同于工程技术的评价体系，按照技术科学的性质侧重工程技术共性规律、原理与学术价值、应用前景与潜在经济价值进行评价。合理的评价标准必然会激励广大技术科学工作者，极大推动基础性、公益性的技术科学研究，以及引进技术的消化吸收再创新等工作的开展。

5. 加强技术科学教育，培养基础扎实、适应能力强的工程技术人才

建议高等教育管理部门明确确立技术科学在理工科教育中的地位，改革高等工程教育，完善技术科学课程体系，加速培养技术科学人才。目前，我国从全面素质培养的角度，对高等工程教育与工程专业课程体系进行改革，在加强基础理论、扩大专业面、强化创新实践和文化素质教育等方面确实取得很大进展，然而，在我国工程教育中，技术科学课程仍比较薄弱，社会技术课程欠缺，实验与实践环节尤为缺失，这些都严重妨碍了培养出基础扎实、适应能力强的工程技术人才等教育目标的实现。

Recommendations on Attaching Importance to the Effects of Technology Science on the Construction of Innovation-oriented Country

Consultation Group of Academic Division of Technology Science, CAS

The present paper first sketched out the creation background and essential characteristics of technology science in our country, then set forth the important role of technology science in the construction of innovation-oriented country, and finally brought forward the following recommendations on the implementation of powerful nation strategy in technology science, including: definitely establish the strategic position of technology science, and lay down and implement the development strategy of technology science; work out the national development plan of technology science at the right time, and increase steady investment in technology science; perfect the R&D system of technology science, and strengthen the underpinning capacity building of innovation.

9.4 采取有力措施加速深海生物及其基因资源研究的建议

中国科学院生命科学与医学学部咨询组

《国家中长期科学和技术发展规划纲要（2006—2020年）》指出，生物技术和生命科学将成为21世纪引发新科技革命的重要推动力量，而支撑生物技术和生命科学发展的基础是新的生物及其基因资源的获取。深海多数位于国家管辖海底区域以外的公海，是迄今人类探索最少、生物多样性最丰富的区域。深海生物资源的总量远远超过陆地，其中最有现实利用价值的资源主要是微生物资源。2006年5月10日，温家宝总理对我国大洋工作做出重要批示："深入开展国际海底区域工作，关系国家长远利益。要抓紧制定规划，明确目标、任务和重点。加强各部门的协调配合，充分发挥各方面的积极性。"

海洋占据了地球71%的面积，总体积约为13.75亿立方千米。深海一般指水深在1000米以上的水域，约占地球表面积50%以上。随着整合大洋钻探计划（IODP）的推进和对深部生物圈及海洋洋底等研究的深入，深海微生物在全球物质循环等过程中扮演的重要角色正日益显露出来。在人类极少涉足的深海环境中蕴含有丰富的生态类群，是无可替代的生物基因资源库，是人类未来的最大的天然药物和生物催化剂来源，也是研究生命起源及演化的良好科学素材。据估算，位于深海沉积物顶部的10厘米空间约含有4.5亿吨脱氧核糖核酸。在陆地生物资源已被比较充分利用的今天，对深海生物及其基因资源的采集和研究将为生物制药、绿色化工、水污染处理、石油采收等生物工程技术的发展提供新的途径与生物材料。针对当前深海生物及其基因资源自由采集的现状，联合国已展开多次非正式磋商，正酝酿出台保护深海生物及其基因资源多样性的法规。我国在深海生物基因资源地采集、研究等方面迄今仍远落后于发达国家，突出表现为技术手段不全面、资金投入不充足、研究队伍不稳定等，我国尚不具备发达国家在20世纪70年代所拥有的一些重要深海研究技术手段。2004～2008年，美国的一个私人基金（Gordon and Betty Moore Fund），就为海洋环境基因组项目投入1.3亿美元，而我国平均每年在深远海生物基因资源领域的投资还不到1000万元。如果我国不能在联合国的保护法规出台前占有深海重要资源，将会丧失以新生物技术产业为支撑的可持续发展的重要良机。

在全球气候变暖和传统能源逐渐枯竭的背景下，对深海微生物代谢活动的研究可为解决天然气水合物等新能源的探寻与安全利用、温室气体排放和二氧化碳吸收等重大问题带来新的思路。我国如果不尽快开展相关研究，将难以在新型能源开发和全球气候变化等重大国际热点问题上进行前瞻性的战略布局！

此外，深海热液喷口等区域的环境与地球早期环境类似，不仅是观察地球深部结构的窗口，也被认为是探索生命起源奥秘的最佳场所。深海热液区不依赖于光合作用的生态系统的发现，丰富了人们对生命体系的认识。开展深海生物及其基因的研究不仅将对生命科学的发展起到积极的推动作用，也会有助于人们重新审视地球科学的传统理论体系，进而谋求在新的理论框架下提出单一学科难以解决的重大科学问题。为此，及早部署并在上述研究领域取得突破，我国就不会错失基础科学研究实现跨越式发展的难得契机。

我国在深海矿产资源调查评估方向上设立有国家专项，这不仅为我国在国际海底区域取得了战略资源储备，也将深海矿产资源相关研究提升到了国际水准。“十五”期间，我国在深海及其生物基因资源研究方向上开始起步，但与发达国家相比仍有很大的差距。有鉴于此，制定代表国家利益、面向国家战略需求的 “深海生物及其基因资源研究的中长期发展规划”，以引领诠释生命起源奥秘、探究地球演变规律、阐释气候变暖本质等方面的基础科学研究，进一步提升我国在新一轮“蓝色圈地”运动中的话语权、拓展国家海洋战略发展空间。

综上所述，开展深海及其生物基因资源的研究开发是国家可持续发展的需求，也是国际海底区域矿产资源和能源开发过程中环境保护的需求，并将极大地推动生命科学、地球科学的发展。国家宜尽快设立相应的国家专项，给予必要强度的支持来加速深海生物及其基因资源的研究。要在国际限制条款出台前尽快从国际海底获取更多的生物及其基因材料，有效地加以保藏、研究和利用。力争在10～15年内在资源占有、基础研究和科研团队建设等方面，达到当前海洋发达国家的水准。

为此，特提出以下政策和建议：

（1）制定专门的深海生物基因资源研究国家专项，资助强度达到与深海矿产资源相当的水平。加强生物海洋学和深海生物学等基础性研究，推动深海特殊技术装备的研制，鼓励国内各优势单位参与深海生物及其基因资源研究。通过持续的项目资助，吸引高水平的研究团队和若干骨干实验室，尤其应注重培育一支“专职”从事深海生物及基因资源研发队伍。建议以深海生物及基因资源的获取为龙头，充分发挥国家海洋局、大学和中国科学院等单位的积极性，形成各具特色又有有机联系的群体。通过明确的学科布局和发展规划，避免各单位在学科建设上陷入小而全模式的低水平重复竞争。

（2）**通过改造或新建，尽快装备专业的可搭载载人或非载人深潜器的深海考察船，系统开展深海生物及基因资源多样性、化学生态学调查。**我们与国际先进国家相比的差距集中表现在现场调查样品采集手段落后，样品采集数量与质量严重不足等方面。获取深海生物及基因资源需要大型的考察船，耗费巨大。目前，国内专业从事国家管辖海域以外深海考察的考察船仅有中国大洋协会管理的“大洋一号”，主要从事深海地质勘探研究，可分配用于生物资源调查的船时十分紧张。由于深海原位采样手段缺乏，我国对深海极端环境中生物及基因资源的勘探还达不到20世纪70年代末发达国家的水平。应通过改进或新建专业的可搭载载人或非载人潜器的深海考察船，力争用10～15年时间，在全球范围内的洋中脊、冷泉区等深海典型生态系统和深部生物圈持续采集深海环境、生物资源、基因资源样本，评估生物多样性及资源潜力，为我国深海生物技术产业发展做好必需的战略资源储备。

（3）**建立专门的深海生物及基因资源研究平台体系。**目前国内参与深海生物及基因研究开发上、下游工作的研究小组不超过10个，而且分属于国家海洋局、中国科学院和大学等不同的系统。由于缺乏一个长期稳定的发展规划，导致能力建设不足，无法形成完整的研究体系。多数研究小组以深海研究为兼项，“专业”从事相关研究的科研骨干极少，创新性基础研究成果少，远远不能满足科研与资源开发的要求。鉴于深海生物及其基因研究的复杂性、特殊性，应在各优势单位现有基础上建立专门的深海生物及基因资源研究平台体系，开放各种样品、生物材料、基因、数据库及各种专业设施，使研究工作能在一个较高水平平台上起到辐射作用。

（4）**重视与生命科学及地球科学等相关的基础研究。**大力加强深海微生物遗传资源的宏基因组研究与生物信息学研究。在继续加强深海菌株基因资源研究开发平台建设的同时，还应考虑下游若干子系统及其技术体系的建立，如深海极端微生物生命过程、组合生物合成、工业酶研发、先导化合物保藏等。上、中、下游研究与平台的建设、技术共享相互配合通力协作才能实现从深海环境样品到可利用生物基因资源的有效转化。

Recommendations on Taking Strong Measures to Speed up Research on Deep-sea Life and Its Gene Resources

Consultation Group of Academic Division of Life Science and Medical Science, CAS

The significance and necessity of developing research on deep-sea and its biological gene resources are indicated, and four recommendations are put forward: (1) Formulate national specialized research projects of deep-sea biological gene resources, with funding strength equivalent to that for deep-sea mineral resources. (2) Equip as soon as possible professional deep-sea surveying ship with manned or non-manned deep submergence vehicle, and systematically unfold survey on the diversity of deep-sea life and gene resources, and chemiecology. (3) Build specialized research platform system for deep-sea life and gene resources. (4) Attach importance to the basic research of life science, geoscience, and other related areas.

9.5 关于“保增长，扩内需，调结构”的建议

中国科学院学部咨询组

一、关于对本次国际金融危机的科学研究和措施评估

1. 应从复杂大系统角度来深入研究国际金融危机

2008年，由美国的次贷危机引发的金融海啸迅速向全世界蔓延，更严重的是，其影响已从虚拟经济蔓延至实体经济，导致了世界性的经济衰退。这次国际金融危机发生、发展速度之快，影响之广，十分惊人，大大超出了原先的预期。这表明我们对经济这样一个复杂系统的演化与调控规律的认识还需要深化。起初，美国次贷危机涉及的问题看起来不是很大。2007年美国次贷规模只占其债券市场规模的3%左右，而其中出现问题的次贷又只占美国次贷总额的很小比例，但由于“蝴蝶效应”，它后来却引发了国际金融市场的动荡和全球经济如此大的波动与变化，充分表现出典型的复杂大系统的特征。

鉴于人们目前对经济这样一个全球复杂大系统的预见性和演化与调控规律的认识还远不够深入，建议我国应重视和加强对经济复杂系统的动态演化与调控规律的研究，特别是对我国经济系统的研究，以加强外部因素变化对我国经济影响的预见性。中国经济是社会主义市场经济，具有自己的特色，需要依靠我们中国人自己来研究；需要运用定性和定量分析相结合与综合集成的科学方法，而不仅仅是从定性的角度来认识。通过深入研究，更好地把握经济复杂系统的动态演化与调控规律，更好地应对

各种可能给我国经济系统带来的冲击和影响，实时监测全球经济系统运行状况并及时进行政策效果的模拟仿真，以支持政府更科学地制定和调整经济政策。这不仅对近期，而且对我国经济长远发展也有重要意义。**为此，建议国家尽快启动“全球经济监测与政策模拟仿真系统平台”的建设。**

2. 要充分认识中央所采取的一系列政策措施对我国经济发展的重大影响

为了应对国际金融危机对我国经济的冲击，党中央、国务院于2008年11月紧急启动了4万亿元投资的经济刺激计划，以拉动内需，带动全社会投资的快速增长。我们要充分认识到中央采取的这一系列政策措施对我国经济发展的重大影响，要坚定信心，争取在较短时间内使我国经济开始回升，继续保持平稳较快增长。

现在，各级地方政府和部门的积极性都很高。但地方政府和部门难免会主要从局部利益的角度出发来安排投资项目，部分目标可能会相互重复，造成新的产能过剩。一些问题可能目前还不会显现出来，但长期会怎样？特别是，政府大规模投资的长期和整体影响到底如何？这些都需要科学的评估。这也是一个系统科学的问题。**要从复杂系统角度去分析不同产业、不同行业以及不同领域的发展在近、中、远期对我国经济社会发展的影响，在此基础上提出更科学、更系统、更有效的应对方案和措施。**同时，大家对大规模投资可能引发的建设用地急剧增加的问题、重复建设、新的产能过剩问题以及可能引发严重的资源和环境问题等表示担忧。同时，大家也都认为这次应对国际金融危机也是我国大力增强和提升自主创新能力的一个重要机遇，如应对措施得当，对促进我国经济健康可持续发展将起到非常重要的作用。

二、关于大规模投资的若干原则

我国及时推出大规模政府投资计划是非常必要的。建议对大规模投资计划的投资方向和效应等进行深入研究。投资应当遵循一些基本原则，应该努力用较小投入来争取最大效益，重视那些可以为未来长远科学发展奠定基础的投资领域，并重视可能出现的新问题。

1. 近、中、远期投资规划相结合的原则

既要关注在短期内能拉动经济快速增长的领域，也要关注在中长期对我国经济和社会发展起到关键作用的领域，特别是应加强对基础科学、前沿技术、教育、卫生与社会保障、文化等领域的投资，尽可能做到将短期和长期的发展目标协调推进。

根据中国科学院预测科学研究中心的测算①，科教投资对GDP、就业和消费的拉动效应与其他行业相比都在平均水平之上，而科教领域投资中经常性经费投资的拉动作用要高于固定资产投资的拉动作用：每亿元投资拉动的GDP增长额，前者为1.313亿元，后者为1.211亿元；每亿元投资拉动的非农就业人数，前者约为5049人，后者约为2607人；每亿元投资拉动的居民消费，前者约为3130万元，后者约为2110万元。而且，科教投资对经济的长期发展具有更强的拉动作用。我国科教投资每增加1%可以拉动劳动生产率（单位劳动力产出）增加0.126%②，明显高于固定资产投资增加1%提升劳动生产率增加0.116%的平均水平。而我国科教经费占GDP的比重远低于世界平均水平。**因此，无论是从短期还是中长期来看，增加对科教的投资对我国经济的发展，都比投资其他行业具有更好的拉动作用。**

2. 与我国国情相适应的原则

我国的国情与其他国家的不同，体制不同，特别是经济发展的阶段不同。欧美等发达国家的教育体系已经较为完善，目前为应对金融危机，西方一些经济大国可能将政府投资的重点放到信息产业、环保产业等领域，而我们应更加关注教育与科技，更加注重改善民生，更加注重农村及西部贫困地区发展，更加注重提升能源和服务业等。

3. 科学有序投资的原则

政府大规模投资应做到“统筹协调、科学有序、放眼长远、注重实效”。不同的行业和领域的投资在短期和中长期对经济增长的拉动作用可能很不相同，因此，需要就不同行业的投资对我国经济增长的拉动作用开展研究，对拉动效果进行排序，选择一些近期需要优先考虑的领域，同时兼顾那些具有长期潜在效果的领域。

4. 加强监督的原则

政府如此庞大的投资计划，应及时向社会公布更多的信息，接受监督。投资计划、经费使用等都要实行科学和规范的管理，包括对工作程序也要加强监督，争取更好的经济效应和社会效应。重大投资项目应设立领导小组和专家委员会。

---

① 测算的假定为“与2005年相比，我国经济结构没有重大的变化”。因为测算的方法是投入产出分析方法，而国家统计局于2008年公布的最新投入产出表是2005年的（数据截至2005年）。对本报告涉及的测算，这一假定是可以接受的，测算结果在量级上是正确的。后面的其他测算，也是基于同一假定。

② 该结果是基于1991～2006年的数据测算得出的。由于21世纪以来，我国的科教结构发生了很大变化，科教投资对技术、劳动生产率的作用有了较大幅度的提高。如果仅用近期的样本数据进行测算，科教投资增加对劳动生产率等的拉动作用更大一些。

5. 审慎处理土地资源占用量大的项目

目前，4万亿元投资计划有很大一部分将投向铁路、公路、机场和港口等建设。这是非常正确的，但也要注意防止和减少大规模投资可能引发的负面影响，如可能带来建设用地数量的急剧增加，将对中央提出的守住18亿亩耕地红线的目标形成新的重大压力。

据中国科学院预测科学研究中心的初步测算，2009～2010年，由于4万亿元投资计划的实施而增加的铁路新线每年将增加土地占用35.12万亩。如果按照其中30%～50%的土地为可耕种的土地来进行测算，则增加的耕地占用将达10.5万～18.1万亩；2009年和2010年由于该计划新建的公路而占用的土地将比原计划增加约87.9万亩和148.4万亩。在公路建设占地中，耕地所占的比例要高于铁路，如果以50%进行推算，2009年和2010年将分别多占用耕地44万亩和74万亩左右。

6. 警惕低水平重复建设以及高污染、高能耗的项目

通过扩大投资来促进内需的同时，一定要重视资源和环境保护，应尽可能避免和减少对资源和环境造成新的破坏。

根据中国科学院预测科学研究中心测算，目前4万亿投资计划将使得工业废水、废气、二氧化硫、固体废弃物排放总量分别增加21.9亿吨、50 431.2亿标立方米、297.4万吨和184.7万吨。如果考虑到4万亿元投资将带来全社会投资的增加，以2009年增加21万亿元投资计，则工业废水、工业废气、工业二氧化硫和固体废弃物的排放量则将分别增加117.6亿吨、261 854亿标立方米、1555万吨和960万吨。这将给我国的节能减排工作带来很大压力。因此，应尽量避免和减少4万亿投资计划及其所带动的社会投资中高污染、高能耗的项目及低水平重复建设的投资。

三、关于优先投资方面的若干建议

1. 加强农业、农村和林区基础设施建设

与发达国家相比，我国农业的生产水平相对较低，突出表现在农业的基础设施建设上。全国贫困地区主要分布在林区和山区，那里有丰富的资源，但由于交通等条件的限制，造成这些地区的经济发展较慢。与一些工业领域相比，国家对农业、林业基础设施的投资相对较少。加大农村基础设施的建设，不仅可以解决大量劳动力的就业问题，而且还将有效地促进农村和农业发展以及改善生态环境质量。农民收入的提高对消费的带动效应将是非常明显的。林业也是如此。建议政府在制定新的经济刺激计

划时，应把农村基础设施建设作为一个重点，这对于拉动内需、保增长和调结构以及我国经济的长远发展都是非常重要的。

2. 推进制造业升级，加强信息基础设施建设

我国制造业中加工生产所占比重过大，自主设计投入不足。产品出口的主要市场过于集中，抗风险能力差。美国金融海啸爆发后，我国制造业出口增幅明显回落，亏损企业量大面广。危机也孕育着机遇，建议我国应尽快推进制造业的升级，提升自主创新能力和设计创造能力，推进绿色、智能制造的步伐，并利用我国劳动力优势发展个性化制造，创造国际著名品牌，提高国际竞争力。

信息化是推动经济社会变革的重要力量。信息基础设施建设是信息化的基石。建议加强宽带通信网、数字电视网和下一代互联网等信息基础设施建设，推进“三网融合”，健全信息安全保障体系；建设城乡高速多媒体信息传输骨干网络，提高通信网络在农村的覆盖率，基本实现自然村通电话和宽带进村入户。现代网络平台的建设与发展不仅将会触发和形成新的经济增长点，而且对我国产业升级也有着重要的意义。

3. 加快调整能源结构，完善我国能源供应体系

目前我国的能源消耗仍以煤炭为主，与2000年前后相比，所占比重近年来又有所上升，占能耗总量的近70%。但煤炭不是清洁能源，在燃烧过程中会产生污染，如二氧化碳、二氧化硫和固体废弃物等。要实现节能减排的目标，需要在总量控制的基础上改善能耗结构，增加石油、天然气以及水电、核电、风电和太阳能的比重，加大对可再生能源和先进核能技术的研发力度。

4. 建立和完善国家科研成果推广计划体系

科学技术是第一生产力，应该在“保增长、扩内需、调结构”方面做出更大的贡献。目前，在我国需要进一步采取措施，引导、加强研究院所和大学与企业的合作研发。一方面，相当比例的科研成果存在着推广难的现象；另一方面，很多企业对实用技术有着迫切的需求，甚至处于“等米下锅”的状态。建议设立和完善国家科技成果推广计划体系，加大科技成果的推广力度，加快科技成果的转化速度，同时应制定更优惠的政策，鼓励企业增加研究开发投入，鼓励更多的科研人员、研究生和大学生深入企业和乡村。

5. 适应需求，优化教育结构，大力发展职业教育

目前，我国高等教育的一次就业率约为70%，而中等职业教育一次就业率远高于90%。不仅如此，职业技术人才在很多领域供不应求。然而，我国职业教育投资明显

不足，职业教育水平落后，职业技术人才仍严重不足等，严重地影响了我国职业教育的发展。部分经济发达国家，职业教育经费投入约是普通高等教育经费投入的3倍，而我国2006年职业教育经费投入仅占普通高等教育经费投入的22.2%。建议政府优化教育结构，加大对职业教育的投资力度，大力发展职业教育，这是“扩内需、促就业”并有利于长远发展的大事。此外，应进一步鼓励社会力量参与发展职业教育。当前，一些制造业的企业面临着产能调整的困难，可以有计划地组织工人参与职业教育培训，政府也给予一定的支持。

6. 加大对基础前沿研究和部分科技专项的投入

应加大对基础研究和部分科技专项的投入，以应对未来科技革命的挑战。20世纪90年代初的美国新经济之所以能够成功，在很大程度上得益于里根的“星球大战计划”和“信息高速公路计划 ”等计划的拉动。我国要确保经济长期稳定较快的增长，在经济结构调整中，特别应该更加重视科技对经济和社会发展的推动作用。根据当前国际经济和科技发展的新形势，及时部署和调整科技专项的投资计划。

7. 加强国产仪器研制，同时重视引进处于实验阶段的新技术

目前，我国的大量科研项目经费被用于购买国外的仪器和设备，应尽快扭转这种局面。应加大对国产仪器研制的投入，制定鼓励购置国产设备的政策，促进形成科技投入、国产仪器研制和购买国产仪器的良性循环，推动我国制造业的升级。同时，重视引进国外还处在实验阶段但有广阔市场前景的技术，这将会帮助我国在未来抢占新的国际市场份额，甚至有可能重新造就类似2002年我国加入WTO的拉动经济增长的“超级因素”。

8. 重视服务业对内需的拉动作用和经济结构调整的影响

服务业占国民经济的比重，在一定程度上反映了一个国家的发达程度，而且服务总是和消费密切相关，大力发展服务业对扩大消费至关重要。建议政府应适当调整工业、农业和服务业等的比例关系，加大对服务业的投入，以拉动内需、增加就业、促进增长和调整经济结构。当前，我国旅游业的发展面临着重要的机遇和挑战，应该进一步重视旅游产业的发展，推动我国消费的升级，促进经济的增长。此外，我国应加快现代服务业，如金融服务业、专业服务业、信息服务业、研发及科技服务业等知识密集型服务业的发展，提升我国服务业的总体水平。

9. 加快发展农村保险业

自然灾害风险、经营风险等是农业发展的掣肘，而我国农村保险业的发展相对

落后。其突出表现是保险和银行在农村金融生态中的地位极不平衡：2007年我国农业保费收入占农业信贷的比例为0.35%，而全国保费收入占全国信贷的比例为2.7%。这表明，城市的金融供给有更多的保险资源来支撑。然而，恰恰是风险更高的农业，其金融生态中反而出现了保险供给相对不足的矛盾。因此，应加快加大农村保险业的建设，把保险作为活跃农村金融的突破口来抓。

10. 重视互联网建设对社会发展的作用

我国网民已过3亿，手机用户已过5亿，随着3G等宽带无线接入技术的发展，网络将成为我国商务、消费、服务和公民日常生活的重要平台。借鉴美国新经济的经验以及奥巴马新政府推出的全国宽带网计划的政策举措，建议建立和大力发展以扩大互联网普及和应用为基础的文化知识网，从沿海推广到内地，从城市推广到乡村。建设这样的网络，其意义绝对不亚于公路网和铁路网等有形网络的建设。互联网不仅可用作电子商务和电子政务的技术平台，而且可在网络平台上创业和开展创新，还可在网络平台上建设虚拟的博物馆和数字图书馆等，从而大大提高全民族的科学文化水平与素养。

Recommendations on “Keep Growth, Expand Domestic Demand and Adjust Structure”

Academic Divisions Consultation Group, CAS

The content of this article involves three aspects: (1) Assessment of scientific studies and measures of the present international financial crisis. It is proposed that the international financial crisis should be studied thoroughly from the view point of complex large-scale system; the significant impact of a series of policies and measures adopted by the central authorities must be fully understood. (2) A number of principles concerning extensive investment. Six principles are proposed, including integration of near-future, medium-term and long-term investment plannings; suitability with the situation of our country; scientificly ordered investment, etc. (3) Some recommendations on priority of investment. Ten suggestions are proposed: intensifying infrastructure construction in agriculture, rural area and forest zone; boosting promotion of manufacturing industry; enhancing information infrastructure construction; speeding up regulation of energy structures and completing energy supply system of our country; setting up and perfecting the nation’s scientific achievements popularization system, etc.

（因篇幅所限，本章部分文章有删节）

Appendix

附录一：2009年中国与世界十大科技进展

一、2009年中国十大科技进展

1. 首台千万亿次超级计算机系统“天河一号”研制成功

国防科学技术大学研制的“天河一号”，峰值性能达每秒1206万亿次双精度浮点运算，综合技术水平进入世界前列，标志着我国成为继美国之后，世界上第二个能够研制千万亿次超级计算机的国家。11月18日，国际TOP500组织正式发布世界超级计算机500强排名榜，“天河一号”排名全球第五、亚洲第一，这是我国取得的最好名次，表明我国在国际超级计算机领域的地位显著提升。超级计算机是世界高新技术领域的战略制高点，是体现科技竞争力和综合国力的重要标志。各大国均将其视为国家科技创新的重要基础设施，投入巨资进行研制开发。“天河一号”的问世，是我国高性能计算机技术发展的又一重大突破，是国家和军队信息化建设的又一重要成果，为解决我国经济、科技等领域重大挑战性问题提供了重要手段，对提升综合国力具有重要战略意义。

2.第一个南极内陆科学考察站正式建成

我国第一个南极内陆科学考察站昆仑站于1月27日在南极内陆冰盖的最高点冰穹A地区建成，站区计划总建筑面积558.56平方米，本次南极考察主要实施建设236平方米的主体建筑。我国将有计划地在南极内陆开展冰川学、天文学、地质学、地球物理学、大气科学、空间物理学等领域的科学研究，实施冰川深冰芯科学钻探计划、冰下山脉钻探、天文和地磁观测、卫星遥感数据接收、人体医学研究和医疗保障研究等科学考察和研究。冰穹A区有世界上最为古老的冰层，在那里建立科考站，对于全球气象研究、天文学、地质学都具有重要意义。目前各国在南极建立的53个科学考察站大都分布在南极边缘地区，只有美国等6个国家在南极内陆地区建立了科考站，中国昆仑站登陆南极冰盖最高点，成为人类南极科考史上的又一个里程碑，是我国为人类探索南极奥秘做出的又一个重大贡献。

3.上海同步辐射光源建成

这是我国迄今为止投资最大的国家重大科技基础设施建设项目，总投资约12亿元。上海光源能量位居世界第四，是目前世界上性能最好的中能光源之一。上海光源从装置到建筑均为我国自己设计和集成。在4月26～27日举行的上海光源建设国际评估会上，来自11个国家的34位权威专家对该项目给予高度评价：上海光源主要性能指标达到世界一流水平，是一项了不起的成就。该光源首批7条光束线和实验站向用户试开放以来，已经取得一批重要科研成果。上海光源的建成，不仅表明我国在建设大科学工程实验装置方面具备了高水平的自主创新和技

术集成能力，已经进入了国际先进行列，而且将对我国的科技进步、经济发展、资源开发、环境保护、人口与健康等方面产生广泛而深远的影响。

4.量子计算研究获重大突破

中国科技大学教授杜江峰领导的研究小组和香港中文大学教授刘仁保合作，通过电子自旋共振实验技术，在国际上首次通过固态体系实验实现了最优动力学解耦，极大地提高了电子自旋相干时间。该成果发表在10月29日出版的《自然》杂志上，同期的“新闻与展望”栏目发表的评述文章指出：“他们所使用的量子相干调控技术被证明是一种可以帮助人们理解并且有效对抗量子信息流失的一个重要资源，取得的研究进展的重要性在于极大提升了现实物理体系的性能，从而朝实现量子计算迈出重要的一步。”杜江峰研究小组成功建立了目前国内唯一可以同时操控电子和核自旋的实验平台。在此基础上，他们第一次在真实固态体系中开展独立实验，实现了最优动力学解耦方案。他们的研究显示，即使在常温下，这样的方案也是可以工作的，这为用固态材料研制出能在室温下使用的量子计算机奠定了基础。

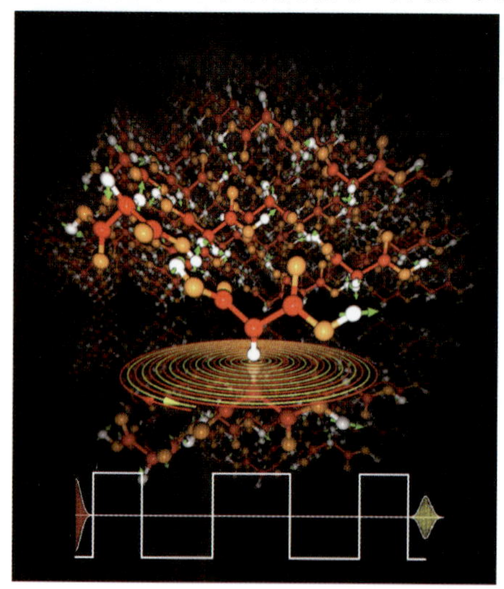

5.甲型H1N1流感疫苗全球首次获批生产

北京科兴生物制品有限公司生产的甲型H1N1流感疫苗9月3日获得由国家食品药品监管局颁发的药品批准文号，这也是全球首支获得生产批号的甲型H1N1流感疫苗。此前完成的临床试验结果初步显示，该疫苗安全性良好。在有效性方面，该疫苗一剂免疫后21天，儿童、少年和成人三个年龄组保护率均在81.4%～98.0%范围内，达到了国际公认的评价标准（保护率70以上），可用于3～60岁人群的预防接种。甲型H1N1流感在全球暴发后，我国共有10家疫苗企业投入甲型H1N1流感疫苗的研发。据了解，目前除北京科兴外，其他9家企业都已完成甲型H1N1流感疫苗的临床试验，正在陆续申报注册。北京

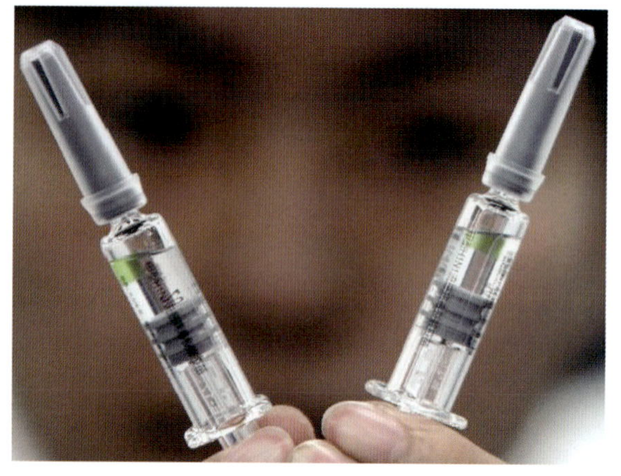

科兴生产的甲型H1N1流感疫苗月产量可达200万~300万人份，在国庆节前，预计可以生产出500万人份的疫苗，以满足北京市乃至国家的储备需求。

6.iPS细胞的全能性被首次证明

7月23日，《自然》在线发表中国科学院动物研究所研究员周琪和上海交通大学医学院教授曾凡一分别领导的研究组共同完成的一项研究成果。我国科学家首次利用iPS细胞（诱导性多能干细胞），通过四倍体囊胚注射得到存活并具有繁殖能力的小鼠，从而在世界上第一次证明了iPS细胞的全能性。周琪等制备了37株iPS细胞，利用其中6株iPS细胞系注射了1500多个四倍体胚胎，最终3株iPS细胞系获得了共计27个活体小鼠，经多种分子生物学技术鉴定，证实该小鼠确实从iPS细胞发育而成，有些小鼠现已发育成熟并繁殖了后代。这项工作为进一步研究iPS技术在干细胞、发育生物学和再生医学领域的应用提供了技术平台，将iPS细胞研究推进到了一个新的高度，成为中国科学家在这一国际热点研究领域所做出的一项重要贡献。

7.研制出大容量钠硫储能电池

中国科学院上海硅酸盐研究所和上海市电力公司合作，成功研制具有自主知识产权的容量为650安·时的钠硫储能单体电池，使我国成为继日本之后世界上第二个掌握大容量钠硫单体电池核心技术的国家。现已建成2兆瓦大容量钠硫单体电池中试生产示范线，合作双方计划在2009年底前成功研制百千瓦级的钠硫电池储能系统，并将进入2010年上海世博会展示。智能电网是目前国家电网的重点建设方向，储能技术是智能电网的核心技术之一。而钠硫储能电池因其容量大、体积小、能量储存和转换效率高、寿命长、不受地域限制等优点，非常适合电力储能使用。钠硫储

能电池是目前最经济实用的储能方法之一，具有极大的经济和社会效益，也能降低碳的排放，应用前景广阔。

8.发现世界上最早的带羽毛恐龙

沈阳师范大学古生物研究所课题组在辽宁省建昌县玲珑塔地区，发现了迄今已知世界上最早的、长有羽毛的恐龙——“赫氏近鸟龙”。该化石距今约1.6亿年，较之以往热河生物群中最早的“带羽毛恐龙”——中华龙鸟的时代要早约2000万～3000万年，较之以往所知世界上最早的鸟类要早约几百万至1000万年。本次新发现的“赫氏近鸟龙”化石代表了目前世界上最早的长有羽毛的物种。新发现的化石在其完整保存的骨架周围清晰地分布着羽毛印痕，特别是在前、后肢和尾部均分布奇特的飞羽。更奇特的是，其趾爪以外的趾骨上都被有羽毛，这种完全被羽的特征在灭绝物种中尚无报道。《自然》杂志发表了这一成果。本次发现进一步支持了恐龙演化曾经过“四翼阶段”的假说，并提出了兽脚类恐龙分异的时间框架新假说。此研究成果代表着鸟类起源研究的一个新的、国际性的重大突破。

9.成功实现太阳能冶炼高纯硅

世界上第一根太阳能冶炼的单晶硅由中国科学技术大学、中国科学院理论物理研究所陈应天等专家制成。这一成果发表在《中国物理快报》第26卷第7期。文章作者之一的中国科学院院士何祚庥介绍，这是我国光伏发电技术领域的一项重大创新，使高效廉价冶炼高纯硅成为现实。太阳能级高纯硅材料是目前世界上最紧缺的能源材料之一，也是当前光伏产业应用最广泛的原材料。以高纯硅材料为基础的光电池的发电成本大约是国内常规能源发电成本的10～20倍。经过反复实验，对应用此方法得到的硅粒采取定相凝固加工提纯，用辉光放电质谱微量分析法测试，得到的结果表明，这一高纯

多晶硅已达到99.9999%的太阳能级纯度。新方法能将现有的提纯耗能指标由200～400度电/千克降为30～40度电/千克，其提炼成本由目前的40～80美元/千克降为20美元/千克，且没有环境污染。

10.万吨级煤制乙二醇成功实现工业化示范

中国科学院福建物质结构研究所与江苏丹化集团、上海金煤化工新技术有限公司联手合作，成功开发了“万吨级CO气相催化合成草酸酯和草酸酯催化加氢合成乙二醇”（“煤制乙二醇”）成套技术，是一项拥有完全自主知识产权的世界首创技术。正在内蒙古通辽市建设全球首套年产20万吨煤制乙二醇示范装置，将成为国内最大的乙二醇生产企业，实现部分替代进口。该项目是我国煤化工五大重点示范工程之一。此项成果标志着我国领先于世界实现了全套“煤制乙二醇”的技术路线和工业化应用。该技术的推广应用将有效缓解我国乙二醇产品供需矛盾，对国家的能源和化工产业产生重要积极影响，具有重要的科学意义、突出的技术创新性和显著的社会经济效益。

二、2009年世界十大科技进展

1.美国通过撞月发现月球存在水冰

经过近4个月的飞行，美国半人马座火箭、月球坑观测和传感卫星10月9日相继撞击月球南极地区。半人马座火箭首先以约9000千米/时的速度撞击月球南极的凯布斯坑。半人马座火箭是将月球坑观测和传感卫星送入太空的运载火箭的第二级。4分多钟之后，月球坑观测和传感卫星也“如约”撞击月球。据介绍，“撞月宇航器”在月球上掀起1600多米高的尘埃，其中含有体积约为100升的水（或者冰）。本次撞月行动共掀起两股尘埃：其中一部分由蒸汽和微尘组成；另一部分由质量更重的物质组成。研究人员表示，月球上的水（冰）可能是远古时期遭彗星撞击后留下的“遗迹”。由于此类陨石坑在几十亿年间从未接受过太阳照射，因此各类物质得以保持“原生

态”。月球坑观测和传感卫星与月球勘测轨道飞行器6月18日升空，开始月球探测之旅，这次任务是美国“重返月球”战略计划的第一步，将为美国载人探月和探索太阳系提供重要数据。

2.欧洲大型强子对撞机实现首次对撞创下能级新纪录

欧洲核子研究中心发布的新闻公报介绍说，欧洲大型强子对撞机于11月20日重新启动，并实现了第一束质子流贯穿整个对撞机。23日，大型强子对撞机内实现重启后的首次对撞。29日晚间，科学家们首先将一束质子流加速到1.05万亿电子伏特的能级，之后于30日凌晨成功将对撞机内的两束质子流都加速到1.18万亿电子伏特的能级，创下了新的世界纪录，使得大型强子对撞机真正成为世界上“最强的机器”。科学家们设想，通过在对撞机内实现极高能级的粒子对撞，模拟出与宇宙大爆炸之后最初状态类似的条件，从而对宇宙起源和各种基本粒子特性展开深入研究。科学家们尤其期待能够借助大型强子对撞机发现被誉为物理学“圣杯”的希格斯玻色子，进而完美地支撑起整个粒子物理学“标准模型”的理论大厦。此外，通过相关试验数据的分析，科学家们还希望验证霍金的黑洞蒸发理论。

3.发现杀灭癌细胞的新途径

7月22日，英国研究人员在美国《临床检查》杂志上报告说，他们发现抗体可不借助人体免疫系统而直接杀死癌细胞，这一成果将有助于开发出治疗癌症的新方法。抗体可用于治疗癌症，其基本原理是，当抗体与癌细胞结合后，会使癌细胞更容易被人体免疫系统识别，从而引导免疫系统来杀死癌细胞。英国南安普顿大学和曼彻斯特大学等机构的联合研究小组发现，一些抗体还能绕开免疫系统直接杀死癌细胞。这些抗体与癌细胞结合后，会导致癌细胞中的溶酶体胀裂并释放出有毒物质，最终使癌细胞死亡。研究人员说，这一发现有助于开发可高效杀灭癌细胞的新方法，用于治疗那些传统化学疗法无法医治的癌症。

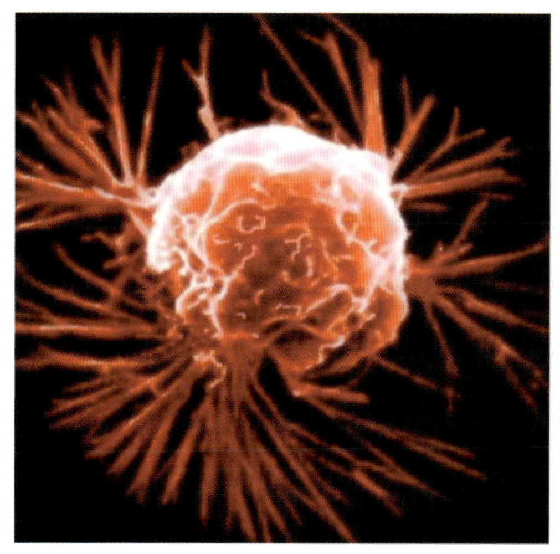

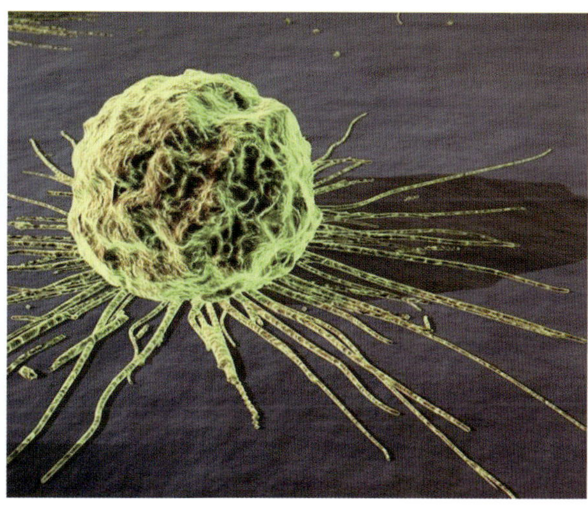

4.在火星上发现甲烷

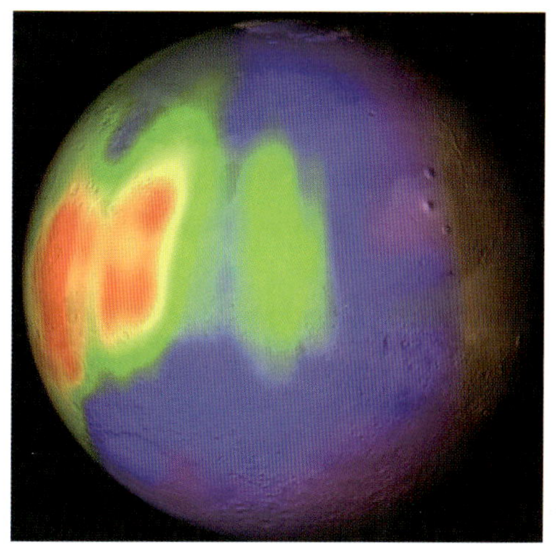

1月16日出版的《科学》杂志报道，美国航空航天局戈达德航天飞行中心以及马里兰大学等机构的科学家，利用装备在3个陆基望远镜上的高色散红外分光计对约90%的火星表面观测了3个火星年（一个火星年相当于687个地球日），于火星夏季时在其北半球观测到了“缕缕”甲烷气柱。研究人员推测，这些甲烷可能是由于火星冻结带上出现裂缝，才得以从地下渗出，进入火星大气中，但要确定其具体源头还需要更多研究。科学家在火星北半球探测到了甲烷，这意味着火星上可能有活跃的地质活动，甚至可能有生命存在。甲烷由一个碳原子和4个氢原子组成，是地球上天然气的主要成分。天体物理学家之所以对甲烷感兴趣，是因为地球上的生物体在消化养分时，会释放出大量甲烷。另外，一些地质过程也会释放甲烷。

5.艾滋病疫苗研发取得突破

美国和泰国研究人员9月24日共同宣布，双方合作开发试验的一种“联合疫苗”可以将人体感染艾滋病病毒的风险降低31.2%。这是人类首次获得具有免疫效果的艾滋病疫苗。这种“联合疫苗”是由两种疫苗组成的，其中一种负责刺激免疫系统，使其做好攻击艾滋病病毒的准备；第二种则担当“助功手”，负责增强免疫反应。“联

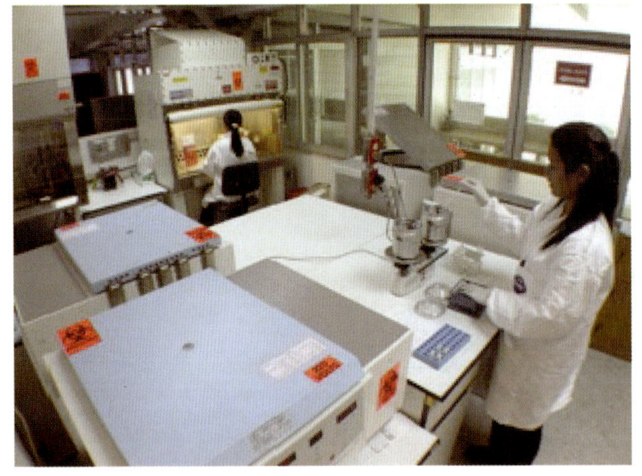

合疫苗”试验始于2003年10月，试验对象是在泰国选取的1.6万多名年龄在18～30岁的志愿者。此次完成的是迄今最大规模的艾滋病疫苗试验，且取得“突破性”结果。世界卫生组织和联合国艾滋病规划署当天发表联合声明表示，这一代表重大科学进步的试验结果首次表明，通过疫苗是可以在普通成年人中预防感染艾滋病病毒的，其意义重大。

6.诱导多功能干细胞研究取得重大突破

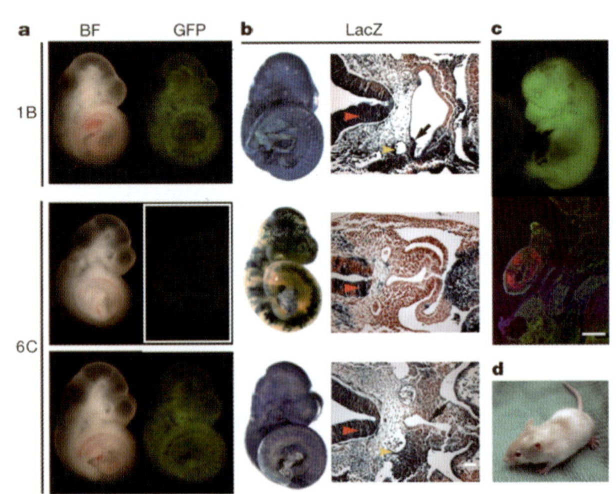

3月1日，英国和加拿大科学家在《自然》杂志网站上报告说，他们发现了一种可以安全地将普通皮肤细胞转化为诱导多功能干细胞的方法，这种方法不但首次使得转化过程不需要借助病毒，而且有望使生物医学研究彻底告别使用胚胎干细胞。研究人员说，这标志着诱导多功能干细胞研究向临床应用迈出了重要一步。此前将皮肤细胞转化为诱导多功能干细胞的过程需要使用病毒，即用病毒作为载体将基因物质注入皮肤细胞中，促使其转化。这一方法具有引发癌症的风险，因此也大大限制了诱导多功能干细胞的应用前景。英国爱丁堡大学和加拿大多伦多大学等机构的研究人员报告说，他们首次发现了不使用病毒的转化方法。研究人员利用一种基因“转位子”，即DNA中一段可以移动的基因序列，来替代病毒作为运输所需基因的载体。用这种方法得到的诱导多功能干细胞，同样具有和其他干细胞类似的特性，但却使临床应用的风险大大减小。

7.首次合成可无限复制的RNA

美国斯克里普斯研究所科学家的新发现，在回答生命如何开始的生化问题上迈出了重要一步，他们首次在无须任何蛋白质和其他细胞成分的情况下，合成出可自我复制的RNA，而且这种复制可无限进行下去。该项研究成果刊登在《科学》杂志上。研究人员建立了具有类似功能的各种不同的酶对。他们将12种不同的交叉复制对，连同其所有的组成亚基进行混合，让它们在一次优胜劣汰的分子实验中相互竞争。大多数情况下，这些复制酶会正确增殖，但有时复制酶也会犯错误，将一个亚基和其他复制酶的一个亚基结合起来。当这种“突变”发生时，由此产生的重组酶还能持续复制，但最适合的复制酶数量会越来越多，始终占据着混合物的统治地位。这项工作最终表明，一个以RNA为基础的更为简单的生命形式至少是有可能的，这必将推动研究人员更加深入地探索有关生命起源的RNA世界模型理论。

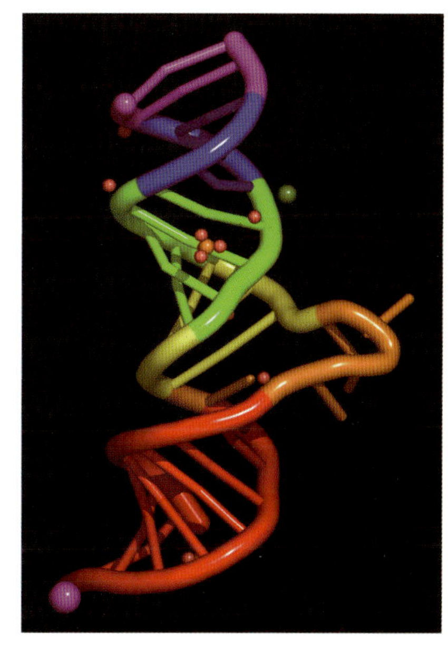

8.首台通用编程量子计算机问世

这一量子计算机由美国国家标准技术研究院研制，可处理两个量子比特的数据。较之传统计算机中的“0”和“1”比特，量子比特能存储更多的信息，因而量子计算机的性能将大大超越传统计算机。通用编程量子计算机采用了量子逻辑门技术来处理数据。制造量子逻辑门需设计一系列激光脉冲，以操纵铍离子进行数据处理，再由另一个激光脉冲读取计算结果。一个简单的单量子比特门，可从0转换成1，也可从1转换成0。但与传统计算机的物理逻辑门不同的是，这台设备的量子逻辑门均已编码成激光脉冲。当激光脉冲量子门对量子比特实行简单逻辑操作时，铍离子便会开始旋转，实现对量子比特的存储。研究小组表示，通过提升激光的稳定性和减少光学设备的误差，可有效提高芯片的运行准确率。在准确率提升至99.99%时，该芯片才能作为量子处理器的主要部件，最终实现通用编程量子计算机的实际应用。

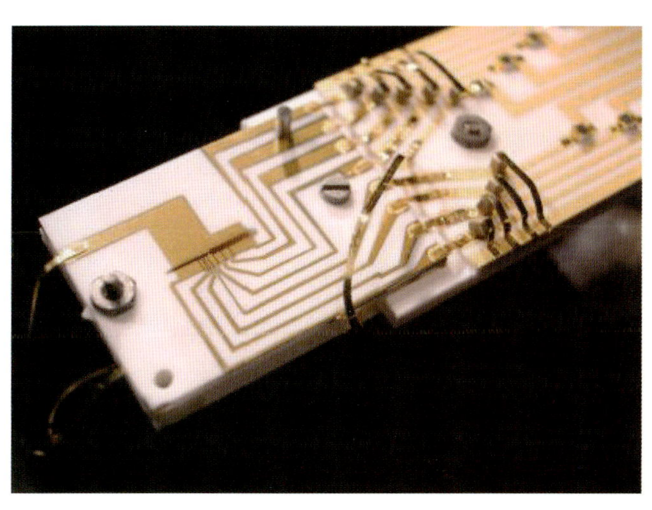

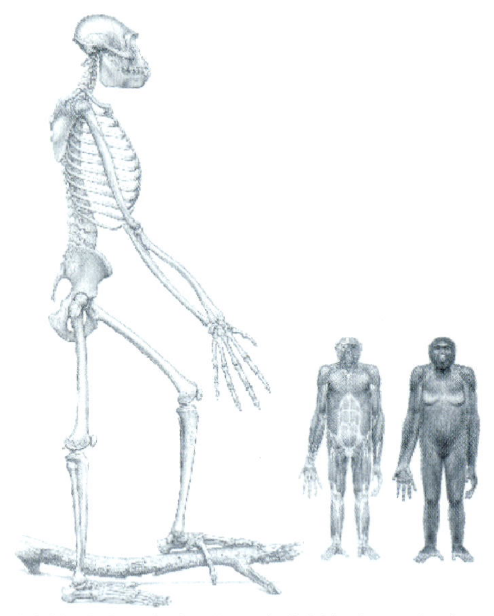

9.发现最古老原始人骨骼

一个国际科学家团队10月1日公布研究成果称，该团队在埃塞俄比亚境内发现了距今已有440万年的女性原始人骨骼。这是迄今发现的年代最久远的原始人骨骼，科学家对其特征进行的分析表明，人与黑猩猩的共同祖先与如今的人类和黑猩猩特征迥异。这名女性原始人属于地猿始祖种，科学家将其昵称为“阿尔迪”。科学家推测，“阿尔迪”身高约120厘米，体重约50千克。基因分析表明，人类与黑猩猩可能在距今700万～600万年前分道扬镳，走上不同的进化道路。科学界此前一直假定，人与黑猩猩最后一个共同祖先具有众多与黑猩猩相似的特征，例如，它会在树枝上摆动或悬吊在树枝上，也许还像黑猩猩一样采取四肢着地的方式行走。不过，科学家对“阿尔迪”的分析颠覆了这一假定。全球共有47名科学家参与了这项为期17年的研究。《科学》杂志10月2日出版特刊，刊登了有关这项研究的11篇论文。

10.世界最大远红外线望远镜及宇宙辐射探测器升空

格林尼治时间5月14日13时12分，欧洲阿丽亚娜5-ECA型火箭携带欧洲空间局世界最大远红外线望远镜“赫歇尔”及宇宙辐射探测器“普朗克”，从法属圭亚那库鲁航天中心发射升空。从发射到卫星与火箭分离虽然只有30分钟，但却凝聚了参与这项计划的欧洲15国多年的心血和梦想。这两个探测卫星的观测结果将能颠覆人类对宇宙的认识。两个探测卫星将被定位在距地球约160万千米的“第二拉格朗日点”附近，以背对太阳和地球的姿势，对宇宙进行持续观测。“赫歇尔”实质上是一个太空望远镜，它也是人类有史以来发射的最大的远红外线望远镜，将用于研究星体与星系的形成过程；“普朗克”则主要用于对宇宙辐射进行观测。人类又向探索宇宙的起源迈进了一步。

附录二：2009年中国科学院、中国工程院新当选院士名单

2009年中国科学院新当选院士名单

（共35人，分学部按姓氏笔画为序）

数学物理学部（6人）

序号	姓名	年龄	专业	工作单位
1	孙昌璞	46	理论物理	中国科学院理论物理研究所
2	李安民	62	数学	四川大学
3	罗　俊	52	引力物理	华中科技大学
4	郑晓静（女）	51	力学	兰州大学
5	席南华	46	数学	中国科学院数学与系统科学研究院
6	崔向群（女）	57	天体物理	中国科学院国家天文台南京天文光学技术研究所

化学部（8人）

序号	姓名	年龄	专业	工作单位
1	万立骏	51	物理化学	中国科学院化学研究所
2	包信和	49	物理化学	中国科学院大连化学物理研究所
3	江　雷	44	无机化学	中国科学院化学研究所
4	江桂斌	51	分析化学、环境化学	中国科学院生态环境研究中心
5	陈小明	47	无机化学	中山大学
6	周其林	52	有机化学	南开大学
7	唐本忠	52	高分子化学与物理	香港科技大学
8	涂永强	50	有机化学	兰州大学

生命科学和医学学部（5人）

序号	姓名	年龄	专业	工作单位
1	庄文颖（女）	60	真菌学	中国科学院微生物研究所
2	尚永丰	45	生物化学与分子生物学	北京大学
3	林鸿宣	48	作物遗传学	中国科学院上海生命科学研究院
4	侯凡凡（女）	58	内科学（肾脏病学）	南方医科大学
5	隋森芳	64	生物物理学	清华大学

地学部（5人）

序号	姓名	年龄	专业	工作单位
1	周卫健（女）	56	宇宙成因核素与全球变化	中国科学院地球环境研究所
2	郑永飞	49	地球化学	中国科学技术大学
3	莫宣学	70	岩石学	中国地质大学（北京）
4	陶 澍	58	环境地理	北京大学
5	翟明国	61	前寒武纪地质与变质地质学	中国科学院地质与地球物理研究所

信息技术科学部（4人）

序号	姓名	年龄	专业	工作单位
1	刘国治	48	高功率微波	中国核试验基地
2	许宁生	51	真空微纳光电子学	中山大学
3	怀进鹏	46	计算机软件	北京航空航天大学
4	陈定昌	72	导航、制导与控制	中国航天科工集团公司科技委

技术科学部（7人）

序号	姓名	年龄	专业	工作单位
1	于起峰	51	实验力学、精密光测	国防科学技术大学
2	王 曦	42	材料科学	中国科学院上海微系统与信息技术研究所
3	王光谦	47	水力学及河流动力学	清华大学
4	王自强	70	固体力学	中国科学院力学研究所
5	王锡凡	73	电力系统	西安交通大学
6	申长雨	46	塑料成型及模具技术	郑州大学
7	刘竹生	69	火箭总体设计	中国航天科技集团公司第一研究院

2009年中国工程院新当选院士名单

（共48人，按姓氏拼音排序）

机械与运载工程学部（4人）

序号	姓名	年龄	工作单位
1	董春鹏	67	中国船舶重工集团公司第七〇五研究所
2	段正澄	75	华中科技大学
3	金东寒	48	中国船舶重工集团公司第七一一研究所
4	刘永才	66	中国航天科工集团公司第三研究院

信息与电子工程学部（3人）

序号	姓名	年龄	工作单位
1	邓中翰	41	北京中星微电子有限公司
2	吴曼青	44	中国电子科技集团公司第三十八研究所
3	于　全	44	总参谋部第六十一研究所

化工、冶金与材料工程学部（6人）

序号	姓名	年龄	工作单位
1	付贤智	52	福州大学
2	刘炯天	46	中国矿业大学
3	翁宇庆	69	中国金属学会
4	张生勇	69	第四军医大学手性技术研究中心
5	周　玉	54	哈尔滨工业大学
6	周克崧	68	广州有色金属研究院

能源与矿业工程学部（6人）

序号	姓名	年龄	工作单位
1	马永生	48	中国石油化工股份有限公司油田勘探开发事业部
2	万元熙	69	中国科学院等离子体物理研究所
3	于俊崇	68	中国核动力研究设计院
4	袁　亮	49	淮南矿业（集团）有限责任公司
5	岳光溪	64	清华大学热能工程系
6	周守为	58	中国海洋石油总公司

土木、水利与建筑工程学部（6 人）

序号	姓名	年龄	工作单位
1	何华武	54	中华人民共和国铁道部
2	秦顺全	46	中铁大桥局集团有限公司
3	任南琪	50	哈尔滨工业大学
4	杨永斌	55	云林科技大学（中国台湾）
5	张建云	52	南京水利科学研究院
6	钟登华	45	天津大学

环境与轻纺工程学部（6 人）

序号	姓名	年龄	工作单位
1	侯立安	52	第二炮兵工程设计研究所
2	孟　伟	53	中国环境科学研究院
3	曲久辉	52	中国科学院生态环境研究中心
4	石　碧	51	四川大学
5	孙宝国	48	北京工商大学
6	徐祥德	67	中国气象科学研究院

农业学部（7 人）

序号	姓名	年龄	工作单位
1	陈温福	53	沈阳农业大学
2	李　玉	65	吉林农业大学
3	刘　旭	55	中国农业科学院
4	罗锡文	63	华南农业大学
5	麦康森	51	中国海洋大学
6	南志标	58	甘肃省草原生态研究所/兰州大学草地农业科技学院
7	张改平	48	河南省农业科学院

医药卫生学部（7 人）

序号	姓名	年龄	工作单位
1	程　京	46	清华大学医学院
2	丁　健	56	中国科学院上海药物研究所
3	付小兵	49	解放军总医院第一附属医院
4	廖万清	70	第二军医大学长征医院
5	吴以岭	60	河北省中西医结合医药研究院
6	杨宝峰	51	哈尔滨医科大学
7	周良辅	68	复旦大学附属华山医院

工程管理学部（3人）

序号	姓名	年龄	工作单位
1	栾恩杰	69	国家国防科技工业局
2	王　安	51	中国中煤能源集团公司
3	王陇德	62	中华预防医学会

附录三：香山科学会议2009年学术讨论会一览表

会次	会议主题	执行主席	会议时间
340	可持续海水养殖与提高产出质量的科学问题	唐启升　林浩然　徐　洵　王清印	2月11日～2月13日
341	神经发育与疾病	强伯勤　朱作言　孟安明　李　巍	2月12日～2月13日
342	宇宙线物理学的若干前沿问题	陈和生　李惕碚　赵光达　张双南	2月18日～2月19日
343	侏罗纪/白垩纪之交的东亚板块汇聚及其资源环境效应	李廷栋　董树文　钟大赉　王成善　沙金庚	2月25日～2月27日
344	个体化诊疗	王永炎　张伯礼　陈凯先　高思华	3月17日～3月18日
S10	蛋白质研究计划“十二五”实施战略	饶子和　贺福初　吴家睿　徐　涛	3月25日～3月26日
345	工程研究与国家战略	师昌绪　詹文龙　傅志寰　屠海令　杜　澄	3月31日～4月2日
346	心血管健康信息的重大科学前沿	刘德培　李衍达　惠汝太　张元亭	4月10日～4月12日
347	非晶合金材料和物理	陈国良　胡壮麒　周尧和　柳百新	4月14日～4月16日
348	生态地球化学环境与健康	谢学锦　李家熙　寿嘉华　张洪涛　方克定　奚小环	4月21日～4月23日
349	植物先天免疫机制	方荣祥　何祖华　朱立煌　周俭民	5月6日～5月7日
350	生物考古研究中的若干前沿问题*	吴新智　Svante Paabo　王昌燧	5月19日～5月21日
351	植物衰老与作物增产及品质改良	许智宏　陈晓亚　甘苏生	6月2日～6月3日
352	营养科学发展与国民健康	陈君石　杨胜利　陈凯先　陈　雁	6月11日～6月12日
353	中国合成橡胶的发展和面临的机遇与挑战	王佛松　沈之荃　曹湘洪　何盛宝　张学全	6月16日～6月18日
354	纳米电介质的多层次结构及其宏观性能	雷清泉　李盛涛　朱劲松　南策文　张冶文	6月23日～6月25日
355	生物体系中的单分子成像、光谱及操纵*	方晓红　谢晓亮　赵新生　庄小薇	7月8日～7月10日
356	钢铁制造流程中能源转换机制和能量流网络构建的研究	殷瑞钰　陆钟武　干　勇	9月8日～9月10日

续表

会次	会议主题	执行主席	会议时间
357	国家战略需求中的化学问题	王 夔 马培华 佟振合 江桂斌 吴毓林	10月20日～10月22日
S11	深地科学重大前沿问题	陈和生 葛修润 李惕碚 钱七虎 吴世勇 许厚泽	10月25日～10月26日
358	航天医学工程学理论、实践与发展展望	俞梦孙 戚发轫 沈力平 陈善广 李莹辉 常耀明	10月26日～10月27日
359	虚拟经济与金融危机的相关研究中的若干科学前沿问题*	成思危 刘遵义 刘骏民 石 勇	11月11日～11月13日
360	高效氮化物半导体白光照明材料及芯片基础问题	甘子钊 周炳琨 王占国 郑有炓	11月19日～11月20日
361	空间探测暗物质粒子	陆 埮 杨 戟 吴岳良 常 进	11月24日～11月25日
362	全球变化下动荡的中国近海生态系统	孙 松 吴德星 王清印 乔方利	12月1日～12月3日
363	过程工业减排中节能机制的若干科学问题	费维扬 冯 霄 陆小华 陈光宇	12月8日～12月10日
364	针刺空位组学	田 捷 刘一军 石学敏 韩济生 戴汝为 梁繁荣	12月15日～12月17日
365	核酸适配体及生物医学应用	谭蔚泓 詹启敏 方晓红	12月16日～12月18日
366	离子液体应用的重大科学问题	何鸣元 张锁江 韩布兴 邓友全	12月22日～12月24日

注：标“*”为国际会议。